数学I・A
標準問題精講

三訂版

麻生雅久 著

Standard Exercises in mathematics I・A

旺文社

はじめに

ときどき，数学あるいは数学の勉強法を誤解している人に出会います．公式や解法をできる限り多く覚えて，問題を読んだらどの解法かを見破り，後は数値を代入して答えを出すのが数学だ，と思い込んでいる人も多いようです．そして，自分が数学が出来ないのは，いや，点数がとれないのは，まだ覚えていない公式や解法がたくさんあるからに違いない，と信じ込んでいるのです．なかには，自分には数学的センスがないからしょうがないんだとあきらめかけている人も多く見受けます．

確かに覚えておくべき公式がたくさんあることは事実です．しかし，公式を鵜呑みにしても不十分です．数学では

使えない知識はいくら持っていてもしょうがない

のです.また，どんな問題にも使える万能な方法などありません．

出来るだけ汎用性のある公式や解法に絞って身につける

のです．そして，その知識を十分に使うことが大切なのです．使うことのできる知識を身につけるには，ただ丸暗記するだけではいけません．まず，

きちんと理解すること

です．公式などは忘れても自分の力で導くことができるくらいに理解を深めておくことが重要です．ですから，公式に当てはめて答えを出せばいいなどとは思わずに，公式の証明も馬鹿にすることなく試みてください．

理解することなく覚えた知識は役に立たない

のです．必要な公式や解法は問題演習を通して使いながら覚えるのが一番です．

大学入試でいわゆる「ひらめき」なんて必要ありません．きちんとした順序にしたがって正しい勉強法で学んでいけば，どこの大学にでも合格できる力はつくものです．

もう１つ，数学を学んでいくときに是非励行してほしいことがあります．それは自分の頭で考えること，そして紙と鉛筆を用意しておいて，思いつくことや問題文の図など

何でもかいてみる

ことです．手を動かすことを面倒がっている人もよく見かけますが，手を動かすことを面倒がってはいけません．何事も積極的に取り組むことが大切です．間違えたり，変なことをかいてしまっても恥ずかしがることなどないのです．間違えない人間なんているはずないのですから．

麻生雅久

もくじ

本書の利用法

この本は難関私立大,国公立大二次試験の数学を受験する人のためのものです.取りあげた問題を見てわかるように骨のある問題で一筋縄ではいきません.

教科書に載っている問題とは大分違います.教科書では,高校数学の大切な基礎を教えることに力点を置いているため,その考え方が理解しやすいストレートな問題がほとんどです.

しかし,難関大学の入試では,誰にでもできる問題が出題されるわけではありません.いろいろな考え方が融合され,難度の高い問題が中心になっています.

また,数学Ⅰ・Aはわかっていると思っていたのに,数学Ⅱ・B,数学Ⅲになったら急に難しく感じてついていけなくなるのは,数学Ⅰ・Aが本当にわかっていない場合が多いのです.高校数学の考え方の多くは数学Ⅰ・Aにあります.その意味でも,数学Ⅰ・Aはとても大切な分野です.

では,どのようにしたら問題が解けるようになるのでしょうか.それには良質な問題を通して,一題一題を学びとっていくのが最善の方策です.

問題のどこに着目し,どのように考えるか,その上でどんな解法が組み立てられるか,プロセス(手順)を考えます.実際には鉛筆を手に持って,図をかく,式に表してみる,計算してみるといった作業を進めながらの話です.

最初から,この本の問題すべてをすんなりと解ける人はいないと思います.しかし,心配はいりません.この本は「わかって解けるようになる」ことを第一と考えて,わからせるための強力なバックアップがあります.

それは「**精講**」「**解法のプロセス**」「**解答**」「**研究**」とあらゆる面からわかるための説明を加えてあります.読んで“わかった”と思っても,それだけで答案をかけるようにはなりません.手を動かして,答案としてまとめられるようになって初めて,完全に自分のものとすることができるのです.

第10章総合問題では,少し難しい問題を扱っています.これらのほとんどは,実際の入試の際に解答が作成できなくてもそのことが原因で合格できないというレベルの問題ではありません.

解答を読んで理解できればそれでO.K.です.これらの少し難しい問題に触れることにより,思考力を高めるべく頭を鍛えることに役立ててもらえると幸いです.

標問

入試問題の中から典型的なものを精選しました．それぞれの領域は，長いこと入試に出題されており，必要な知識や解法のパターンは大体決まっています．本書では，〈受験数学〉のエッセンスを，基本概念の理解と結びつけつつ，できるだけ体系的につかむことができるように，という立場で問題を選び，配列しました．
なお，使用した入試問題には，多少字句を変えた個所もあります．

精講

標問を解くにあたって必要な知識，目の付け所を示しました．
問題を読んでもまったく見当がつかないときは助けにしてください．
自信のある人ははじめに見ないで考えましょう．

解法のプロセス

問題解決のためのフローチャートです．一筋縄ではいかない問題も「解法のプロセス」にかかれば一目瞭然です．

〈解答〉

模範解答となる解き方を示しました．右の余白には随所に矢印⬅を用いてポイント，補充説明などを付記し，理解の助けとしました．

参考

標問の内容を掘り下げた解説，別の観点からとらえた別解，関連する公式の証明，発展的な見方や考え方などを加えました．

演習問題

標問が正しく理解できれば，無理なく扱える程度の良問を選びました．標問と演習を消化すれば，入試問題のかなりの部分は「顔見知り」となるはずです．

麻生雅久（あそう・まさひさ）先生は，東京生まれで，東京工業大学理学部卒業．現在は河合塾講師として活躍中です．授業で何も持たずに教室に現れることが多い．「全国大学入試問題正解　数学」（旺文社）の解答者でもあり，解答は早い．趣味の植物写真では，食虫植物を探しにオーストラリアまで何度もでかけられている．また，スノーボードは検定１級の腕前．

第1章 数と式

標問 1 式の展開

次の式を展開せよ.

(1) $(x^2+3x+2)(x^2-3x+2)$ （京都産業大）

(2) $(x+y+z)(-x+y+z)(x-y+z)(x+y-z)$ （防衛大）

(3) $(a^6+a^3b^3+b^6)(a^2+ab+b^2)(a-b)$ （北里大）

精講 展開してかっこをはずしていくわけですが，工夫ができないかと考えてみましょう.

(1) x^2+3x+2 と x^2-3x+2 には

x^2+2 はまったく同じ

$3x$ の項は符号だけ異なる

という，**類似点と相異点**があります.

このことに注目して，

$$(x^2+3x+2)(x^2-3x+2)$$
$$=\{(x^2+2)+3x\}\{(x^2+2)-3x\}$$

というように考えると

公式　$(a+b)(a-b)=a^2-b^2$

を利用することができて

$$(x^2+2)^2-(3x)^2$$

となります.

あとは，$(x^2+2)^2$ を展開して整理するだけです.

解法のプロセス

(1) $(x^2+3x+2)(x^2-3x+2)$

⇩

$\{(x^2+2)+3x\}\{(x^2+2)-3x\}$

⇩

$(x^2+2)^2-(3x)^2$

(2) 4つあるかっこを，

$$\{(x+y+z)(-x+y+z)\}\{(x-y+z)(x+y-z)\}$$

のように，**2つずつ組み合わせ**ましょう.

そして，(1)と同じように，

$$(x+y+z)(-x+y+z)$$
$$=\{(y+z)+x\}\{(y+z)-x\}=(y+z)^2-x^2$$
$$(x-y+z)(x+y-z)$$
$$=\{x-(y-z)\}\{x+(y-z)\}=x^2-(y-z)^2$$

というように計算していきます.

解法のプロセス

(2) $(x+y+z)(-x+y+z)$

⇩

$\{(y+z)+x\}\{(y+z)-x\}$

⇩

$(y+z)^2-x^2$

$(x-y+z)(x+y-z)$ も同様の工夫をして展開していく.

(3) まず,

$(\boldsymbol{a^2+ab+b^2})(\boldsymbol{a-b})$

の部分から展開していきましょう.

公式を使って, a^3-b^3 となります.

さらにこれに $a^6+a^3b^3+b^6$ をかける際, 再び

公式 $(x-y)(x^2+xy+y^2)=x^3-y^3$

が使えます.

この公式で, $x=a^3$, $y=b^3$ の場合になります.

解法のプロセス

(3) $(a^2+ab+b^2)(a-b)$

⇩

a^3-b^3

⇩

さらに $a^6+a^3b^3+b^6$ をかける.

〈 解 答 〉

(1) $(x^2+3x+2)(x^2-3x+2)$

$=\{(x^2+2)+3x\}\{(x^2+2)-3x\}$

$=(x^2+2)^2-(3x)^2$

$=\boldsymbol{x^4-5x^2+4}$

(2) $(x+y+z)(-x+y+z)(x-y+z)(x+y-z)$

$=[\{(y+z)+x\}\{(y+z)-x\}][\{x-(y-z)\}\{x+(y-z)\}]$

$=\{(y+z)^2-x^2\}\{x^2-(y-z)^2\}$

$=(y^2+z^2-x^2+2yz)(x^2-y^2-z^2+2yz)$

$=\{2yz-(x^2-y^2-z^2)\}\{2yz+(x^2-y^2-z^2)\}$ ⬅ $x^2-y^2-z^2$ と $2yz$ に注目する

$=(2yz)^2-(x^2-y^2-z^2)^2$

$=4y^2z^2-(x^4+y^4+z^4-2x^2y^2+2y^2z^2-2z^2x^2)$ ⬅ $(x^2-y^2-z^2)^2$ は $\{x^2+(-y^2)+(-z^2)\}^2$ と考えて展開

$=\boldsymbol{-x^4-y^4-z^4+2x^2y^2+2y^2z^2+2z^2x^2}$

(3) $(a^6+a^3b^3+b^6)(a^2+ab+b^2)(a-b)$

$=(a^6+a^3b^3+b^6)(a^3-b^3)$ ⬅ $(a^2+ab+b^2)(a-b)=a^3-b^3$

$=\{(a^3)^2+a^3b^3+(b^3)^2\}(a^3-b^3)$

$=(a^3)^3-(b^3)^3$ ⬅ $a^3=x$, $b^3=y$ とおくと $(a^6+a^3b^3+b^6)(a^3-b^3)$ $=(x^2+xy+y^2)(x-y)$ $=x^3-y^3$

$=\boldsymbol{a^9-b^9}$

演習問題

1 次の式を展開せよ.

(1) $(a-b+c)(a-b-c)$ (函館大)

(2) $(x+y)(x-y)(x^2+y^2)(x^4+y^4)$ (山梨学院大)

(3) $(x+y+2z)^3-(y+2z-x)^3-(2z+x-y)^3-(x+y-2z)^3$ (山梨学院大)

標問 2 因数分解

次の式を因数分解せよ.

(1) $x^2+xy+4x-2y^2+5y+3$ (札幌大)

(2) $2x^3-3x^2-3x+2$ (東亜大)

(3) $x(x-1)\{(x-6)(x+5)-2\}+60$ (国士舘大)

(4) x^4+5x^2+9 (山梨学院大)

精講 因数分解の手法には次のようなものがあります.

1つの文字について整理する.
(次数の最も低い文字について整理する)
共通な因数でくくる.
部分的にひとかたまりに扱う.
公式を利用する.
項を補う.

(1)は, x と y の式ですから, どちらかの文字について整理します. このとき, **x と y の次数に注目**すべきです. この場合は, x についても y についても2次ですから, どちらの文字について整理してもよいのですが, 一般には, **次数の最も低い文字について整理する**ほうがその後の処理がラクになります. x について整理した場合

$x^2+(y+4)x-(2y^2-5y-3)$ となります.

次に, x の0乗の部分, $-(2y^2-5y-3)$ を因数分解すると, $x^2+(y+4)x-(2y+1)(y-3)$ となり, あとは, 次の公式を利用します.

$$x^2+(a+b)x+ab=(x+a)(x+b)$$

(2) $2x^3$ と 2, $-3x^2$ と $-3x$ を組み合わせて

$2(x^3+1)-3x(x+1)$ とすると,

$x^3+1=x^3+1^3=(x+1)(x^2-x+1)$

ですから, $2(x^3+1)$ と $-3x(x+1)$ には共通な因数 $x+1$ があります.

⬅ 共通な因数でくくる

(3) 完全に展開してしまっては, たいへんです.

$x(x-1)=x^2-x$, $(x-6)(x+5)=x^2-x-30$

となるので, これらには x^2-x が共通です. この部分を X とでもおくと $X(X-30-2)+60$

⬅ 部分的にひとかたまりに扱う

解法のプロセス

(1) 2つの文字 x, y についての式を因数分解する.
⇩
1つの文字について整理してみる.

(2) $2x^3-3x^2-3x+2$ を因数分解する.
⇩
うまく項を組み合わせる.

(3) $x(x-1)$ $\times\{(x-6)(x+5)-2\}+60$
⇩
全部展開してはたいへん.
⇩
$x(x-1)$, $(x-6)(x+5)$ を展開したとき, x^2-x の部分が共通に現れることに注目.

となって，Xの2次式となります．

(4) これは経験がないと無理かもしれません．$(\quad)^2-(\quad)^2$ **の形をつくろうと考える**のです．

$$x^4+\boldsymbol{5x^2}+9=x^4+\boldsymbol{6x^2}+9-\boldsymbol{x^2}$$

というように，$5x^2$ を $6x^2-x^2$ と項を補って変形するところがポイントです．

$$x^4+6x^2+9-x^2=(x^2+3)^2-x^2$$

となります．

解法のプロセス

(4) x^4+5x^2+9

⇩

うまく項を補って，

$(\quad)^2-(\quad)^2$

の形をつくることを試みる．

〈解　答〉

(1) $x^2+xy+4x-2y^2+5y+3$

$=x^2+(y+4)x-(2y^2-5y-3)$ ← xについて整理する

$=x^2+(y+4)x-(2y+1)(y-3)$ ← $2y^2-5y-3$ を因数分解する

$=\boldsymbol{(x+2y+1)(x-y+3)}$ ← $\{x+(2y+1)\}\{x-(y-3)\}$

(2) $2x^3-3x^2-3x+2$

$=2(x^3+1)-(3x^2+3x)$ ← $2x^3$ と 2，$-3x^2$ と $-3x$ を組み合わせる

$=2(x+1)(x^2-x+1)-3x(x+1)$ ← x^3+1 を因数分解

$=(x+1)\{2(x^2-x+1)-3x\}$

$=(x+1)(2x^2-5x+2)$ ← さらに $2x^2-5x+2$ を因数分解する

$=\boldsymbol{(x+1)(2x-1)(x-2)}$

(3) $x(x-1)\{(x-6)(x+5)-2\}+60$

$=(x^2-x)(x^2-x-32)+60$

$=(x^2-x)^2-32(x^2-x)+60$ ← x^2-x をXとすると $X^2-32X+60$

$=(x^2-x-30)(x^2-x-2)$ ← $X^2-32X+60=(X-30)(X-2)$

$=\boldsymbol{(x-6)(x+5)(x-2)(x+1)}$ ← 因数分解はできる限りする

(4) $x^4+5x^2+9=x^4+6x^2+9-x^2$ ← $(\quad)^2-(\quad)^2$ の形になるように変形する

$=(x^2+3)^2-x^2=\boldsymbol{(x^2+x+3)(x^2-x+3)}$

研究　(2) 数学Ⅱの因数定理を使えば，$f(x)=2x^3-3x^2-3x+2$ とおくと，$f(-1)=0$ より，$f(x)$ は $x+1$ を因数にもつことがわかる．

演習問題

2 次の式を因数分解せよ．

(1) $10x^2-xy-2y^2+17x+5y+3$ （山梨学院大）

(2) $x^3+2x^2-9x-18$ （東亜大）

(3) $(x^2+3x+5)(x+1)(x+2)+2$ （札幌大）

(4) $4x^4-17x^2y^2+4y^4$ （徳島文理大）

標問 3 無理数の計算(1)

(1) $x=\frac{1}{2}(3+\sqrt{5})$, $y=\frac{1}{2}(3-\sqrt{5})$ のとき, $x+y$, $\frac{x^3+x^2y+xy^2+y^3}{x^3y+xy^3}$ の値をそれぞれ求めよ. (武庫川女大)

(2) $x=\frac{1+\sqrt{5}}{2}$ のとき, $\frac{1}{x}+\frac{1}{x^2}+\frac{1}{x^3}$ の値を求めよ. (青山学院大)

精講 (1) $x+y$ の値は問題ないでしょう. $\frac{x^3+x^2y+xy^2+y^3}{x^3y+xy^3}$ の値を求めるとき, $x=\frac{1}{2}(3+\sqrt{5})$, $y=\frac{1}{2}(3-\sqrt{5})$ を直接代入したのでは計算がたいへんです.

分母は $x^3y+xy^3=xy(x^2+y^2)$

となります. 分子は

$$x^3+x^2y+xy^2+y^3=(x^3+x^2y)+(xy^2+y^3)$$
$$=x^2(x+y)+y^2(x+y)$$
$$=(x^2+y^2)(x+y)$$

ですから,

$$\frac{x^3+x^2y+xy^2+y^3}{x^3y+xy^3}=\frac{(x^2+y^2)(x+y)}{xy(x^2+y^2)}=\frac{x+y}{xy}$$

となります.

このように**数値を求める式を簡単にしてから x, y に具体的な値を代入する**とラクに計算できます.

解法のプロセス

(1) $\frac{x^3+x^2y+xy^2+y^3}{x^3y+xy^3}$ の値を求める.

⇩

式が簡単にならないかどうか調べる.

⇩

分母を因数分解してみる.

⇩

分母の因数をたよりに分子も因数分解する.

⇩

分母・分子に共通な因数で約分する.

(2) 式の形に注意して, $\frac{1}{x}=y$ とおくと

$$\frac{1}{x}+\frac{1}{x^2}+\frac{1}{x^3}=y+y^2+y^3$$

です. そして

$$y=\frac{1}{x}=\frac{2}{1+\sqrt{5}}$$

ですが, **分母を有理化**してから, y^2, y^3 を求めるほうが計算が簡単です. 分母の有理化には, $1-\sqrt{5}$ あるいは $-1+\sqrt{5}$ を分母・分子にかけます.

解法のプロセス

(2) $\frac{1}{x}+\frac{1}{x^2}+\frac{1}{x^3}$ の値を求める.

⇩

$\frac{1}{x}$ についての式なので, $\frac{1}{x}$ の値に注目する.

⇩

$\frac{1}{x}=\frac{2}{1+\sqrt{5}}$ なので分母を有理化する.

〈 解　答 〉

(1)　$x+y=\frac{1}{2}(3+\sqrt{5})+\frac{1}{2}(3-\sqrt{5})=\mathbf{3}$

$$\frac{x^3+x^2y+xy^2+y^3}{x^3y+xy^3}=\frac{(x+y)(x^2+y^2)}{xy(x^2+y^2)}$$

⬅ まず，式を簡単にする

$$=\frac{x+y}{xy}=\frac{3}{\frac{1}{4}(3+\sqrt{5})(3-\sqrt{5})}=\mathbf{3}$$

⬅ $x+y=3$ を用い，さらに x，y の値を代入する

(2)　$x=\frac{1+\sqrt{5}}{2}$ より

$$\frac{1}{x}=\frac{2}{1+\sqrt{5}}=\frac{2(\sqrt{5}-1)}{(\sqrt{5}+1)(\sqrt{5}-1)}=\frac{\sqrt{5}-1}{2}$$

⬅ 分母・分子に $\sqrt{5}-1$ をかけて分母を有理化する

よって，

$$\frac{1}{x}+\frac{1}{x^2}+\frac{1}{x^3}$$

$$=\frac{\sqrt{5}-1}{2}+\left(\frac{\sqrt{5}-1}{2}\right)^2+\left(\frac{\sqrt{5}-1}{2}\right)^3$$

$$=\frac{\sqrt{5}-1}{2}+\frac{3-\sqrt{5}}{2}+(-2+\sqrt{5})$$

$$=\mathbf{\sqrt{5}-1}$$

別解　$x=\frac{1+\sqrt{5}}{2}$ より $2x-1=\sqrt{5}$

両辺を2乗して $4x^2-4x+1=5$

よって，$x^2=x+1$

$$\frac{1}{x}+\frac{1}{x^2}+\frac{1}{x^3}=\frac{x^2+x+1}{x^3}=\frac{x^2+x^2}{x^3}$$

⬅ $x+1=x^2$ を利用

$$=\frac{2}{x}=\frac{4}{1+\sqrt{5}}=\sqrt{5}-1$$

⬅ 分母・分子を x^2 で約分

研究　(1)　対称式（標問**7**）であるから，xy，$x+y$ で表すことができ，これらの値を先に求めて代入してもよい．

演習問題

3-1　$\frac{2}{\sqrt{5}+\sqrt{3}}-\frac{3}{\sqrt{5}-\sqrt{2}}+\frac{1}{\sqrt{3}-\sqrt{2}}$ を簡単にせよ．　（徳島文理大）

3-2　$a=\sqrt{2}+\sqrt{10}$，$b=\sqrt{2}-\sqrt{10}$ とするとき，$\frac{b}{a}+\frac{a}{b}$ の値を求めよ．　（専修大）

標問 4 無理数の計算(2)

(1) 実数 x, y をそれぞれ $x=\sqrt{6-\sqrt{32}}$, $y=\sqrt{6+\sqrt{32}}$ とするとき, $x^3+2x^2y+2xy^2+y^3$ の値を求めよ. (摂南大)

(2) $\dfrac{1}{2-\sqrt{3}}$ の整数部分を a, 小数部分を b とするとき, a, b, b^2+2b-2, $b^3+ab^2+5b^2+2ab-2a+4b-4$ の値をそれぞれ求めよ. (松山大)

精講 (1) $\sqrt{6-\sqrt{32}}$ や $\sqrt{6+\sqrt{32}}$ のまま代入して計算するのはたいへんです. まず, 二重根号をはずしましょう.

$\boldsymbol{\sqrt{a+b\pm2\sqrt{ab}}=\sqrt{a}\pm\sqrt{b}}$ **($a>b>0$, 複号同順)**

であることを利用します.

$$\sqrt{6-\sqrt{32}}=\sqrt{6-2\sqrt{8}}=\sqrt{4+2-2\sqrt{4\cdot2}}$$
$$=\sqrt{(\sqrt{4})^2-2\sqrt{4\cdot2}+(\sqrt{2})^2}=\sqrt{(\sqrt{4}-\sqrt{2})^2}$$
$$=\sqrt{4}-\sqrt{2}=2-\sqrt{2}$$

となります. $\sqrt{6+\sqrt{32}}$ は $2+\sqrt{2}$ となります.

また, $x^3+2x^2y+2xy^2+y^3$ に代入するときにも, 工夫するとラクに計算できます.

これは **x と y の対称式**ですから, **$x+y$ と xy** で表現できるはずです (対称式については標問**7**参照).

$$x^3+2x^2y+2xy^2+y^3$$
$$=x^3+3x^2y+3xy^2+y^3-x^2y-xy^2$$
$$=(x+y)^3-xy(x+y)$$

と変形してから, x, y の値を代入するとラクです.

(2) **実数 x の整数部分とは, x 以下の整数で最大のもの**のことです. x の整数部分のことを $[x]$ ($[x]$ については標問**31**参照) と表すことがあります.

そして, **実数 x の小数部分とは**

$x-$(x 以下の最大の整数)

のことです. たとえば, π の整数部分 $[\pi]$ は 3 で, 小数部分は $\pi-3$ です.

$\dfrac{1}{2-\sqrt{3}}$ の分母を有理化すると $2+\sqrt{3}$ となり

解法のプロセス

(1) $\sqrt{6-\sqrt{32}}$, $\sqrt{6+\sqrt{32}}$ を代入して式の値を求める問題.

⇩

二重根号をはずしてから代入.

⬅ $\sqrt{a+b-2\sqrt{ab}}$ ($a>b>0$) の形に直す

⬅ $\sqrt{(\sqrt{a}-\sqrt{b})^2}=\sqrt{a}-\sqrt{b}$ ($a>b>0$)
$a>b>0$ のとき $\sqrt{a+b-2\sqrt{ab}}>0$ であるから $\sqrt{a+b-2\sqrt{ab}}\neq\sqrt{b}-\sqrt{a}$ であることに注意する

解法のプロセス

(2) $\dfrac{1}{2-\sqrt{3}}$ の整数部分が a

⇩

$\dfrac{1}{2-\sqrt{3}}$ の分母を有理化する. ($2+\sqrt{3}$ となる)

⇩

$2+\sqrt{3}$ の整数部分を見つける.

⇩

小数部分=(もとの数)−(整数部分)

ます．

$\sqrt{3}=1.732\cdots$　ですから，$3<2+\sqrt{3}<4$

です．したがって，$2+\sqrt{3}$ の整数部分は 3，小数部分は $2+\sqrt{3}-3$ つまり $\sqrt{3}-1$ です．

← $[2+\sqrt{3}]=3$
$2+\sqrt{3}$ の整数部分

なお，$b^3+ab^2+5b^2+2ab-2a+4b-4$ の値を求める際は，$b^2+2b-2=0$ であることをうまく利用します．

〈解　答〉

(1)　$x=\sqrt{6-\sqrt{32}}=\sqrt{4+2-2\sqrt{4\cdot 2}}=2-\sqrt{2}$

← 二重根号をはずす

$y=\sqrt{6+\sqrt{32}}=\sqrt{4+2+2\sqrt{4\cdot 2}}=2+\sqrt{2}$

← 公式 $\sqrt{a+b\pm 2\sqrt{ab}}=\sqrt{a}\pm\sqrt{b}$ $(a>b>0)$（複号同順）を使った

このとき，

$$\begin{aligned}&x^3+2x^2y+2xy^2+y^3\\&=(x+y)^3-xy(x+y)\\&=4^3-2\cdot 4=\mathbf{56}\end{aligned}$$

← $x+y$ と xy で表現する
← $x+y=4$，$xy=2^2-2=2$ を代入

(2)　$\dfrac{1}{2-\sqrt{3}}=2+\sqrt{3}$ であり，$1<\sqrt{3}<2$ であるから，$3<\dfrac{1}{2-\sqrt{3}}<4$　　したがって，

$\dfrac{1}{2-\sqrt{3}}$ の整数部分は 3，小数部分は $\sqrt{3}-1$

← 小数部分は $(2+\sqrt{3})-3$

よって，$\boldsymbol{a=3}$，$\boldsymbol{b=\sqrt{3}-1}$

このとき，

$$\begin{aligned}b^2+2b-2&=(b+1)^2-3\\&=(\sqrt{3})^2-3=\mathbf{0}\end{aligned}$$

← $b=\sqrt{3}-1$ をすぐに代入してもよいが，$(b+1)^2-3$ と変形してから代入するとラク

$$\begin{aligned}&b^3+ab^2+5b^2+2ab-2a+4b-4\\&=a(b^2+2b-2)+b^3+5b^2+4b-4\\&=a(b^2+2b-2)+(b^2+2b-2)(b+3)+2\\&=\mathbf{2}\end{aligned}$$

← a について整理する
← $b^3+5b^2+4b-4=(b^2+2b-2)(b+3)+2$

演習問題

4-1　$\sqrt{14+\sqrt{96}}+\sqrt{5-2\sqrt{6}}$ を簡単にせよ．　（倉敷芸術科学大）

4-2　$\sqrt{9+4\sqrt{4+2\sqrt{3}}}$ を簡単にせよ．　（大阪産業大）

4-3　a は $6-2\sqrt{2}$ をこえない最大の整数とし，$b=6-2\sqrt{2}-a$ とする．このとき，$b^3+\dfrac{1}{b^3}-7a^3$ の値を求めよ．　（神戸薬大）

標問 5 無理数と有理数

正の有理数 p, q が $(7-\sqrt{12})^2-(p^2+q)(7-\sqrt{12})+p^2q-3=0$ を満たすとき, p, q の値を求めよ. (東北工大)

精講 p, q が有理数で, x が無理数のとき,

$$p+qx=0 \iff p=q=0$$

が成立します.

一応証明しておきます.

$$p+qx=0 \Longleftarrow p=q=0$$

は当然成立します.

問題は

$$p+qx=0 \Longrightarrow p=q=0$$

です.

背理法 (背理法については, 標問 **94** 参照) を用いて証明します.

$p+qx=0$ かつ $q \neq 0$ とすると

$$x=-\frac{p}{q}$$

となります. この式の左辺は無理数ですが, 右辺は有理数です.

← 有理数÷有理数=有理数

無理数と有理数が等しいわけはないのでこれは矛盾です. この原因は $q \neq 0$ と仮定したことです. したがって, $q=0$ であることがわかります. このとき, $p+qx=0$ より $p=0$ が得られますから,

← 矛盾を導き, 仮定が誤りであることを示す

$$p+qx=0 \Longrightarrow p=q=0$$

が証明できたことになります.

$$(7-\sqrt{12})^2-(p^2+q)(7-\sqrt{12})+p^2q-3$$

を展開し整理して

(有理数)+(有理数)×(無理数)

の形に変形します.

この問題の場合, $\sqrt{3}$ を (無理数) として扱うこともできますが, $\sqrt{12}$ を (無理数) として処理することもできます.

$$(7-\sqrt{12})^2=49+12-14\sqrt{12}$$
$$=61-14\sqrt{12}$$

ですから

解法のプロセス

$(7-\sqrt{12})^2-(p^2+q)(7-\sqrt{12})+p^2q-3=0$

の左辺を展開して

(有理数)+(有理数)×(無理数)=0

の形に整理する.

⇩

(有理数)=0
(有理数)=0

を連立する.

$(7-\sqrt{12})^2-(p^2+q)(7-\sqrt{12})+p^2q-3$
$=61-7(p^2+q)+p^2q-3+(-14+p^2+q)\sqrt{12}$
となります.

〈解　答〉

$(7-\sqrt{12})^2-(p^2+q)(7-\sqrt{12})+p^2q-3=0$
より
$58-7(p^2+q)+p^2q+(-14+p^2+q)\sqrt{12}=0$

← (有理数)+(有理数)×(無理数)=0 の形に変形する

ここで, $58-7(p^2+q)+p^2q$ および $-14+p^2+q$ は有理数であり, $\sqrt{12}$ は無理数であるから,

$$\begin{cases} 58-7(p^2+q)+p^2q=0 & \cdots\cdots① \\ -14+p^2+q=0 & \cdots\cdots② \end{cases}$$

①, ②より, p^2 を消去して整理すると,
$q^2-14q+40=0$
よって, $(q-4)(q-10)=0$

$q=4$ のとき, ②より $p^2=10$ となり p が正の有理数とならないので不適.

$q=10$ のとき, ②より $p^2=4$ となり p が正の有理数であることから　$p=2$

よって, $p=\mathbf{2}$, $q=\mathbf{10}$

別解　$7-\sqrt{12}=x$ とおくと, $x-7=-\sqrt{12}$

← x が無理数であることを利用して求める

両辺を2乗して, $(x-7)^2=12$
よって, $x^2=14x-37$
したがって,
$(7-\sqrt{12})^2-(p^2+q)(7-\sqrt{12})+p^2q-3=0$
つまり　$x^2-(p^2+q)x+p^2q-3=0$ より
$14x-37-(p^2+q)x+p^2q-3=0$
x について整理して, $(14-p^2-q)x+p^2q-40=0$
ここで, $14-p^2-q$, p^2q-40 は有理数であり, x は無理数であるから, $14-p^2-q=0$, $p^2q-40=0$
このあとは上の解答に同じ.

演習問題

5 (1)　等式 $(\sqrt{2}-1)p+(\sqrt{2}-1)^2q=19-11\sqrt{2}$ を満たす自然数 p, q の値を求めよ.

(2)　等式 $(\sqrt{2}-1)(k^2-l^2)+(\sqrt{2}-1)^2(m^2-1)=19-11\sqrt{2}$ を満たす自然数 k, l, m の値を求めよ.

(関西学院大)

標問 6 式の値（分数式）

(1) 実数 x，y，z はいずれも 0 でなく，$2x-y+z=0$ と $x+2y+8z=0$ の両方を満たすとき，$\dfrac{xy+yz+zx}{x^2+y^2+z^2}$ の値を求めよ． （東亜大）

(2) $\dfrac{y+z}{x}=\dfrac{z+x}{y}=\dfrac{x+y}{z}=m$ とするとき，m の値を求めよ．

また，$\left(1+\dfrac{y}{x}\right)\left(1+\dfrac{z}{y}\right)\left(1+\dfrac{x}{z}\right)$ の値を求めよ． （東海大）

精講 (1) 文字が 3 つありますが，

$2x-y+z=0$，$x+2y+8z=0$

を利用して，**1 つの文字で残り 2 つの文字を表現**し，$\dfrac{xy+yz+zx}{x^2+y^2+z^2}$ に代入します．

(2) **分数式の値を求める際，その値を m とでもおいて考えていく**とラクなことが多いのです．

この問題では，問題文で m とおいてあります．

$\dfrac{y+z}{x}=m$ より $y+z=mx$ ……①

$\dfrac{z+x}{y}=m$ より $z+x=my$ ……②

$\dfrac{x+y}{z}=m$ より $x+y=mz$ ……③

として，①，②，③を連立してmを求めます．このとき，x，y，z の文字を消去していくのも 1 つの方針ですが，x，y，z が同等の扱いを受けているので（x が y や z に対して特別な扱いを受けていない），**x，y，z の対称性を利用**して処理するのが簡単でしょう（標問 **9** 参照）．

①+②+③をつくると

$2(x+y+z)=m(x+y+z)$

となって

$(x+y+z)(m-2)=0$

が得られます．

これから

$x+y+z=0$ または $m=2$

となります．

解法のプロセス

(1) $2x-y+z=0$，
$x+2y+8z=0$
を連立して x，y を z を用いて表す．

⇩

$\dfrac{xy+yz+zx}{x^2+y^2+z^2}$ に代入する．

解法のプロセス

(2) $\dfrac{y+z}{x}=\dfrac{z+x}{y}=\dfrac{x+y}{z}=m$
を
$\dfrac{y+z}{x}=m$，$\dfrac{z+x}{y}=m$，
$\dfrac{x+y}{z}=m$
と扱って

$$\begin{cases} y+z=mx \\ z+x=my \\ x+y=mz \end{cases}$$

とする．

⇩

この連立方程式を解く．

〈解答〉

(1) $2x-y+z=0,\ x+2y+8z=0$ より

$x=-2z,\ y=-3z$

よって,

$$\frac{xy+yz+zx}{x^2+y^2+z^2}=\frac{(-2z)(-3z)+(-3z)z+z(-2z)}{(-2z)^2+(-3z)^2+z^2}$$

$$=\frac{(6-3-2)z^2}{(4+9+1)z^2}=\mathbf{\frac{1}{14}}$$

← 2式を連立して, x, y について解く

← 分数式を1つの文字で表す

(2) $\dfrac{y+z}{x}=\dfrac{z+x}{y}=\dfrac{x+y}{z}=m$ より

$y+z=mx$ ……①, $z+x=my$ ……②,

$x+y=mz$ ……③

①+②+③より　$2(x+y+z)=m(x+y+z)$

よって, $(x+y+z)(m-2)=0$

したがって, $x+y+z=0$ または $m=2$

$x+y+z=0$ のとき, $m=\dfrac{y+z}{x}=\dfrac{-x}{x}=-1$

となるから, $m=\mathbf{-1,\ 2}$

← $y+z=-x$ を代入

← $x=y=z\ (\neq 0)$ のとき $m=2$ となる

(i) $x+y+z=0$ のとき

$$\left(1+\frac{y}{x}\right)\left(1+\frac{z}{y}\right)\left(1+\frac{x}{z}\right)=\frac{x+y}{x}\cdot\frac{y+z}{y}\cdot\frac{z+x}{z}$$

$$=\frac{-z}{x}\cdot\frac{-x}{y}\cdot\frac{-y}{z}=-1$$

← $x+y=-z$, $y+z=-x$, $z+x=-y$ を利用

(ii) $m=2$ のとき, ①, ②より

$y+z=2x$ ……①′, $z+x=2y$ ……②′

①′−②′より　$y-x=2x-2y$　ゆえに, $x=y$

同様にして $y=z$ も得られるので $x=y=z$

このとき, $\left(1+\dfrac{y}{x}\right)\left(1+\dfrac{z}{y}\right)\left(1+\dfrac{x}{z}\right)=2\cdot2\cdot2=8$

← $\dfrac{y}{x}=1$, $\dfrac{z}{y}=1$, $\dfrac{x}{z}=1$

したがって, (i), (ii)より,

$$\left(1+\frac{y}{x}\right)\left(1+\frac{z}{y}\right)\left(1+\frac{x}{z}\right)=\mathbf{-1,\ 8}$$

演習問題

6-1 $x+4y=y-3x\neq 0$ のとき, $\dfrac{2x^2-xy-y^2}{2x^2+xy+y^2}$ の値を求めよ.　(山梨学院大)

6-2 $\dfrac{x+y}{z}=\dfrac{y+2z}{x}=\dfrac{z-x}{y}$ のとき, この式の値を求めよ.　(札幌大)

標問 7 式の値（x，y の対称式）

$x+y=1$，$x^3+y^3=3$ のとき，

(1) x^2+y^2 の値を求めよ．

(2) x^5+y^5 の値を求めよ．（関西大）

精講

$x+y$，x^2+y^2，xy，$\dfrac{2xy}{x^3+y^3}$

などのように，x と y を入れ替えても，もとの式と一致する式のことを

x と y の対称式

といいます．そして

x と y の対称式は，$x+y$ と xy で表現できることが知られています．

x^3+y^3 なら

$$x^3+y^3=(x+y)^3-3xy(x+y)$$

$(x-y)^2$ なら

$$(x-y)^2=x^2-2xy+y^2=(x+y)^2-4xy$$

という具合いです．

なお，この **$x+y$ と xy も x と y の対称式**ですから，**特に，基本対称式と呼ばれています．**

(1)では，$x^3+y^3=3$ の左辺を $x+y$ と xy で表現して $x+y=1$ を用いると，xy の値が求まります．

そして，x^2+y^2 の値は

$$x^2+y^2=(x+y)^2-2xy$$

であることを利用して求めることができます．

(2)の x^5+y^5 も x と y の対称式ですから，$x+y$ と xy で表現できるはずですが，ちょっとやっかいです．

そこで，数値の求まっている x^2+y^2，x^3+y^3 を利用しましょう．これらをかけてみると，

$$(x^2+y^2)(x^3+y^3)=x^5+y^5+x^2y^3+x^3y^2$$

となって，x^5+y^5 の値は

$$\begin{aligned}x^5+y^5&=(x^2+y^2)(x^3+y^3)-(x^2y^3+x^3y^2)\\&=(x^2+y^2)(x^3+y^3)-x^2y^2(x+y)\end{aligned}$$

を利用すると求まります．

解法のプロセス

(1) $x+y=1$，$x^3+y^3=3$ は x と y の対称式．

⇩

xy の値を求める．

⇩

x^2+y^2 を $x+y$ と xy で表現する．

⇩

$x+y$，xy の値を代入する．

解法のプロセス

(2) x^5+y^5 の値を求める．

⇩

x^5+y^5 を $x+y$，xy で表すのはたいへん．

⇩

値のわかっている x^2+y^2，x^3+y^3 をかけると x^5+y^5 が出てくる．

⇩

$(x^2+y^2)(x^3+y^3)-(x^5+y^5)$ が x，y のどんな式になるか調べる．

〈 解　答 〉

(1) $x^3+y^3=(x+y)^3-3xy(x+y)$

← 対称式は基本対称式で表せる

であるから，$x+y=1$，$x^3+y^3=3$ を代入して

$3=1^3-3xy\cdot 1$

よって，$xy=-\dfrac{2}{3}$

← xy の値を求める

したがって，

$$x^2+y^2=(x+y)^2-2xy$$
$$=1^2-2\cdot\left(-\frac{2}{3}\right)$$
$$=\mathbf{\frac{7}{3}}$$

← $x+y=1$，$xy=-\dfrac{2}{3}$ を代入

(2) $x^5+y^5=(x^2+y^2)(x^3+y^3)-x^2y^3-x^3y^2$

$$=(x^2+y^2)(x^3+y^3)-x^2y^2(x+y)$$
$$=\frac{7}{3}\cdot 3-\left(-\frac{2}{3}\right)^2\cdot 1$$
$$=\mathbf{\frac{59}{9}}$$

← $(x^2+y^2)(x^3+y^3)$ をつくり，x^5+y^5 以外の項をひく

← $x^2+y^2=\dfrac{7}{3}$，$x^3+y^3=3$，$xy=-\dfrac{2}{3}$，$x+y=1$ を代入

研究 次のように，$x+y$，x^2+y^2，x^3+y^3，x^4+y^4，x^5+y^5 と順に求めていく方法もあります．

$x^3+y^3=3$ に $y=1-x$ を代入して $x^3+(1-x)^3=3$

整理して，$3x^2-3x-2=0$　よって，$x^2=x+\dfrac{2}{3}$ ……①

y についても，$y^2=y+\dfrac{2}{3}$ ……② が得られる．

①＋②より　$x^2+y^2=x+y+\dfrac{4}{3}=\dfrac{7}{3}$

← $x+y=1$ を代入

①×x^2＋②×y^2 より

$$x^4+y^4=x^3+y^3+\frac{2}{3}(x^2+y^2)=\frac{41}{9}$$

← $x^3+y^3=3$，$x^2+y^2=\dfrac{7}{3}$ を代入

①×x^3＋②×y^3 より

$$x^5+y^5=x^4+y^4+\frac{2}{3}(x^3+y^3)=\frac{59}{9}$$

← $x^4+y^4=\dfrac{41}{9}$，$x^3+y^3=3$ を代入

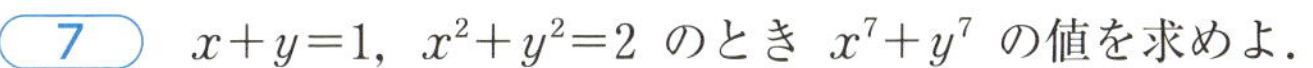

演習問題

7　$x+y=1$，$x^2+y^2=2$ のとき x^7+y^7 の値を求めよ．　（昭和薬大）

標問 8　式の値（交代式）

$x-\dfrac{1}{x}=\sqrt{5}$ のとき，次の式の値を求めよ．

(1)　$x^3+\dfrac{1}{x^3}$

(2)　$x^4-\dfrac{1}{x^4}$　　　　（実践女大）

精講

$x-\dfrac{1}{x}=\sqrt{5}$ の両辺に x をかけて整理すると　$x^2-\sqrt{5}x-1=0$
となって，x の値を求めることができますが，この x の値 $\left(\dfrac{\sqrt{5}\pm3}{2}\right)$ を $x^3+\dfrac{1}{x^3}$ の x に代入するのはたいへんです．

$\dfrac{1}{x}$ を y とおいてみると，(1)は

　$x-y=\sqrt{5}$ のとき x^3+y^3 の値を求めよ

という内容です．

ところで，x^3+y^3 は x と y の対称式ですが，

　$x-y$，x^4-y^4

のように，x と y を入れ替えると，もとの式の -1 倍となる式のことを

　x と y の交代式

と呼びます．そして，**x と y の交代式は，$x-y$ で割ると**（$x-y$ をかけてもよい）**x と y の対称式になる**のです．x と y の対称式は $x+y$ と xy で表現できるので，x と y の交代式においても，$x+y$ と xy に注目するのです．

この問題では　$y=\dfrac{1}{x}$ なので

　$x-y=\sqrt{5}$，$xy=1$

ですから，$x+y$ は

　$(x+y)^2=(x-y)^2+4xy$

を利用して

　$x+y=\pm3$　（$(x+y)^2=9$ となる）

と求まります．

解法のプロセス

(1)　$x^3+\dfrac{1}{x^3}$ の値を求める．

⇩

$x^3+\dfrac{1}{x^3}$ を

$\left(x+\dfrac{1}{x}\right)^3-3x\cdot\dfrac{1}{x}\left(x+\dfrac{1}{x}\right)$

と変形する．

⇩

$x+\dfrac{1}{x}$ の値が知りたい．

⇩

$\left(x+\dfrac{1}{x}\right)^2=\left(x-\dfrac{1}{x}\right)^2+4x\cdot\dfrac{1}{x}$

を利用して $x+\dfrac{1}{x}$ の値を求める．

解法のプロセス

(2)　$x^4-\dfrac{1}{x^4}$ を

$\left(x-\dfrac{1}{x}\right)\left(x+\dfrac{1}{x}\right)\left(x^2+\dfrac{1}{x^2}\right)$

と変形する．

⇩

$x-\dfrac{1}{x}$，$x+\dfrac{1}{x}$ の値はわかっているので，

$x^2+\dfrac{1}{x^2}$ の値を求める．

⇩

そこで，x^3+y^3，x^4-y^4 はそれぞれ

$$\begin{aligned}x^3+y^3&=(x+y)^3-3xy(x+y)\\&=(\pm3)^3-3\cdot1\cdot(\pm3)\\&=\pm18\end{aligned}$$

$$\begin{aligned}x^4-y^4&=(x-y)(x+y)(x^2+y^2)\\&=(x-y)(x+y)\{(x+y)^2-2xy\}\\&=\sqrt{5}\cdot(\pm3)\cdot\{(\pm3)^2-2\cdot1\}\\&=\pm21\sqrt{5}\end{aligned}$$

と求まります．

解答では，y とおかずに $\dfrac{1}{x}$ のまま処理してみます．

> $x^2+\dfrac{1}{x^2}$ を
>
> $\left(x+\dfrac{1}{x}\right)^2-2x\cdot\dfrac{1}{x}$
>
> あるいは
>
> $\left(x-\dfrac{1}{x}\right)^2+2x\cdot\dfrac{1}{x}$
>
> と変形して，その値を求める．

〈解　答〉

(1) $\left(x+\dfrac{1}{x}\right)^2=\left(x-\dfrac{1}{x}\right)^2+4x\cdot\dfrac{1}{x}=9$　　⬅ $x-\dfrac{1}{x}=\sqrt{5}$ を代入

よって，$x+\dfrac{1}{x}=\pm3$

したがって，

$$\begin{aligned}x^3+\frac{1}{x^3}&=\left(x+\frac{1}{x}\right)^3-3x\cdot\frac{1}{x}\left(x+\frac{1}{x}\right)\\&=(\pm3)^3-3\cdot(\pm3)\\&=\boldsymbol{\pm18}\quad\text{(複号同順)}\end{aligned}$$

⬅ $x+\dfrac{1}{x}=\pm3$ を代入

(2)
$$\begin{aligned}x^4-\frac{1}{x^4}&=\left(x^2-\frac{1}{x^2}\right)\left(x^2+\frac{1}{x^2}\right)\\&=\left(x-\frac{1}{x}\right)\left(x+\frac{1}{x}\right)\left\{\left(x+\frac{1}{x}\right)^2-2x\cdot\frac{1}{x}\right\}\\&=\sqrt{5}\cdot(\pm3)\cdot\{(\pm3)^2-2\}\\&=\boldsymbol{\pm21\sqrt{5}}\quad\text{(複号同順)}\end{aligned}$$

⬅ $x-\dfrac{1}{x}=\sqrt{5}$，$x+\dfrac{1}{x}=\pm3$ を代入

研究
対称式×交代式＝交代式　（例）$xy(x-y)$
交代式×交代式＝対称式　（例）$(x-y)(x^2-y^2)$

演習問題

8-1 $x+\dfrac{1}{x}=3$ のとき，$x-\dfrac{1}{x}$，$x^4-\dfrac{1}{x^4}$ の値をそれぞれ求めよ．　（武蔵大）

8-2 $x-\dfrac{1}{x}=a$ のとき，$x^2+\dfrac{1}{x^2}$，$x^3-\dfrac{1}{x^3}$ をそれぞれ a の式で表せ．

（静岡産業大）

標問 9 式の値 (x, y, z の対称式)

(1) $x+y+z=6$, $xy+yz+zx=8$, $xyz=5$ のとき，

$x^2+y^2+z^2$, $\dfrac{1}{x^2}+\dfrac{1}{y^2}+\dfrac{1}{z^2}$ の値をそれぞれ求めよ． (拓殖大)

(2) x, y, z が $x+y+z=6$, $x^2+y^2+z^2=18$, $\dfrac{1}{x}+\dfrac{1}{y}+\dfrac{1}{z}=\dfrac{9}{4}$ を満たすとき，$x^3+y^3+z^3$ の値を求めよ． (東北学院大)

精講 x と y を入れ替えても，y と z を入れ替えても，z と x を入れ替えてももとの式と一致する式のことを **x, y, z の対称式**といいます．

x, y, z の対称式は

$x+y+z$, $xy+yz+zx$, xyz

で表すことができる

という性質があります．

(1) $x^2+y^2+z^2$ は

$$x^2+y^2+z^2=(x+y+z)^2-2(xy+yz+zx)$$

と変形でき，$\dfrac{1}{x^2}+\dfrac{1}{y^2}+\dfrac{1}{z^2}$ は通分すると

$$\frac{1}{x^2}+\frac{1}{y^2}+\frac{1}{z^2}=\frac{y^2z^2+z^2x^2+x^2y^2}{x^2y^2z^2}$$

となります．この分子をさらに

$$(yz+zx+xy)^2-2(x^2yz+xy^2z+xyz^2)$$
$$=(xy+yz+zx)^2-2xyz(x+y+z)$$

と変形すれば，

$x+y+z$, $xy+yz+zx$, xyz

で表現できます．

解法のプロセス

(1) $x^2+y^2+z^2$, $\dfrac{1}{x^2}+\dfrac{1}{y^2}+\dfrac{1}{z^2}$ は x, y, z の対称式．

⇩

$x+y+z$, $xy+yz+zx$, xyz で表現できる．

(2) この問題に登場する式はすべて x, y, z の対称式なので，ここでも

$x+y+z$, $xy+yz+zx$, xyz

に注目します．

ところで，$x^3+y^3+z^3$ の値は

$$\boldsymbol{x^3+y^3+z^3-3xyz}$$
$$\boldsymbol{=(x+y+z)(x^2+y^2+z^2-xy-yz-zx)}$$

という公式を利用して求めるのがラクです．

解法のプロセス

(2) 条件式が x, y, z の対称式．

⇩

$x+y+z$, $xy+yz+zx$, xyz の値を求める．

⇩

$x^3+y^3+z^3$ は

$x^3+y^3+z^3-3xyz$ が

$(x+y+z)(x^2+y^2+z^2-xy-yz-zx)$

と変形できることを利用して，その値を求める．

〈解　答〉

(1)　$x^2+y^2+z^2=(x+y+z)^2-2(xy+yz+zx)$

$=6^2-2\cdot8=\mathbf{20}$

←基本対称式で表せる

← $x+y+z=6$, $xy+yz+zx=8$ を代入

そして

$$\frac{1}{x^2}+\frac{1}{y^2}+\frac{1}{z^2}=\frac{y^2z^2+z^2x^2+x^2y^2}{x^2y^2z^2}$$

$$=\frac{(yz+zx+xy)^2-2xyz(x+y+z)}{(xyz)^2}$$

$$=\frac{8^2-2\cdot5\cdot6}{5^2}=\mathbf{\frac{4}{25}}$$

← $x+y+z$, $xy+yz+zx$, xyz で表現していく

← $x+y+z=6$, $xy+yz+zx=8$, $xyz=5$ を代入

(2)　$(x+y+z)^2=x^2+y^2+z^2+2(xy+yz+zx)$

に $x+y+z=6$, $x^2+y^2+z^2=18$ を代入して

$xy+yz+zx$ の値を求めると

$xy+yz+zx=9$

← $6^2=18+2(xy+yz+zx)$

また,

$$\frac{1}{x}+\frac{1}{y}+\frac{1}{z}=\frac{yz+zx+xy}{xyz}$$

であり，これに $\frac{1}{x}+\frac{1}{y}+\frac{1}{z}=\frac{9}{4}$, $xy+yz+zx=9$

を代入して xyz の値を求めると

$xyz=4$

← $\frac{9}{4}=\frac{9}{xyz}$

したがって,

$x^3+y^3+z^3$

$=(x+y+z)\{x^2+y^2+z^2-(xy+yz+zx)\}+3xyz$

$=6(18-9)+3\cdot4$

$=\mathbf{66}$

← $x+y+z$, $x^2+y^2+z^2$, $xy+yz+zx$, xyz の値を代入

研究　**公式の証明**

$x^3+y^3+z^3-3xyz=(x+y)^3+z^3-3xy(x+y)-3xyz$

$=(x+y+z)\{(x+y)^2-(x+y)z+z^2\}-3xy(x+y+z)$

$=(x+y+z)(x^2+y^2+z^2-xy-yz-zx)$

演習問題

9-1　$x+y+z=4$, $xy+yz+zx=5$, $xyz=1$ のとき,
$x^2+y^2+z^2$, $x^3+y^3+z^3$ の値をそれぞれ求めよ.　(八戸工大)

9-2　$x+y+z=0$, $x^2+y^2+z^2=1$ のとき, $xy+yz+zx$, $x^2y^2+y^2z^2+z^2x^2$ の値をそれぞれ求めよ.　(工学院大)

標問 10 1次不等式

x の不等式 $2ax-1 \leqq 4x$ の解が $x \geqq -5$ であるのは，定数 a がどのような値のときか．

(関西大)

精講 不等式を変形するときに注意しなくてはいけないことは，

両辺に負の数をかけたり，負の数で割ったりするときには，不等号の向きを逆向きにする

ということです．

つまり，$A<B$ という不等式に対して，

負の数 C をかけると，　$AC>BC$

負の数 C で割ると，　$\dfrac{A}{C}>\dfrac{B}{C}$

となります．

$2ax-1 \leqq 4x$ を変形してみます．

x を左辺に，定数を右辺に移項すると，

$$(2a-4)x \leqq 1 \quad \cdots\cdots ①$$

となります．

ここで，$2a-4$ で割れば x の範囲が求まりますが，その際

$2a-4$ の符号に注意

しなくてはいけません．

$2a-4>0$ ならば，$x \leqq \dfrac{1}{2a-4}$

となりますが，

$2a-4<0$ ならば，$x \geqq \dfrac{1}{2a-4}$

となることに注意しなくてはいけません．

また，$2a-4=0$ のとき①は

$$0 \cdot x \leqq 1$$

となります．

この不等式は，x がどんな数であっても成立しますから，

x はすべての数

となります．

解法のプロセス

$2ax-1 \leqq 4x$

⇩

$(2a-4)x \leqq 1$

⇩

$2a-4$ の符号で場合分けして調べる．

〈 解答 〉

$2ax-1 \leqq 4x$ より

$(2a-4)x \leqq 1$ ……①

ここで，

$2a-4>0$ つまり $a>2$ のとき，①は，

$$x \leqq \frac{1}{2a-4}$$

$2a-4<0$ つまり $a<2$ のとき，①は，

$$x \geqq \frac{1}{2a-4}$$

$2a-4=0$ つまり $a=2$ のとき，①は，

$0 \cdot x \leqq 1$ となり，x はすべての数．

よって，①の解が $x \geqq -5$ となるのは

$$a<2 \text{ かつ } \frac{1}{2a-4}=-5$$

のときである．

$\frac{1}{2a-4}=-5$ より　$1=-5(2a-4)$

整理して，$10a=19$

よって，$a=\frac{19}{10}$

これは，$a<2$ を満たす．

したがって，求める a の値は

$$a=\mathbf{\frac{19}{10}}$$

⬅ x の係数である $2a-4$ の符号で場合分けして調べる

⬅ 不等号の向きが $x \geqq -5$ と逆

⬅ $2a-4<0$ なので不等号の向きに注意

演習問題

10 次の条件を満たす x の値の範囲を求めよ．

$$6x+4<2x+5 \leqq 3x+6$$

（専修大）

標問 11 絶対値記号を含む方程式・不等式

$|x-2|+|x-5|\leqq 5$ を満たす実数 x の値の範囲を求めよ.

(東京理大)

精講 **絶対値記号は,**
場合分けしてはずす

のが基本です.

← 絶対値記号をはずさなくても解決できることもありますが, 絶対値記号をはずさないと解決できないことが多い

$|A|$ **は,**

$A\geqq 0$ **のとき** A

$A<0$ **のとき** $-A$

となります.

ですから, $|x-2|$ は,

$x-2\geqq 0$ のとき $x-2$

$x-2<0$ のとき $-(x-2)$

つまり,

$x\geqq 2$ のとき $x-2$

$x<2$ のとき $-x+2$

というように, 場合に分けることによって絶対値記号をはずすことができます.

本問では, $|x-2|$, $|x-5|$ が登場しているので

$x-2$ の正負, $x-5$ の正負

で場合分けをすることになります.

したがって,

x が 2 より大きいか小さいか

x が 5 より大きいか小さいか

に注目し,

(I) $x<2$ **のとき**

(II) $2\leqq x<5$ **のとき**

(III) $5\leqq x$ **のとき**

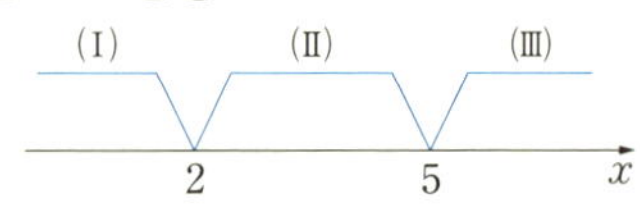

の 3 つの場合に分けて調べていくことになります.

解法のプロセス

$|x-2|+|x-5|\leqq 5$

⇩

絶対値記号をはずす.

⇩

$x-2$, $x-5$ の正負で場合分けする.

⇩

x と 2, x と 5 の大小に注目する.

実数全体を,
(I) $x<2$
(II) $2\leqq x<5$
(III) $5\leqq x$
の 3 つの範囲に分けて調べる

〈 解答 〉

$|x-2|+|x-5| \leqq 5$ ……①

(I) $x<2$ のとき,

$|x-2|=-(x-2)=-x+2$

$|x-5|=-(x-5)=-x+5$

であるから, ①は,

$-x+2+(-x+5) \leqq 5$

整理して, $-2x \leqq -2$

よって, $x \geqq 1$

$x<2$ であるから,

$1 \leqq x<2$

(II) $2 \leqq x<5$ のとき,

$|x-2|=x-2$

$|x-5|=-(x-5)=-x+5$

であるから, ①は,

$x-2+(-x+5) \leqq 5$

整理して, $0 \cdot x \leqq 2$

よって, x はすべての数.

$2 \leqq x<5$ であるから,

$2 \leqq x<5$

(III) $5 \leqq x$ のとき,

$|x-2|=x-2$

$|x-5|=x-5$

であるから, ①は,

$x-2+x-5 \leqq 5$

整理して, $2x \leqq 12$

よって, $x \leqq 6$

$5 \leqq x$ であるから,

$5 \leqq x \leqq 6$

(I), (II), (III)より, ①を満たす x の値の範囲は,

$\boldsymbol{1 \leqq x \leqq 6}$

⬅ 絶対値記号を場合分けしてはずす

1 2 x

⬅ $x \geqq 1$ と $x<2$ の共通な範囲

⬅ $5 \leqq x$ と $x \leqq 6$ の共通な範囲

演習問題

11 方程式 $|x|+2|x-1|=x+3$ を解け.

(明治大)

第2章　2次関数

標問 12　グラフの平行移動

(1)　2次関数 $y=x^2$ のグラフを x 軸方向に p, y 軸方向に q だけ平行移動した後, x 軸に関して対称移動したところ, グラフの方程式は $y=-x^2-3x+3$ となった. このとき, p, q の値を求めよ.　(中央大)

(2)　グラフが2次関数 $y=-3x^2$ のグラフを平行移動したもので, 点 $(5,\ -46)$ を通り, 頂点が直線 $y=3x-1$ 上にあるような2次関数を求めよ.　(武庫川女大)

精講

グラフの平行移動

2次関数 $y=ax^2\ (a \neq 0)$ のグラフは,

頂点が $(0,\ 0)$ である放物線

です. このグラフを,

x 軸方向に p, y 軸方向に q だけ平行移動

すると, 頂点は $(p,\ q)$ となります.

そして, この放物線の方程式は,

$$y=a(x-p)^2+q$$

となります.

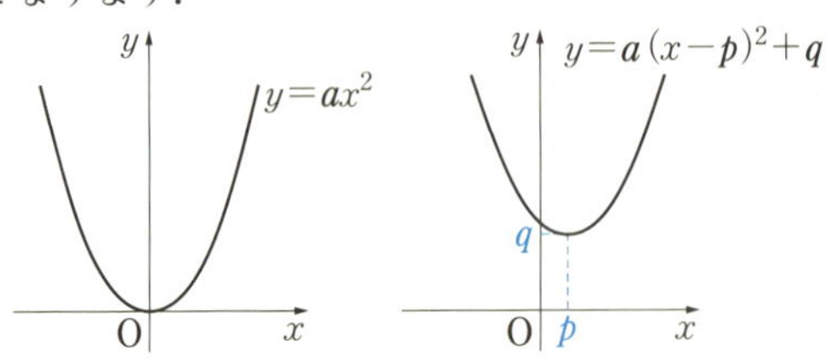

一般に, グラフが,

$y=f(x)$ のグラフを, x 軸方向に p, y 軸方向に q だけ平行移動

したものである関数の式は,

$$y=f(x-p)+q$$

となります.

x 軸に関する対称移動

グラフが,

$y=f(x)$ のグラフを x 軸に関して対称移動

解法のプロセス

(1)　$y=x^2$ を x 軸方向に p, y 軸方向に q だけ平行移動

⇩

$y=(x-p)^2+q$

⇩

これを x 軸に関して対称移動する.

⇩

$y=-(x-p)^2-q$

⇩

これが $y=-x^2-3x+3$ に一致する.

⇩

展開して係数を比較する.

解法のプロセス

(2)　$y=-3x^2$ を平行移動

⇩

$y=-3(x-p)^2+q$

⇩

頂点が $y=3x-1$ 上

⇩

$q=3p-1$

したものである関数の式は,

$$y=-f(x)$$

となります.

〈解　答〉

(1)　$y=x^2$ のグラフを

　x 軸方向に p, y 軸方向に q だけ平行移動

したグラフの方程式は

$$y=(x-p)^2+q$$

である.

⬅ 平行移動：$y=f(x-p)+q$

さらに, このグラフを x 軸に関して対称移動したグラフの式は,

$$y=-(x-p)^2-q$$

⬅ x 軸に関する対称移動：$y=-f(x)$

つまり, $y=-x^2+2px-p^2-q$

である.

これが $y=-x^2-3x+3$ に一致することから

$$2p=-3,\ -p^2-q=3$$

⬅ x の係数と定数項を比べる

したがって, $p=-\dfrac{3}{2}$, $q=-\dfrac{21}{4}$

(2)　$y=-3x^2$ のグラフを

　x 軸方向に p, y 軸方向に q だけ平行移動

したグラフの方程式は

$$y=-3(x-p)^2+q \quad \cdots\cdots①$$

⬅ 平行移動：$y=f(x-p)+q$

この頂点 $(p,\ q)$ が $y=3x-1$ 上にあることから

$q=3p-1$ であり, ①は,

$$y=-3(x-p)^2+3p-1 \quad \cdots\cdots②$$

⬅ 頂点 $(p,\ q)$ は $y=3x-1$ 上にある

このグラフが点 $(5,\ -46)$ を通ることから,

$$-46=-3(5-p)^2+3p-1$$

⬅ 点 $(5,\ -46)$ はグラフ上にある

整理して, $p^2-11p+10=0$

よって, $(p-1)(p-10)=0$

したがって,　$p=1,\ 10$

②に代入して,

$$\boldsymbol{y=-3x^2+6x-1,\ y=-3x^2+60x-271}$$

演習問題

12　放物線 $y=x^2+4x+12$ は, 放物線 $y=x^2-2x+4$ を x 軸方向に［　　］, y 軸方向に［　　］だけ平行移動したものである.　　（金沢工大）

標問 13 2次関数の決定

次の各条件を満たす2次関数 $y=ax^2+bx+c\ (a\neq 0)$ を求めよ．

(1) そのグラフが3点 $(1,\ -5)$，$(-1,\ 7)$，$(0,\ -2)$ を通る．（山梨学院大）

(2) $x=3$ で最大値7をとり，そのグラフは点 $(1,\ -5)$ を通る．（松山大）

(3) そのグラフの頂点が $(2,\ -3)$ で，x 軸から切り取る線分の長さが6である．（山梨学院大）

精講

(1)は，2次関数の式 $y=ax^2+bx+c$ に，

$x=1$，$y=-5$ を代入した式，
$x=-1$，$y=7$ を代入した式，
$x=0$，$y=-2$ を代入した式

を連立すれば，a，b，c の値が求まります．

しかし，(2)では，グラフの様子を考えながら処理することが大切です．

一般に $y=ax^2+bx+c\ (a\neq 0)$ は，

$$\boldsymbol{y=a(x-p)^2+q}$$

のように変形することによって，そのグラフの**頂点の座標 $(p,\ q)$** が見つかります．

(2)の場合，**$x=3$ で最大値7** をとることから，**グラフが上に凸**で，しかも**頂点の座標が $(3,\ 7)$** であることがわかります．

そこで，$y=ax^2+bx+c$ の形の式から出発するのではなく，$y=a(x-p)^2+q$ の形の式から出発することにしましょう．

(3)では，頂点の座標がわかっているので，これも $y=a(x-2)^2-3$ から出発することができます．

x 軸から切り取る線分の長さが6であるという条件を，どのように扱うかがポイントです．

グラフをかいてみることが非常に有効です．

2次関数のグラフは，頂点を通り y 軸に平行な直線に関して対称です．

本問の場合は，直線 $x=2$ に関して対称で，この直線と x 軸との交点をMとすると，Mは x 軸か

解法のプロセス

(1) $y=ax^2+bx+c$ に，
$x=1$，$y=-5$；
$x=-1$，$y=7$；
$x=0$，$y=-2$
を代入．
⇩
連立して a，b，c を求める．

解法のプロセス

(2) $x=3$ で最大値7をとる．
⇩
$y=a(x-3)^2+7\ (a<0)$ とおく．

解法のプロセス

(3) 頂点が $(2,\ -3)$ で，x 軸から切り取る線分の長さが6．
⇩ グラフをかく．
x 軸と $(-1,\ 0)$，$(5,\ 0)$ で交わる．
⇩
$y=a(x-2)^2-3$ に $(-1,\ 0)$ あるいは $(5,\ 0)$ を代入．
⇩
$y=a(x+1)(x-5)$ に $(2,\ -3)$ を代入．

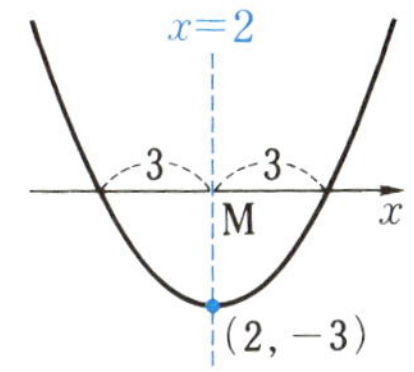
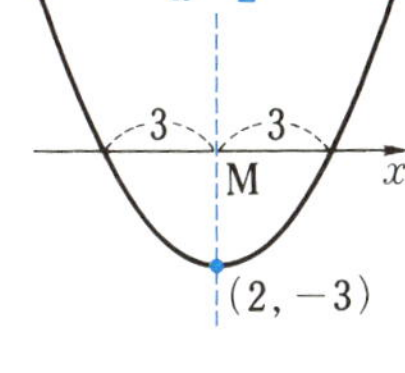

ら切り取る線分の中点です．

Mから左右に3移動した2点$(-1,\ 0)$，$(5,\ 0)$が放物線とx軸との交点です．

そこで，$y=a(x-2)^2-3$ が$(-1,\ 0)$（あるいは$(5,\ 0)$）を通ることからaの値が求まります．

なお，2点$(-1,\ 0)$，$(5,\ 0)$を通ることがわかれば，$y=a(x+1)(x-5)$ とおき，これが$(2,\ -3)$を通ることからaの値を求めることもできます．

第2章

〈 解 答 〉

(1) $y=ax^2+bx+c$ が3点$(1,\ -5)$，$(-1,\ 7)$，$(0,\ -2)$を通ることから

$-5=a+b+c$，$7=a-b+c$，$-2=c$

よって，$a=3$，$b=-6$，$c=-2$　　← 3つの式を連立して解く

したがって，$\boldsymbol{y=3x^2-6x-2}$

(2) $y=a(x-3)^2+7$ $(a<0)$ とおくことができ，　　← $x=3$ のとき最大値7

これが$(1,\ -5)$を通ることから

$-5=a(-2)^2+7$　よって，$a=-3$ (<0)　　← $y=a(x-3)^2+7$ に $x=1$，$y=-5$ を代入

したがって，$y=-3(x-3)^2+7$

よって，　$\boldsymbol{y=-3x^2+18x-20}$

(3) $y=a(x-2)^2-3$ とおくことができ，　　← 頂点が$(2,\ -3)$

これがx軸と$(-1,\ 0)$，$(5,\ 0)$で交わるので　　← x軸から切り取る線分の長さが6

$0=a\cdot 3^2-3$　よって，$a=\dfrac{1}{3}$

したがって，$y=\dfrac{1}{3}(x-2)^2-3$

よって，　$\boldsymbol{y=\dfrac{1}{3}x^2-\dfrac{4}{3}x-\dfrac{5}{3}}$

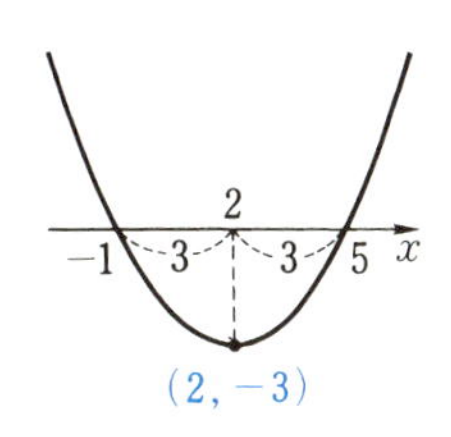

別解　$y=a(x+1)(x-5)$ が$(2,\ -3)$を通るので

$-3=a\cdot 3\cdot(-3)$　よって，$a=\dfrac{1}{3}$

したがって，$y=\dfrac{1}{3}(x+1)(x-5)$　（あとは右辺を展開する）

演習問題

13-1　2次関数 $y=x^2+px+q$ $(pq\neq 0)$ のグラフが点$(1,\ 1)$を通り，x軸に接するとき，p，qの値を求めよ．　（大阪産業大）

13-2　グラフが3点$(-1,\ 0)$，$(0,\ -1)$，$(2,\ 3)$を通る2次関数を求めよ．　（九州産業大）

標問 14 2次関数の最大・最小(1)

(1) $y=2x^2+2ax+3(a+1)$ の最小値をMとする．aを変化させたときMの最大値，およびそのときのaの値を求めよ． (名古屋学院大〈改作〉)

(2) $1 \leqq x \leqq 5$ のとき，x の4次式 $y=(x^2-6x)^2+12(x^2-6x)+30$ のとり得る値の範囲を求めよ． (麗澤大)

精講 **2次関数 $y=ax^2+bx+c\ (a \neq 0)$ の最大値・最小値を求めるときには，**頂点の座標や上に凸か下に凸かを調べて**グラフをかいてみる**とよくわかります．

解法のプロセス

(1) 2次関数の最大・最小

⇩

頂点の座標，凹凸を調べてグラフをかく．

⇩

下に凸なら頂点において最小，上に凸なら頂点において最大．

なお，頂点の座標を求めるときには，

ax^2+bx+c を $a(x-p)^2+q$ の形

に変形します．

その手順は次の通りです．

$$ax^2+bx+c=a\left(x^2+\frac{b}{a}x\right)+c$$

↓ 半分

$$=a\left(x+\frac{1}{2}\cdot\frac{b}{a}\right)^2-a\left(\frac{b}{2a}\right)^2+c$$

$a\left(x+\frac{1}{2}\cdot\frac{b}{a}\right)^2$ を展開したときの定数項である $a\left(\frac{1}{2}\cdot\frac{b}{a}\right)^2$ をひく

(1) $y=2x^2+2ax+3(a+1)$ の右辺を変形すると，

$$y=2(x^2+ax)+3(a+1)$$
$$=2\left(x+\frac{a}{2}\right)^2-2\left(\frac{a}{2}\right)^2+3(a+1)$$
$$=2\left(x+\frac{a}{2}\right)^2-\frac{a^2}{2}+3a+3$$

となります．この式から頂点の座標がわかり，下に凸であることにも注意すると，グラフは右のようになって，**最小値 M は**

$$M=-\frac{a^2}{2}+3a+3 \quad \cdots\cdots(*)$$

だとわかります．

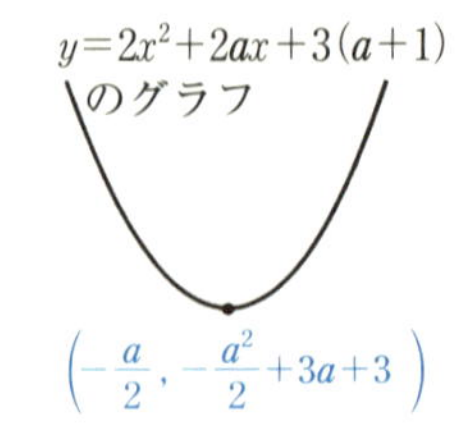

さらに，横軸に a，縦軸に M をとって，$(*)$ のグラフをかくのです．

a^2 の係数は負なので，このグラフは上に凸になり，M の最大値が求まる，という仕組みです．

(2)　これは x の 4 次関数ですが，まず $1 \leqq x \leqq 5$ のときの x^2-6x のとり得る値の範囲を調べます．**$t=x^2-6x$ とでもおいて，縦軸に t をとってグラフをかいてみる**とすぐにわかるでしょう．

実は，$-9 \leqq t \leqq -5$ となります．そして，
x^2-6x が t なので，

$$\boldsymbol{y=t^2+12t+30}$$

です．今度は，横軸を t，縦軸を y にとってグラフをかき，$-9 \leqq t \leqq -5$ の範囲における y のとり得る値の範囲を調べれば目的達成です．

解法のプロセス

(2)　y は x^2-6x の 2 次式．
⇩
$x^2-6x=t$ とおく．
⇩
まず，x を変化させたときの t の変域を調べる．
⇩
その t の変域における y のグラフをかいてみる．

〈 解 答 〉

(1)　$y=2x^2+2ax+3(a+1)$ より

$$y=2\left(x+\frac{a}{2}\right)^2-\frac{a^2}{2}+3a+3$$

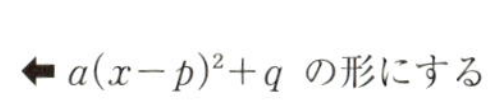

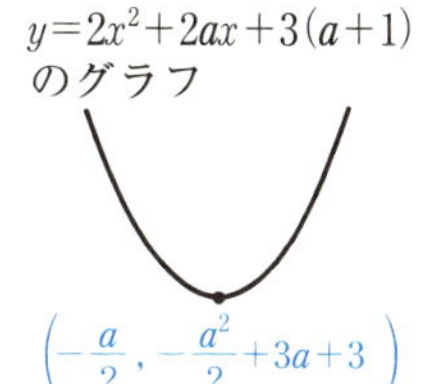

したがって，最小値 M は，

$$M=-\frac{a^2}{2}+3a+3$$

⬅ M は a の 2 次関数

$$=-\frac{1}{2}(a-3)^2+\frac{15}{2}$$

よって，**$a=3$ のとき，**

M は最大値 $\boldsymbol{\frac{15}{2}}$ をとる．

$M=-\frac{a^2}{2}+3a+3$
のグラフ

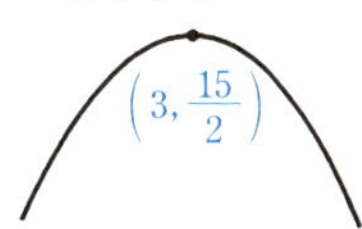

(2)　$t=x^2-6x$ とおくと，

$$t=(x-3)^2-9$$

⬅ t の変域を調べる

であるから，

$1 \leqq x \leqq 5$ のとき，$-9 \leqq t \leqq -5$

$y=t^2+12t+30$ より

$$y=(t+6)^2-6$$

であるから，$-9 \leqq t \leqq -5$ のとき，

$$\boldsymbol{-6 \leqq y \leqq 3}$$

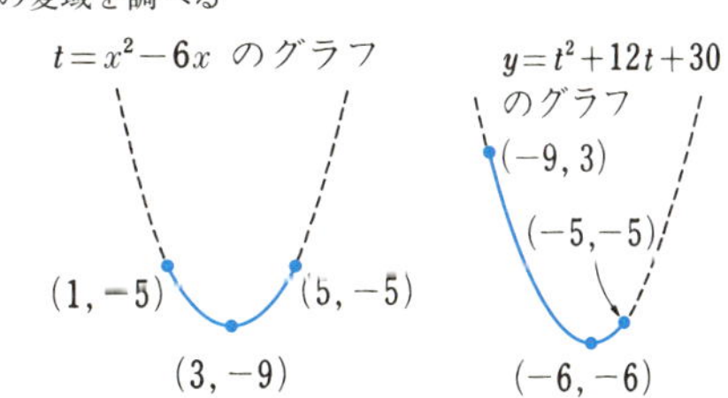

演習問題

14　2 次関数 $f(x)=x^2-mx+m^2-m$ の最小値を $g(m)$ とする．いま，m がいろいろな値をとるとき，$g(m)$ の最小値を求めよ．　　(日本大)

標問 15 2次関数の最大・最小 (2)

区間 $0 \leqq x \leqq 1$ における2次関数 $y=-x^2-ax+a^2$ の最大値Mを求めよ．また，$M=5$ のとき，a の値を求めよ．（愛知学泉大）

精講 グラフが上に凸である2次関数は，頂点において最大値をとります．

$y=a(x-p)^2+q$ $(a<0)$

$(p,\ q)$

最大値はq

ところが，x に $0 \leqq x \leqq 1$ という制限がついている場合は，一概に，頂点で最大とはいえません．

頂点の x 座標が区間 $0 \leqq x \leqq 1$ に含まれていれば頂点で最大値をとりますが，頂点が区間 $x<0$ に含まれている場合と，区間 $1<x$ に含まれている場合は最大値をとる場所が頂点ではありません．

そこで，**場合分けが必要**です．

グラフが上に凸の2次関数の $\alpha \leqq x \leqq \beta$ における最大値

⇩ グラフを考える．

頂点の x 座標が区間 $\alpha \leqq x \leqq \beta$ に含まれるかどうかで場合分けをする．

(i) **頂点が区間 $0 \leqq x \leqq 1$ より左の区間 $x<0$ にあるとき**

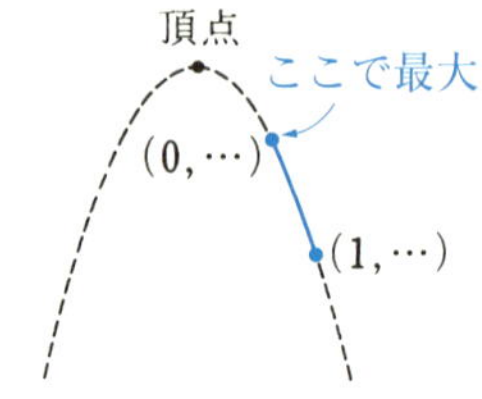

(ii) **頂点が区間 $0 \leqq x \leqq 1$ 内にあるとき**

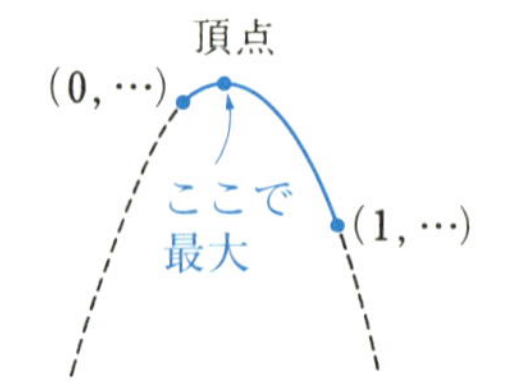

(iii) **頂点が区間 $0 \leqq x \leqq 1$ より右の区間 $1<x$ にあるとき**

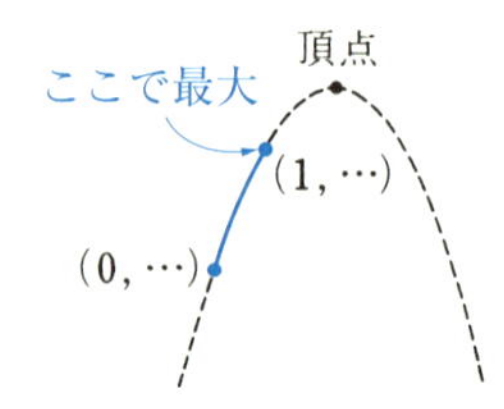

〈解 答〉

$y=-x^2-ax+a^2$ より

$$y=-\left(x+\frac{a}{2}\right)^2+\frac{5}{4}a^2$$

← $-(x^2+ax)+a^2$
$=-\left(x+\frac{a}{2}\right)^2+\left(\frac{a}{2}\right)^2+a^2$
と変形する

この関数のグラフの頂点の x 座標は $-\dfrac{a}{2}$ である．

(i) $-\dfrac{a}{2}<0$ つまり $a>0$ のとき

← 頂点の x 座標が区間 $x<0$ に含まれるとき

このとき，区間 $0 \leqq x \leqq 1$ において単調に減少するので，$x=0$ のときに最大となる．

よって，$M=a^2$

(ii)　$0\leqq -\dfrac{a}{2}\leqq 1$ つまり $-2\leqq a\leqq 0$ のとき

← 頂点の x 座標が区間 $0\leqq x\leqq 1$ に含まれるとき

このとき，頂点において最大となる．

よって，$M=\dfrac{5}{4}a^2$

(iii)　$-\dfrac{a}{2}>1$ つまり $a<-2$ のとき

← 頂点の x 座標が区間 $1<x$ に含まれるとき

このとき，区間 $0\leqq x\leqq 1$ において単調に増加するので，$x=1$ のとき最大となる．

よって，$M=a^2-a-1$

(i)，(ii)，(iii)より，

$$M=\begin{cases} \boldsymbol{a^2-a-1} & (\boldsymbol{a<-2}) \\ \boldsymbol{\dfrac{5}{4}a^2} & (\boldsymbol{-2\leqq a\leqq 0}) \\ \boldsymbol{a^2} & (\boldsymbol{0<a}) \end{cases}$$

次に，$M=5$ となる a の値を求める．

(ア)　$a<-2$ のとき，$a^2-a-1=5$ より

$a^2-a-6=0$

← 左辺を因数分解すると $(a-3)(a+2)=0$ となる

よって，$a=-2,\ 3$

これらは，$a<-2$ に反する．

(イ)　$-2\leqq a\leqq 0$ のとき，$\dfrac{5}{4}a^2=5$ より　$a=\pm 2$

$-2\leqq a\leqq 0$ より，　$a=-2$

(ウ)　$0<a$ のとき，$a^2=5$ より $a=\pm\sqrt{5}$

$0<a$ より，　$a=\sqrt{5}$

(ア)，(イ)，(ウ)より

$\boldsymbol{a=-2,\ \sqrt{5}}$

研究　関数の最大・最小に関する問題では，グラフを利用して考えていくことが大切である．

演習問題

15　x の関数

$$f(x)=x^2+ax+a\ (a \text{ は実数})$$

があるとき，区間 $-2\leqq x\leqq 2$ での $f(x)$ の最小値を求めよ．　（近畿大）

標問 16 2次関数の最大・最小(3)

x の2次関数 $y=ax^2+bx$ (a, b は定数) の $0\leqq x\leqq 1$ における最大値が16, 最小値が -9 となる a, b は2組あるという. このとき, a の値を求めよ.

(東京薬大)

精講 x^2 の係数の符号によって, グラフが上に凸か下に凸かがわかります. この問題では x^2 の係数が a ですから, **a が正か負かで場合分け**します.

$a>0$ のとき, グラフは下のようになり, **区間 $0\leqq x\leqq 1$ において,**

(i) **単調に減少する**

(ii) **$0\leqq x\leqq p$ で減少し, $p\leqq x\leqq 1$ で増加する**

(iii) **単調に増加する**

のいずれかです. 本問では, **$x=0$ のとき $y=0$ になる**ことから, (i)や(iii)の場合, 最大値が16で最小値が -9 とはなりません.

したがって, 頂点の x 座標は, 区間 $0\leqq x\leqq 1$ に含まれ, そこで最小値 -9 をとり, $x=1$ で最大値16をとることがわかります.

解法のプロセス

区間 $\alpha\leqq x\leqq\beta$ における2次関数の値の変化

頂点が区間 $\alpha\leqq x\leqq\beta$ に含まれる.
⇩
減少し, 増加するか増加し, 減少する.

頂点が区間 $\alpha\leqq x\leqq\beta$ に含まれない.
⇩
単調に増加するか単調に減少する.

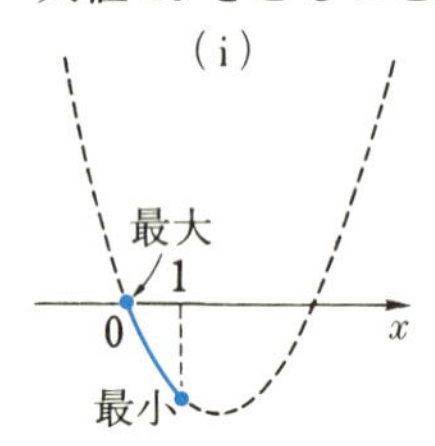

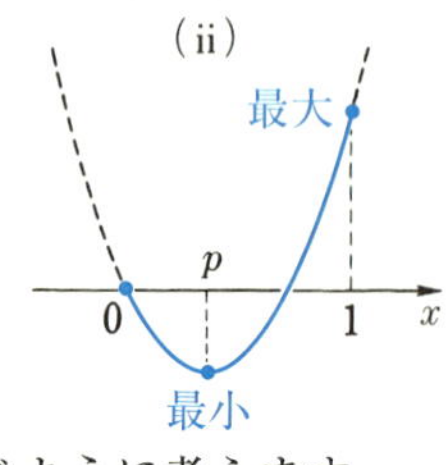

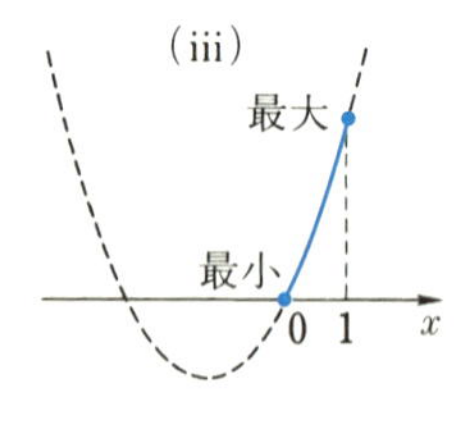

$a<0$ のときも同じように考えます.

〈 解 答 〉

$y=ax^2+bx$ より,

$$y=a\left(x+\frac{b}{2a}\right)^2-\frac{b^2}{4a}$$

⇐ 問題文に2次関数と書いてあるから, $a\neq 0$ で考えてよい

頂点の x 座標 $-\dfrac{b}{2a}$ が区間 $0\leqq x\leqq 1$ に含まれていない場合は, この2次関数はこの区間で単調に増加, あるいは減少する. ところで

⇐ 頂点の x 座標は $-\dfrac{b}{2a}$ とわかる

$x=0$ のとき $y=0$

であるから，この区間における最大値が 16，最小値が -9 となることはない．したがって，頂点の x 座標 $-\dfrac{b}{2a}$ が区間 $0\leqq x\leqq 1$ に含まれている場合，つまり $0\leqq -\dfrac{b}{2a}\leqq 1$ ……(＊)

のときについてのみ調べればよい．

(i) $a>0$ のとき　　← グラフが下に凸か，上に凸かで場合分けする

$y=ax^2+bx$ のグラフは下に凸であり，最大値が 16，最小値が -9 となることから，

$x=-\dfrac{b}{2a}$ のとき，$y=-9$　　← $x=-\dfrac{b}{2a}$ で最小となる

$x=1$ のとき，$y=16$ となる．　　← $x=1$ で最大となる（$x=0$ で最大とならない）

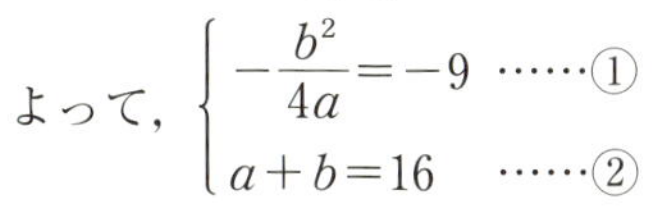

よって，$\begin{cases} -\dfrac{b^2}{4a}=-9 & \cdots\cdots ① \\ a+b=16 & \cdots\cdots ② \end{cases}$

①，②を解いて，$(a,\ b)=(64,\ -48)$，$(4,\ 12)$　　← ①より　$b^2=36a$　②を用いて，$b^2=36(16-b)$　よって，$(b+48)(b-12)=0$

しかし，$(a,\ b)=(64,\ -48)$ は(＊)を満たすが，$(a,\ b)=(4,\ 12)$ は満たさない．

(ii) $a<0$ のとき

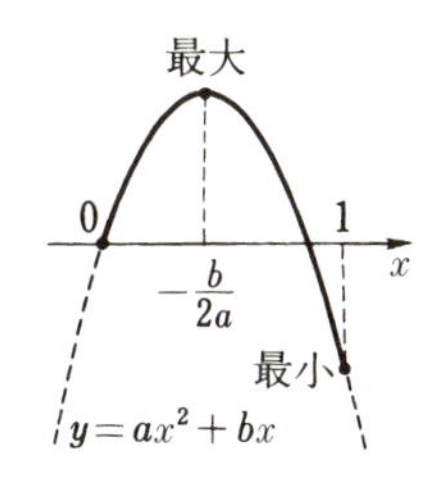

$x=-\dfrac{b}{2a}$ のとき，$y=16$，　　← $x=-\dfrac{b}{2a}$ で最大となる

$x=1$ のとき，$y=-9$　　← $x=1$ で最小となる（$x=0$ で最小とならない）

となることより，

$\begin{cases} -\dfrac{b^2}{4a}=16 \\ a+b=-9 \end{cases}$　　← 連立方程式を解く

よって，$(a,\ b)=(-81,\ 72)$，$(-1,\ -8)$

しかし，$(a,\ b)=(-81,\ 72)$ は(＊)を満たすが，$(a,\ b)=(-1,\ -8)$ は満たさない．

以上，(i)，(ii)より，　$a=\mathbf{64,\ -81}$

演習問題

16　2 次関数 $y=ax^2-2ax+a^2-2a-4$ がある．ただし，a は実数の定数とする．$0\leqq x\leqq 3$ において最大値が 8 であるとき，a の値を求めよ．また，このときの最小値を求めよ．　（武庫川女大）

標問 17 絶対値記号のついた関数 (1)

関数 $f(x)=(3-x)|x+1|$ の $t \leqq x \leqq t+1$ における $f(x)$ の最小値を $g(t)$ とする.

(1) $y=f(x)$ のグラフをかけ.

(2) $g(t)$ を求めよ. (名城大)

精講 (1) $|x+1|=\begin{cases} x+1 & (x \geqq -1) \\ -x-1 & (x<-1) \end{cases}$

ですから,

$$f(x)=\begin{cases} (3-x)(x+1) & (x \geqq -1) \\ (3-x)(-x-1) & (x<-1) \end{cases}$$

となります.

そして, $y=(3-x)(x+1)$ $(x \geqq -1)$ のグラフは, x 軸と2点 $(3,\ 0)$, $(-1,\ 0)$ で交わり, 上に凸の放物線の $x \geqq -1$ の部分です.

$x<-1$ の範囲でも同様に $y=(3-x)(-x-1)$ のグラフをかいてもよいのですが,

$$(3-x)(-x-1)=(3-x)(x+1)\times(-1)$$

なので, **$y=(3-x)(x+1)$ のグラフの $x<-1$ の部分を x 軸に関して対称に移動**すれば,

$$y=(3-x)(-x-1) \quad (x<-1)$$

のグラフが得られます.

← $y=f(x)$ のグラフと $y=-f(x)$ のグラフは x 軸に関して対称である

解法のプロセス

(1) 絶対値記号のついた関数
⇩
x の範囲で場合分けして絶対値記号をはずす.
⇩
それぞれの範囲でグラフをかく.

(2) $y=f(x)$ のグラフは右のようになります.

y, $y=f(x)$, 4, 3, -1, O, 1, 3, x

$t \leqq x \leqq t+1$ における最小値を求めるには, 次のように考えます.

まず, この区間の幅が一定値1であることに注目します.

そして, この幅である**長さ1の棒を用意して, x 軸上に重ねます**.

この棒の x 座標を変域としたとき, どの場所で y が最小になるかを調べます.

棒を左から右へと移動してみて, いったいどこで最小になるかに注目して場合分けします.

解法のプロセス

(2) $t \leqq x \leqq t+1$ における最小値を求める.
⇩
区間の幅を長さにもつ棒を用意して x 軸上に重ねる.
⇩
その区間において最小となる x の値を求める.
⇩
棒をずらしてみて場合分けをする.

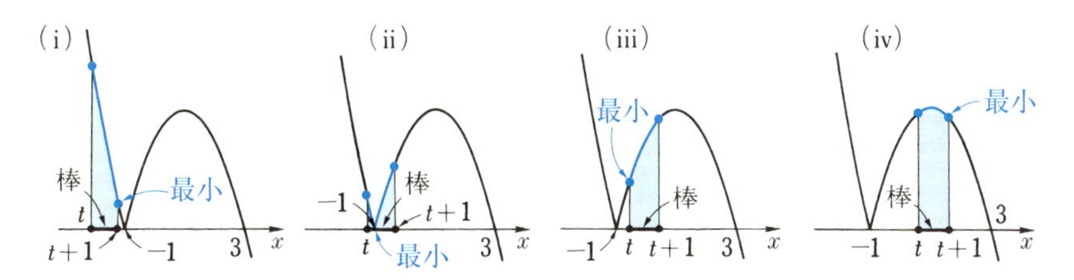

(i)は**棒(区間)の右端 $t+1$ が -1 より小さい場合**です.

(ii)は**棒(区間)の上に $x=-1$ の点が含まれる場合**です.

(iii), (iv)は**ともに棒(区間)の左端 t が -1 より大きい場合**ですが, **区間の左端で最小となるのか, 右端で最小となるのか**の違いがあります.

この両者を区別するには, 右のように, **棒(区間)の中点が 1 になるとき**, つまり, t が $\frac{1}{2}$ になるときに注目します.

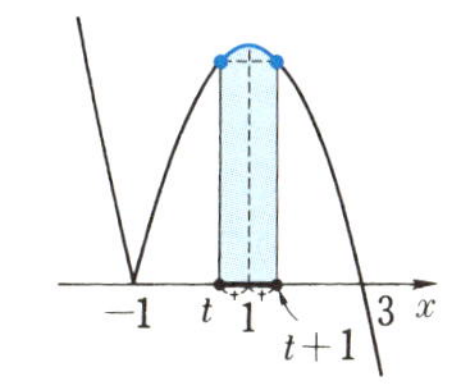

〈 解 答 〉

(1) $f(x)=\begin{cases}(3-x)(x+1)=-(x-1)^2+4 & (x\geqq-1)\\(3-x)(-x-1)=(x-1)^2-4 & (x<-1)\end{cases}$

⬅ 絶対値記号をはずす

であるから, $y=f(x)$ のグラフは右のようになる.

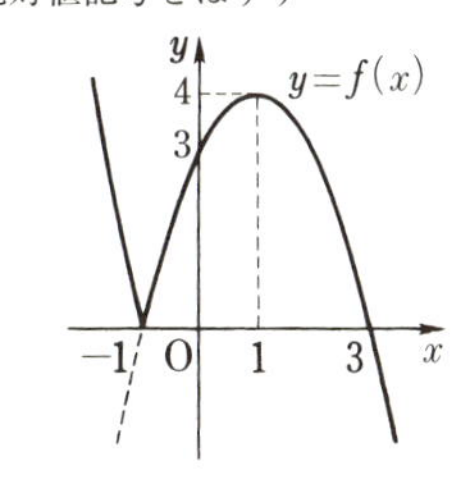

(2) $t\leqq x\leqq t+1$ における $f(x)$ の最小値 $g(t)$ は

$$g(t)=\begin{cases}f(t+1)=\boldsymbol{t^2-4} & (\boldsymbol{t<-2})\\ f(-1)=\boldsymbol{0} & (\boldsymbol{-2\leqq t\leqq -1})\\ f(t)=\boldsymbol{-(t-1)^2+4} & \left(\boldsymbol{-1<t\leqq\frac{1}{2}}\right)\\ f(t+1)=\boldsymbol{-t^2+4} & \left(\boldsymbol{\frac{1}{2}<t}\right)\end{cases}$$

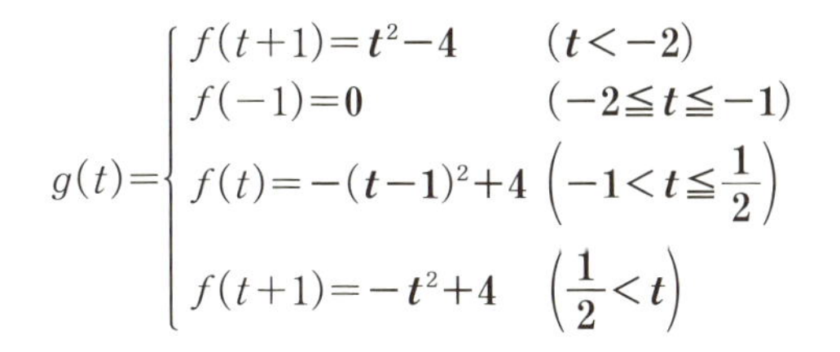

⬅ $-(x-1)^2+4$ に代入するのか, $(x-1)^2-4$ に代入するのかに注意

演習問題

17 (1) 関数 $y=(|x-4|-1)^2$ のグラフをかけ.

(2) $t\leqq x\leqq t+1$ における(1)の関数の最大値を $f(t)$ とするとき, $f(t)$ を求めよ.

(早　大)

標問 18 絶対値記号のついた関数 (2)

関数 $f(x)=|x^2-ax-x+a|$ の区間 $0\leqq x\leqq 1$ における最大値を与える x の値が2通りあるとき，a の値を求めよ．（中京大）

精講 $\boldsymbol{y=|x^2-ax-x+a|}$ のグラフをかくには次のようにするとラクです．

まず，**絶対値記号の中身**のグラフをかきます．つまり，$\boldsymbol{y=x^2-ax-x+a}$ **のグラフ**をかいてみます．

$$x^2-ax-x+a=(x-a)(x-1)$$

ですから，$y=x^2-ax-x+a$ のグラフは x 軸と2点 $(a,\ 0)$，$(1,\ 0)$ で交わる下に凸の放物線です．

そして，この $\boldsymbol{y=x^2-ax-x+a}$ **のグラフの** $\boldsymbol{x}$ **軸より下にある部分を** $\boldsymbol{x}$ **軸に関して対称に移動する**と，$y=|x^2-ax-x+a|$ のグラフが完成です．

x 軸との交点 $(a,\ 0)$，$(1,\ 0)$ の x 座標である a と1の大小によって場合分けすると，グラフは次のようになります．

解法のプロセス

$y=|x^2-ax-x+a|$ のグラフをかきたい．

⇩

まず，$y=x^2-ax-x+a$ のグラフをかく．

⇩

x 軸より下にある部分を x 軸に関して対称に移動する．

(i) $\boldsymbol{a<1}$ **のとき**

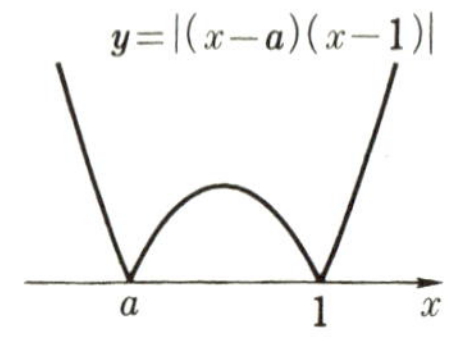

(ii) $\boldsymbol{a=1}$ **のとき**

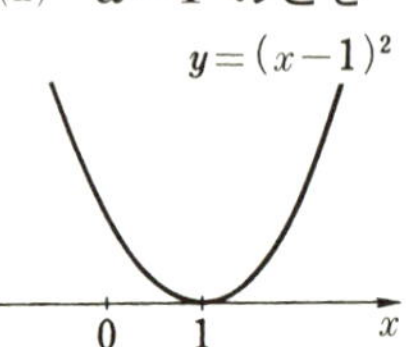

(iii) $\boldsymbol{1<a}$ **のとき**

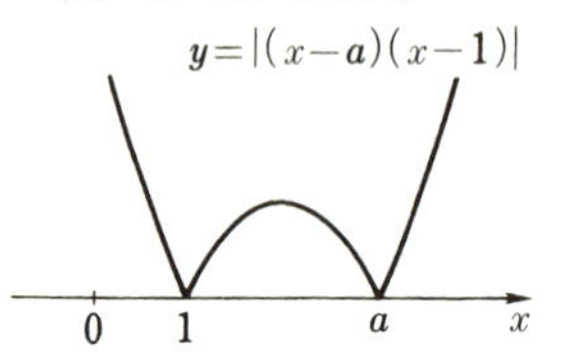

さて，区間 $0\leqq x\leqq 1$ において，$y=|(x-a)(x-1)|$ の最大値を与える x の値が2通りあるのは，どのような場合かを考えてみましょう．

(ii)や(iii)では，

区間 $\boldsymbol{0\leqq x\leqq 1}$ **において，単調に減少する**

ので，この区間において最大値を与える x の値は1通りしかありません．

解法のプロセス

$y=|(x-a)(x-1)|$ の区間 $0\leqq x\leqq 1$ における最大値を与える x の値が2通り．

⇩

$0\leqq x\leqq 1$ における最大値をとる場所を調べてみる．

⇩

最大値をとる x の値が2通りある場合をさがしあてたら，その状況を式で表す．

では，(i)はどうでしょうか．

(i)-1　**区間の左端である 0 が a より大きい場合**は，右図のように，区間 $0 \leqq x \leqq 1$ において，最大値を与える x の値は 1 通りしかありません．

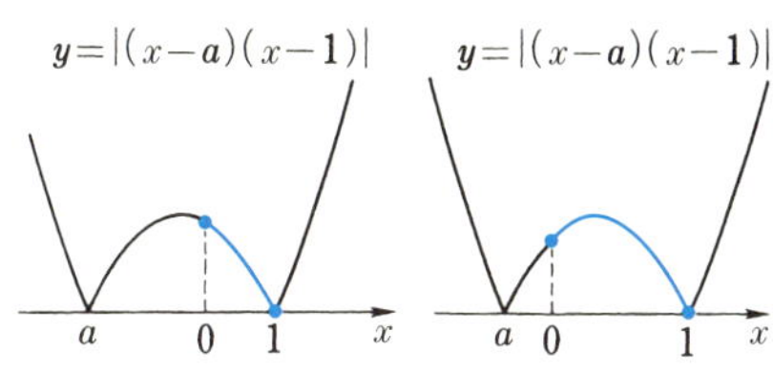

(i)-2　**区間の左端である 0 が a より小さい場合**は，右図のように，最大値を与える x の値が 2 通りあることがあります．

$y=-(x-a)(x-1)$ の頂点の y 座標と，

$y=(x-a)(x-1)$ の $x=0$ のときの y の値が一致する場合です．

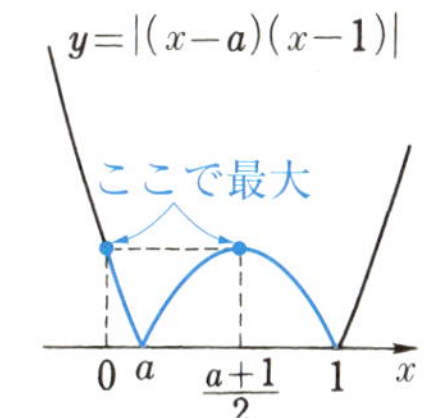

〈 解　答 〉

$$f(x)=|x^2-ax-x+a|$$
$$=|(x-a)(x-1)|$$

であるから，$f(x)$ の区間 $0 \leqq x \leqq 1$ における最大値を与える x の値が 2 通りあるのは，$y=f(x)$ のグラフが右のようになるときである．

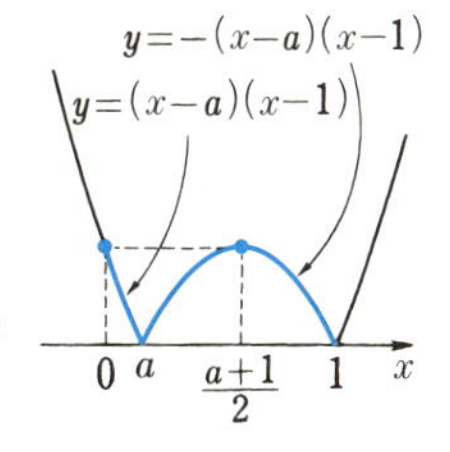

よって，

$$\begin{cases} 0<a<1 \\ f(0)=f\left(\dfrac{a+1}{2}\right) \end{cases}$$

← a は区間 $0<x<1$ に含まれる

← $x=0$ および $x=\dfrac{a+1}{2}$ のときに最大となる

が求める条件である．

$f(0)=f\left(\dfrac{a+1}{2}\right)$ より

← $f(0)$ は $(x-a)(x-1)$ に $x=0$ を代入して求める
$f\left(\dfrac{a+1}{2}\right)$ は $-(x-a)(x-1)$ に $x=\dfrac{a+1}{2}$ を代入して求める

$$a=\left(\frac{a-1}{2}\right)^2$$

よって，　$a^2-6a+1=0$

したがって，　$a=3\pm2\sqrt{2}$

これと $0<a<1$ より

$$\boldsymbol{a=3-2\sqrt{2}}$$

演習問題

18　正の実数 a に対して，$f(x)=\left|ax^2-\dfrac{1}{a}\right|$ とする．

(1)　$0 \leqq x \leqq 1$ における $y=f(x)$ のグラフをかけ．

(2)　$0 \leqq x \leqq 1$ における $f(x)$ の最大値 $g(a)$ を求めよ．　（立教大）

標問 19 図形と最大・最小

放物線 $y=-x^2+4$ 上の動点 $\mathrm{R}(a,\ b)$ と，2定点 $\mathrm{P}(-2,\ 0)$，$\mathrm{Q}(2,\ 0)$ を考える．ただし，$0\leqq a\leqq 2$ とする．線分 PR と QR の長さの平方の和が最小となる点Rを求めよ．また，最大となる点Rを求めよ． （津田塾大）

精講 **とにかく図をかいてみましょう．**
図をかくと様子がよくわかるものです．

解法のプロセス
とにかく図をかいてみる．
⇩
$\mathrm{PR}^2+\mathrm{QR}^2$ を a だけで表す．
⇩
a の4次関数だが a は a^4 と a^2 の形でしか登場しない．
⇩
a^2 をひとかたまりに扱い，a^2 の2次関数と考える．
⇩
a^2 の変域に注意して最大，最小となるときを調べる．

PR^2 も QR^2 も R の座標である a，b を用いて表すことができますが，点 $\mathrm{R}(a,\ b)$ は放物線 $y=-x^2+4$ 上の点なので，

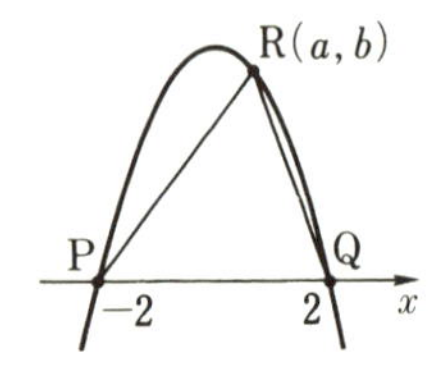

$$b=-a^2+4$$

という関係式が成り立ちます．

ですから，PR^2 も QR^2 も a だけで表すことができます．具体的には，

$$\mathrm{PR}^2+\mathrm{QR}^2=2a^4-14a^2+40$$

となります．

⬅ $\mathrm{PR}^2+\mathrm{QR}^2$ は a についての関数となる

これは a の4次関数ですが，

a は a^4 と a^2 という形でしか登場していない

ので，**$a^2=t$ とおくと，**

$$\mathrm{PR}^2+\mathrm{QR}^2=2t^2-14t+40$$

というように，**t の2次関数**ですから，簡単に最小値を求めることができます．

ただ，このときに，t はすべての実数値をとるわけではないことに注意しなくてはいけません．

a は $0\leqq a\leqq 2$ の範囲で変化するので，

a^2 は $0\leqq a^2\leqq 4$ の範囲で変化します．

⬅ 変域に注意

したがって，t の変域は $0\leqq t\leqq 4$ です．

つまり，**$0\leqq t\leqq 4$ の範囲**において最小となるときを調べればよいわけです．

本質的には同じなので，解答では，t とおかずに，a^2 のまま話を進めています．

わかりにくかったら，a^2 の部分を t におきかえて考えてみて下さい．

〈 解　答 〉

$P(-2,\ 0)$, $Q(2,\ 0)$, $R(a,\ -a^2+4)$
であるから,

$$\begin{aligned}&PR^2+QR^2\\&=(a+2)^2+(-a^2+4)^2\\&\quad+(a-2)^2+(-a^2+4)^2\\&=2(-a^2+4)^2+(a+2)^2+(a-2)^2\\&=2a^4-14a^2+40\\&=2\left(a^2-\frac{7}{2}\right)^2+\frac{31}{2}\end{aligned}$$

⬅ $b=-a^2+4$ であるから，R の座標は a だけで表せる

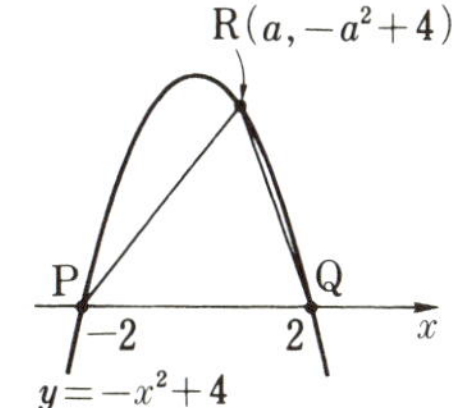

ところで，$0\leqq a\leqq 2$ であるから，a^2 の変域は,

$$0\leqq a^2\leqq 4$$

⬅ $a^2=t$ とおくと $0\leqq t\leqq 4$ において $2\left(t-\frac{7}{2}\right)^2+\frac{31}{2}$ が最大，最小となるときを調べることになる

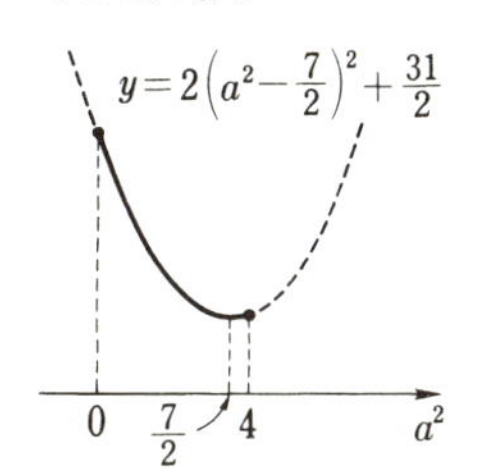

したがって,

$a^2=\frac{7}{2}$ のときに PR^2+QR^2 は最小

となる.

また,

$a^2=0$ のときに PR^2+QR^2 は最大

となる.

よって,

PR^2+QR^2 が最小となるときのRの座標は

$$\left(\sqrt{\frac{7}{2}},\ \frac{1}{2}\right)$$

PR^2+QR^2 が最大となるときのRの座標は

$$(0,\ 4)$$

演習問題

19　1辺が16 cmの正方形ABCDの辺AB，BCの中点をそれぞれM，Nとする．いま，辺DA，CD上を動く点P，Qを考え，PQとMNは平行とする．

(1)　四角形PMNQの面積が最大になるときのDPの長さを求めよ．

(2)　四角形PMNQの面積の最小値を求めよ．　　　　(武蔵大)

標問 20 方程式の実数解

x の方程式 $ax^2+bx+c=0$ (a, b, c は実数の定数) の解を実数の範囲で求めよ.

精講 **問題文に, 2次方程式 $ax^2+bx+c=0$ とは書いていない**ことに注意しましょう.

解法のプロセス

$a \neq 0$ のときは2次方程式である.

⇩

解の公式を用いて解く.

⇩

ただし, b^2-4ac が負のときは実数解をもたない.

まず, **$a \neq 0$ のときについて**解を求めてみることにします.

$$ax^2+bx+c=0 \quad \cdots\cdots①$$

の左辺の c を右辺に移項し, さらに両辺を a で割って x^2 の係数を1にすると

$$x^2+\frac{b}{a}x=-\frac{c}{a}$$

となります.

← 左辺を平方完成する

ここで, x の係数 $\frac{b}{a}$ の半分の2乗である $\left(\frac{b}{2a}\right)^2$ を両辺に加えます.

$$x^2+\frac{b}{a}x+\left(\frac{b}{2a}\right)^2=\left(\frac{b}{2a}\right)^2-\frac{c}{a}$$

となり,

左辺は $\left(x+\frac{b}{2a}\right)^2$, 右辺は $\frac{b^2-4ac}{(2a)^2}$

となるので次のような式が得られます.

$$\left(x+\frac{b}{2a}\right)^2=\frac{b^2-4ac}{(2a)^2} \quad \cdots\cdots(*)$$

← 右辺の b^2-4ac の符号に注目

ここで, $b^2-4ac \geqq 0$ のときは

$$x+\frac{b}{2a}=\pm\frac{\sqrt{b^2-4ac}}{2a}$$

となり, このことから x が次のように求まります.

$$x=-\frac{b}{2a}\pm\frac{\sqrt{b^2-4ac}}{2a}$$

つまり, $x=\dfrac{-b\pm\sqrt{b^2-4ac}}{2a}$

なお, $b^2-4ac<0$ のときは $(*)$ を満たす実数 x は存在しません.

← ($(*)$ の左辺) $\geqq 0$ より

次に，**$a=0$ のときについて**調べてみることにします．

このとき，もとの方程式①は，

$$bx+c=0 \quad \cdots\cdots ①'$$

となります．

$b \neq 0$ ならば x は，$x=-\dfrac{c}{b}$

と求まりますが，$b=0$ のときは少しやっかいです．

$b=0$ のとき，方程式 ①′ は，

$$0 \cdot x+c=0 \quad \cdots\cdots ①''$$

となります．

$c=0$ のとき，①″は，$0 \cdot x+0=0$ となり，この式は x がどんな実数であっても成立します．

ところが，$c \neq 0$ のときは，x がどんな実数であっても①″の左辺は c $(\neq 0)$ であり，0 にはなりません．つまり，$c \neq 0$ のとき，①″を満たす実数 x は存在しません．

解法のプロセス

$a=0$ のときは
$bx+c=0$
という方程式になる．

⇩

b が 0 か 0 でないかで場合に分けて解く．

⇩

$b=0$ のときにはさらに c が 0 か 0 でないかで場合分けする．

解　答

$ax^2+bx+c=0 \quad \cdots\cdots (*)$

(Ⅰ) **$a \neq 0$ のとき，**

(ⅰ) **$b^2-4ac \geqq 0$ ならば，**

$$x=\frac{-b \pm \sqrt{b^2-4ac}}{2a}$$

← 2次方程式の解の公式

(ⅱ) **$b^2-4ac<0$ ならば，$(*)$ を満たす実数 x は存在しない．**

(Ⅱ) **$a=0$ のとき，**

(ⅰ) **$b \neq 0$ ならば，$x=-\dfrac{c}{b}$**

← 1次方程式の解

(ⅱ) **$b=0$，$c=0$ ならば，x はすべての実数．**

(ⅲ) **$b=0$，$c \neq 0$ ならば，$(*)$ を満たす実数 x は存在しない．**

演習問題

20 x の方程式 $Ax^2+B=0$（A，B は実数の定数）の解を実数の範囲で求めよ．

標問 21 2次方程式の実数解

(1) xの2次方程式 $x^2-2(a-1)x+(a-2)^2=0$ (aは実数の定数) が実数解をもつようなaの値の範囲を求めよ. (立教大)

(2) xの2次方程式 $x^2-2(3m-1)x+9m^2-8=0$ (mは実数の定数) が異なる2つの実数解をもつようなmの値の範囲を求めよ. (岐阜女大)

(3) xの2次方程式 $x^2+2ax+4a-3=0$ (aは実数の定数) がただ1つの解 (重解) をもつようなaの値を求めよ.

精講 xの2次方程式

$ax^2+bx+c=0$ ……(＊)

(a, b, c は実数の定数で $a \neq 0$)

の実数解は

$$\boldsymbol{b^2-4ac>0} \text{ **のとき** } \boldsymbol{x=\frac{-b\pm\sqrt{b^2-4ac}}{2a}}$$

$$\boldsymbol{b^2-4ac=0} \text{ **のとき** } \boldsymbol{x=-\frac{b}{2a}}$$

$$\boldsymbol{b^2-4ac<0} \text{ **のとき　なし**}$$

となります.

$b^2-4ac=0$ のときは,

$b^2-4ac>0$ のときの解である

$$x=\frac{-b+\sqrt{b^2-4ac}}{2a} \text{ と } x=\frac{-b-\sqrt{b^2-4ac}}{2a}$$

が一致したものと考えて, 解 $x=-\dfrac{b}{2a}$ を**重解**と呼びます.

xの2次方程式 (＊) の実数解は, b^2-4ac の符号によって次のように分類できます.

b^2-4ac の符号	$b^2-4ac>0$	$b^2-4ac=0$	$b^2-4ac<0$
実数解	$\dfrac{-b\pm\sqrt{b^2-4ac}}{2a}$	$-\dfrac{b}{2a}$ (重解)	なし

なお, b^2-4ac のことを,

2次方程式 $ax^2+bx+c=0$ ($a \neq 0$) の**判別式**

と呼び, Dという記号を用いて表すことがあります.

解法のプロセス

(1) 2次方程式が実数解をもつ.
⇩
(判別式)≧0

解法のプロセス

(2) 2次方程式が異なる2つの実数解をもつ.
⇩
(判別式)>0

解法のプロセス

(3) 2次方程式が重解をもつ.
⇩
(判別式)=0

〈 解　答 〉

(1)　2次方程式 $x^2-2(a-1)x+(a-2)^2=0$ ……①

の判別式を D_1 とすると,

$$D_1=\{-2(a-1)\}^2-4\cdot1\cdot(a-2)^2$$
$$=4(a-1)^2-4(a-2)^2$$
$$=4\{(a-1)^2-(a-2)^2\}$$
$$=4(2a-3)$$

したがって, 2次方程式①が実数解をもつ条件は,

$$4(2a-3)\geqq0$$

← 実数解をもつ条件は
(判別式)$\geqq0$

これを解いて, $\boldsymbol{a\geqq\frac{3}{2}}$

(2)　2次方程式　$x^2-2(3m-1)x+9m^2-8=0$ …②

の判別式を D_2 とすると,

$$D_2=\{-2(3m-1)\}^2-4\cdot1\cdot(9m^2-8)$$
$$=4(3m-1)^2-4(9m^2-8)$$
$$=4\{(3m-1)^2-(9m^2-8)\}$$
$$=4(-6m+9)$$
$$=-12(2m-3)$$

したがって, 2次方程式②が異なる2つの実数解をもつ条件は,

$$-12(2m-3)>0$$

← 異なる2つの実数解をもつ条件は
(判別式)>0

両辺を -12 で割って, $2m-3<0$

よって,　$\boldsymbol{m<\frac{3}{2}}$

(3)　2次方程式 $x^2+2ax+4a-3=0$ が重解をもつ条件は,

$$(2a)^2-4\cdot1\cdot(4a-3)=0$$

← 重解をもつ条件は
(判別式)$=0$

両辺を4で割って整理して,

$$a^2-4a+3=0$$

よって, $(a-1)(a-3)=0$

したがって,　$a=\mathbf{1},\ \mathbf{3}$

演習問題

21　x の方程式 $ax^2-(2a^2+2a)x+a^3+2a^2+a+1=0$ (a は実数の定数) が実数解をもつような a の値の範囲を求めよ.

標問 22 2次不等式の解

(1) $3x^2+4x-4>0$, $-2x^2+5x+3\leqq 0$ をともに満たす x の値の範囲を求めよ. (武蔵大)

(2) $x^2-(a+1)x+a<0$, $3x^2+2x-1>0$ をともに満たす整数 x がちょうど3つ存在するような定数 a の値の範囲を求めよ. (摂南大)

精講

2次不等式 $\boldsymbol{a(x-\alpha)(x-\beta)>0}$ $\boldsymbol{(a>0)}$ の解は次のようになります.

(i) $\boldsymbol{\alpha<\beta}$ **のとき** $\boldsymbol{x<\alpha,\ \beta<x}$

(ii) $\boldsymbol{\alpha=\beta}$ **のとき** $\boldsymbol{x\neq\alpha}$ **のすべての実数**

$y=a(x-\alpha)(x-\beta)$

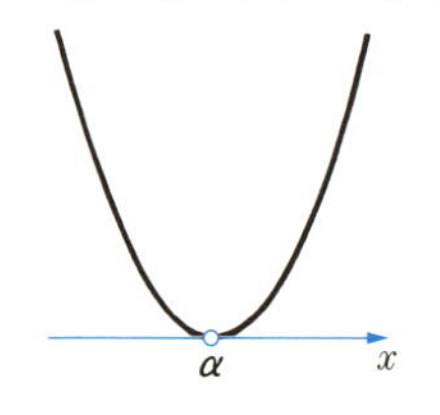

← $y=a(x-\alpha)(x-\beta)$ のグラフ上で y 座標が正である点の x 座標の範囲

また, 2次不等式 $\boldsymbol{a(x-\alpha)(x-\beta)<0}$ $\boldsymbol{(a>0)}$ の解は次のようになります.

(i) $\boldsymbol{\alpha<\beta}$ **のとき** $\boldsymbol{\alpha<x<\beta}$

(ii) $\boldsymbol{\alpha=\beta}$ **のとき** **解なし**(x は存在しない)

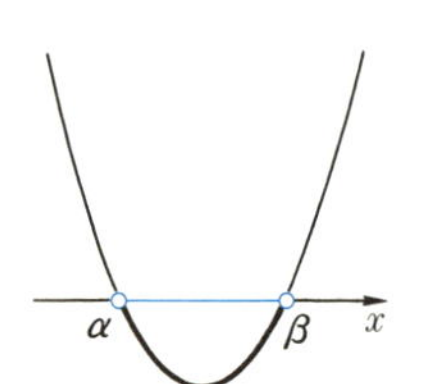

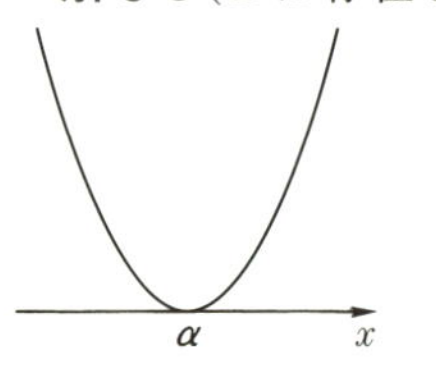

← $y=a(x-\alpha)(x-\beta)$ のグラフ上で y 座標が負である点の x 座標の範囲

(1)は, 2つの2次不等式をそれぞれ解いて, それらの共通範囲を求めることになります. その際, **数直線の活用が有効**です.

(2) $x^2-(a+1)x+a<0$ は $(x-a)(x-1)<0$ と変形できるので

$\boldsymbol{a<1}$ **のとき** $\boldsymbol{a<x<1}$

$\boldsymbol{a=1}$ **のとき** **解なし**

$\boldsymbol{1<a}$ **のとき** $\boldsymbol{1<x<a}$

が解となります.

解法のプロセス

(1) $3x^2+4x-4>0$, $-2x^2+5x+3\leqq 0$ のそれぞれを解く.

⇩

数直線を利用して, それらの共通範囲を求める.

解法のプロセス

(2) $3x^2+2x-1>0$ を解く.

⇩

$x^2-(a+1)x+a<0$ を $(x-a)(x-1)<0$ と変形し, a と1の大小で場合に分けて解く.

⇩

数直線を利用して, 共通範囲に, ちょうど3つの整数 x が存在するような a の値の範囲を調べる.

それぞれの場合について，$3x^2+2x-1>0$

つまり $x<-1,\ \dfrac{1}{3}<x$ との共通範囲に，ちょうど3つの整数xが存在する条件を調べていきます．このときも数直線の活用が有効です．

〈 解 答 〉

(1) $3x^2+4x-4>0$ より $(3x-2)(x+2)>0$

よって，$x<-2,\ \dfrac{2}{3}<x$ ……①

$-2x^2+5x+3\leqq 0$ より $2x^2-5x-3\geqq 0$

← x^2 の係数は正の方が扱いやすい

よって，$(2x+1)(x-3)\geqq 0$

したがって，$x\leqq -\dfrac{1}{2},\ 3\leqq x$ ……②

①，②をともに満たすxの値の範囲は

$x<-2,\ 3\leqq x$

(2) $3x^2+2x-1>0$ より $(3x-1)(x+1)>0$

よって，$x<-1,\ \dfrac{1}{3}<x$ ……③

$x^2-(a+1)x+a<0$ より

$(x-a)(x-1)<0$ ……④

$a=1$ のとき，④を満たすxは存在せず，③，④をともに満たすxも存在しない．

← $a=1$ のとき④は $(x-1)^2<0$ となる

$a<1$ のとき，④の解は $a<x<1$ であり，③，④をともに満たす整数xがちょうど3つ存在する条件は

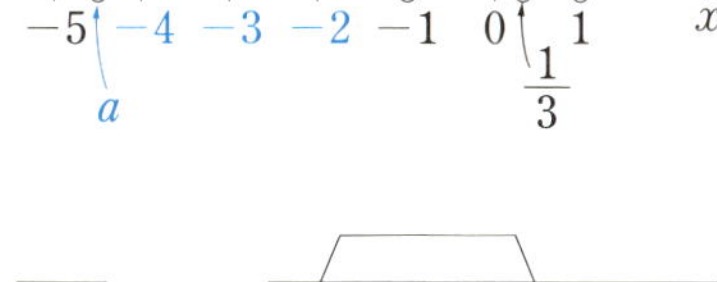

$-5\leqq a<-4$ ← 数直線をかいて考える

$1<a$ のとき，④の解は $1<x<a$ であり，③，④をともに満たす整数xがちょうど3つ存在する条件は

$4<a\leqq 5$ ← 数直線をかいて考える

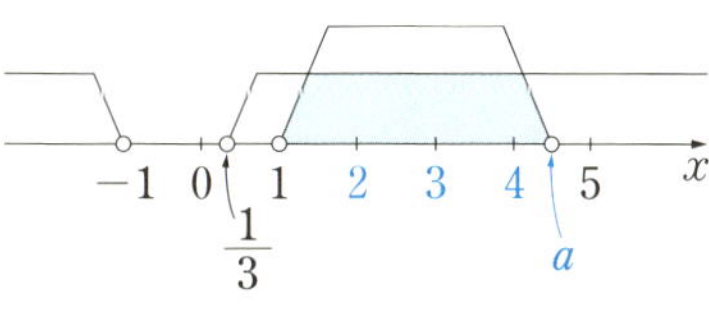

したがって，求めるaの値の範囲は

$-5\leqq a<-4,\ 4<a\leqq 5$

演習問題

22 不等式 $x^2-(a+2)x+2a<0$ を満たすxの整数値がただ1つ存在するような整数aの値を求めよ．（工学院大）

標問 23 2次方程式の実数解の個数

(1) 関数 $f(x)=2x^2-ax+3+a$（a は実数の定数）について，方程式 $f(x)=0$ の異なる実数解の個数を求めよ．（広島修道大）

(2) 2次方程式 $x^2+4ax+5-a=0$ および $x^2+3x+3a^2=0$ のどちらも実数解をもたないとき，実数 a のとり得る値の範囲を求めよ．

（久留米大）

精講

x の2次方程式

$$ax^2+bx+c=0$$

（a，b，c は実数の定数で $a \neq 0$）

の異なる**実数解の個数**は次のようになります．

$b^2-4ac>0$ のとき $x=\dfrac{-b\pm\sqrt{b^2-4ac}}{2a}$

の**2個**

$b^2-4ac=0$ のときの解は，$x=-\dfrac{b}{2a}$

の**1個（重解）**

$b^2-4ac<0$ のとき**0個**

$b^2-4ac=0$ のときは，

$$x=\frac{-b+\sqrt{b^2-4ac}}{2a} \text{ と } x=\frac{-b-\sqrt{b^2-4ac}}{2a}$$

が一致したものと考えて，$x=-\dfrac{b}{2a}$ を重解と呼びます．重解を2つの解と考えることがあります．本書では，2次方程式が重解をもつときの実数解の個数は2である（異なる実数解の個数は1）として扱うことにします．

解法のプロセス

(1) 2次方程式の異なる実数解の個数

⇩

(判別式)>0 のとき2個，
(判別式)$=0$ のとき1個，
(判別式)<0 のとき0個

x の2次方程式

$$ax^2+bx+c=0$$

（a，b，c は実数の定数で $a \neq 0$）

について，異なる実数解の個数は判別式の符号によって，次のように分類できます．

解法のプロセス

(2) 2次方程式が実数解をもたない．

⇩

(判別式)<0

b^2-4ac の符号	$b^2-4ac>0$	$b^2-4ac=0$	$b^2-4ac<0$
異なる実数解の個数	2	1	0

〈 解　答 〉

(1)　x の 2 次方程式 $2x^2-ax+3+a=0$ の判別式をDとすると

$D=(-a)^2-4\cdot2\cdot(3+a)=a^2-8a-24$

⬅ 異なる実数解の個数を判別式Dの符号によって調べる

異なる実数解の個数が 1 となる条件は，$D=0$ より

$a=4\pm2\sqrt{10}$

異なる実数解の個数が 2 となる条件は，$D>0$ より

$a<4-2\sqrt{10}$，$4+2\sqrt{10}<a$

⬅ $a^2-8a-24=0$ の解は $a=4\pm2\sqrt{10}$ なので $a^2-8a-24>0$ の解は $a<4-2\sqrt{10}$，$4+2\sqrt{10}<a$

異なる実数解の個数が 0 となる条件は，$D<0$ より

$4-2\sqrt{10}<a<4+2\sqrt{10}$

以上より，x の 2 次方程式 $2x^2-ax+3+a=0$ の異なる実数解の個数は，

$$\begin{cases} \boldsymbol{a<4-2\sqrt{10},\ 4+2\sqrt{10}<a} & \textbf{のとき，2 個} \\ \boldsymbol{a=4\pm2\sqrt{10}} & \textbf{のとき，1 個} \\ \boldsymbol{4-2\sqrt{10}<a<4+2\sqrt{10}} & \textbf{のとき，0 個} \end{cases}$$

(2)　$x^2+4ax+5-a=0$ が実数解をもたない条件は，

(判別式)<0 より，$(4a)^2-4(5-a)<0$

両辺を 4 で割って整理して

$4a^2+a-5<0$

左辺を因数分解して，$(4a+5)(a-1)<0$

よって，　$-\dfrac{5}{4}<a<1$　　……①

また，$x^2+3x+3a^2=0$ が実数解をもたない条件は，

$3^2-4\cdot3a^2<0$

⬅ (判別式)<0

両辺を 3 で割って整理して，$4a^2-3>0$

よって，　$a<-\dfrac{\sqrt{3}}{2}$，$\dfrac{\sqrt{3}}{2}<a$　　……②

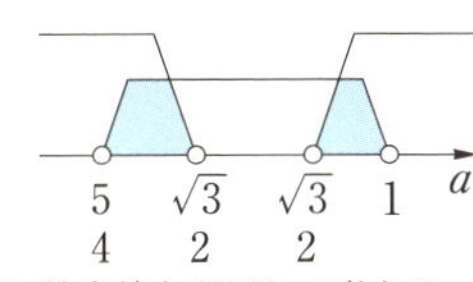

⬅ 数直線を利用して考える

①，②をともに満たす a の値の範囲は，

$$\boldsymbol{-\frac{5}{4}<a<-\frac{\sqrt{3}}{2},\ \frac{\sqrt{3}}{2}<a<1}$$

演習問題

23　次の 2 つの 2 次方程式①，②がともに実数解をもたない a の値の範囲を求めよ．

$x^2+(a-1)x+a-1=0$　　……①

$x^2+2(a-1)x-a+7=0$　　……②

第2章

標問 24 すべての x（ある x）に対して…

不等式 $k(x^2+x+1)>x+1$（ただし，$k \neq 0$）について

(1) すべての実数 x に対してこの不等式が成り立つように，定数 k の値の範囲を定めよ.

(2) この不等式を満たす実数 x が存在するように，定数 k の値の範囲を定めよ.

（名古屋経済大）

精講

2 次不等式 $ax^2+bx+c>0$ $(a \neq 0)$ について考えることにします.

この 2 次不等式が，**すべての実数 x に対して成立する条件**を調べてみましょう.

$y=ax^2+bx+c$ $(a \neq 0)$ のグラフを利用して考えるとわかりやすいです.

すべての実数 x に対して $ax^2+bx+c>0$
となるのは，
$y=ax^2+bx+c$ のグラフが x 軸より上に浮いていることです. いいかえると，

下に凸で，x 軸と共有点をもたないこと，つまり，**$a>0$ かつ（$D=$）$b^2-4ac<0$** が条件です.

a の符号，D の符号によって，$y=ax^2+bx+c$ のグラフは次のようになります.

解法のプロセス

(1) すべての実数 x に対して
$ax^2+bx+c>0$ $(a \neq 0)$
⇩
$a>0$ かつ $b^2-4ac<0$

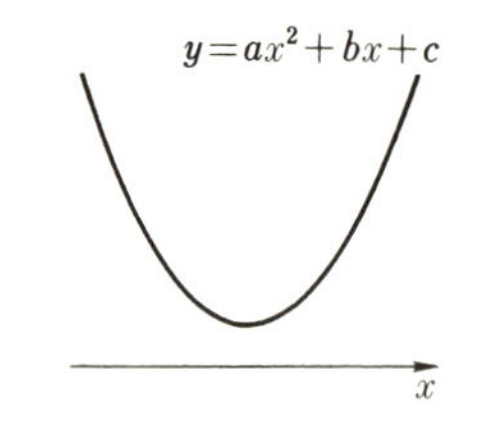

$a>0$ のとき

（$D=$）$b^2-4ac>0$

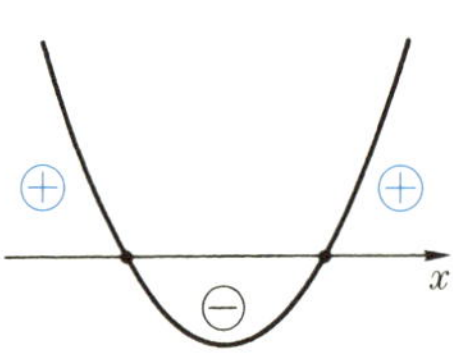

（$D=$）$b^2-4ac=0$

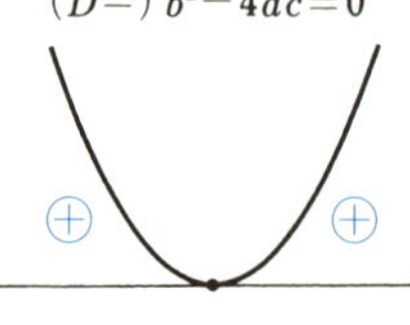

（$D=$）$b^2-4ac<0$

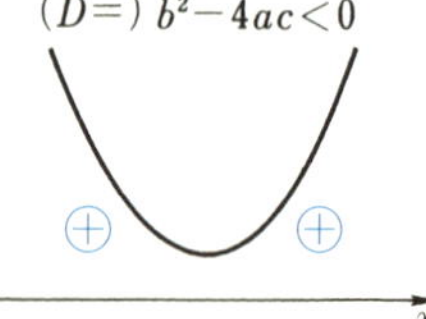

$a<0$ のとき

（$D=$）$b^2-4ac>0$

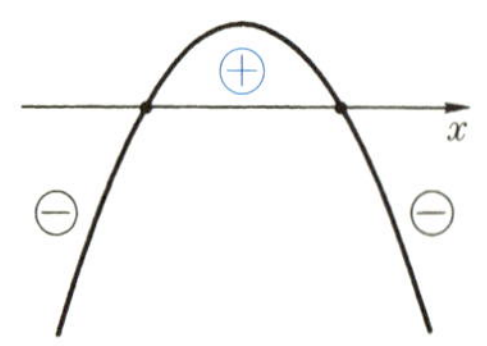

（$D=$）$b^2-4ac=0$

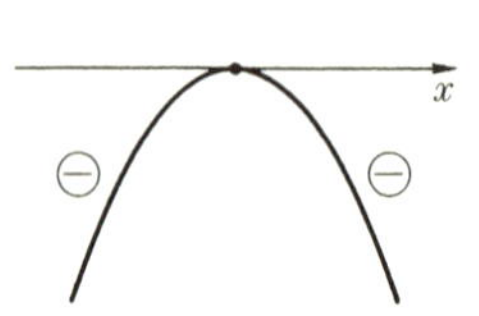

（$D=$）$b^2-4ac<0$

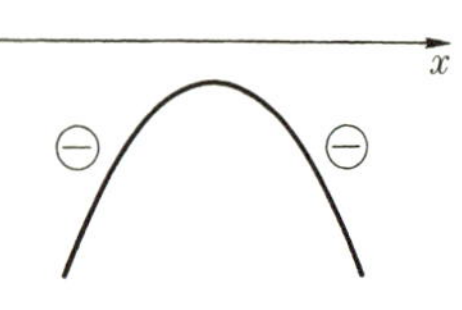

この6つのグラフを考えると，すべての実数xに対して $ax^2+bx+c>0$ となるのは，

$a>0$，$(D=)$ $b^2-4ac<0$

のときであることが納得できるでしょう．

次に，

$ax^2+bx+c>0$ となる実数 x が存在する

条件はどうでしょうか．

前の6つのグラフを見ると，$a>0$ ならO.K.です．そして，$a<0$ でも，$(D=)$ $b^2-4ac>0$ ならO.K.です．つまり

$a>0$ または $(D=)$ $b^2-4ac>0$

が条件となります．

解法のプロセス

(2) $ax^2+bx+c>0$ $(a \neq 0)$ となる実数xが存在する．

⇩

$a>0$ または $b^2-4ac>0$

⬅ グラフがx軸より上側の部分に(も)あればよい

〈 解 答 〉

$k(x^2+x+1)>x+1$ より

$kx^2+(k-1)x+k-1>0$ ……(＊)

⬅ $ax^2+bx+c>0$ と変形して，2次関数と2次不等式の関係で考える

(1) すべての実数xに対して2次不等式(＊)が成り立つ条件は

$k>0$ かつ $(k-1)^2-4k(k-1)<0$

である．

⬅ x^2 の係数が正で $D<0$

$(k-1)^2-4k(k-1)<0$ より

$(k-1)(3k+1)>0$

よって，$k<-\dfrac{1}{3}$，$1<k$

これと $k>0$ より **$1<k$**

(2) (＊)を満たす実数xが存在する条件は

$k>0$ または $(k-1)^2-4k(k-1)>0$

である．

⬅ x^2 の係数が正または $D>0$

$(k-1)^2-4k(k-1)>0$ より $-\dfrac{1}{3}<k<1$

したがって，**$-\dfrac{1}{3}<k$（ただし，$k \neq 0$）**

⬅ $k \neq 0$ は問題文の条件

演習問題

24 すべての実数xについて，

$$ax^2+(a-1)x+a-1<0$$

が成り立つようなaの値の範囲を求めよ．

標問 25 $\alpha \leqq x \leqq \beta$ のとき $x^2+ax+b \gtreqless 0$ が成立

(1) $1 \leqq x \leqq 3$ を満たすすべての x が不等式 $x<3+ax-x^2$ を満たすとき，a の値の範囲を求めよ．

(2) $x^2-(p+5)x+5p \leqq 0$ を満たすどのような実数 x に対しても，$x^2+2px+p^2-3p-1>0$ が成り立つような実数 p の値の範囲を求めよ．

(広島修道大)

精講 (1) $x<3+ax-x^2$ を整理すると，
$x^2+(1-a)x-3<0$ となるので，
$1 \leqq x \leqq 3$ を満たすすべての x が

$x^2+(1-a)x-3<0$ を満たす

条件を調べることになります．

ここでも**グラフの活用が有効**です．

$f(x)=x^2+(1-a)x-3$ とおくと，$y=f(x)$ のグラフは下に凸の放物線です．

この放物線の **$1 \leqq x \leqq 3$ の部分が x 軸より下側にあることが条件**であり，これは

$f(1)<0$，$f(3)<0$ となることです．

解法のプロセス

(1) まず $x<3+ax-x^2$ を整理する．

⇩

$1 \leqq x \leqq 3$ のとき

$x^2+(1-a)x-3<0$

が成立する条件を求める．

⇩ グラフを利用．

$x=1$，3 のとき

$x^2+(1-a)x-3<0$

が成立する．

(2) $x^2-(p+5)x+5p \leqq 0$ は
$(x-p)(x-5) \leqq 0$ と変形できるので，この解は

(i) $p<5$ なら $p \leqq x \leqq 5$

(ii) $5 \leqq p$ なら $5 \leqq x \leqq p$

となります．いずれも $\alpha \leqq x \leqq \beta$ という形です．

そして，$g(x)=x^2+2px+p^2-3p-1$ とおくと，$y=g(x)$ のグラフは下に凸の放物線です．

いま，求めたいのは，

$\alpha \leqq x \leqq \beta$ のとき $g(x)>0$

となる条件です．これも**グラフを活用**しましょう．

$\alpha \leqq x \leqq \beta$ のとき $g(x)>0$ ということは，**$\alpha \leqq x \leqq \beta$ における $g(x)$ の最小値が正**ということです．そこで，$y=g(x)$ の**頂点の x 座標を γ とするとき，γ が区間 $\alpha \leqq x \leqq \beta$ に含まれているかいないかで場合分け**します．

解法のプロセス

(2) $x^2-(p+5)x+5p \leqq 0$ を解く．

⇩

p と 5 の大小で場合分け．

$\alpha \leqq x \leqq \beta$ のとき

$x^2+2px+p^2-3p-1>0$

$g(x)$ とおく

が成立する条件を調べる．

⇩

頂点の x 座標 $-p$ と α，β との大小で場合分けする．

グラフをかいて考える．

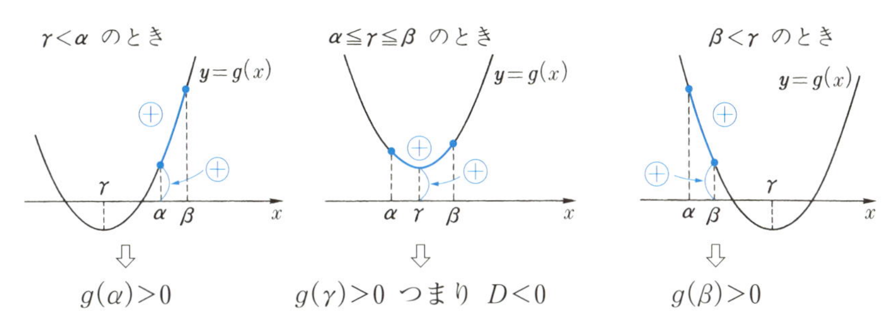

さて，この問題では $y=g(x)$ の頂点の x 座標（上記の $\boldsymbol{\gamma}$）**は** $\boldsymbol{-p}$ **です．そこで**

(Ⅰ) $p<5$ のときは $\alpha=p$，$\beta=5$ なので，

$\boldsymbol{-p<p<5}$，$\boldsymbol{p\leqq -p\leqq 5}$，$\boldsymbol{p<5<-p}$

で場合分けします．

(Ⅱ) $5\leqq p$ のときは $\alpha=5$，$\beta=p$ であり，

$-p<5\leqq p$ とわかるので場合分けは不要です．

解　答

(1) $x<3+ax-x^2$ より，$x^2+(1-a)x-3<0$ 　⬅ 式を変形する

$f(x)=x^2+(1-a)x-3$ とおくと，

$1\leqq x\leqq 3$ のときつねに $f(x)<0$ となる条件は

$f(1)<0$ かつ $f(3)<0$ 　⬅ グラフは下に凸の放物線

よって，$-a-1<0$ かつ $-3a+9<0$

したがって，$\boldsymbol{3<a}$ 　⬅ $a>-1$ と $a>3$ の共通範囲

(2) $x^2-(p+5)x+5p\leqq 0$ より $(x-p)(x-5)\leqq 0$

この解は，$p<5$ のとき $p\leqq x\leqq 5$，

$5\leqq p$ のとき $5\leqq x\leqq p$ である． 　⬅ $p<5$ のとき $p\leqq x\leqq 5$ が $5\leqq p$ のとき $5\leqq x\leqq p$ が x の範囲

$g(x)=x^2+2px+p^2-3p-1$ とおくと，$y=g(x)$ のグラフは下に凸で，頂点の x 座標は $-p$ である．

(Ⅰ) $p<5$ のときについて

(i) $-p<p<5$ のとき
$g(p)>0$ が条件であり
$4p^2-3p-1>0$

(ii) $p\leqq -p\leqq 5$ のとき
$g(-p)>0$ が条件であり
$-3p-1>0$

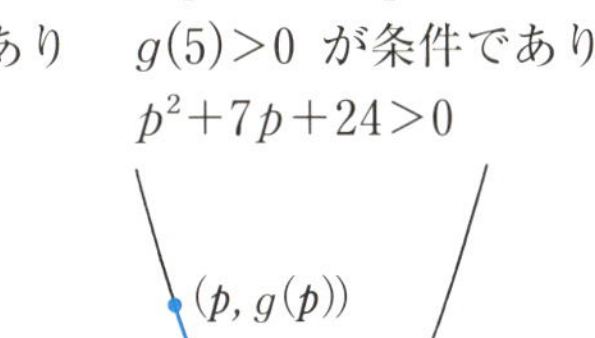

(iii) $p<5<-p$ のとき
$g(5)>0$ が条件であり
$p^2+7p+24>0$

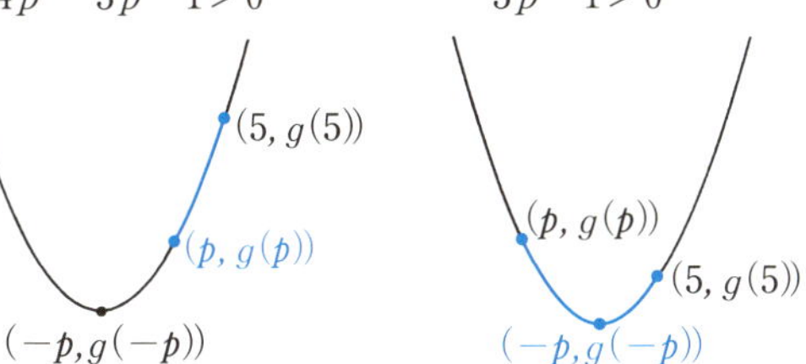

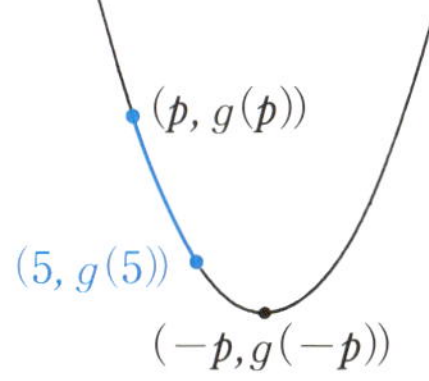

(II)　$5 \leqq p$ のときについて

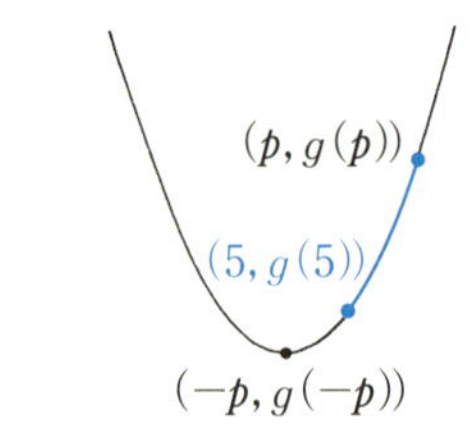

このとき，$-p<5 \leqq p$ であるから，

$g(5)>0$ が条件であり，$p^2+7p+24>0$

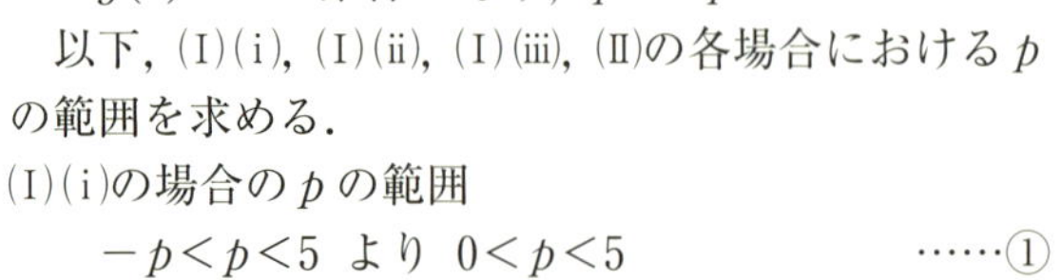
以下，(I)(i)，(I)(ii)，(I)(iii)，(II)の各場合における p の範囲を求める．

(I)(i)の場合の p の範囲

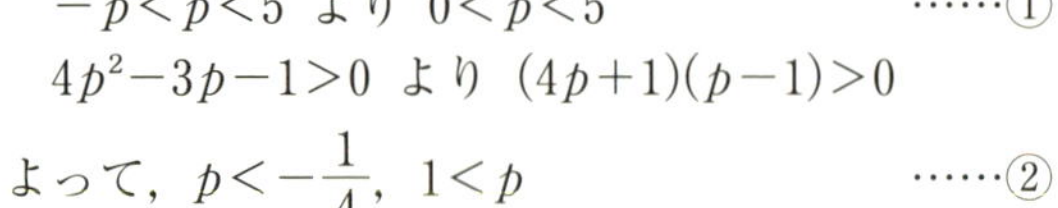
$-p<p<5$ より　$0<p<5$　……①

← $-p<p$ より $0<p$
これと $p<5$ より $0<p<5$

$4p^2-3p-1>0$ より　$(4p+1)(p-1)>0$

よって，$p<-\dfrac{1}{4}$，$1<p$　……②

①，②より　$1<p<5$

← ①，②の共通範囲

(I)(ii)の場合の p の範囲

$p \leqq -p \leqq 5$ より　$-5 \leqq p \leqq 0$　……③

← $p \leqq -p$ より $p \leqq 0$
$-p \leqq 5$ より $-5 \leqq p$

$-3p-1>0$ より　$p<-\dfrac{1}{3}$　……④

③，④より　$-5 \leqq p<-\dfrac{1}{3}$

← ③，④の共通範囲

(I)(iii)の場合の p の範囲

$p<5<-p$ より　$p<-5$　……⑤

← $5<-p$ より $p<-5$
これと $p<5$ より $p<-5$

$p^2+7p+24=\left(p+\dfrac{7}{2}\right)^2+\dfrac{47}{4}>0$ なので，

$p^2+7p+24>0$ はつねに成立．

よって，⑤より　$p<-5$

(II)の場合の p の範囲

$p^2+7p+24>0$ はつねに成立するので，$5 \leqq p$

以上，(I)(i)，(I)(ii)，(I)(iii)，(II)より，求める p の値の範囲は

$$\boldsymbol{p<-\frac{1}{3},\ 1<p}$$

← 数直線を利用して考える

演習問題

25　(1)　不等式 $x^2+3x-40<0$，$x^2-5x-6>0$ をともに満たす x の値の範囲を求めよ．

(2)　(1)の範囲で，x の不等式 $x^2-ax-6a^2>0$ がつねに成り立つような定数 a のとり得る値の範囲を求めよ．

(慶大〈改作〉)

標問 26　2次方程式の解の存在範囲(1)

(1)　方程式 $2x^2+(a-2)x+3(a-5)=0$ の2解を α, β とするとき，$-2<\alpha<0$, $1<\beta<2$ となるような定数 a の値の範囲を求めよ．（産能大）

(2)　x に関する2次方程式 $x^2+2ax+a=0$ が2つの異なる実数解をもち，それらが -1 と 1 の間にあるような a の値の範囲を求めよ．

(3)　x の方程式 $\dfrac{1}{4}x^2-(a-4)x+(a^2-4)=0$ が異なる2つの負の解をもつような a の値の範囲を求めよ．（中京大〈改作〉）

精講　いずれも

グラフを利用して考えることがポイントです．

(1)　$f(x)=2x^2+(a-2)x+3(a-5)$ とおくと，$y=f(x)$ のグラフは下に凸の放物線です．

そして，方程式 $f(x)=0$ の解は $y=f(x)$ のグラフと x 軸との共有点の x 座標です．

ですから，

方程式 $f(x)=0$ の2解 α, β が
$-2<\alpha<0$, $1<\beta<2$ を満たす

ということは

$y=f(x)$ のグラフが x 軸と
$-2<x<0$ および $1<x<2$
の範囲で交わる

ということです．

グラフが右のようになるときですから，求める条件は

$f(-2)>0$, $f(0)<0$,
$f(1)<0$, $f(2)>0$

です．

解法のプロセス

(1)　方程式
$2x^2+(a-2)x+3(a-5)=0$
が $-2<x<0$, $1<x<2$
の範囲に解を1つずつもつ．

⇩

$y=2x^2+(a-2)x+3(a-5)$
のグラフが
$-2<x<0$, $1<x<2$
の範囲で x 軸と交わる．

⇩グラフをかいてみる

$x=-2$ のとき $y>0$,
$x=0$　のとき $y<0$,
$x=1$　のとき $y<0$,
$x=2$　のとき $y>0$

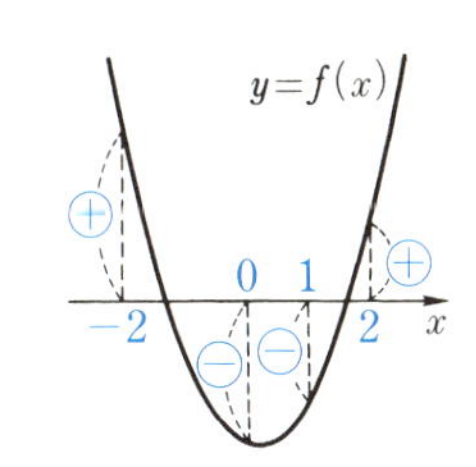

(2)　これも $g(x)=x^2+2ax+a$ とおいて，$y=g(x)$ のグラフを利用して考えます．

グラフは下に凸の放物線で，これが

$-1<x<1$ の範囲で x 軸と2度交わる

ということです．

$y=g(x)$ のグラフが右のようになればよいのですから，求める条件は

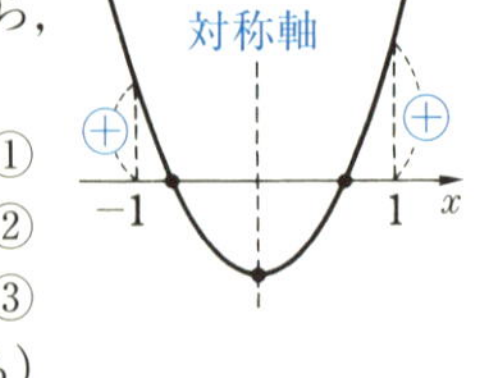

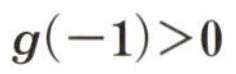

$\boldsymbol{g(-1)>0}$　……①

$\boldsymbol{g(1)>0}$　……②

$\boldsymbol{D>0}$　……③

（x 軸と 2 点で交わる）

そして，**忘れてはいけないのは，頂点の x 座標が $-1<x<1$ を満たすということ**です．

$g(x)=(x+a)^2-a^2+a$

ですから，頂点の x 座標は $-a$ であり，

$\boldsymbol{-1<-a<1}$　……④

となります．

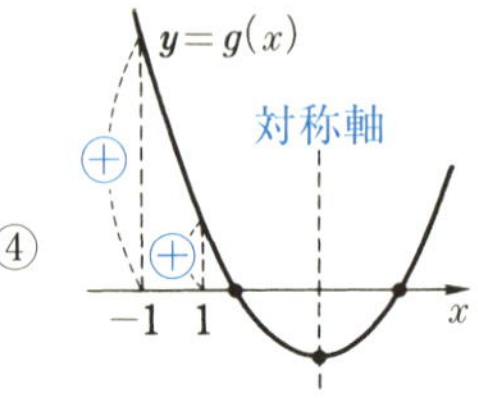

①，②，③だけでは，
$y=g(x)$ のグラフが右上のようになる場合があって，このときは区間 $-1<x<1$ で x 軸と 2 度交わりません．これを排除するためには，軸の位置に関する条件④が必要になるわけです．

解法のプロセス

(2) 方程式 $x^2+2ax+a=0$ が $-1<x<1$ の範囲に異なる 2 解をもつ．

⇩

$y=x^2+2ax+a$ のグラフが $-1<x<1$ の範囲で x 軸と 2 度交わる．

⇩ グラフをかいてみる

$x=-1$ のとき $y>0$，
$x=1$ のとき $y>0$，
$D>0$，
$-1<$ 頂点の x 座標 <1

(3)　これも

$$h(x)=\frac{1}{4}x^2-(a-4)x+a^2-4$$

とおいて，$y=h(x)$ のグラフを利用して考えます．

グラフは下に凸の放物線で，これが

x 軸の負の部分と 2 度交わる

条件を調べることになります．

この条件は

$\boldsymbol{h(0)>0}$，

$\boldsymbol{D>0}$，（x 軸と 2 度交わる）

頂点の x 座標が負

となります．

$$h(x)=\frac{1}{4}\{x-2(a-4)\}^2-(a-4)^2+a^2-4$$

ですから，頂点の x 座標が負という条件は

$2(a-4)<0$

となります．

解法のプロセス

(3) 方程式

$\frac{1}{4}x^2-(a-4)x+a^2-4=0$

が異なる 2 つの負の解をもつ．

⇩

$y=\frac{1}{4}x^2-(a-4)x+a^2-4$

のグラフが $x<0$ の範囲で x 軸と 2 度交わる．

⇩ グラフをかいてみる

$x=0$ のとき $y>0$，
$D>0$，
頂点の x 座標 <0

〈 解　答 〉

(1)　$f(x)=2x^2+(a-2)x+3(a-5)$ とおく．

方程式 $f(x)=0$ の解 α，β が

$-2<\alpha<0$，$1<\beta<2$ を満たす条件は

$f(-2)>0$，$f(0)<0$，$f(1)<0$，$f(2)>0$　⬅「かつ」

よって，$a-3>0$，$3(a-5)<0$，$4a-15<0$，$5a-11>0$

したがって，$\boldsymbol{3<a<\frac{15}{4}}$

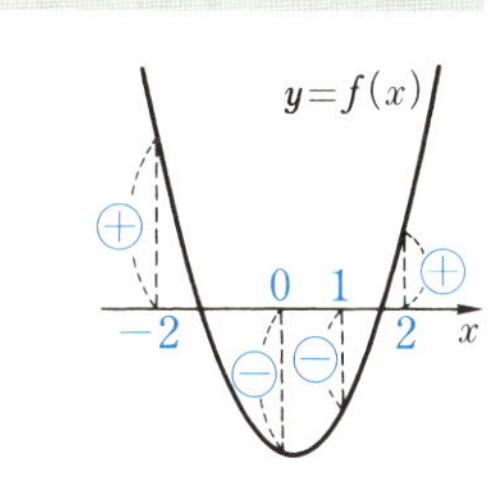

(2)　$g(x)=x^2+2ax+a$ とおく．方程式 $g(x)=0$ が

$-1<x<1$ の範囲に異なる 2 つの実数解

をもつ条件は

$g(-1)>0$，$g(1)>0$，(判別式)>0，

$-1<-a<1$　⬅ 軸の位置の条件

よって，$-a+1>0$，$3a+1>0$，$a^2-a>0$，$-1<a<1$

したがって，$\boldsymbol{-\frac{1}{3}<a<0}$

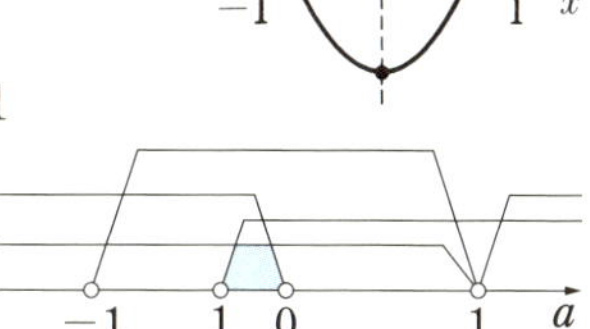

(3)　$h(x)=\frac{1}{4}x^2-(a-4)x+a^2-4$ とおく．

方程式 $h(x)=0$ が異なる 2 つの負の解をもつ条件は

$$\begin{cases} a^2-4>0 & \cdots\cdots① \\ (a-4)^2-(a^2-4)>0 & \cdots\cdots② \\ 2(a-4)<0 & \cdots\cdots③ \end{cases}$$

⬅ $h(0)>0$

⬅ $D>0$

⬅ 頂点の x 座標が負

①より　$a<-2$，$2<a$

②より　$-8a+20>0$　よって，$a<\frac{5}{2}$

③より　$a<4$

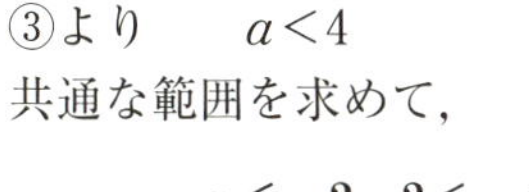

共通な範囲を求めて，

$\boldsymbol{a<-2,\ 2<a<\frac{5}{2}}$

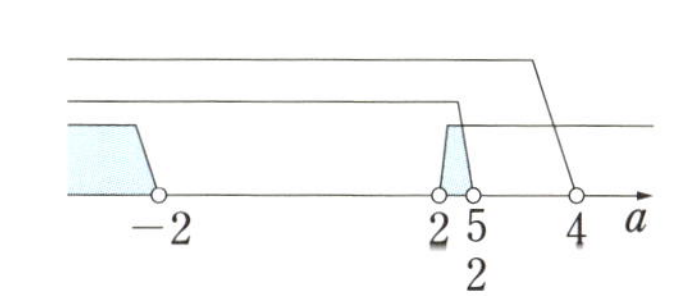

演習問題

26-1　2 次方程式 $x^2-2px+2-p=0$ の 2 つの解がともに正，ともに負，2 つの解の符号が異なる，の場合の実数 p の値の範囲をそれぞれ求めよ．（近畿大）

26-2　方程式 $x^2-2ax+2a^2-5=0$（a は実数の定数）が

(1)　2 個の実数解をもち，その 1 つは 1 より大きく，他の 1 つは 1 より小さいための a の値の範囲を求めよ．

(2)　1 より大きい 2 個の実数解をもつための a の値の範囲を求めよ．（八戸工大）

標問 27　2次方程式の解の存在範囲 (2)

x の2次方程式 $x^2+(2-a)x+4-2a=0$ ……① が次の条件を満たすとき，定数 a の値の範囲を求めよ．

(1) ①が異なる2つの実数解をもつ．

(2) ①が $-1\leqq x\leqq 1$ の範囲に少なくとも1つの実数解をもつ．　（自治医大）

精講　2次方程式

$$x^2+(2-a)x+4-2a=0 \quad \cdots\cdots①$$

が，$-1\leqq x\leqq 1$ の範囲に少なくとも1つの実数解をもつ条件を調べる際，まず，

①の実数解は，2次関数
$y=x^2+(2-a)x+4-2a$ のグラフと x 軸との共有点の x 座標である

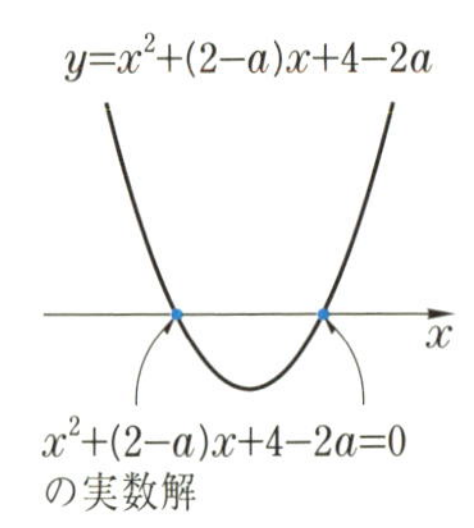

ということをしっかり認識しておくことが大切です．

$$f(x)=x^2+(2-a)x+4-2a$$

とおくとき，

$y=f(x)$ のグラフが，区間 $-1\leqq x\leqq 1$ において，x 軸と少なくとも1つの共有点をもつ

条件を調べることになります．

次の2つの場合に分けて調べればO.K.です．

(i) 区間 $-1\leqq x\leqq 1$ に1つの共有点をもつ場合（区間の両端で交わる場合も含む）

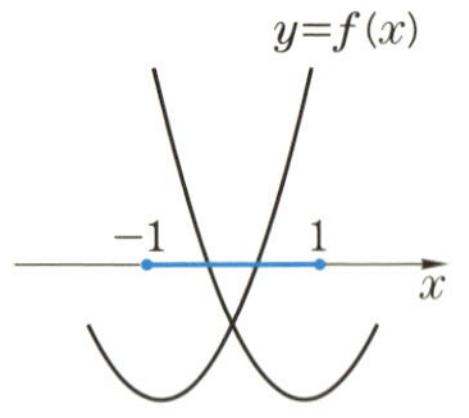

(ii) 区間 $-1\leqq x\leqq 1$ に2つの共有点をもつ場合（接する場合も含む）

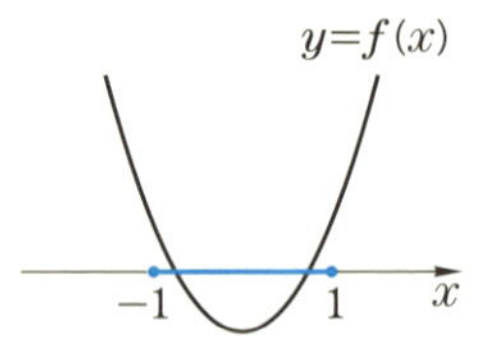

解法のプロセス

$x^2+(2-a)x+4-2a=0$ が $-1\leqq x\leqq 1$ の範囲に少なくとも1つの実数解をもつ．

⇩

$y=x^2+(2-a)x+4-2a$ のグラフが区間 $-1\leqq x\leqq 1$ において，x 軸と少なくとも1つの共有点をもつと考える．

⇩

グラフをかいてみる．

⇩

式に翻訳する．

(i)では，$y=f(x)$ のグラフと x 軸が，区間 $-1 \leqq x \leqq 1$ でただ1つの共有点をもつ条件を調べることは，少しやっかいです.

$f(-1)$ と $f(1)$ が異符号 または，$f(-1)=0$ または $f(1)=0$

と考えて

$$\boldsymbol{f(-1)f(1) \leqq 0}$$

としてしまいましょう.

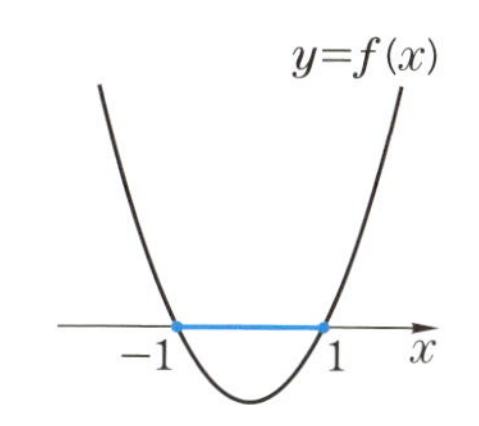

これには，右のように，区間 $-1 \leqq x \leqq 1$ に x 軸と2つの共有点をもつ場合も含まれてしまいますが，これも条件に適する(区間 $-1 \leqq x \leqq 1$ に少なくとも1つの共有点をもつ)ので，あえて排除しないでおきます.

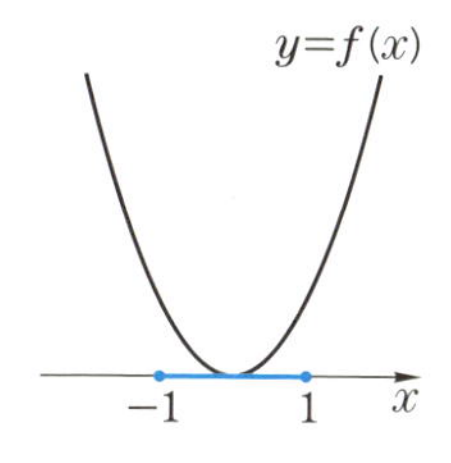

そして，(ii)では，右のように，区間 $-1 \leqq x \leqq 1$ で x 軸に接する場合も含めて

$$\begin{cases} f(-1) \geqq 0 \\ f(1) \geqq 0 \\ \text{軸}：-1 \leqq \dfrac{a-2}{2} \leqq 1 \\ D：(2-a)^2-4(4-2a) \geqq 0 \end{cases}$$

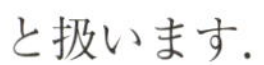
と扱います.

このように，まずグラフと x 軸の関係を把握し，次に，その状況を式に翻訳する，という作業を行います.

なお，式に翻訳する際には，

区間の端での y の値の符号　⬅ 本問では $f(-1)$ と $f(1)$ の符号
対称軸の位置　⬅ 本問では対称軸は $x=\dfrac{a-2}{2}$
判別式

に注目して式に直すのがポイントになります.

しかし，これらすべてを式にするという訳ではないことを注意しておきます.

たとえば上の(i)では，対称軸の位置も，判別式も関係ありません. **$f(-1)$ と $f(1)$ が異符号または，$f(-1)=0$ または $f(1)=0$** で話はすんでしまいます.

〈 解 答 〉

$x^2+(2-a)x+4-2a=0$ ……①

(1) ①が異なる2つの実数解をもつ条件は，

$(2-a)^2-4(4-2a)>0$

⬅ 判別式>0

よって，

$a^2+4a-12>0$

左辺を因数分解して，

$(a+6)(a-2)>0$

したがって，

$\boldsymbol{a<-6,\ 2<a}$

(2) $f(x)=x^2+(2-a)x+4-2a$

とおく．

(i) $f(-1)f(1)\leqq 0$ の場合

$(-a+3)(-3a+7)\leqq 0$

⬅ $f(-1)=-a+3$, $f(1)=-3a+7$

より

$(a-3)(3a-7)\leqq 0$

よって

$\dfrac{7}{3}\leqq a\leqq 3$

(ii) $\begin{cases} (f(-1)=)\ -a+3\geqq 0 & \cdots\cdots② \\ (f(1)=)\ -3a+7\geqq 0 & \cdots\cdots③ \\ \text{軸}：-1\leqq \dfrac{a-2}{2}\leqq 1 & \cdots\cdots④ \\ \text{判別式}：(2-a)^2-4(4-2a)\geqq 0 & \cdots\cdots⑤ \end{cases}$

⬅ $f(x)=\left(x+\dfrac{2-a}{2}\right)^2-\left(\dfrac{2-a}{2}\right)^2+4-2a$ と変形できるので，対称軸は，$x=\dfrac{a-2}{2}$

の場合

②より，$a\leqq 3$ ……②′

③より，$a\leqq \dfrac{7}{3}$ ……③′

④より，$0\leqq a\leqq 4$ ……④′

⑤より，$(a+6)(a-2)\geqq 0$

⬅ $(2-a)^2-4(4-2a)$ は既に(1)で $a^2+4a-12$ と計算済

よって，$a\leqq -6,\ 2\leqq a$ ……⑤′

②′～⑤′ より

$2\leqq a\leqq \dfrac{7}{3}$

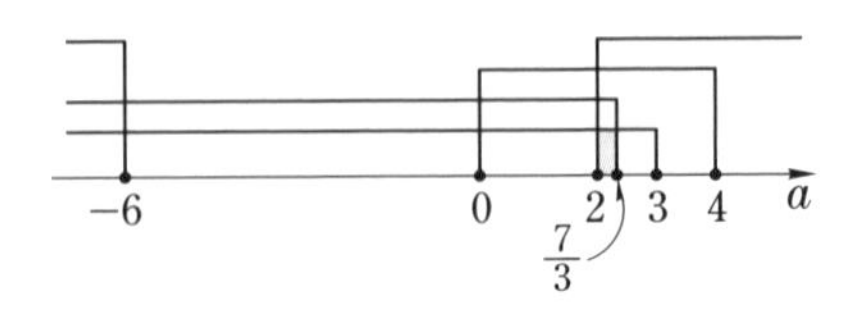

以上，(i)，(ii)より

$\boldsymbol{2\leqq a\leqq 3}$

参考 (2)では，2次関数 $y=f(x)$ のグラフが直線 $x=\dfrac{a-2}{2}$ に関して対称であることを強く意識して，次のように解答することもできる．

(i) $\dfrac{a-2}{2}<-1$，つまり $a<0$ のとき

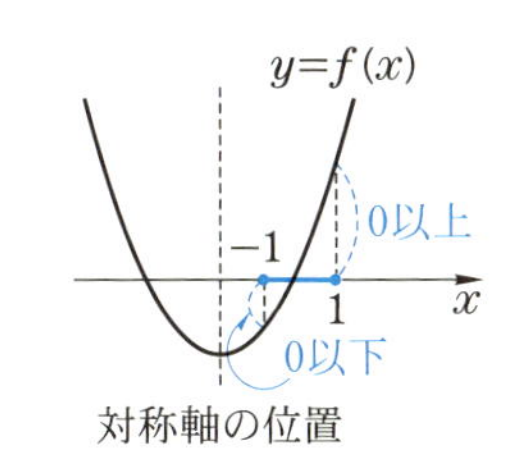

$$\begin{cases}(f(-1)=)\ -a+3\leqq 0\\(f(1)=)\ -3a+7\geqq 0\end{cases}$$

より

$$a\geqq 3 \text{ かつ } a\leqq\frac{7}{3}$$

これを満たす a は存在しない．

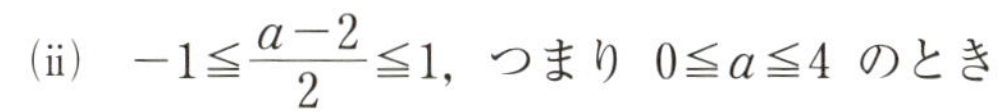

(ii) $-1\leqq\dfrac{a-2}{2}\leqq 1$，つまり $0\leqq a\leqq 4$ のとき

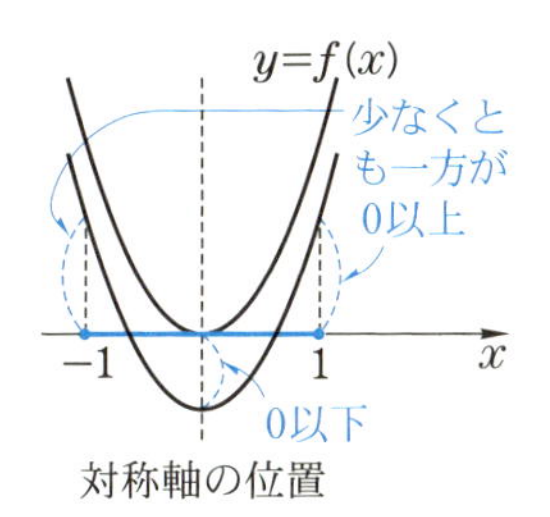

$$\begin{cases}f\left(\dfrac{a-2}{2}\right)\leqq 0\\\text{かつ}\\「f(-1)\geqq 0 \text{ または } f(1)\geqq 0」\end{cases}$$

← 頂点の y 座標が0以下

← 区間の端の y の値 $f(-1)$，$f(1)$ の少なくとも一方は0以上

$f\left(\dfrac{a-2}{2}\right)\leqq 0$ より

$$\left(\frac{a-2}{2}\right)^2+(2-a)\cdot\frac{a-2}{2}+4-2a\leqq 0$$

← $f\left(\dfrac{a-2}{2}\right)\leqq 0$ のかわりに，判別式$\geqq 0$ でもよい

両辺に4をかけて

$$(a-2)^2-2(a-2)^2-8(a-2)\leqq 0$$

整理して，

$$(a-2)^2+8(a-2)\geqq 0$$

よって，

$$(a-2)(a+6)\geqq 0$$

したがって，

$$a\leqq -6,\ 2\leqq a \qquad \cdots\cdots(a)$$

$f(-1)\geqq 0$ または $f(1)\geqq 0$ より

$$-a+3\geqq 0 \text{ または } -3a+7\geqq 0$$

よって

$$a\leqq 3 \qquad \cdots\cdots(b)$$

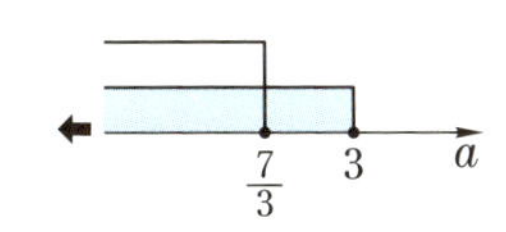

$0\leqq a\leqq 4$ かつ(a)かつ(b)より

$$2\leqq a\leqq 3$$

(iii)　$1<\dfrac{a-2}{2}$，つまり $4<a$ のとき

$$\begin{cases}(f(-1)=)\ -a+3\geqq 0\\(f(1)=)\ -3a+7\leqq 0\end{cases}$$

より

$$a\leqq 3 \text{ かつ } \frac{7}{3}\leqq a$$

これは $4<a$ より不適.

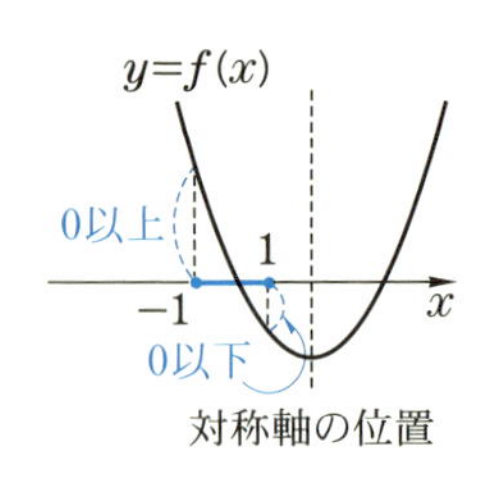

⬅ $4<a$，$a\leqq 3$，$\dfrac{7}{3}\leqq a$ をすべて満たす a は存在しない

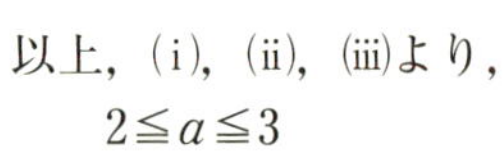

以上，(i)，(ii)，(iii)より，

$$2\leqq a\leqq 3$$

演習問題

27　a を正の実数とし，x についての 2 次方程式

$$2ax^2-2x+4a-1=0$$

が，$-\dfrac{1}{3}\leqq x\leqq 2$ の範囲に少なくとも 1 つの解をもつような a の値の範囲を求めよ.

（西南学院大）

標問 28 共通解

x の方程式

$$x^3+px+q=0 \quad \cdots\cdots①$$

$$x^2-px-q=0 \quad \cdots\cdots②$$

について，次の条件(a)，(b)，(c)が成立している．

(a) $q \neq 0$ である

(b) ①，②は共通の解 α をもつ

(c) ②は重解をもつ

このとき，α，p，q の値を求めよ．　（工学院大）

精講

2つの方程式が共通な解をもつという設定もときどきあります．

このようなときには，

共通解を α とおく

のが常套手段です．

本問の場合，①，②は共通の解 α をもつので

$$\alpha^3+p\alpha+q=0 \quad \cdots\cdots③$$

← $x=\alpha$ を①に代入する

$$\alpha^2-p\alpha-q=0 \quad \cdots\cdots④$$

← $x=\alpha$ を②に代入する

が成り立ちます．

後は，この2つの式を連立します．

当然の事ですが，連立する際には，式の形をよく見て，いじってみるより他に方法がありません．

上の③，④の場合なら，ぜひ**2式を加えて**みましょう．$\alpha^3+\alpha^2=0$ というとても有難い式が得られます．

解法のプロセス

共通解をもつ．

⇩

共通解を α とおく．

〈 解　答 〉

①，②が共通の解 α をもつ（(b)）ので，

$$\alpha^3+p\alpha+q=0 \quad \cdots\cdots③$$

$$\alpha^2-p\alpha-q=0 \quad \cdots\cdots④$$

③＋④ より

$$\alpha^3+\alpha^2=0$$

よって，

$$\alpha^2(\alpha+1)=0$$

したがって，

$\alpha=0,\ -1$ ← 「$\alpha=0$ または $\alpha=-1$」のこと

$\alpha=0$ のとき④より $q=0$ となり(a)に反する． ← $\alpha=0$ を③に代入してもよい

したがって，

$\alpha=-1$

④に代入して

$1+p-q=0$ ……⑤ ← $\alpha=-1$ を③に代入してもよい

②が重解をもつ((c))ので

$p^2+4q=0$ ……⑥ ← 判別式$=0$

⑤，⑥より q を消去して， ← ⑤より $q=p+1$ これを⑥に代入する

$p^2+4p+4=0$

よって，

$(p+2)^2=0$

したがって，

$p=-2$

⑤に代入して q を求めて，

$q=-1$

演習問題

28-1 x についての異なる2次方程式

$x^2+ax+b=0$ ……①

$x^2+bx+a=0$ ……②

がただ1つの共通解をもつとする．

(1) その共通解を求めよ．

(2) a，b が満たすべき条件を求めよ．

(3) ①，②のもう1つの解はそれぞれ b，a に等しいことを示せ．

(国学院大)

28-2 定数 a は実数であるとする．方程式 $(x^2+ax+1)(3x^2+ax-3)=0$ を満たす異なる実数 x はいくつあるか．a の値によって分類せよ．

(京　大)

標問 29　x，y のとり得る値の範囲

実数 x，y が

$$2x^2+4xy+3y^2+4x+5y-4=0$$

を満たしている．

このとき，x のとり得る最大の値を求めよ．　　（東　大）

精講　たとえば，実数 x，y が

$$x^2-2x-y+2=0 \quad \cdots\cdots(*)$$

を満たしているとき，y のとり得る値の範囲を調べてみましょう．

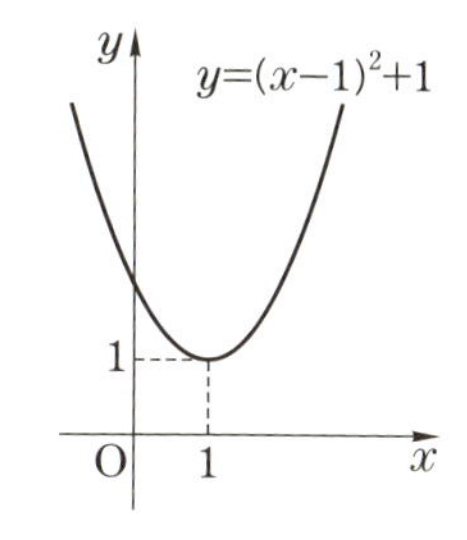

$(*)$ は，

$$y=(x-1)^2+1$$

と変形できるので，y のとり得る値の範囲は

$$y \geqq 1 \quad \cdots\cdots①$$

であることがわかります．

ここで，純粋に数式として扱うことによって，

実数 x，y が

$$x^2-2x-y+2=0 \quad \cdots\cdots(*)$$

を満たしているとき，y のとり得る値の範囲

を求めることを考えてみます．

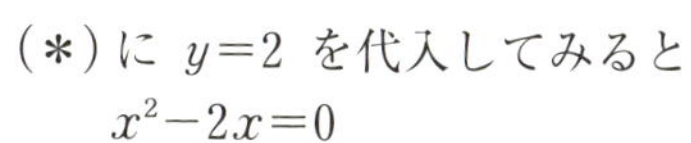

$(*)$ に $y=2$ を代入してみると

$$x^2-2x=0$$

となり，$x=0$，2 を得ます．

このことは，

「$x=0$，2 のとき，y が 2 という値をとる」

ということを意味します．

次に，$(*)$ に $y=0$ を代入してみましょう．

$$x^2-2x+2=0$$

となり，これを満たす実数 x は存在しません．

このことは，

「x がどんな実数値をとっても y は 0 という値はとらない」

ということを意味します．

このようにして，yがk（kは実数）という値をとるかどうかは

（∗）に $y=k$ を代入して得られる

$$x^2-2x-k+2=0$$

を満たす実数xが存在するかどうか

を調べることによって判定できるわけです．

ですから，

（∗）を満たす実数xが存在する条件を調べることにより，yのとり得る値の範囲を求めることができる

ということがわかるでしょう．

次のようになります．

（∗）をxについて整理して，

$$x^2-2x-(y-2)=0$$

これを満たす実数xが存在する条件は，

$$\left(\frac{D}{4}=\right)1+(y-2)\geqq 0$$

すなわち

$$y\geqq 1$$

これが，（∗）を満たす実数yのとり得る値の範囲です．当然ながらグラフを考えて求めたyのとり得る値の範囲①と一致します．

解法のプロセス

xのとり得る値の範囲を求める．

⇩

実数yが存在する条件を調べる．

このように，

実数x，yの等式　……（∗∗）

が与えられたとき，

yのとり得る値の範囲は，（∗∗）を満たす実数xが存在する条件を調べることによって求まる

のです．同様に，

xのとり得る値の範囲は，（∗∗）を満たす実数yが存在する条件を調べることによって求まる

ということです．

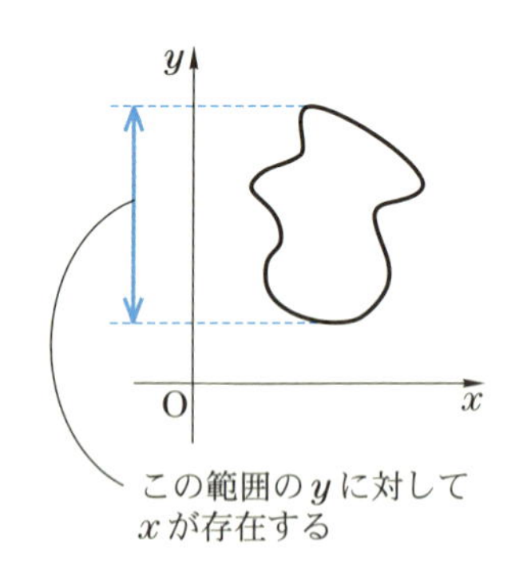

〈 解　答 〉

$$2x^2+4xy+3y^2+4x+5y-4=0$$

を y について整理して，

$$3y^2+(4x+5)y+2x^2+4x-4=0$$

これを満たす実数 y が存在する条件より，

$$(4x+5)^2-12(2x^2+4x-4)\geqq 0$$

⬅ 左辺を展開して整理すると
$-8x^2-8x+73\geqq 0$
となる

整理して

$$8x^2+8x-73\leqq 0$$

よって，

$$\frac{-2-5\sqrt{6}}{4}\leqq x\leqq \frac{-2+5\sqrt{6}}{4}$$

⬅ $8x^2+8x-73=0$ の解は
$x=\dfrac{-4\pm\sqrt{4^2+8\cdot 73}}{8}$
つまり
$x=\dfrac{-2\pm 5\sqrt{6}}{4}$

したがって，x のとり得る最大の値は，

$$x=\boldsymbol{\frac{-2+5\sqrt{6}}{4}}$$

参考　実は

$$2x^2+4xy+3y^2+4x+5y-4=0$$

が表す図形は右のようなだ円です．

図形的には，この問題で，右のだ円上の点の x 座標の最大値を求めたことになります．

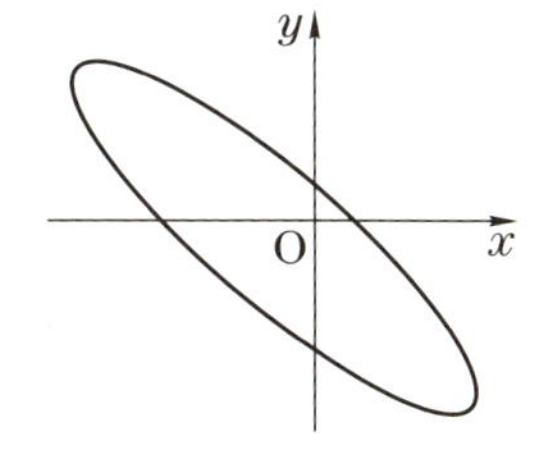

第2章

演習問題

29　実数 x，y が $2x^2+4xy+3y^2+4x+5y-4=0$ を満たしている．このとき，y のとり得る値の範囲を求めよ．　（東大〈改作〉）

第3章 整数の性質

標問 30 n 進法表示

(1) 8 進法で表すと 631 である数を 10 進法で表せ．また，2 進法で表せ．

(北星学園大)

(2) 正の整数を 5 進法で表すと数 abc となり，3 倍して 9 進法に直すと数 cba となる．この整数を 10 進法で表せ．

(阪南大)

精講 普段使い慣れている 10 進法を例に話しましょう．たとえば，**987** は

10^2 が 9 個，10^1 が 8 個，10^0 が 7 個のことで

$987=10^2\times9+10^1\times8+10^0\times7$ です．

(なお，$10^0=1$ です．一般に，正の数 a に対して $a^0=1$ と約束します．)

8 進法で 631 と表現される数は

8^2 が 6 個，8^1 が 3 個，8^0 が 1 個

のことで，$8^2\times6+8^1\times3+8^0\times1$ $(=409)$

つまり，10 進法で表すと 409 となります．

逆に，この数 409 を 8 進法で表すには次のようにします．

409 を 8 で割って商 (51) と余り (1) を求める
a

⇩

商の 51 を 8 で割って商 (6) と余り (3) を求める
b

⇩

商の 6 を 8 で割って商 (0) と余り (6) を求める
c

⇩

商の 0 を 8 で割って商 (0) と余り (0) を求める
d

このように，割り算を実行します (商が 0 になるまででよい)．そして，出てきた余りを順に**右から並べると**

6 3 1 (c b a)　(…000 6 3 1 (d c b a) は 631)

が得られます．これが 409 を 8 進法で表す手順です．

解法のプロセス

(1) $xyz_{(8)}$ (8 進法で xyz と表される数のこと) を 10 進法で表す．

⇩

$8^2\times x+8^1\times y+8^0\times z$

10 進法表示された数を 2 進法で表す．

⇩

2 で割った余りを求め，そのときの商を 2 で割った余りを求める．さらにそのときの商を 2 で割った余りを求める，という作業をくり返す．

解法のプロセス

(2) $abc_{(5)}\times3=cba_{(9)}$

⇩

両辺を 10 進法で表す．

⇩

a，b，c はすべて，

0，1，2，3，4

のいずれかであることを利用して，a，b，c を求める．

〈解　答〉

(1)　$631_{(8)}=8^2\times6+8^1\times3+8^0\times1$
$=\mathbf{409}$

← $631_{(8)}$ は 8 進法で 631 と表される数のこと

409 を 2 で割ると，商は 204 で余りは 1
204 を 2 で割ると，商は 102 で余りは 0
102 を 2 で割ると，商は 51 で余りは 0
51 を 2 で割ると，商は 25 で余りは 1
25 を 2 で割ると，商は 12 で余りは 1
12 を 2 で割ると，商は 6 で余りは 0
6 を 2 で割ると，商は 3 で余りは 0
3 を 2 で割ると，商は 1 で余りは 1
1 を 2 で割ると，商は 0 で余りは 1

← 商を 2 で割って余りを求める作業をくり返す

よって，409 を 2 進法で表すと **110011001**

← 出てきた余りを右から並べる

(2)　5 進法で abc と表される数を 10 進法で表すと

$5^2\times a+5^1\times b+5^0\times c=25a+5b+c$

9 進法で cba と表される数を 10 進法で表すと

$9^2\times c+9^1\times b+9^0\times a=81c+9b+a$

となる．

$(25a+5b+c)\times3=81c+9b+a$ より

← $abc_{(5)}\times3=cba_{(9)}$

$74a+6b=78c$

よって，$37a+3b=39c$　……(＊)

$3b$，$39c$ は 3 の倍数であるから $37a$ も 3 の倍数であるが　a は 0，1，2，3，4 のいずれかなので，$a=0$，3

← $37a=3(13c-b)$

← 10 進法では 0，1，…，9 の 10 種類の数字を使うが，5 進法では，0，1，2，3，4 の 5 種類の数字を使う

$a=0$ のとき，(＊) より $b=13c$ であるが，

$b=0$，1，2，3，4；$c=0$，1，2，3，4　……(＊＊)

であるから，　$b=c=0$

← $b\leqq4$ より $13c\leqq4$ よって，$c=0$，$b=0$

このとき，$abc_{(5)}$ は 0 となり不適．

← abc は正の整数

したがって $a=3$ であり，このとき (＊) より

$37+b=13c$

← $37+b$ が 13 の倍数となる b (0，1，2，3，4 のいずれか) をさがす

(＊＊) より，$b=2$，$c=3$

よって，求める値は，

$25a+5b+c=\mathbf{88}$

演習問題

30　2 進法表示の数 1111 を 10 進法表示せよ．また，3 進法表示せよ．

(芝浦工大)

標問 31　ガウス記号

実数aに対して，aを超えない最大の整数を$[a]$で表す．10000 以下の正の整数nで$[\sqrt{n}]$がnの約数となるものは何個あるか．　(東京工大)

精講

ガウス記号

実数aに対して，aを超えない最大の整数を$[a]$と表します．

数直線上で，

aより左（aを含む）にある
最大の整数が$[a]$

だと理解しておくとよいでしょう．

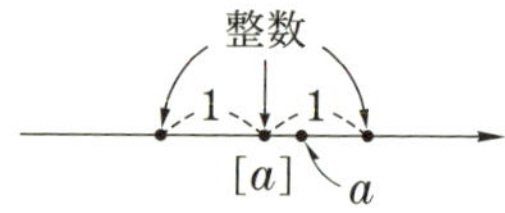

$[a] \leqq a$ であり，数直線上で整数は，間隔1で並んでいるので，$a-1<[a]$ が成り立つことがわかります．

←たとえば，
$[3.1]=3$
$[3]=3$
$[2.9]=2$

ですから，一般に，

$$a-1<[a] \leqq a$$

という不等式が成立します．

本問についてですが，$[\sqrt{n}]$は整数であり，これをNとおいてみる，つまり

$$[\sqrt{n}]=N \quad (N\text{は整数})$$

とおいてみると，

$$\sqrt{n}-1<[\sqrt{n}] \leqq \sqrt{n}$$

という不等式から，

$$\sqrt{n}-1<N \leqq \sqrt{n}$$

が得られます．

これをnについて解けば，$[\sqrt{n}]=N$ を満たす整数nが求まります．

解法のプロセス

$[\sqrt{n}]=N$ とおく．
⇩
nの範囲をNで表す．
⇩
Nが約数となるnについて調べる．

〈解　答〉

$$\sqrt{n}-1<[\sqrt{n}] \leqq \sqrt{n}$$

であるから，$[\sqrt{n}]=N$　(Nは整数）とおくと，

$$\sqrt{n}-1<N \leqq \sqrt{n}$$

nについて解いて，

$$N^2 \leqq n<(N+1)^2$$

Nは整数であるから，これを満たす整数nは，

$$n=N^2,\ N^2+1,\ N^2+2,\ \cdots\cdots,\ N^2+2N$$

← N^2 以上 $(N+1)^2$ 未満の整数

である．

この中でNが約数となるもの（つまりNの倍数）は，

$$n=N^2,\ N^2+N,\ N^2+2N$$

の 3 個ある．

$n=1,\ 2,\ 3,\ \cdots\cdots,\ 10000$ のとき，

$$[\sqrt{n}]=1,\ 2,\ 3,\ \cdots\cdots,\ 100$$

← $[\sqrt{10000}]=100$

であることに注意して，10000 以下の正の整数nで$[\sqrt{n}]$がnの約数となるものは，

$[\sqrt{n}]=1$ となる　$n=1^2,\ 1^2+1,\ 1^2+2\cdot1$

$[\sqrt{n}]=2$ となる　$n=2^2,\ 2^2+2,\ 2^2+2\cdot2$

$[\sqrt{n}]=3$ となる　$n=3^2,\ 3^2+3,\ 3^2+2\cdot3$

⋮

$[\sqrt{n}]=99$ となる　$n=99^2,\ 99^2+99,\ 99^2+2\cdot99$

$[\sqrt{n}]=100$ となる　$n=100^2\ (=10000)$

← $[\sqrt{n}]=100$ となるnは 100^2, 100^2+100, $100^2+2\cdot100$ の 3 つあるが，100^2 以下のnは 100^2 のみ

の以上

$$3\times99+1=\mathbf{298}\ \textbf{(個)}$$

ある．

演習問題

31　実数xに対して，x以下の最大の整数を$[x]$で表す．

(1)　$\dfrac{14}{3}<x<5$ のとき，$\left[\dfrac{3}{7}x\right]-\left[\dfrac{3}{7}[x]\right]$ の値を求めよ．

(2)　すべての実数xについて，$\left[\dfrac{1}{2}x\right]-\left[\dfrac{1}{2}[x]\right]=0$ を示せ．

(3)　nを正の整数とする．実数xについて，$\left[\dfrac{1}{n}x\right]-\left[\dfrac{1}{n}[x]\right]$ の値を求めよ．

（早　大）

標問 32 素数

p を 3 以上の素数, a, b を自然数とする. ただし, 自然数 m, n に対し, mn が p の倍数ならば, m または n は p の倍数であることを用いてよい.

(1) $a+b$ と ab がともに p の倍数であるとき, a と b はともに p の倍数であることを示せ.

(2) $a+b$ と a^2+b^2 がともに p の倍数であるとき, a と b はともに p の倍数であることを示せ.

(3) a^2+b^2 と a^3+b^3 がともに p の倍数であるとき, a と b はともに p の倍数であることを示せ.

(神戸大)

精講 素数とは,

1とその数以外の正の約数
をもたない 2 以上の整数

のことです.

具体的に素数は次のような整数です.

2, 3, 5, 7, 11, 13, 17, 19, …

なお, 1 もその数 (つまり 1) 以外に正の約数をもちませんが, 1 は素数の仲間に入れません.

2 以上の整数は, 素数を用いて,

$$\boldsymbol{p_1^{n_1} \cdot p_2^{n_2} \cdot p_3^{n_3} \cdot \cdots \cdot p_k^{n_k}}$$
(p_1〜p_k は異なる素数で, n_1〜n_k は自然数)

の形に表すことができます. これを

素因数分解

といいます.

たとえば, 300 は

$$300=2^2 \cdot 3^1 \cdot 5^2$$

というように素因数分解することができます.

しかし, 素数 p は素因数分解しても p となるだけです. つまり, 素数は, もうこれ以上素因数に分解できない整数ということもできます.

解法のプロセス

整数 a, b の積 ab が素数 p の倍数

⇩

a または b が p の倍数

2つの正整数a，bの積abが素数pの倍数であるとき，

aがpの倍数 または bがpの倍数

だといえます．

〈 解 答 〉

(1) $a+b$がpの倍数であるから，

$a+b=pl$ （lは自然数） ……①

と表すことができる．

また，abが素数pの倍数であるから，aまたはbがpの倍数である．

(i) aがpの倍数のとき，

$a=pa'$ （a'は自然数）

と表すことができ，これを①に代入すると，

$pa'+b=pl$

よって，

$b=p(l-a')$

$l-a'$は整数であるから，bもpの倍数である．

(ii) bがpの倍数のとき，

(i)と同様に，aもpの倍数である．

(i)，(ii)より，aとbはともにpの倍数である．

(2) $(a+b)^2=(a^2+b^2)+2ab$ より

$2ab=(a+b)^2-(a^2+b^2)$ ……②

ここで，$a+b$，a^2+b^2はともにpの倍数であるから，②の右辺はpの倍数である．

したがって，$2ab$はpの倍数である．

ところが，pは3以上の素数であるから，abはpの倍数だといえる．

よって，(1)より，aとbはともにpの倍数である．

$a+b=pm$，$a^2+b^2=pn$ （m，nは整数）と表すことができるので $(a+b)^2-(a^2+b^2)$

⬅ $=p(pm^2-n)$

pm^2-nは整数であるから，$(a+b)^2-(a^2+b^2)$はpの倍数である

⬅ $2ab$つまり$2\cdot ab$は素数pの倍数であるから，2またはabがpの倍数である．しかし，2は3以上の素数であるpの倍数ではないので，abがpの倍数だとわかる

第3章

(3) $a^3+b^3=(a+b)\{(a^2+b^2)-ab\}$
が成り立つことに注目する．
a^3+b^3 が素数 p の倍数であるから，$a+b$
または，$(a^2+b^2)-ab$ が p の倍数である．

(i) $a+b$ が p の倍数のとき，
a^2+b^2 と $a+b$ が p の倍数であるから，(2)より，a と b はともに p の倍数である．

(ii) $(a^2+b^2)-ab$ が p の倍数のとき，
a^2+b^2 と $(a^2+b^2)-ab$ が p の倍数であることから，ab は p の倍数である．

$$(a+b)^2=(a^2+b^2)+2ab$$

であり，a^2+b^2 と ab が p の倍数であるから，
$(a+b)^2$ は p の倍数であり，p は素数であるから，$a+b$ は p の倍数である．
$a+b$ と ab が p の倍数であるから，(1)より，a と b はともに p の倍数である．

← $(a+b)^2$ つまり $(a+b)$ と $(a+b)$ の積が素数 p の倍数であるから $a+b$ または $a+b$ が p の倍数である．したがって，$a+b$ は p の倍数といえる

(i)，(ii)より，a と b はともに p の倍数である．

演習問題

32 m を正の整数とする．$P=m^3-4m^2-4m-5$ が素数となるとき，P の値を求めよ．

（東京電機大）

標問 33 素因数の個数

(1) n を自然数とする．219! は 2^n で割り切れるが，2^{n+1} では割り切れないとき，n の値を求めよ． (早 大)

(2) p を素数，n を正の整数とするとき，$(p^n)!$ は p で何回割り切れるか．(京 大)

精講 6! を 2 でくり返し割ることを考えてみます．2 で何回割り切れるでしょうか．

$$6!=6\cdot5\cdot4\cdot3\cdot2\cdot1$$

ですから，6! を素因数分解すると

$$6!=2^4\cdot3^2\cdot5^1$$

となりますから，6!は 2 で 4 回割り切れます．

← $6!(=2^4\cdot3^2\cdot5^1)$
⇩ 2 で割る
$2^3\cdot3^2\cdot5^1$
⇩ 2 で割る
$2^2\cdot3^2\cdot5^1$
⇩ 2 で割る
$2^1\cdot3^2\cdot5^1$
⇩ 2 で割る
$3^2\cdot5^1$ ←これ以上 2 で割り切れない

14! ではどうでしょうか．14! を素因数分解することはなかなか大変な作業です．素因数分解したときに素数 2 が何個になるかを調べてみます．

1 から 14 までの整数がそれぞれ 2 で何回割り切れるかを表にまとめてみると次のようになります．

	1	2	3	4	5	6	7	8	9	10	11	12	13	14	
2^1 で割り切れるか？		○		○		○		○		○		○		○	←○の個数は 7
2^2 で割り切れるか？				○				○				○			←○の個数は 3
2^3 で割り切れるか？								○							←○の個数は 1
⋮								⋮							←○の個数は 0
2 で割り切れる回数 つまり○の個数	0	1	0	2	0	1	0	3	0	1	0	2	0	1	

（○の個数の合計11……②）（2 で割り切れる回数の合計 11 ……①）

2 は 2 で 1 回割り切ることができ，4 は 2 で 2 回割り切ることができます．

6，8，10，12，14 はそれぞれ 2 で，1 回，3 回，1 回，2 回，1 回割り切ることができ，これらの合計は 11 となります．

ですから，14! を 2 で割り切ることができる回数は 11 です．

いま求めた11は，前ページの表の「11 ……①」です．
この11を求める**別の方法**を考えてみます．
前ページの表の○の個数を求めればよい訳ですが，
　1行目（2^1 で割り切れるか？）に○が何個あるか，
　2行目（2^2 で割り切れるか？）に○が何個あるか，
　3行目（2^3 で割り切れるか？）に○が何個あるか，
　⋮
を調べてこれらを加えれば表の「11 ……②」が求まります．
ところで，表の1行目（2^1 で割り切れるか？）に○が何個あるかは，

$$\frac{14}{2^1}\text{ の整数部分と考えて }\left[\frac{14}{2^1}\right]$$

← 2の倍数の個数

で求めることができます．
そして，表の2行目（2^2 で割り切れるか？）に○が何個あるかは，

$$\frac{14}{2^2}\text{ の整数部分と考えて }\left[\frac{14}{2^2}\right]$$

← 2^2 の倍数の個数

で求めることができ，同様に，表の3行目（2^3 で割り切れるか？）に○が何個あるかは，

$$\frac{14}{2^3}\text{ の整数部分と考えて }\left[\frac{14}{2^3}\right]$$

← 2^3 の倍数の個数

で求めることができます．
表の4行目以降には○はありませんから，3行目まで調べればO.K.です．
このように考えると，計算では，

$$\left[\frac{14}{2^1}\right]+\left[\frac{14}{2^2}\right]+\left[\frac{14}{2^3}\right]=7+3+1=11$$

のようにして○の個数を求めることができます．

解法のプロセス

219! は 2^n で割り切れるが，
2^{n+1} では割り切れない．
⇩
219! を素因数分解したとき，素数2が n 個現れる．

一般に，$\boldsymbol{n}$**!（**$\boldsymbol{n}$**は自然数）を2で割り切ることができる回数は，**

$$\left[\frac{n}{2^1}\right]+\left[\frac{n}{2^2}\right]+\left[\frac{n}{2^3}\right]+\left[\frac{n}{2^4}\right]+\cdots$$

という計算で求めることができます．
この式の $+\cdots$ の部分についてですが，

$$2^k>n\text{ のとき，}0<\frac{n}{2^k}<1\text{ より }\left[\frac{n}{2^k}\right]=0$$

となるので，

$2^k \leqq n$ となる k ($k=1$, 2, 3, …) について

$\left[\dfrac{n}{2^k}\right]$ の和を計算すればよい

のです.

たとえば, 14! の場合には,

$$14<2^4 \text{ より}, \left[\frac{14}{2^4}\right]=0, \left[\frac{14}{2^5}\right]=0, \left[\frac{14}{2^6}\right]=0, \cdots$$

となるので,

$$\left[\frac{14}{2^1}\right]+\left[\frac{14}{2^2}\right]+\left[\frac{14}{2^3}\right]$$

の部分だけ計算すればよいのです.

〈 解答 〉

(1) 219! が 2 で何回割り切れるかを調べればよいから,

$$\left[\frac{219}{2^1}\right]+\left[\frac{219}{2^2}\right]+\left[\frac{219}{2^3}\right]+\left[\frac{219}{2^4}\right]$$
$$+\left[\frac{219}{2^5}\right]+\left[\frac{219}{2^6}\right]+\left[\frac{219}{2^7}\right]+\left[\frac{219}{2^8}\right]+\cdots$$
$$=\left[\frac{219}{2}\right]+\left[\frac{219}{4}\right]+\left[\frac{219}{8}\right]+\left[\frac{219}{16}\right]$$
$$+\left[\frac{219}{32}\right]+\left[\frac{219}{64}\right]+\left[\frac{219}{128}\right]$$
$$=109+54+27+13+6+3+1$$
$$=\mathbf{213}$$

← $2^8=256$ だから $\left[\dfrac{219}{2^8}\right]=0$, $\left[\dfrac{219}{2^9}\right]=0$, …

(2) $\left[\dfrac{p^n}{p^1}\right]+\left[\dfrac{p^n}{p^2}\right]+\left[\dfrac{p^n}{p^3}\right]+\cdots+\left[\dfrac{p^n}{p^n}\right]$

$=\boldsymbol{p^{n-1}+p^{n-2}+p^{n-3}+\cdots+1}$

$\left(=\dfrac{p^n-1}{p-1}\right)$

← $\left[\dfrac{p^n}{p^{n+1}}\right]=0$, $\left[\dfrac{p^n}{p^{n+2}}\right]=0$, …

← $1+p+p^2+\cdots+p^{n-1}$ は初項 1, 公比 $p(\neq 1)$, 項数 n の等比数列の和だから $\dfrac{p^n-1}{p-1}$ と表せる (数学B)

演習問題

33 (1) 50! を素因数分解したとき, 累乗 2^a の指数 a を求めよ.

(2) ${}_{100}C_{50}$ を素因数分解したとき, 累乗 3^b の指数 b を求めよ. (琉球大)

標問 34 整数 p で割った余り

nを自然数とする．

(1) nが7で割り切れないとき，n^3を7で割った余りを求めよ．

(2) n^7-n は7で割り切れることを示せ．

(3) n^7-n は42の倍数であることを示せ． (広島修道大)

精講 (1) 一般に，nを7で割った余りは
0，1，2，3，4，5，6
のいずれかですが，7で割り切れないとき余りは1，2，3，4，5，6のいずれかです．それぞれの場合についてn^3を7で割ったときの余りを求めます．

(2) $n^7-n=n(n^6-1)=n(n^3-1)(n^3+1)$ なので，
n^7-n が素数7で割り切れるということは，n，n^3-1，n^3+1 の少なくとも1つが7で割り切れるということと同じ内容です．

ところで，(1)でnが7で割り切れないときについてn^3を7で割った余りを求めてありますから，これを利用します．

(3) $42=2\times3\times7$ であり，2と3と7はどの2つも互いに素(共通な正の約数は1のみ)ですから
n^7-n が42の倍数ということは，n^7-n は2でも3でも7でも割り切れる
ということと同じ内容です．

そして，(2)で7で割り切れることを証明してありますから，あとは2で割り切れることと3で割り切れることを証明します．

次のようになります．

nが2の倍数なら $n(n^3-1)(n^3+1)$ は当然2の倍数，nを2で割った余りが1なら n^3-1 は(n^3+1も)2の倍数なので，$n(n^3-1)(n^3+1)$ は2の倍数となります．

また，$n(n^3-1)(n^3+1)$ が3の倍数であることについても，nを3で割った余りが0，1，2

解法のプロセス

(1) nが7で割り切れない．
⇩
nを7で割った余りは
1，2，3，4，5，6
のいずれか．

解法のプロセス

(2) n^7-n が7で割り切れることの証明．
⇩
$n^7-n=n(n^3-1)(n^3+1)$ とn^7-n を3整数の積の形に表す．
⇩
nが7の倍数でないとき
n^3-1，n^3+1 のいずれかは7の倍数になることを示す．

解法のプロセス

(3) $42=6\times7$ であり，(2)でn^7-n が7の倍数であることを示してあるので，あとは6の倍数であることを示す．
⇩
n^7-n を変形して連続する3整数の積の形をつくり出す．

の各場合について調べていけばよいのですが，次の事実も知っておきましょう．

連続する 2 整数の積は 2 の倍数

連続する 3 整数の積は 6 の倍数

連続する 2 整数は，1，2； 4，5 などのように，連続する 2 整数のうち一方が 2 の倍数なので，これらの積は 2 の倍数です．

また，連続する 3 整数は

2，3，4； 3，4，5； 4，5，6 など

のように，連続する 3 整数のうちいずれかは 3 の倍数です．しかも 3 整数の中に 2 の倍数が必ず含まれますので，連続する 3 整数の積は 6 の倍数です．

この問題では，n^7-n を変形して，**連続する 3 整数の積**の形をつくり出すことで，n^7-n が 6 の倍数であることが証明できます．

〈解　答〉

(1)　7 で割り切れない自然数 n は

$n=7k+1,\ 7k+2,\ 7k+3,\ 7k+4,\ 7k+5,\ 7k+6$
$(k=0,\ 1,\ 2,\ \cdots)$

と表せる．ここで $n=7k+1$ のとき

$$n^3=(7k+1)^3=(7k)^3+3(7k)^2\cdot 1+3(7k)\cdot 1^2+1^3$$
$$=7(49k^3+21k^2+3k)+1$$

したがって，n^3 を 7 で割った余りは 1

他も同様に調べると次のようになる．

n を 7 で割った余り	1	2	3	4	5	6
n^3 を 7 で割った余り	1	1	6	1	6	6

したがって，n^3 を 7 で割った余りは **1 か 6** である．

(2)　$n^7-n=n(n^3-1)(n^3+1)$ であるから，n が 7 の倍数のとき，n^7-n は 7 の倍数である．

また，n が 7 の倍数でないとき，(1)より，n^3 を 7 で割った余りは 1 か 6 であり，このとき，n^3-1 か n^3+1 が 7 の倍数になる．

いずれの場合も，$n(n^3-1)(n^3+1)$ つまり n^7-n は 7 の倍数であり，7 で割り切れる．

← 7 で割り切れない自然数 n を，整数 k を使って表す

← n を 3 乗して，7 で割ったときの余りを求める

← (1)の結果を利用

第3章

(3) $n^7-n=n(n^3-1)(n^3+1)$

$=n(n-1)(n^2+n+1)(n+1)(n^2-n+1)$ ← n^3-1, n^3+1 を因数分解する

$=(n-1)n(n+1)(n^2+n+1)(n^2-n+1)$

$n-1$, n, $n+1$ は連続する3整数であるから,

$(n-1)n(n+1)$ は6の倍数である.

n^2+n+1, n^2-n+1 は整数なので,

$(n-1)n(n+1)(n^2+n+1)(n^2-n+1)$

つまり n^7-n は6の倍数である.

また, n^7-n は(2)より7の倍数であり, 6と7は互いに素であるから, n^7-n は42の倍数である.

研究 (2) (1)がなければ次のように考えることもできます.

$$n^7-n=(n-1)n(n+1)(n^2+n+1)(n^2-n+1) \quad \cdots\cdots(*)$$

であり,

$$n^2+n+1=(n+2)(n+3)-4n-5$$

$$n^2-n+1=(n-2)(n-3)+4n-5$$

← $(n-1)n(n+1)$ に続く2整数の積は $(n+2)(n+3)$

← $(n-2)(n-3)$ をつくる

であるから, $(n^2+n+1)(n^2-n+1)$

$$=\{(n+2)(n+3)-4n-5\}\{(n-2)(n-3)+4n-5\}$$

$$=(n+2)(n+3)(n-2)(n-3)+(4n-5)(n+2)(n+3)-(4n+5)(n-2)(n-3)-16n^2+25$$

$$=(n+2)(n+3)(n-2)(n-3)+14n^2-35$$

↑展開して整理する

$$=(n+2)(n+3)(n-2)(n-3)+7(2n^2-5) \quad \cdots\cdots(**)$$

$(*)$ に $(**)$ を代入して,

$$n^7-n=(n-1)n(n+1)\{(n+2)(n+3)(n-2)(n-3)+7(2n^2-5)\}$$

$$=(n-3)(n-2)(n-1)n(n+1)(n+2)(n+3)+7(2n^2-5)(n-1)n(n+1)$$

$n-3$, $n-2$, $n-1$, n, $n+1$, $n+2$, $n+3$ は連続する7整数であるから, このいずれかは7の倍数であり, これらの積は7の倍数である. また, $7(2n^2-5)(n-1)n(n+1)$ も7の倍数であるから n^7-n は7の倍数である.

演習問題

34-1 a, b, c を整数とする. このとき, 次のことを示せ.

(1) a^2 を3で割ると余りは0または1である.

(2) a^2+b^2 が3の倍数ならば, a, b はともに3の倍数である.

(3) $a^2+b^2=c^2$ ならば, a, b のうち少なくとも1つは3の倍数である.

(京都教育大)

34-2 連続した4つの正の整数の積は24で割り切れることを示せ. (大阪市大)

標問 35 最大公約数・最小公倍数

自然数 x, y の最大公約数と最小公倍数の和が 400 で，$3x=5y$ のとき，2つの自然数 x, y を求めよ．（愛知学院大）

精講 例をあげて話を進めることにします．

24 の正の約数は，

1，2，3，4，6，8，12，24 …①

30 の正の約数は，

1，2，3，5，6，10，15，30 …②

です．

①，②に共通な 1，2，3，6 を 24 と 30 の**公約数**といい，この中で最大の 6 のことを，24 と 30 の**最大公約数**といいます．

このとき，

$24=6\times4$，$30=6\times5$ ……(＊)

というように，24 も 30 も

(最大公約数)×(整数)

の形に表すことができます．

そして，4 と 5 には 1 以外に共通な正の約数はありません．つまり，4 と 5 は互いに素です（1 以外に共通な正の約数をもたないとき「互いに素」という）．

次に，24 と 30 の倍数について考えてみます．

24 の正の倍数は

24，48，72，96，120，144，168，192，216，240，… ……③

30 の正の倍数は

30，60，90，120，150，180，210，240，270，300，… ……④

です．

③，④に共通な 120，240，…を 24 と 30 の**公倍数**といい，この中で最小の 120 を 24 と 30 の**最小公倍数**といいます．

24 と 30 の最小公倍数である 120 は，(＊)の 6 と 4 と 5 の積になっていることに注目しておいてください．

$120=6\times4\times5$

そして，24 と 30 の積は

$$24\times30=\underset{\frown}{6}\times\underset{\sqcup}{4}\times\underset{\frown}{6}\times\underset{\sqcup}{5}$$
$$=\underset{\frown}{6}\times(\underset{\frown}{6}\times\underset{\sqcup}{4}\times\underset{\sqcup}{5})$$

最大公約数　最小公倍数

となって，最大公約数と最小公倍数の積になっていることにも注意が必要です．

一般に，自然数a，bについて，最大公約数をG，最小公倍数をLとすると，

$a=Ga'$，$b=Gb'$

（a'，b' は互いに素な自然数）

と表すことができ，

$L=Ga'b'$，$ab=GL$

が成り立ちます．

この問題では，まず，xとyの最大公約数をgとおいてみましょう．すると，

$x=gx'$，$y=gy'$

（x' と y' は互いに素な整数）

と表すことができます．

これを $3x=5y$ に代入すると

$3gx'=5gy'$

したがって，

$3x'=5y'$

という関係式が得られます．

右辺の$5y'$は5の倍数ですから左辺の$3x'$も5の倍数であり，3と5は互いに素なので，x'が5の倍数であることがわかります．

そして，**x' と y' が互いに素であること**が大きく物を言うことになります．この部分は解答で述べることにします．

さらに，xとyの最小公倍数は$gx'y'$であることも利用して解答を進めます．

解法のプロセス

xとyの最大公約数をgとおく．

⇩

$x=gx'$，$y=gy'$
（x' と y' は互いに素な整数）
と表せる．

⇩

条件式 $3x=5y$ に代入．

⇩

$3x'=5y'$ を得る．

⇩

x' と y' が互いに素であることを利用すると，
$x'=5$，$y'=3$ が得られる．

〈解 答〉

x と y の最大公約数を g とおくと

$x=gx'$, $y=gy'$

(x' と y' は互いに素な整数)

と表すことができる.

これらを $3x=5y$ に代入して

$3gx'=5gy'$

よって, $3x'=5y'$ ……(＊)

この式の右辺は5の倍数であるから左辺の $3x'$ も5の倍数であり, 3と5は互いに素であるから x' は5の倍数である.

← $3x'$ は素数5の倍数であるから3または x' が5の倍数であるが3は5の倍数ではないので x' が5の倍数である

よって, $x'=5n$ (n は正の整数)

と表すことができる.

(＊)に代入して,

$15n=5y'$ よって, $y'=3n$

ところが, $x'(=5n)$ と $y'(=3n)$ は互いに素であるから $n=1$ とわかり,

← n が2以上の整数ならば x' と y' は2以上の整数 n を公約数にもつことになり矛盾

$x'=5$, $y'=3$

したがって,

$x=5g$, $y=3g$

である.

このとき, x と y の最小公倍数は $15g$ であるから, 条件より,

$g+15g=400$ よって, $g=25$

したがって,

$x=\mathbf{125}$, $y=\mathbf{75}$

演習問題

(35) 自然数 m, n ($m \geqq n > 0$) がある. $m+n$ と $m+4n$ の最大公約数が3で, 最小公倍数が $4m+16n$ であるという. このような m, n をすべて求めよ.

(東北学院大)

標問 36 互いに素

自然数nに対し，n以下の自然数のうちnと互いに素であるものの個数を$f(n)$とおく．

(1) $f(15)$を求めよ．

(2) 異なる素数p，qに対して，$f(pq)$を求めよ．（名 大）

精講

2つの自然数mとnが1以外に共通な約数をもたないとき，

mとnは互いに素である

といいます．

このことは，mとnの最大公約数が1である，と言い換えることもできます．

例をあげましょう．

2と5は互いに素
6と7は互いに素
10と21は互いに素
⋮

です．

mとnが異なる素数のときはmとnは互いに素ですが，この逆はいえません．

つまり，mとnが互いに素であっても，mやnが素数であるとは限りません．

「互いに素」 と 「素数」

という言葉はどちらも「素」という漢字が使われていますが，**両者の間に直接的な関係はない**ことに注意しておく必要があります．

この問題の$f(15)$は

1, 2, 3, 4, 5, 6, 7, 8, 9, 10, 11, 12, 13, 14, 15

のうち，15と互いに素なもの，つまり15と1以外に共通な約数をもたないものを考えればそれでO.K.ですが，(2)のことを考えると，**15と互いに素でない整数の個数**（つまり，3または5の倍数の個数）**を調べて全体からひく**，という方針で解答を進めることにします．

解法のプロセス

(1) 1〜15のうち，15と互いに素な整数の個数．

⇩

まず，1〜15のうち，15と互いに素でない整数を調べる．

〈解　答〉

(1)　1〜15 の整数のうち，

　　3 の倍数は 5 個，　5 の倍数は 3 個，

　　15 の倍数は 1 個

ある．

　よって，1〜15 の整数のうち 15 と互いに素でないものは

　　$5+3-1=7$ (個)

ある．

　したがって，1〜15 の整数のうち 15 と互いに素であるものは

　　$15-7=8$(個)

ある．

よって，　$f(15)=\mathbf{8}$

← 3の倍数 | $\overline{3\text{の倍数}}$ / 5の倍数 | $\overline{5\text{の倍数}}$　この部分が(1)

(2)　(1)と同様に

　1，2，3，…，pq のうち

　　p の倍数は q 個，　q の倍数は p 個，

　　pq の倍数は 1 個

ある．

　したがって，1〜pq の整数のうち pq と互いに素であるものは

　　$pq-(q+p-1)=(p-1)(q-1)$ (個)

ある．

よって，

　　$f(pq)=\boldsymbol{(p-1)(q-1)}$

← p の倍数は
　p，$2p$，$3p$，…，qp の q 個
q の倍数は
　q，$2q$，$3q$，…，pq の p 個
pq の倍数は
　pq のみで 1 個

演習問題

36　mを整数とし，$\dfrac{m}{360}$ を既約分数とする．不等式

$$\frac{1}{3}<\frac{m}{360}<\frac{3}{8}$$

を満たすmは全部で何個あるか．また，そのうち最大のものを求めよ．

（近畿大）

標問 37 整数解 (1)

$2x+5y=175$ を満たす自然数 x, y の組 (x, y) を考える.

(1) これらの組 (x, y) は全部で何個あるか.

(2) これらの組 (x, y) を x の値の小さい順に並べたとき, 小さい方から7番目の組を求めよ.

(3) 各組の x と y の積 xy の最大値と最小値を求めよ. (近畿大)

精講

$$2x+5y=175 \quad \cdots\cdots ①$$

を満たす整数 x と y を求める方法を紹介しましょう.

実は, ①を満たす整数 x と y は無数にあるのですが, x と y に適当な整数を代入してみて, **①を満たす整数 x と y を1組見つけます**. 整数 x と y の組は無数にありますから, 人によって見つけた x と y は異なりますが, ①を満たす整数 x, y であればどんな x と y であってもかまいません.

いま, ①を満たす整数 x, y として, $x=0$, $y=35$ を見つけたとします. このとき,

$$2\cdot 0+5\cdot 35=175 \quad \cdots\cdots ②$$

という等式が成り立ちます.

①−② を作ってみると

$$2(x-0)+5(y-35)=0$$

となり, 変形して

$$2x=5(35-y) \quad \cdots\cdots ③$$

この式の右辺は5の倍数ですから当然左辺の $2x$ も5の倍数です. 2と5は互いに素ですから, x が5の倍数であることがわかり,

$$x=5n \quad (n は整数)$$

と表すことができ, これを③に代入すれば,

$$10n=5(35-y)$$

という式が得られます.

そして, この式を y について解くと,

$$y=35-2n$$

という式が得られ, これにより, ①を満たす整数 x, y は,

解法のプロセス

$2x+5y=175 \quad \cdots\cdots ①$

を満たす整数 x と y を求めたい.

⇩

まず, ①を満たす x と y を1組見つける.

⇩

見つけた x と y を①に代入した式を②として, ①−② を作ってみる.

$$\begin{cases} x=5n \\ y=35-2n \end{cases} \quad (n\text{は整数}) \qquad \cdots\cdots(*)$$

と求まります．

なお，この問題では，x，y は自然数ですから，$x>0$，$y>0$ であり，n は，

$n=1,\ 2,\ 3,\ \cdots,\ 17$

であることがわかります．

⬅ $x>0$，$y>0$ より
$5n>0$，$35-2n>0$
よって，$0<n<\dfrac{35}{2}$

ところで，①を満たす整数 x，y に対して点 $(x,\ y)$ を考えると，これらの点は

直線 $2x+5y=175$

上にあり，しかも，等間隔に並んでいます．

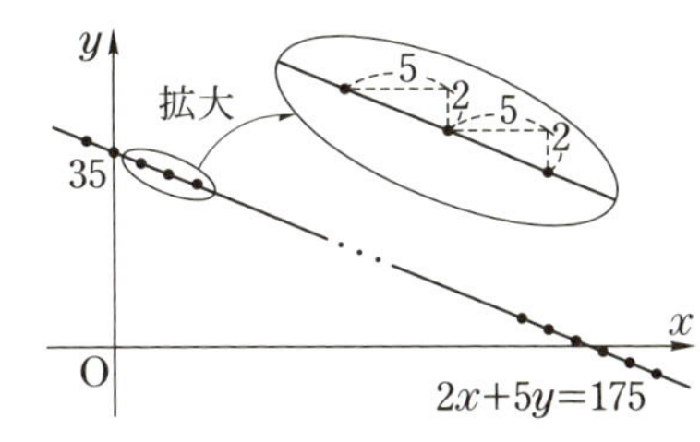

〈 解　答 〉

(1) $2x+5y=175$ $\cdots\cdots$①

$2\cdot0+5\cdot35=175$ $\cdots\cdots$②

①－② より

$2x=5(35-y)$ $\cdots\cdots$③

右辺は 5 の倍数なので，左辺の $2x$ も 5 の倍数であり，2 と 5 は互いに素であるから x は 5 の倍数である．

よって，

$x=5n$ （n は整数）

と表すことができる．

これを③に代入して

$10n=5(35-y)$

変形して，$2n=35-y$

よって，$y=35-2n$

したがって，①を満たす整数 x と y は

$$\begin{cases} x=5n \\ y=35-2n \end{cases} \quad (n\text{ は整数})$$

と表すことができる．

ここで，x と y はともに自然数であるから，n は，

$n=1,\ 2,\ 3,\ \cdots,\ 17$

であり，自然数 x と y の組 $(x,\ y)$ は全部で **17 個**ある．

← ①を満たす自然数 x と y の組は，$(5n,\ 35-2n)$
$(n=1,\ 2,\ 3,\ \cdots,\ 17)$
つまり，
$(5\cdot1,\ 35-2\cdot1)$
$(5\cdot2,\ 35-2\cdot2)$
$(5\cdot3,\ 35-2\cdot3)$
⋮
$(5\cdot17,\ 35-2\cdot17)$
の 17 個ある

(2) (1)より，①を満たす自然数 x と y の組 $(x,\ y)$ は，

$$(5,\ 33),\ (10,\ 31),\ (15,\ 29),\ (20,\ 27),\ \cdots$$
$$\cdots,\ (80,\ 3),\ (85,\ 1)$$

であり，x の値が小さい方から 7 番目のものは，
$(5\cdot7,\ 35-2\cdot7)$ つまり，$\boldsymbol{(35,\ 21)}$ である．

(3) ①を満たす自然数 x と y の積 xy は

$$\begin{aligned} xy &= 5n(35-2n) \\ &= -10n^2+175n \\ &= -10\left(n-\frac{35}{4}\right)^2+10\left(\frac{35}{4}\right)^2 \end{aligned}$$

$n=1,\ 2,\ 3,\ \cdots,\ 17$ であるから

xy の**最大値**は $n=9$ のときの **765**，

xy の**最小値**は $n=17$ のときの **85**

である．

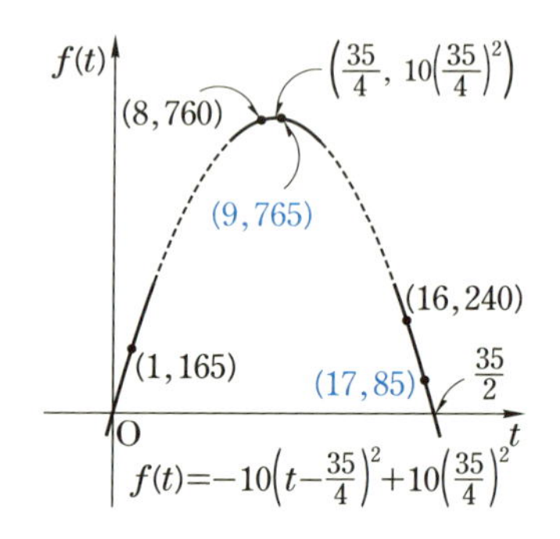

演習問題

37 整数 l，m，n についての連立方程式

$$7l=4m+3 \quad \cdots\cdots①,\quad lm=139-28n^2+l+m \quad \cdots\cdots②$$

を考える．まず，①を満たす整数 l，m は必ずある整数 k を用いて

$$l=\boxed{}k+1,\quad m=\boxed{}k+\boxed{}$$

と表される．逆に，この形で表される l，m は①を満たしている．これらを②に代入することにより，①，②を満たす整数の組 $(l,\ m,\ n)$ は全部で $\boxed{}$ 通りあることがわかる．

（東京理大）

標問 38 整数解(2)

(1) $\dfrac{1}{x}+\dfrac{1}{y}=\dfrac{1}{4}$ を満たす自然数 x, y の組 $(x,\ y)$ について，和 $x+y$ の最大値を求めよ． （防衛医大）

(2) $a^3-b^3=35$ を満たす整数の組 $(a,\ b)$ をすべて求めよ． （関西大）

精講 $\dfrac{1}{x}+\dfrac{1}{y}=\dfrac{1}{4}$ を満たす実数 x, y は無数にありますが，これを満たす整数 x, y となると限定されてきます．

次のようにすれば整数 x, y がすべて求まります．

両辺に $4xy$ をかけて分母を払うと
$4y+4x=xy$ となります．これを

(整数係数の x，y の式)
×(整数係数の x，y の式)=整数

の形に変形するのがポイントです．

$xy-4x-4y=0$ ですから，

$$(x+a)(y+b)=c \quad (a,\ b,\ c \text{ は整数})$$

の形にもち込むことができます．

$(x+a)(y+b)$ を展開したときの x の項の係数，y の項の係数はそれぞれ b, a ですから，これをともに -4 にするために，b も a も -4 にして，$xy-4x-4y=0$ を次のように変形します．

$$(x-4)(y-4)=16$$

そして，$x-4$，$y-4$ が整数であることを考えると，$x-4$，$y-4$ の値は次のいずれかになります．

$x-4$	-16	-8	-4	-2	-1	1	2	4	8	16
$y-4$	-1	-2	-4	-8	-16	16	8	4	2	1

これらから，整数 x，y は次のように求まります．

x	-12	-4	0	2	3	5	6	8	12	20
y	3	2	0	-4	-12	20	12	8	6	5

……(＊)

ただし，x, y は分数の分母にあるので，0 でないから，(＊)のうち **$x=y=0$ を除いたものが** $\dfrac{1}{x}+\dfrac{1}{y}=\dfrac{1}{4}$ を満たす整数 x，y のすべてです．

解法のプロセス

(1) $\dfrac{1}{x}+\dfrac{1}{y}=\dfrac{1}{4}$ の両辺に $4xy$ をかけて分母を払う．

⇩

$xy-4x-4y=0$ となる．

⇩

$(x-4)(y-4)=16$ と変形する．

⇩

$x-4$，$y-4$ が整数であることを利用して，$x-4$，$y-4$ を求める．

$xy-4x-4y=0$ の両辺に 16 を加えて
$xy-4x-4y+16=16$
← として，左辺を因数分解する

← 2つの積が 16 になる整数の組を調べる

第3章

この問題では x, y は自然数ですから x, y の組はもっと減ります.

(2)も左辺を $(a-b)(a^2+ab+b^2)$
というように2整数の積の形に表して, $a-b$, a^2+ab+b^2 の値を求めます.

解法のプロセス

(2) $a^3-b^3=35$
⇩
$(a-b)(a^2+ab+b^2)=35$
⇩
$a^2+ab+b^2\geqq 0$ に注意する.

解答

(1) $\dfrac{1}{x}+\dfrac{1}{y}=\dfrac{1}{4}$ より $xy=4x+4y$

よって, $(x-4)(y-4)=16$ ← この変形がポイント

x, y は自然数であるから, $x-4$, $y-4$ は -3 以上の整数であり,

$(x-4,\ y-4)=(1,\ 16),\ (2,\ 8),\ (4,\ 4),\ (8,\ 2),\ (16,\ 1)$

よって,

$(x,\ y)=(5,\ 20),\ (6,\ 12),\ (8,\ 8),\ (12,\ 6),\ (20,\ 5)$

したがって, $x+y$ の最大値は **25**

(2) $a^3-b^3=35$ より $(a-b)(a^2+ab+b^2)=35$ ← この変形がポイント

$a-b$, a^2+ab+b^2 はともに整数であり, しかも

$a^2+ab+b^2=\left(a+\dfrac{b}{2}\right)^2+\dfrac{3}{4}b^2\geqq 0$ であるから,

$(a-b,\ a^2+ab+b^2)=(1,\ 35),\ (5,\ 7),\ (7,\ 5),\ (35,\ 1)$

$a-b=1$, $a^2+ab+b^2=35$ のとき2式から a を消去して $(b+1)^2+(b+1)b+b^2=35$

よって, $3b^2+3b=34$ ← 左辺は3の倍数だが右辺は3の倍数でない

これを満たす整数 b は存在しない.

$a-b=5$, $a^2+ab+b^2=7$ のとき2式から a を消去して $(b+5)^2+(b+5)b+b^2=7$

よって, $3b^2+15b+18=0$

したがって, $b=-2,\ -3$

よって, $(a,\ b)=(3,\ -2),\ (2,\ -3)$

同様に調べて, $a-b=7$, $a^2+ab+b^2=5$ のときも, $a-b=35$, $a^2+ab+b^2=1$ のときも整数 a, b は存在しない.

> $a-b=7$, $a^2+ab+b^2=5$ のとき, a を消去して
> $(b+7)^2+(b+7)b+b^2=5$
> よって, $3b^2+21b+44=0$
> これを満たす整数 b は存在しない (実数解をもたない)
> $a-b=35$, $a^2+ab+b^2=1$ のとき, a を消去して
> $(b+35)^2+(b+35)b+b^2=1$
> よって, $3b^2+105b+1224=0$
> これを満たす整数 b は存在しない (実数解をもたない)

以上より, $(\boldsymbol{a},\ \boldsymbol{b})=(\mathbf{3},\ \mathbf{-2}),\ (\mathbf{2},\ \mathbf{-3})$

演習問題

38 方程式 $xy+3x+2y=12$ を満たす整数 x, y について, 和 $x+y$ の最小値および積 xy の最大値を求めよ. (拓殖大)

標問 39 整数解 (3)

(1) 3つの正の整数の組 $(l,\ m,\ n)$ で $\dfrac{1}{l}+\dfrac{1}{m}+\dfrac{1}{n}=1,\ l<m<n$ を満たすものを求めよ.

(2) 3つの正の整数の組 $(l,\ m,\ n)$ で $\dfrac{1}{l}+\dfrac{1}{m}+\dfrac{1}{n}=1$ を満たすものに対し, $l+m+n$ のとり得る値をすべて求めよ.

(福岡大)

精講 一般に整数解を求めるときには,

候補を有限個にしぼって,
あとはひとつひとつ調べていく

のが有効な手段です.

候補を有限個にしぼるにはいろいろな方法がありますが, 残念ながら万能な方法はありません.

(1) この問題では

$\boldsymbol{0<l<m<n}$

ですから

$(0<)\ \boldsymbol{\dfrac{1}{n}<\dfrac{1}{m}<\dfrac{1}{l}}$

です. そこで

$$\frac{3}{n}<\frac{1}{l}+\frac{1}{m}+\frac{1}{n}<\frac{3}{l}$$

となり, $\dfrac{1}{l}+\dfrac{1}{m}+\dfrac{1}{n}=1$ ですから

$$\frac{3}{n}<1<\frac{3}{l}$$

です. $\dfrac{3}{n}<1$ から得られる $3<n$ はあまり役に立ちません. $3<n$ を満たす整数 n は無数にあるからです.

それに対して, $1<\dfrac{3}{l}$ から得られる $l<3$ は正の整数 l の候補をしぼるのにとても有効で,

l は1あるいは2

であることがわかります.

あとは, それぞれの値に対して $m,\ n$ の値を求めていきます.

解法のプロセス

(1) $0<l<m<n$ を用いて, $\dfrac{1}{l},\ \dfrac{1}{m},\ \dfrac{1}{n}$ の大小を比べる.

⇩

$\dfrac{1}{n}<\dfrac{1}{m}<\dfrac{1}{l}$ を用いて $\dfrac{1}{l}+\dfrac{1}{m}+\dfrac{1}{n}$ を $\dfrac{3}{n}<\dfrac{1}{l}+\dfrac{1}{m}+\dfrac{1}{n}<\dfrac{3}{l}$ とはさむ.

⇩

$\dfrac{1}{l}+\dfrac{1}{m}+\dfrac{1}{n}=1$ より $\dfrac{3}{n}<1<\dfrac{3}{l}$ を得る.

⇩

$3<n,\ l<3$ を得る.

⇩

l は正の整数であるから l は1か2だとわかる.

⇩

$l=1,\ l=2$ のそれぞれの場合について調べる.

(2) ひとまず，$l \leqq m \leqq n$ という大小の順を決めてしまって l，m，n を求めます．

そして，求まった3整数の順列を考えます．

しかし，この問題では，最終目標が $l+m+n$ のとり得る値を求めるわけで，$l+m+n$ は，l，m，n の対称式ですから，最初から $l \leqq m \leqq n$ と決めてしまっても，答えに影響はないはずです．

解法のプロセス

(2) 方針は(1)とまったく同じだが

$0<l \leqq m \leqq n$

のように，等号がついていることに注意して扱う．

〈 解 答 〉

(1) $0<l<m<n$ より $(0<)\ \dfrac{1}{n}<\dfrac{1}{m}<\dfrac{1}{l}$

よって，$\dfrac{1}{l}+\dfrac{1}{m}+\dfrac{1}{n}<\dfrac{3}{l}$ ← $\dfrac{1}{l}+\dfrac{1}{m}+\dfrac{1}{n}<\dfrac{1}{l}+\dfrac{1}{l}+\dfrac{1}{l}$

$\dfrac{1}{l}+\dfrac{1}{m}+\dfrac{1}{n}=1$ ……① より $1<\dfrac{3}{l}$

よって，$l<3$

l は正の整数であるから，$l=1$，2

$l=1$ のとき，①を満たす正の整数 m，n は存在しないので，$l=2$

このとき①より $\dfrac{1}{m}+\dfrac{1}{n}=\dfrac{1}{2}$ ……②

$\dfrac{1}{n}<\dfrac{1}{m}$ より $\dfrac{1}{m}+\dfrac{1}{n}<\dfrac{2}{m}$ であるから， ← $\dfrac{1}{m}+\dfrac{1}{n}<\dfrac{1}{m}+\dfrac{1}{m}$

②より $\dfrac{1}{2}<\dfrac{2}{m}$ よって，$m<4$

これと $2<m$ より $m=3$ ← $l=2$，$l<m$ より $2<m$

このとき，$\dfrac{1}{n}=\dfrac{1}{2}-\dfrac{1}{3}$ よって，$n=6$ ← $\dfrac{1}{n}=\dfrac{1}{2}-\dfrac{1}{m}$

したがって，$(\boldsymbol{l},\ \boldsymbol{m},\ \boldsymbol{n})=(\mathbf{2},\ \mathbf{3},\ \mathbf{6})$

(2) $0<l \leqq m \leqq n$ としてよい． ← ①も $l+m+n$ も l，m，n の対称式

このとき，$\dfrac{1}{l}+\dfrac{1}{m}+\dfrac{1}{n} \leqq \dfrac{3}{l}$ であるから， ← $\dfrac{1}{n} \leqq \dfrac{1}{m} \leqq \dfrac{1}{l}$

①より $1 \leqq \dfrac{3}{l}$ よって，$l \leqq 3$

(i) $l=1$ のとき，①を満たす正の整数 m，n は存在しない．

(ii) $l=2$ のとき，①より $\dfrac{1}{m}+\dfrac{1}{n}=\dfrac{1}{2}$ ……②

これと $\dfrac{1}{n} \leqq \dfrac{1}{m}$ より $\dfrac{1}{2} \leqq \dfrac{2}{m}$ よって，$m \leqq 4$ ← $\left(\dfrac{1}{2}=\right)\dfrac{1}{m}+\dfrac{1}{n} \leqq \dfrac{2}{m}$

これと $2 \leqq m$ より　$m=2,\ 3,\ 4$　　← $l=2,\ l \leqq m$ より $2 \leqq m$

$m=2$ のとき，②より不適.

$m=3$ のとき $n=6$，$m=4$ のとき $n=4$　　← ②より n を求める

(iii)　$l=3$ のとき，①より　$\dfrac{1}{m}+\dfrac{1}{n}=\dfrac{2}{3}$　……③　　← $\dfrac{1}{m}+\dfrac{1}{n}=1-\dfrac{1}{l}$

これと $\dfrac{1}{n} \leqq \dfrac{1}{m}$ より　$\dfrac{2}{3} \leqq \dfrac{2}{m}$　よって，$m \leqq 3$　　← $\left(\dfrac{2}{3}=\right)\ \dfrac{1}{m}+\dfrac{1}{n} \leqq \dfrac{2}{m}$

これと $3 \leqq m$ より　$m=3$　　← $l=3,\ l \leqq m$ より $3 \leqq m$

このとき，③より　$n=3$

(i)〜(iii)より，①と $l \leqq m \leqq n$ をともに満たす正の整数 $l,\ m,\ n$ は

$(l,\ m,\ n)=(2,\ 3,\ 6),\ (2,\ 4,\ 4),\ (3,\ 3,\ 3)$　　← $l \leqq m \leqq n$ を満たすもの

よって，$l+m+n=$**9，10，11**

研究　(1)で $l=2$ を求め，$\dfrac{1}{m}+\dfrac{1}{n}=\dfrac{1}{2}$ まで出したあとは，標問 **38** のように扱うこともできます.

分母を払うと $mn=2m+2n$ となり，変形すると

$$(m-2)(n-2)=4$$

よって，　$(m-2,\ n-2)=(1,\ 4)$　　← $2<m<n$ より $0<m-2<n-2$

したがって，$(m,\ n)=(3,\ 6)$

(2)でもこれと同様のことができますが，(iii)の $\dfrac{1}{m}+\dfrac{1}{n}=\dfrac{2}{3}$ は工夫が必要です．両辺に $3mn$ をかけて分母を払うと $2mn-3m-3n=0$ となりますが，これを

$$mn-\frac{3}{2}m-\frac{3}{2}n=0 \quad \text{よって，} \left(m-\frac{3}{2}\right)\left(n-\frac{3}{2}\right)=\frac{9}{4}$$

と変形し，さらに両辺に 4 をかけて，$(2m-3)(2n-3)=9$ と変形します.

よって，$(2m-3,\ 2n-3)=(3,\ 3)$　　← $(3=)\ 2l-3 \leqq 2m-3 \leqq 2n-3$ に注意する

となり，$m=n=3$ を得ます.

演習問題

39　$\dfrac{1}{a}+\dfrac{1}{b}+\dfrac{1}{c}=\dfrac{1}{3}$ を満たす正の整数の組 $(a,\ b,\ c)$ を考える．ただし，$a \geqq b \geqq c$ とする.

(1)　c のとり得る値の最大値と最小値を求めよ.

(2)　$c=6$ のとき，$(a,\ b)$ の組を求めよ.　　(阪南大)

第3章

標問 40 2次方程式の整数解(1)

n を整数とする．x の2次方程式

$$x^2+2nx+2n^2+4n-16=0 \quad \cdots\cdots①$$

について考える．

(1) 方程式①が実数解をもつような最大の整数 n と最小の整数 n を求めよ．

(2) 方程式①が整数解をもつような整数 n を求めよ． (金沢大)

精講 2次方程式が整数解をもつ，という設定の問題です．

このようなときの対処の方法として，3つを知っておくべきです(標問 **40**，**41**，**42**)．

その1つが，

まず，2次方程式が実数解をもつ条件を調べる

というものです．

この作業によって，整数 n の候補が有限個にしぼれたならば，あとはその n の値それぞれに対して，ひとつずつていねいに調べていく，ということで目標が達せられます．

解法のプロセス

2次方程式が整数解をもつ．

⇩

まず，実数解をもつ条件から整数 n の値をしぼる．

⇩

n の候補が有限個ならば，それらの n の値に対して1つずつ調べていく．

〈 解 答 〉

$$x^2+2nx+2n^2+4n-16=0 \quad \cdots\cdots①$$

(1) ①が実数解をもつ条件より

$$n^2-(2n^2+4n-16) \geqq 0$$

← 判別式≧0

整理して

$$n^2+4n-16 \leqq 0$$

よって，$(n+2)^2 \leqq 20$

これを満たす**最大の整数 n は 2，最小の整数 n は -6** である．

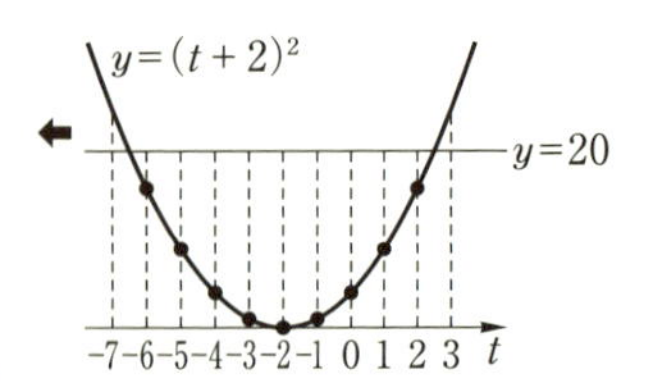

(2) $n=-6,\ -5,\ -4,\ -3,\ -2,\ -1,\ 0,\ 1,\ 2$ のときについて，①が整数解をもつかどうかそれぞれ調べればよい．

・$n=-6$ のとき

①は，$x^2-12x+32=0$

であり，これは，整数解 $x=4,\ 8$ をもつ．

・$n=-5$ のとき

①は，$x^2-10x+14=0$ ⬅ 解は，$x=5\pm\sqrt{11}$

であり，これは整数解をもたない．

・$n=-4$ のとき

①は，$x^2-8x=0$

であり，これは，整数解 $x=0,\ 8$ をもつ．

・$n=-3$ のとき

①は，$x^2-6x-10=0$ ⬅ 解は，$x=3\pm\sqrt{19}$

であり，これは整数解をもたない．

・$n=-2$ のとき

①は，$x^2-4x-16=0$ ⬅ 解は，$x=2\pm2\sqrt{5}$

であり，これは整数解をもたない．

・$n=-1$ のとき

①は，$x^2-2x-18=0$ ⬅ 解は，$x=1\pm\sqrt{19}$

であり，これは整数解をもたない．

・$n=0$ のとき

①は，$x^2-16=0$

であり，これは整数解 $x=\pm4$ をもつ．

・$n=1$ のとき

①は，$x^2+2x-10=0$ ⬅ 解は，$x=-1\pm\sqrt{11}$

であり，これは整数解をもたない．

・$n=2$ のとき

①は，$x^2+4x=0$

であり，これは，整数解 $x=0,\ -4$ をもつ．

以上より，①が整数解をもつような整数 n は

$$n=-6,\ -4,\ 0,\ 2$$

第3章

演習問題

40　実数 $x,\ p$ が $x^2+2px+3p^2=8$ を満たすとする．

(1)　p のとり得る値の範囲を求めよ．

(2)　$x,\ p$ が整数であるとする．上の式を満たす整数 $x,\ p$ の組 $(x,\ p)$ は全部で何通りあるか．

（成蹊大）

標問 41　2次方程式の整数解(2)

2次方程式 $x^2+(2m+5)x+(m+3)=0$ が整数の解をもつような整数mの値をすべて求めよ.　　(神戸薬大)

精講　これも2次方程式が整数解をもつ,という設定です.

前問と同様に,まず実数解をもつ条件を調べてみることにします.

$$(2m+5)^2-4(m+3)\geqq 0$$

より

$$4m^2+16m+13\geqq 0$$

という不等式が得られます.

しかし,これを満たす整数mは無数にあるので,今回は前問(標問 **40**)の方法では解決することができません.

このようなときには,次のように考えてみます.

$x^2+(2m+5)x+(m+3)=0$ の解は

$$x=\frac{-2m-5\pm\sqrt{(2m+5)^2-4(m+3)}}{2}$$

すなわち

$$x=\frac{-2m-5\pm\sqrt{4m^2+16m+13}}{2}$$

となります.

これが整数になる場合について考える訳ですが,$\sqrt{4m^2+16m+13}$ の部分が整数にならない限り,解は有理数になりませんから,当然ながら解は整数にはなりません.

ですから

$$\boldsymbol{\sqrt{4m^2+16m+13}=N}\quad(\boldsymbol{N}\text{は 0 以上の整数})$$

と表されるときだけを考えればよいことになります.

この先のことですが,両辺を2乗して

$$4m^2+16m+13=N^2$$

左辺を平方完成して,

$$(2m+4)^2-3=N^2$$

変形して,

解法のプロセス

2次方程式が整数解をもつ.

⇩

まず実数解をもつ条件を調べてみる.

⇩

整数mが無数に存在する.

⇩

方針を変えて,2次方程式が有理数解をもつ条件を調べる.

⇩

解の公式を用いて解を求め,$\sqrt{}$ の部分が整数になると考える.

⇩

$\sqrt{}$ の部分は0以上の整数なので,これをN(Nは0以上の整数)とおく.

⇩

両辺を2乗して $\sqrt{}$ をはずす.

⇩

整数 m $(,N)$ を求める.

⇩

元の2次方程式が整数解をもつかどうか調べる.

$(2m+4)^2-N^2=3$

さらに左辺を変形(因数分解)して

$(2m+4+N)(2m+4-N)=3$

あとは，$2m+4+N$，$2m+4-N$ がともに整数であることから，m，Nを求めることができます．

そして，このようにして求めたmに対して，もとの２次方程式が

整数解をもつかどうか調べていく

ことになります．

〈 解　答 〉

$x^2+(2m+5)x+(m+3)=0$ ……①

の解は

$$x=\frac{-2m-5\pm\sqrt{(2m+5)^2-4(m+3)}}{2}$$

すなわち，

$$x=\frac{-2m-5\pm\sqrt{4m^2+16m+13}}{2}$$

これが整数になるためには，$\sqrt{4m^2+16m+13}$ が整数になることが必要であるから，

← $\sqrt{4m^2+16m+13}$ が整数でないと解は整数にならない

$\sqrt{4m^2+16m+13}=N$ （Nは０以上の整数）

と表すことができる．

← 一般に $\sqrt{A}\geqq 0$ であるから $\sqrt{4m^2+16m+13}\geqq 0$

このとき，

$4m^2+16m+13=N^2$

より

$(2m+4)^2-3=N^2$

← 左辺を平方完成

変形して

$(2m+4)^2-N^2=3$

さらに左辺を因数分解して

$(2m+4+N)(2m+4-N)=3$

$2m+4+N$，$2m+4-N$ はともに整数であり，

$2m+4+N\geqq 2m+4-N$

であるから

$$\begin{cases}2m+4+N=3\\2m+4-N=1\end{cases} \text{または} \begin{cases}2m+4+N=-1\\2m+4-N=-3\end{cases}$$

←

$2m+4+N$	3	1	-3	-1
$2m+4-N$	1	3	-1	-3

さらに，

$2m+4+N\geqq 2m+4-N$

を考慮すると２組にしぼられる

(i) $\begin{cases} 2m+4+N=3 \\ 2m+4-N=1 \end{cases}$ のとき

$m=-1,\ N=1$

このとき①は,

$x^2+3x+2=0$ ← $(x+1)(x+2)=0$

であり，整数解 $x=-1,\ -2$ をもつ.

(ii) $\begin{cases} 2m+4+N=-1 \\ 2m+4-N=-3 \end{cases}$ のとき

$m=-3,\ N=1$

このとき①は,

$x^2-x=0$ ← $x(x-1)=0$

であり，整数解 $x=0,\ 1$ をもつ.

以上より，求める整数mは,

$m=\mathbf{-1,\ -3}$

演習問題

41 $n^2+mn-2m^2-7n-2m+25=0$ について次の問いに答えよ.

(1) n を m を用いて表せ.

(2) $m,\ n$ は自然数とする. $m,\ n$ を求めよ. (旭川医大)

標問 42　2次方程式の整数解(3)

2次方程式 $x^2-3ax+2a-3=0$ が2つの整数解をもつように a を定める．このとき，a^2+3 の値を求めよ．　　　　(自治医大)

精講　これも2次方程式が整数解をもつ，という設定の問題です．

まず，実数解をもつ条件を調べてみると

$9a^2-8a+12\geqq 0$

となり，これを満たす a は無数にあります．

次に，この2次方程式を解いてみると解は，

$$x=\frac{3a\pm\sqrt{9a^2-8a+12}}{2}$$

となります．

← $x^2-3ax+2a-3=0$ の解は

$$x=\frac{3a\pm\sqrt{(3a)^2-4(2a-3)}}{2}=\frac{3a\pm\sqrt{9a^2-8a+12}}{2}$$

そして，これが有理数になる条件から，

$\sqrt{9a^2-8a+12}=N$　(Nは0以上の整数)

とおこうかと思うかも知れませんが，これはダメです．

なぜかというと，この問題では，**a は整数とはどこにも書いていない**からです．

a が整数ならば $9a^2-8a+12$ も整数であり，$\sqrt{9a^2-8a+12}$ の $\sqrt{\ }$ がはずれるとき，これは整数になります．しかし，$9a^2-8a+12$ は整数とは限らないので，$\sqrt{\ }$ がはずれても，これは整数になるかどうかはわからないのです．

← たとえば，$\sqrt{\dfrac{9}{4}}$ は $\dfrac{3}{2}$ と $\sqrt{\ }$ がはずせる

そこで，この問題を解決するために，第3の方法を紹介することにします．

そのためには少し準備が必要です．数学Ⅱで学ぶ，**2次方程式の解と係数の関係**と呼ばれているものについて話しておきます．

2次方程式 $ax^2+bx+c=0$ $(a\neq 0)$ の2つの解

$$\frac{-b+\sqrt{b^2-4ac}}{2a},\quad \frac{-b-\sqrt{b^2-4ac}}{2a}$$

をそれぞれ α，β とおきます．つまり，

$$\alpha=\frac{-b+\sqrt{b^2-4ac}}{2a},\quad \beta=\frac{-b-\sqrt{b^2-4ac}}{2a}$$

とおきます.

このとき, $\alpha+\beta$ と $\alpha\beta$ を計算してみると, 次のようになります.

$$\alpha+\beta=\frac{-b+\sqrt{b^2-4ac}}{2a}+\frac{-b-\sqrt{b^2-4ac}}{2a}$$

$$=-\frac{b}{a}$$

$$\alpha\beta=\frac{-b+\sqrt{b^2-4ac}}{2a}\cdot\frac{-b-\sqrt{b^2-4ac}}{2a}$$

$$=\frac{(-b)^2-(b^2-4ac)}{4a^2}$$

$$=\frac{4ac}{4a^2}$$

$$=\frac{c}{a}$$

2次方程式 $ax^2+bx+c=0$ $(a\neq 0)$ の係数 a, b, c と2つの解 α, β の間には

$$\boldsymbol{\alpha+\beta=-\frac{b}{a},\ \alpha\beta=\frac{c}{a}}$$

という関係が成り立つことがわかったと思います.

このことを利用して本問を解決していきましょう.

$x^2-3ax+2a-3=0$ の2つの整数解を α, β とおくと, 解と係数の関係より

$$\alpha+\beta=3a,\ \alpha\beta=2a-3$$

という式が得られます.

この式から **a を消去**すると

$$3\alpha\beta=2(\alpha+\beta)-9$$

という式が得られます.

この後は, 標問 **38** と同様の方法で, 整数 α, β を求めることができます.

整数解 α, β が求まれば a の値も容易に求まります.

解法のプロセス

2次方程式の2つの整数解を α, β とおく.

⇩

解と係数の関係を利用して, $\alpha+\beta$, $\alpha\beta$ を a で表す.

⇩

a を消去して, $\alpha\beta$ と $\alpha+\beta$ の等式を作る.

⇩

α と β が整数であることから α と β を求める.

〈 解　答 〉

$x^2-3ax+2a-3=0$
の2つの整数解を α, β $(\alpha \geqq \beta)$ とおくと，解と係数の関係より，

$\alpha+\beta=3a$, $\alpha\beta=2a-3$

2式から a を消去して，

$$\alpha\beta=\frac{2}{3}(\alpha+\beta)-3$$

⬅ $\alpha+\beta=3a$ より
$a=\frac{1}{3}(\alpha+\beta)$
これを $\alpha\beta=2a-3$ に代入する

よって，

$$\left(\alpha-\frac{2}{3}\right)\left(\beta-\frac{2}{3}\right)=-\frac{23}{9}$$

両辺に9をかけて，

$(3\alpha-2)(3\beta-2)=-23$

$3\alpha-2$, $3\beta-2$ はともに整数であり，しかも

$3\alpha-2 \geqq 3\beta-2$

であるから，$3\alpha-2$, $3\beta-2$ は次の表の通りである．

$3\alpha-2$	23	1
$3\beta-2$	-1	-23

⬅ -23 を2つの整数の積の形で表す方法は，
$23\times(-1)$ と $1\times(-23)$
しかない

$$\begin{cases} 3\alpha-2=23 \\ 3\beta-2=-1 \end{cases}$$

のとき，α, β は整数にならないので不適．

⬅ $3\alpha-2=23$ より $\alpha=\frac{25}{3}$,
$3\beta-2=-1$ より $\beta=\frac{1}{3}$
となる

$$\begin{cases} 3\alpha-2=1 \\ 3\beta-2=-23 \end{cases}$$

のとき，$\alpha=1$, $\beta=-7$

以上より，$\alpha=1$, $\beta=-7$ であり，

$\alpha+\beta=3a$ より，$a=-2$

よって，$a^2+3=$**7**

⬅ $\alpha\beta=2a-3$ を利用して a の値を求めてもよい

演習問題

42　2次方程式 $x^2-kx+4k=0$ が2つの整数解をもつとする．k の最小値を m として，$|m|$ の値を求めよ．　　（自治医大）

第4章 図形と計量

標問 43 三角比の相互関係

(1)　$\sin\theta=\dfrac{3}{4}$ $(0°<\theta<90°)$ のとき，$\cos\theta$，$\tan\theta$ の値をそれぞれ求めよ．

（愛知工大）

(2)　$\tan\theta=-2$ $(90°<\theta<180°)$ のとき，$\cos\theta$ の値を求めよ．

また，$\dfrac{1+\cos\theta}{\sin\theta}+\dfrac{\sin\theta}{1+\cos\theta}$ の値を求めよ．

（足利工大）

精講　(1)　$\boldsymbol{\sin^2\theta+\cos^2\theta=1}$ であることを利用すれば，$\sin\theta$ の値から $\cos^2\theta$ の値を求めることができます．

$$\cos^2\theta=1-\sin^2\theta=1-\left(\frac{3}{4}\right)^2=\frac{7}{16}$$

という具合いです．ところで，$\cos\theta$ の値は

$\cos^2\theta=\dfrac{7}{16}$　より　$\cos\theta=\pm\dfrac{\sqrt{7}}{4}$

なのですが，ここで，$0°<\theta<90°$ であることを考えると，$\cos\theta$ は正のはずです．

したがって，$\cos\theta$ の値は1つに決まります．

また，$\cos\theta$ の値が求まったら $\tan\theta$ の値は

$$\boldsymbol{\tan\theta=\frac{\sin\theta}{\cos\theta}}$$

を利用して求めることができます．

解法のプロセス

(1)　$\cos^2\theta=1-\sin^2\theta$ を用いて $\cos^2\theta$ の値を求める．

⇩

θ の範囲を考えて $\cos\theta$ の符号を調べる．

⇩

$\cos\theta$ の値を求める．

⇩

$\tan\theta=\dfrac{\sin\theta}{\cos\theta}$ を利用して $\tan\theta$ の値を求める．

(2)　$\tan\theta$ と $\cos\theta$ の間には，

$$\boldsymbol{1+\tan^2\theta=\frac{1}{\cos^2\theta}}$$

という関係式が成り立ちます．

これは　$\cos^2\theta+\sin^2\theta=1$

の両辺を $\cos^2\theta$ で割ることによって得られます．

この関係式を利用すると，$\cos^2\theta$ の値が求まりますが，(2)では θ の範囲が $90°<\theta<180°$ なので $\cos\theta$ の値は負です．

また，後半では，$\sin\theta$ の値も求めて

解法のプロセス

(2)　$1+\tan^2\theta=\dfrac{1}{\cos^2\theta}$ を利用して $\cos^2\theta$ の値を求める．

⇩

θ の範囲を考えて $\cos\theta$ の符号を調べる．

⇩

$\cos\theta$ の値を求める．

⇩

$\dfrac{1+\cos\theta}{\sin\theta}+\dfrac{\sin\theta}{1+\cos\theta}$ を通分して整理する．

$$\frac{1+\cos\theta}{\sin\theta}+\frac{\sin\theta}{1+\cos\theta}$$

に直接 $\sin\theta$ と $\cos\theta$ の値を代入しても値が求まりますが，ぜひ，通分して整理してから代入する習慣を身に付けておいて下さい．

⇩

$\dfrac{2}{\sin\theta}$ となる．

⇩

$\tan\theta$，$\cos\theta$ の値から $\sin\theta$ の値を求めて代入．

$\sin\theta$，$\cos\theta$，$\tan\theta$ の間に成り立つ関係式および，$0°<\theta<90°$，$90°<\theta<180°$ におけるそれぞれの符号をまとめておきます．

$$\boldsymbol{\sin^2\theta+\cos^2\theta=1}$$

$$\boldsymbol{\tan\theta=\frac{\sin\theta}{\cos\theta}}$$

$$\boldsymbol{1+\tan^2\theta=\frac{1}{\cos^2\theta}}$$

	$0°<\theta<90°$	$90°<\theta<180°$
$\cos\theta$	＋	－
$\sin\theta$	＋	＋
$\tan\theta$	＋	－

〈 解　答 〉

(1)　$\cos^2\theta=1-\sin^2\theta=1-\left(\dfrac{3}{4}\right)^2=\dfrac{7}{16}$

$0°<\theta<90°$ のとき $\cos\theta$ は正であるから，

⬅ θ の範囲から $\cos\theta$ の符号が決まる

$$\cos\theta=\boldsymbol{\frac{\sqrt{7}}{4}}$$

また，$\tan\theta=\dfrac{\sin\theta}{\cos\theta}=\boldsymbol{\dfrac{3}{\sqrt{7}}}$

(2)　$\dfrac{1}{\cos^2\theta}=1+\tan^2\theta=1+(-2)^2=5$

$90°<\theta<180°$ のとき $\cos\theta$ は負であるから，

⬅ θ の範囲に注意する

$$\cos\theta=-\boldsymbol{\frac{1}{\sqrt{5}}}$$

また，$\dfrac{1+\cos\theta}{\sin\theta}+\dfrac{\sin\theta}{1+\cos\theta}=\dfrac{(1+\cos\theta)^2+\sin^2\theta}{(1+\cos\theta)\sin\theta}$

⬅ 式を簡単にしてから代入する

$$=\frac{1+2\cos\theta+\cos^2\theta+\sin^2\theta}{(1+\cos\theta)\sin\theta}$$

$$=\frac{2(1+\cos\theta)}{(1+\cos\theta)\sin\theta}=\frac{2}{\sin\theta}=\frac{2}{\tan\theta\cdot\cos\theta}$$

⬅ $\sin\theta=\tan\theta\cdot\cos\theta$ を利用

⬅ $\tan\theta=-2$，$\cos\theta=-\dfrac{1}{\sqrt{5}}$

$$=\boldsymbol{\sqrt{5}}$$

演習問題

43　$\sin\theta=\dfrac{2}{3}$，$0°<\theta<90°$ のとき，$\cos\theta$，$\tan\theta$ の値をそれぞれ求めよ．

（第一薬大）

標問 44 $\sin\theta+\cos\theta$ と $\sin\theta\cos\theta$

$\sin\theta+\cos\theta=\dfrac{\sqrt{5}}{2}$ のとき，次の式の値を求めよ．

(1) $\sin\theta\cos\theta$　(2) $\sin^3\theta+\cos^3\theta$　(3) $|\sin^3\theta-\cos^3\theta|$

（青山学院大）

精講 $\sin\theta$ と $\cos\theta$ の和と積の間には，次のような関係式が成り立ちます．

$$(\sin\theta+\cos\theta)^2=1+2\sin\theta\cos\theta \quad \cdots\cdots(*)$$

左辺を展開してみると，

$$\sin^2\theta+\cos^2\theta+2\sin\theta\cos\theta$$

となって，$\sin^2\theta+\cos^2\theta=1$ であることを利用すると，$1+2\sin\theta\cos\theta$ となるわけです．

同じような関係式が $\sin\theta-\cos\theta$ と $\sin\theta\cos\theta$ の間にも成り立ちます．

$$(\sin\theta-\cos\theta)^2=1-2\sin\theta\cos\theta \quad \cdots\cdots(**)$$

これも左辺を展開してみれば納得がいくでしょう．

(1)は $\sin\theta\cos\theta$ の値を求めることが要求されていますが，これは $(*)$ を利用すれば求まります．

さて，(2)はどうでしょう．

$\sin^3\theta+\cos^3\theta$ は

$$x^3+y^3=(x+y)(x^2-xy+y^2)$$

という因数分解の公式を利用して，

$$(\sin\theta+\cos\theta)(\sin^2\theta-\sin\theta\cos\theta+\cos^2\theta)$$

と変形できます．

ここで，$\sin\theta+\cos\theta$ の値は与えられていますし，$\sin^2\theta-\sin\theta\cos\theta+\cos^2\theta$ の $\sin^2\theta+\cos^2\theta$ の部分は1に等しく，$\sin\theta\cos\theta$ の値は(1)で求まっていますので，$\sin^3\theta+\cos^3\theta$ の値が求まります．

いよいよ(3)ですが，絶対値の中身である $\sin^3\theta-\cos^3\theta$ に注目しましょう．

これも(2)と同じように，次のように積の形に変形することができます．

$$(\sin\theta-\cos\theta)(\sin^2\theta+\sin\theta\cos\theta+\cos^2\theta)$$

解法のプロセス

(1) $\sin\theta+\cos\theta$ の値から $\sin\theta\cos\theta$ の値を求めたい．

⇩

$(\sin\theta+\cos\theta)^2$ $=1+2\sin\theta\cos\theta$ を利用する．

解法のプロセス

(2) $\sin^3\theta+\cos^3\theta$ の値を求める．

⇩

$(\sin\theta+\cos\theta)\times(1-\sin\theta\cos\theta)$ と変形する．

解法のプロセス

(3) $\sin^3\theta-\cos^3\theta$ の値を求める．

⇩

$(\sin\theta-\cos\theta)\times(1+\sin\theta\cos\theta)$ と変形する．

⇩

$\sin\theta-\cos\theta$ の値は $(\sin\theta-\cos\theta)^2$ $=1-2\sin\theta\cos\theta$ を利用して求める．

2番目のカッコの中身の値は求まるでしょう．
ですから，$\sin\theta-\cos\theta$ の値が問題です．
これは（＊＊）を利用して，**まず $(\sin\theta-\cos\theta)^2$ の値を求め**ます．あとは2乗をはずすために**ルートをとれば**目標達成です．

〈 解答 〉

(1) $(\sin\theta+\cos\theta)^2=1+2\sin\theta\cos\theta$ ……①

← $(\sin\theta+\cos\theta)^2 =\sin^2\theta+2\sin\theta\cos\theta+\cos^2\theta =1+2\sin\theta\cos\theta$

①に $\sin\theta+\cos\theta=\dfrac{\sqrt{5}}{2}$ を代入して，

$$\frac{5}{4}=1+2\sin\theta\cos\theta$$

よって，$\sin\theta\cos\theta=\boldsymbol{\dfrac{1}{8}}$

(2) $\sin^3\theta+\cos^3\theta$

$=(\sin\theta+\cos\theta)(\sin^2\theta-\sin\theta\cos\theta+\cos^2\theta)$

$=\dfrac{\sqrt{5}}{2}\left(1-\dfrac{1}{8}\right)=\boldsymbol{\dfrac{7\sqrt{5}}{16}}$

← $x^3+y^3 =(x+y)(x^2-xy+y^2)$

← $\sin\theta+\cos\theta=\dfrac{\sqrt{5}}{2}$, $\sin^2\theta+\cos^2\theta=1$, $\sin\theta\cos\theta=\dfrac{1}{8}$ を代入

(3) $\sin^3\theta-\cos^3\theta$

$=(\sin\theta-\cos\theta)(\sin^2\theta+\sin\theta\cos\theta+\cos^2\theta)$ ……②

← $x^3-y^3 =(x-y)(x^2+xy+y^2)$

であり，

$\sin^2\theta+\sin\theta\cos\theta+\cos^2\theta$

← $\sin^2\theta+\cos^2\theta=1$ を代入

$=1+\sin\theta\cos\theta=\dfrac{9}{8}$ ……③

← $\sin\theta\cos\theta=\dfrac{1}{8}$ を代入

また，$(\sin\theta-\cos\theta)^2=1-2\sin\theta\cos\theta=\dfrac{3}{4}$

← $\sin\theta\cos\theta=\dfrac{1}{8}$ を代入

であるから，$\sin\theta-\cos\theta=\pm\dfrac{\sqrt{3}}{2}$ ……④

②に③，④を代入して，

$$\sin^3\theta-\cos^3\theta=\pm\frac{\sqrt{3}}{2}\cdot\frac{9}{8}$$

よって，$|\sin^3\theta-\cos^3\theta|=\boldsymbol{\dfrac{9\sqrt{3}}{16}}$

演習問題

44 $\sin\theta-\cos\theta=\dfrac{1}{2}$ $(0^\circ<\theta<90^\circ)$ のとき，次の式の値を求めよ．

(1) $\sin\theta\cos\theta$　　(2) $\sin\theta+\cos\theta$　　（東京工芸大）

第4章

標問 45 180°−θ，90°±θ の三角比

(1) $\sin 46°$，$\cos 46°$，$\sin 136°$，$\cos 136°$ のうち，$\sin 44°$ と等しいものをすべてあげよ．
（長崎総合科学大）

(2) $\sin 75°+\sin 120°-\cos 150°+\cos 165°$ の値を求めよ．
（松山大）

精講

(I) **180°−θ の三角比**

右図のように，原点を中心とし，半径が1である円を用意します．この円を**単位円**といいます．

そして，円周上の2点P′，Pを，OPとx軸正方向のなす角がθ，OP′とx軸正方向のなす角が$180°-\theta$となるようにとります．

このとき，PとP′はy軸に関して対称ですから，

(P′のy座標)＝(Pのy座標)

(P′のx座標)＝−(Pのx座標)

となります．

そして，

P′のy座標，x座標はそれぞれ

$\sin(180°-\theta)$，$\cos(180°-\theta)$

となり，

Pのy座標，x座標はそれぞれ

$\sin\theta$，$\cos\theta$

ですから，

$$\sin(180°-\theta)=\sin\theta$$
$$\cos(180°-\theta)=-\cos\theta$$

という等式が得られます．

(II) **90°＋θ の三角比**

右図のように，P，P′をとると

(P′のy座標)
＝(Pのx座標)

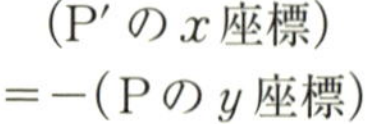

(P′のx座標)
＝−(Pのy座標)

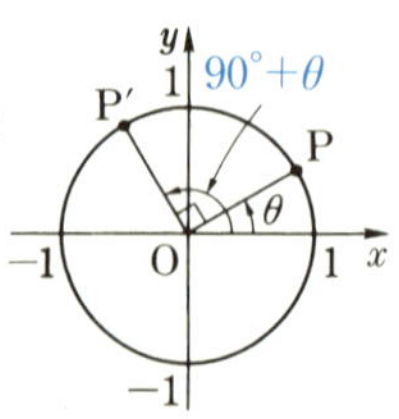

解法のプロセス

(1) $\sin 44°$ との大小を比較したい．

⇩

0° と 90° の間の角の sin で表現してみる．

⇩

$\cos 46°$ は $\cos(90°-44°)$ と考えて $90°-\theta$ の三角比の公式を利用する．

$\sin 136°$ は $\sin(180°-44°)$ と考えて $180°-\theta$ の三角比の公式を利用する．

$\cos 136°$ は $\cos(90°+46°)$ と考えて $90°+\theta$ の三角比の公式を利用する．

解法のプロセス

(2) $\sin 120°$，$\cos 150°$ の値はわかるので，$\sin 75°$ と $\cos 165°$ について角度をかえることを考えてみる．

165° と 75° には

$165°=90°+75°$

の関係がある．

⇩

$\cos 165°=\cos(90°+75°)$

として $90°+\theta$ の三角比の公式を利用する．

となりますから,

$\mathbf{\sin(90^\circ+\theta)=\cos\theta}$

$\mathbf{\cos(90^\circ+\theta)=-\sin\theta}$

という等式が得られます.

(Ⅲ) **$90^\circ-\theta$ の三角比**

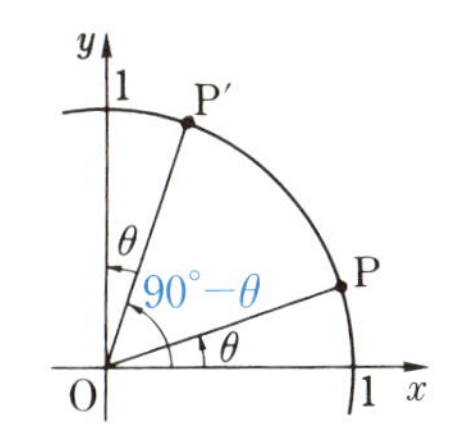

右図のように, P, P′ をとると

(P′ の y 座標)=(P の x 座標)

(P′ の x 座標)=(P の y 座標)

となりますから,

$\mathbf{\sin(90^\circ-\theta)=\cos\theta}$

$\mathbf{\cos(90^\circ-\theta)=\sin\theta}$

という等式が得られます.

〈 解　答 〉

(1) $\sin 46^\circ \neq \sin 44^\circ$

$\cos 46^\circ=\cos(90^\circ-44^\circ)=\sin 44^\circ$ ← $\cos(90^\circ-\theta)=\sin\theta$

$\sin 136^\circ=\sin(180^\circ-44^\circ)=\sin 44^\circ$ ← $\sin(180^\circ-\theta)=\sin\theta$

$\cos 136^\circ=\cos(90^\circ+46^\circ)$ ← $\cos(90^\circ+\theta)=-\sin\theta$

$=-\sin 46^\circ \neq \sin 44^\circ$

したがって, $\sin 44^\circ$ と等しいものは,

$\mathbf{\cos 46^\circ}$ と $\mathbf{\sin 136^\circ}$

(2) $\cos 165^\circ=\cos(90^\circ+75^\circ)=-\sin 75^\circ$ ← $\cos(90^\circ+\theta)=-\sin\theta$

であるから,

$\sin 75^\circ+\cos 165^\circ=0$

よって,

$\sin 75^\circ+\sin 120^\circ-\cos 150^\circ+\cos 165^\circ$

$=\sin 120^\circ-\cos 150^\circ$

$=\frac{\sqrt{3}}{2}+\frac{\sqrt{3}}{2}$ ← $\sin 120^\circ=\frac{\sqrt{3}}{2}$, $\cos 150^\circ=-\frac{\sqrt{3}}{2}$

$=\mathbf{\sqrt{3}}$

演習問題

45 $\cos^2 15^\circ+\cos^2 30^\circ+\cos^2 45^\circ+\cos^2 60^\circ+\cos^2 75^\circ$ の値を求めよ.

(阪南大)

第4章

標問 46 最大・最小

$0° \leqq x \leqq 180°$ のとき，関数 $f(x)=2\cos^2 x-\sqrt{3}\sin x+1$ について

(1) $f(x) \leqq 0$ を満たす $\sin x$ のとり得る値の範囲を求めよ．

(2) $f(x)$ の最大値，最小値，また，そのときの x の値をそれぞれ求めよ．

（札幌大）

精講 (1) $f(x) \leqq 0$ を具体的に書くと，

$$2\cos^2 x-\sqrt{3}\sin x+1 \leqq 0 \quad \cdots\cdots(*)$$

となります．

この不等式を満たす $\sin x$ の範囲を求めるわけですが，不等式$(*)$には，$\sin x$ だけでなく $\cos^2 x$ も登場しています．

そこで，**$\sin x$ だけの式にする**ために，

$$\boldsymbol{\cos^2 x=1-\sin^2 x}$$

を利用して，$\sin x$ だけの式に直します．

すると，

$$2(1-\sin^2 x)-\sqrt{3}\sin x+1 \leqq 0$$

つまり，

$$2\sin^2 x+\sqrt{3}\sin x-3 \geqq 0$$

となって，$\sin x$ に関する 2 次不等式が得られます．

ところで，$0° \leqq x \leqq 180°$ ですから，

$$0 \leqq \sin x \leqq 1$$

を忘れてはいけません．

解法のプロセス

(1) $2\cos^2 x-\sqrt{3}\sin x+1 \leqq 0$

⇩

$\cos^2 x=1-\sin^2 x$ を利用して $\sin x$ だけの式に直す．

⇩

$\sin x$ について解く．

⇩

$0 \leqq \sin x \leqq 1$ も考慮して，$\sin x$ の範囲を求める．

(2) (1)と同じ方針で，とにかく **$\sin x$ だけの式**に直します．

$$f(x)=-2\sin^2 x-\sqrt{3}\sin x+3$$

となりますが，ここで，

$\sin x=t$ とおく

と，

$$-2t^2-\sqrt{3}t+3$$

となり，$y=-2t^2-\sqrt{3}t+3$ のグラフをかくと上に凸の放物線になります．

$0 \leqq t \leqq 1$ に注意して，最大値，最小値を求めます．

解法のプロセス

(2)

$f(x)=2\cos^2 x-\sqrt{3}\sin x+1$ の最大値，最小値を求める．

⇩

$\cos^2 x=1-\sin^2 x$ を利用して $\sin x$ だけの式に直す．

⇩

$\sin x$ に関する 2 次関数．

⇩

$\sin x$ をひとかたまりに考えてグラフをかいてみる．

〈 解 答 〉

(1) $\cos^2 x = 1 - \sin^2 x$ であるから,

$$f(x) = 2\cos^2 x - \sqrt{3}\sin x + 1$$
$$= 2(1 - \sin^2 x) - \sqrt{3}\sin x + 1$$
$$= -2\sin^2 x - \sqrt{3}\sin x + 3$$

⬅ $\cos^2 x = 1 - \sin^2 x$ を代入

したがって, $f(x) \leqq 0$ より

$$-2\sin^2 x - \sqrt{3}\sin x + 3 \leqq 0$$

よって, $2\sin^2 x + \sqrt{3}\sin x - 3 \geqq 0$

⬅ $2\sin^2 x + \sqrt{3}\sin x - \sqrt{3}\cdot\sqrt{3} \geqq 0$ と考えて因数分解する（気づかなければ2次方程式の解の公式を利用する）

左辺を因数分解して,

$$(2\sin x - \sqrt{3})(\sin x + \sqrt{3}) \geqq 0$$

よって, $\sin x \leqq -\sqrt{3}$, $\dfrac{\sqrt{3}}{2} \leqq \sin x$

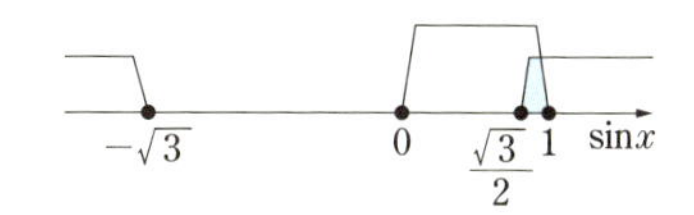

ここで, $0° \leqq x \leqq 180°$ より

$$0 \leqq \sin x \leqq 1$$

したがって, $\sin x$ のとり得る値の範囲は

$$\boldsymbol{\frac{\sqrt{3}}{2} \leqq \sin x \leqq 1}$$

(2) $f(x) = -2\sin^2 x - \sqrt{3}\sin x + 3$

$$= -2\left(\sin x + \frac{\sqrt{3}}{4}\right)^2 + \frac{27}{8}$$

⬅ $\sin x$ に関する2次関数 $0 \leqq \sin x \leqq 1$ に注意

⬅ わかりにくければ $\sin x = t$ とおいて,

$y = -2\left(t + \dfrac{\sqrt{3}}{4}\right)^2 + \dfrac{27}{8}$

の $0 \leqq t \leqq 1$ における最大値, 最小値を調べる

$0° \leqq x \leqq 180°$ であるから $0 \leqq \sin x \leqq 1$

この範囲において $f(x)$ は

$\sin x = 0$ のとき最大値 3

$\sin x = 1$ のとき最小値 $1 - \sqrt{3}$

をとる.

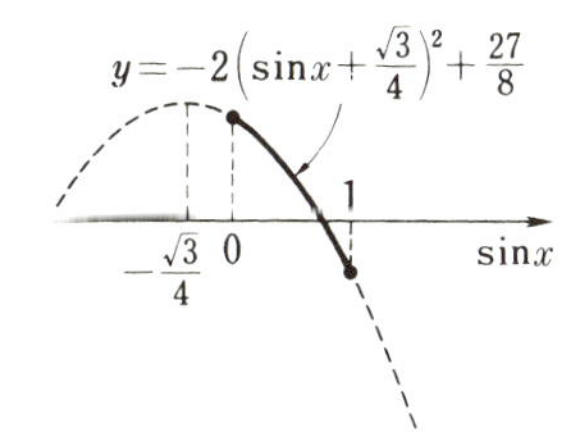

$\sin x = 0$ となる x の値は $0°$, $180°$ であり,
$\sin x = 1$ となる x の値は $90°$ である.

したがって,

$x = 0°$, $180°$ のとき, 最大値 3

$x = 90°$ のとき, 最小値 $1 - \sqrt{3}$

をとる.

演習問題

(46) $0° \leqq \theta \leqq 180°$ のとき, $P = 2\cos^2\theta + \sin\theta$ の最大値と最小値を求めよ.

（長崎総合科学大）

標問 47 余弦定理

(1) 三角形 ABC において，3 辺の長さを BC$=a$，CA$=b$，AB$=c$ とおく．$(a+b):(b+c):(c+a)=4:5:6$ のとき，$a:b:c$，$\angle$C をそれぞれ求めよ．（西南学院大）

(2) 三角形 ABC において，$\angle$A$=60°$，AB$=3$，BC$=7$ のとき，CA を求めよ．（千葉工大）

精講

余弦定理

一般に，右図のような三角形において，等式

$$\boldsymbol{a^2=b^2+c^2-2bc\cos A}$$

が成立します．

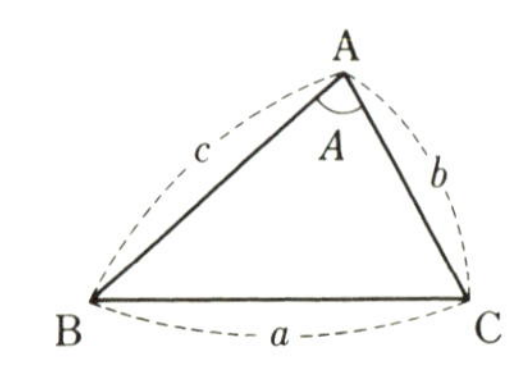

この関係式を利用すると，たとえば，b，c，A の値から a の値を求めることができます．

また，この等式を $\cos A$ について解くと，

$$\boldsymbol{\cos A=\frac{b^2+c^2-a^2}{2bc}}$$

となって，a，b，c の値から $\cos A$ の値を求めることもできます．

(1) まず，

$$\boldsymbol{(a+b):(b+c):(c+a)=4:5:6}$$

から，$a:b:c$ を求めます．それには

$$\begin{cases}\boldsymbol{a+b=4k}\\ \boldsymbol{b+c=5k}\quad (k>0)\\ \boldsymbol{c+a=6k}\end{cases}$$

とおいて，これらから a，b，c を k で表せば，$a:b:c$ が求まります．

実は，$a:b:c$ は $5:3:7$ と求まりますが，そのあと，$\cos C$ の値は余弦定理を用いて求めます．

$$\cos C=\frac{a^2+b^2-c^2}{2ab}\quad \cdots\cdots(*)$$

を用いるわけですが，a，b，c の値はわかっていません．ただし，$a:b:c$ は $5:3:7$ とわかっていますから　$a=5l$，$b=3l$，$c=7l$　$(l>0)$ とおくことができます．

解法のプロセス

(1) $(a+b):(b+c):(c+a)=4:5:6$

⇩

$$\begin{cases}a+b=4k\\ b+c=5k\quad (k>0)\\ c+a=6k\end{cases}$$

とおく．

⇩

a，b，c について解く．

$a:b:c=5:3:7$

⇩

$a=5l$，$b=3l$，$c=7l\,(l>0)$ とおく．

⇩

$$\cos C=\frac{a^2+b^2-c^2}{2ab}$$

に代入する．

これを(＊)に代入すれば $\cos C$ の値が求まり，$\cos C$ の値から C が求まるという仕組みです．

(2) A，c，a の値から b の値を求めたいのですが，余弦定理

$$b^2=c^2+a^2-2ca\cos B$$

を使おうと思っても **$\cos B$ の値がわからない**ので無理です．**わかっている角は A なので，**

$$\boldsymbol{a^2=b^2+c^2-2bc\cos A}$$

という式を利用します．A，c，a の値を代入すると，b についての2次方程式が得られ，これを解けば b が求まります．

解法のプロセス

(2) A，c，a から b を求める．
⇩
$a^2=b^2+c^2-2bc\cos A$
に A，c，a を代入．
⇩
b についての2次方程式を解く．

〈 解　答 〉

(1) $(a+b):(b+c):(c+a)=4:5:6$ より

$a+b=4k$，$b+c=5k$，$c+a=6k$ $(k>0)$

とおくことができる．

第1式と第3式を加え第2式をひくと，$2a=5k$

第1式と第2式を加え第3式をひくと，$2b=3k$

第2式と第3式を加え第1式をひくと，$2c=7k$

が得られる．

← 3式の辺々を加えて2でわると，$a+b+c=\frac{15}{2}k$
これから，第1式〜第3式をひいて求めてもよい

よって，$a:b:c=\frac{5}{2}k:\frac{3}{2}k:\frac{7}{2}k$

$=\mathbf{5:3:7}$

このとき，$a=5l$，$b=3l$，$c=7l$ $(l>0)$ とおくことができ，

$$\cos C=\frac{a^2+b^2-c^2}{2ab}=\frac{(5l)^2+(3l)^2-(7l)^2}{2\cdot5l\cdot3l}=-\frac{1}{2}$$

← 余弦定理の利用

よって，$C=\mathbf{120^\circ}$

← $0^\circ<C<180^\circ$

(2) $a^2=b^2+c^2-2bc\cos A$

に $A=60^\circ$，$c=3$，$a=7$ を代入して，

← A がわかっているので A が登場する式を利用する

$49=b^2+9-2\cdot b\cdot3\cdot\cos 60^\circ$

よって，$b^2-3b-40=0$

← $(b-8)(b+5)=0$ となる

$b>0$ であるから，$b=\mathbf{8}$

演習問題

47 三角形ABCにおいて，$a^2=b^2+c^2+bc$ のとき，A を求めよ．

（近畿大）

標問 48　正弦定理

⑴　三角形 ABC において，$\sin A:\sin B:\sin C=3:5:7$ のとき，
$\cos A:\cos B:\cos C$ を求めよ．　　　　　　　　　　　　（東北学院大）

⑵　半径 4 の円に内接する三角形 ABC において，

$$4\sin(A+C)\sin B=1$$

が成り立つとき，辺 AC の長さを求めよ．　　　　　　　　　（千葉工大）

精講

正弦定理

右図のような三角形において，

$$\boldsymbol{\frac{a}{\sin A}=\frac{b}{\sin B}=\frac{c}{\sin C}=2R}$$

が成立します．

ただし，R は三角形の外接円の半径です．

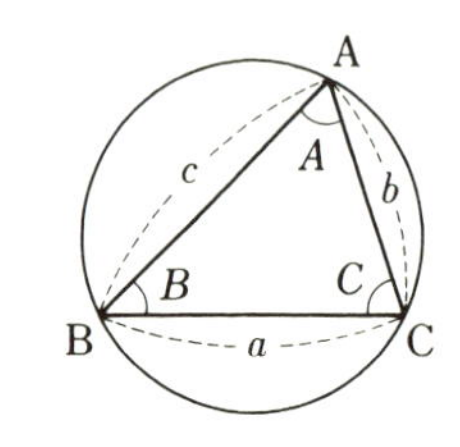

ところで，

$$\frac{a}{\sin A}=\frac{b}{\sin B}=\frac{c}{\sin C}$$

は，$\boldsymbol{a:b:c=\sin A:\sin B:\sin C}$

と読み替えることができます．

また，**三角形の外接円の半径が話題になったときもこの公式を活用する**ことを考えるべきです．

⑴　$\sin A:\sin B:\sin C=a:b:c$

ですから，

$$\sin A:\sin B:\sin C=3:5:7$$

から $a:b:c$ が求まります．

そして，あとは $\cos A$，$\cos B$，$\cos C$ の値を余弦定理を利用して求めれば目標達成です．

解法のプロセス

⑴　$\sin A:\sin B:\sin C$
$=3:5:7$

⇩

$a:b:c=3:5:7$

⇩

$\cos A$，$\cos B$，$\cos C$ の値を求める．

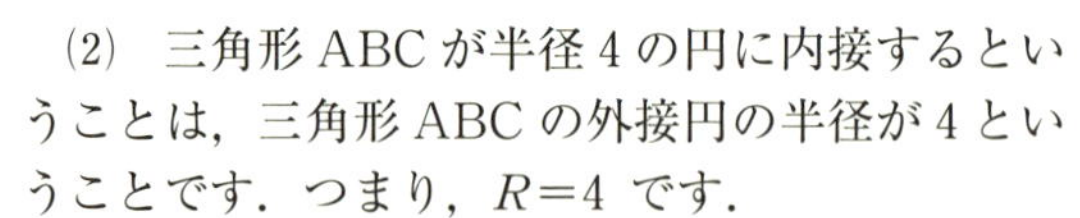

⑵　三角形 ABC が半径 4 の円に内接するということは，三角形 ABC の外接円の半径が 4 ということです．つまり，$R=4$ です．

そこで，AC の長さ，つまり b を求めるには，

$$\boldsymbol{\frac{b}{\sin B}=2R}$$

という関係式を利用したいのですが，それには $\sin B$ の値が必要になります．

そこで，条件

解法のプロセス

⑵　R，$\sin B$ の値から b の値を求めたい．

⇩

$\dfrac{b}{\sin B}=2R$ を利用する．

$$4\sin(A+C)\sin B=1$$

をながめ，なんとか $\sin B$ の値が求まらないか，と考えてみます．

$\sin(A+C)$ とありますが，$A+B+C=180°$ なので，$A+C=180°-B$ ですから

$$\sin(A+C)=\sin(180°-B)=\sin B$$

となります．これで $\sin B$ の値が求まり，b の値も求まるというわけです．

解法のプロセス

(2) $A+B+C=180°$

⇩

$A+C=180°-B$

⇩

$\sin(A+C)=\sin(180°-B)$
$=\sin B$

⇩

$4\sin(A+C)\sin B=1$ より
$\sin B$ の値が求まる．

〈 解 答 〉

(1) $\sin A:\sin B:\sin C=3:5:7$ より，

$$a:b:c=3:5:7$$

したがって，$a=3k$，$b=5k$，$c=7k$ $(k>0)$ と表すことができ，

← $\dfrac{a}{\sin A}=\dfrac{b}{\sin B}=\dfrac{c}{\sin C}$ より $a:b:c=\sin A:\sin B:\sin C$

$$\cos A=\frac{b^2+c^2-a^2}{2bc}=\frac{(5k)^2+(7k)^2-(3k)^2}{2\cdot5k\cdot7k}=\frac{13}{14}$$

$$\cos B=\frac{c^2+a^2-b^2}{2ca}=\frac{(7k)^2+(3k)^2-(5k)^2}{2\cdot7k\cdot3k}=\frac{11}{14}$$

$$\cos C=\frac{a^2+b^2-c^2}{2ab}=\frac{(3k)^2+(5k)^2-(7k)^2}{2\cdot3k\cdot5k}=-\frac{1}{2}$$

よって，

$$\cos A:\cos B:\cos C=\mathbf{13:11:(-7)}$$

(2) $A+C=180°-B$ であるから，

← $A+B+C=180°$ を使って文字を消去

$$\sin(A+C)=\sin(180°-B)=\sin B$$

したがって，$4\sin(A+C)\sin B=1$ より

$$4\sin^2 B=1$$

$0°<B<180°$ より　$\sin B>0$ であるから，

$$\sin B=\frac{1}{2}$$

三角形 ABC の外接円の半径を R とすると，正弦定理より　$\dfrac{b}{\sin B}=2R$ であり，$\sin B=\dfrac{1}{2}$，$R=4$ であるから，　$b=2R\sin B=\mathbf{4}$

← 三角形の外接円の半径がわかっているので正弦定理の活用

演習問題

48　三角形 ABC において，$\sin^2 A=\sin^2 B+\sin^2 C$ のとき A を求めよ．

（近畿大）

標問 49 三角形の面積と内接円の半径

三角形 ABC において，BC=17，CA=10，AB=9 のとき

(1) $\sin A$ の値を求めよ.

(2) 三角形 ABC の面積を求めよ.

(3) 内接円の半径を求めよ.　　　　(青山学院大)

精講

(1) 3辺の長さがわかっているので，余弦定理を利用すれば $\cos A$ の値が求まります.

そして，$\sin A$ の値は

$$\sin^2 A+\cos^2 A=1,\ \sin A>0$$

を利用すれば求まります.

解法のプロセス

(1)，(2) 三角形の3辺の長さから $\sin A$ の値を求めたい.

⇩

まず，余弦定理を用いて $\cos A$ の値を求める.

⇩

$\sin^2 A+\cos^2 A=1$ を利用して $\sin A$ の値を求める.

⇩

三角形 ABC の面積は

$\triangle ABC=\frac{1}{2}bc\sin A$

を利用して求める.

(2) **三角形の面積**

一般に，右図のような三角形の面積 S は，

$$S=\frac{1}{2}bc\sin A$$

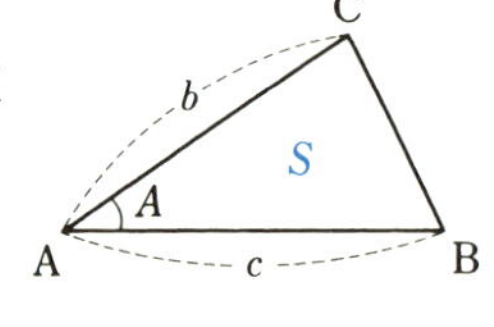

で求まります.

(1)で $\sin A$ の値を求めてありますから，あとは計算だけです.

(3) **三角形の内接円の半径**

図のように，三角形の内接円の中心を I，半径を r とします．3つの三角形 IBC，ICA，IAB の面積の和が三角形 ABC の面積に等しくなりますから

$$\triangle ABC$$
$$=\triangle IBC+\triangle ICA+\triangle IAB$$

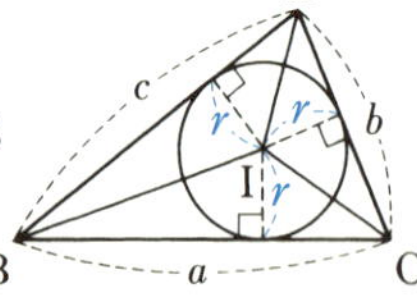

が成り立ちます.

そして，

$$\triangle IBC=\frac{1}{2}\cdot BC\cdot r=\frac{1}{2}ar$$

です.

△ICA，△IAB についても，それぞれ

$$\triangle ICA=\frac{1}{2}br,\ \triangle IAB=\frac{1}{2}cr$$

解法のプロセス

(3) 三角形 ABC の内接円の半径 r を求めたい.

⇩

$\triangle ABC=\frac{r}{2}(a+b+c)$

を利用する.

となりますから,

$$\triangle ABC=\frac{1}{2}ar+\frac{1}{2}br+\frac{1}{2}cr$$

したがって,

$$\boldsymbol{\triangle ABC=\frac{r}{2}(a+b+c)}$$

という等式が得られます.

ですから,三角形 ABC の面積と周の長さがわかれば,内接円の半径は求まります.

この問題では最初から 3 辺の長さがわかっていますし,(2)で三角形 ABC の面積を求めてありますから,内接円の半径はすぐに求まります.

← (三角形の面積) $=\frac{1}{2}\times$(三角形の周の長さ) $\times$(内接円の半径)

〈 解 答 〉

(1) $\cos A=\dfrac{b^2+c^2-a^2}{2bc}$

$$=\frac{10^2+9^2-17^2}{2\cdot10\cdot9}=-\frac{3}{5}$$

よって, $\sin A=\sqrt{1-\cos^2 A}$

$$=\sqrt{1-\left(-\frac{3}{5}\right)^2}=\boldsymbol{\frac{4}{5}}$$

← $\sin^2 A=1-\cos^2 A$ であり, $\sin A>0$

(2) $\triangle ABC=\dfrac{1}{2}bc\sin A$

$$=\frac{1}{2}\cdot10\cdot9\cdot\frac{4}{5}=\boldsymbol{36}$$

← 三角形の面積(公式)

(3) 三角形の内接円の半径を r とすると,

$\triangle ABC=\dfrac{r}{2}(a+b+c)$ であるから,

$$36=\frac{r}{2}\times(17+10+9)$$

よって, $r=\boldsymbol{2}$

← 三角形の面積と三角形の周と内接円の半径 r との関係

演習問題

49 三角形 ABC において, AB=4, BC=6, AC=5 のとき

(1) 三角形 ABC の面積を求めよ.

(2) 三角形 ABC の内接円の半径 r を求めよ.

(東京薬大〈改作〉)

標問 50　角の二等分線

三角形 ABC の $\angle$A の二等分線と辺 BC の交点を D とする．AD=BD=3, CD=2 のとき，$\cos B$ の値を求めよ．

(埼玉工大)

精講　角の二等分線

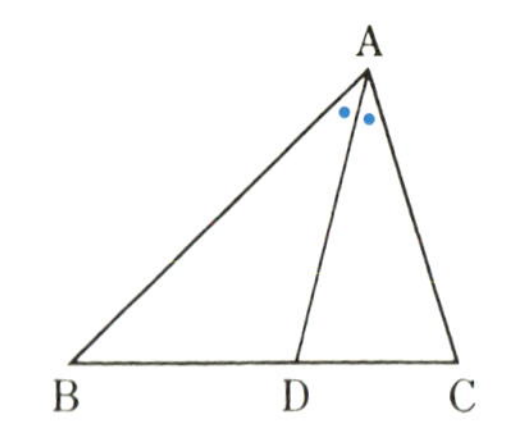

右図のような三角形 ABC で $\angle$A の二等分線と辺 BC の交点を D とするとき，

BD：DC＝AB：AC

という関係が成り立ちます．

このことは次のように理解しておくとよいでしょう．

三角形 ABD と三角形 ADC の面積に注目します．

それぞれ BD, DC を底辺と考えると，高さは共通ですから，

$$\triangle\mathrm{ABD}:\triangle\mathrm{ADC}=\mathrm{BD}:\mathrm{DC}$$

です．

また，$\angle\mathrm{BAD}=\angle\mathrm{DAC}=\theta$ とすると，

$$\triangle\mathrm{ABD}=\frac{1}{2}\mathrm{AB}\cdot\mathrm{AD}\cdot\sin\theta$$

$$\triangle\mathrm{ADC}=\frac{1}{2}\mathrm{AD}\cdot\mathrm{AC}\cdot\sin\theta$$

ですから，

$$\triangle\mathrm{ABD}:\triangle\mathrm{ADC}$$
$$=\frac{1}{2}\mathrm{AB}\cdot\mathrm{AD}\cdot\sin\theta:\frac{1}{2}\mathrm{AD}\cdot\mathrm{AC}\cdot\sin\theta$$
$$=\mathrm{AB}:\mathrm{AC}$$

となります．

したがって，

$(\triangle\mathrm{ABD}:\triangle\mathrm{ADC}=)\ \mathrm{BD}:\mathrm{DC}=\mathrm{AB}:\mathrm{AC}$

という関係が成り立ちます．

この問題では，

$$\mathrm{BD}=3,\ \mathrm{CD}=2$$

ですから，

$$\mathrm{AB}:\mathrm{AC}=\mathrm{BD}:\mathrm{DC}=3:2$$

です．

解法のプロセス

$\angle$A の二等分線

⇩

$\angle$A の二等分線と BC の交点が辺 BC を内分する比に注目．

⇩

BD：DC＝3：2 であるから AB：AC＝3：2

⇩

$\mathrm{AB}=3k$, $\mathrm{AC}=2k$ $(k>0)$ とおく．

⇩

$\cos B$ の値を求めたい．

⇩

2 つの三角形 ABD, ABC に余弦定理を用いることによって $\cos B$ を k を用いて 2 通りに表す．

⇩

連立して k の値，$\cos B$ の値を求める．

そこで，

$AB=3k,\ AC=2k\quad (k>0)$

とおいてみます．

$\cos B$ の値が話題になっていますが，

三角形 ABD に注目して $\cos B$ を k で表す

三角形 ABC に注目して $\cos B$ を k で表す

という 2 つの方法で $\cos B$ を表します．

そして，両者が等しいことから k が求まり，したがって，$\cos B$ の値も求まります．

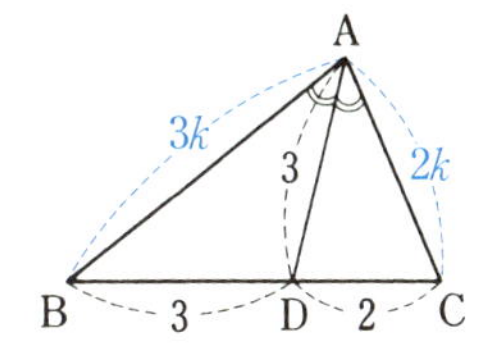

〈 解　答 〉

AD は ∠A の二等分線であるから，

$AB : AC = BD : DC = 3 : 2$

← ∠A の二等分線が対辺を分ける比は，他の 2 辺の比

したがって，

$AB=3k,\ AC=2k\quad (k>0)$

と表すことができる．

三角形 ABD に余弦定理を用いて，

$$\cos B=\frac{AB^2+BD^2-AD^2}{2AB\cdot BD}=\frac{(3k)^2+3^2-3^2}{2\cdot 3k\cdot 3}$$

← $\cos B$ を 2 通りで表す

$$=\frac{k}{2} \quad \cdots\cdots ①$$

また，三角形 ABC に余弦定理を用いて，

$$\cos B=\frac{AB^2+BC^2-AC^2}{2AB\cdot BC}=\frac{(3k)^2+5^2-(2k)^2}{2\cdot 3k\cdot 5}$$

$$=\frac{k^2+5}{6k} \quad \cdots\cdots ②$$

①，②より　$\dfrac{k}{2}=\dfrac{k^2+5}{6k}$

← $\cos B$ を消去

整理して，$3k^2=k^2+5$

$k>0$ であるから，$k=\sqrt{\dfrac{5}{2}}$

これを①に用いて，

$$\cos B=\frac{\sqrt{5}}{2\sqrt{2}}=\boldsymbol{\frac{\sqrt{10}}{4}}$$

演習問題

50　三角形 ABC において，BC＝18，AC＝15，AB＝12 とする．∠A の二等分線が BC と交わる点を D とするとき，AD の長さを求めよ．　（立教大）

標問 51 中線の長さ

三角形ABCにおいて，AB=4，AC=5，$\cos A=-\dfrac{1}{5}$ とする．辺BCの中点をMとするとき，BC，AMの長さを求めよ．

（南山大）

精講 中線の長さ

一般に，右図のような三角形ABCにおいて，3辺の長さがわかっているとき，中線AMの長さは次のようにして求めることができます．

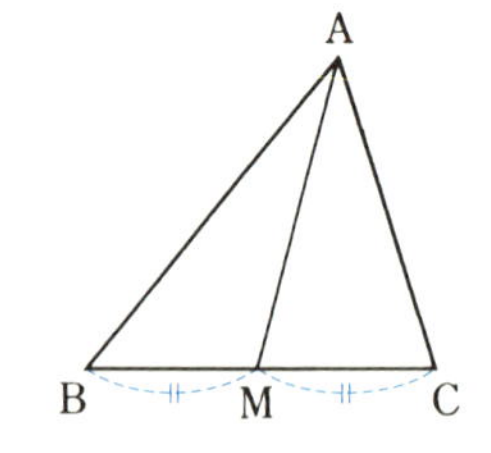

まず，**三角形ABCに余弦定理を用いて $\cos B$ の値を求めます．**

そして，今度は，三角形ABMに余弦定理を用いて AM^2 の長さを求めます．

つまり，

$$\mathbf{AM^2=AB^2+BM^2-2AB\cdot BM\cdot\cos B}$$

によって，AM^2 の長さを求めます．

あとはルートをとるだけです．

この問題では，AB，ACの長さと $\cos A$ の値がわかっていますから，まず余弦定理を利用してBCの長さを求めます．

$$BC^2=AB^2+AC^2-2AB\cdot AC\cdot\cos A$$

を利用することになります．

そしてBCの長さが求まったら，三角形の3辺の長さがすべてわかったのですから，三角形ABCに余弦定理を用いれば $\cos B$ の値が求まります．

$$\cos B=\frac{AB^2+BC^2-AC^2}{2AB\cdot BC}$$

を利用します．

また，BMの長さはBCの半分なので，この長さもわかります．

そこで，三角形ABMに余弦定理を用いれば AM^2 が求まります．

解法のプロセス

AB，AC，$\cos A$ の値からBCを求めたい．

⇩

余弦定理を利用する．

中線AMの長さを求めたい．

⇩

三角形ABCに余弦定理を用いて $\cos B$ の値を求める．

⇩

三角形ABMに余弦定理を適用してAB，BM，$\cos B$ の値からAMを求める．

〈 解　答 〉

三角形 ABC に余弦定理を用いて,

$$BC^2=AB^2+AC^2-2AB\cdot AC\cdot\cos A$$

$$=4^2+5^2-2\cdot4\cdot5\cdot\left(-\frac{1}{5}\right)=49$$

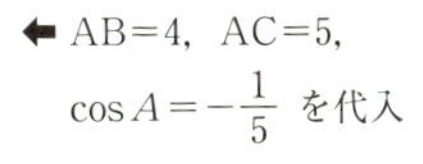

よって, BC=**7**

再び, 三角形 ABC に余弦定理を用いて,

$$\cos B=\frac{AB^2+BC^2-AC^2}{2AB\cdot BC}$$

$$=\frac{4^2+7^2-5^2}{2\cdot4\cdot7}=\frac{5}{7}$$

← $\cos B$ を求めたい

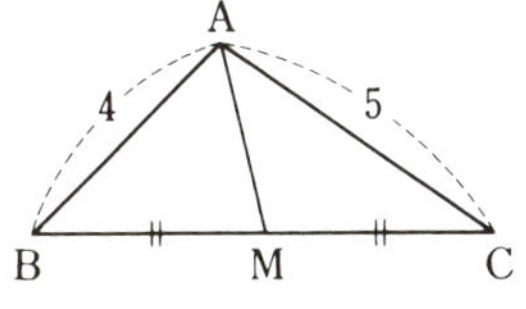

三角形 ABM に余弦定理を用いて,

$$AM^2=AB^2+BM^2-2AB\cdot BM\cdot\cos B$$

$$=4^2+\left(\frac{7}{2}\right)^2-2\cdot4\cdot\frac{7}{2}\cdot\frac{5}{7}=\frac{33}{4}$$

← $BM=\frac{1}{2}BC=\frac{7}{2}$, $\cos B=\frac{5}{7}$

よって, AM=$\boldsymbol{\frac{\sqrt{33}}{2}}$

研究　中線の長さに関する次の定理を知っておくと便利です.

右図のような三角形 ABC において, 線分 BC の中点をMとすると,

$$\boldsymbol{AB^2+AC^2=2(AM^2+BM^2)} \quad \cdots\cdots(*)$$

が成り立つ.

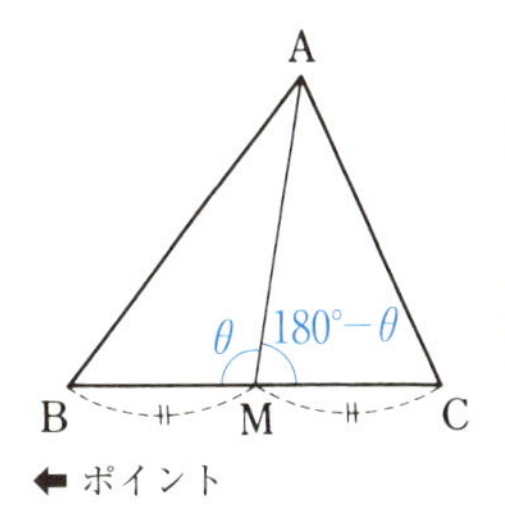

(証明)　$\angle AMB=\theta$, $\angle AMC=180°-\theta$ とおく.　← ポイント

三角形 ABM, 三角形 AMC に余弦定理を用いて,

$$AB^2=BM^2+AM^2-2BM\cdot AM\cdot\cos\theta \quad \cdots\cdots①$$

$$AC^2=CM^2+AM^2-2CM\cdot AM\cos(180°-\theta)$$

$$=BM^2+AM^2+2BM\cdot AM\cos\theta \quad \cdots\cdots②$$

← CM=BM, $\cos(180°-\theta)=-\cos\theta$ を代入

①+②より (*) を得る.

本問でも, 3 辺の長さを求めたあと, (*) を利用して AM を求めることもできます.

演習問題

51　三角形 ABC において, AB=6, AC=3, $\angle A=120°$ のとき, 頂点Aと BC の中点 M を結ぶと, AM の長さは □ である.　(大阪産業大)

標問 52 三角形の形状

三角形 ABC において，AB$=c$，BC$=a$，CA$=b$ とする．次の等式が成り立つとき，三角形 ABC はそれぞれどのような三角形か．

(1) $2\cos A=\dfrac{\sin C}{\sin B}$ (山形大)

(2) $\sin A\cos A=\sin B\cos B+\sin C\cos C$ (東京国際大)

(3) $a^2+b^2+c^2=bc\left(\dfrac{1}{2}+\cos A\right)+ca\left(\dfrac{1}{2}+\cos B\right)+ab\left(\dfrac{1}{2}+\cos C\right)$ (日本女大)

精講 与えられた等式を満たす**三角形の形状を調べる**問題です．

数学Ⅰの範囲では，

辺だけの関係式に直す

と，ほとんどの場合解決できます．

そして，辺だけの関係式にするには，

$\cos A$ は $\dfrac{b^2+c^2-a^2}{2bc}$ とする

(余弦定理を利用)

$\sin A$ は $\dfrac{a}{2R}$ とする

$\left(\text{正弦定理 } \dfrac{a}{\sin A}=2R \text{ を利用}\right)$

と，うまくいきます．

解法のプロセス

条件式を満たす三角形の形状を調べる．

⇩

条件式を辺だけの関係式に直してみる．

⇩

$\cos A=\dfrac{b^2+c^2-a^2}{2bc}$，

$\sin A=\dfrac{a}{2R}$ などを代入．

〈 解 答 〉

(1) 与式に $\cos A=\dfrac{b^2+c^2-a^2}{2bc}$，$\sin C=\dfrac{c}{2R}$，$\sin B=\dfrac{b}{2R}$ を代入して

$$2\cdot\frac{b^2+c^2-a^2}{2bc}=\frac{c}{b}$$ ← 両辺に bc をかける

整理して，$b^2+c^2-a^2=c^2$

よって，$a^2=b^2$ すなわち，$a=b$ ← $a>0$，$b>0$

したがって，**BC$=$CA の二等辺三角形**

である．

(2) 与式に $\sin A=\dfrac{a}{2R}$，$\cos A=\dfrac{b^2+c^2-a^2}{2bc}$ などを代入して

$$\frac{a}{2R}\cdot\frac{b^2+c^2-a^2}{2bc}=\frac{b}{2R}\cdot\frac{c^2+a^2-b^2}{2ca}+\frac{c}{2R}\cdot\frac{a^2+b^2-c^2}{2ab}$$

両辺に $4Rabc$ をかけると，

$$a^2(b^2+c^2-a^2)=b^2(c^2+a^2-b^2)+c^2(a^2+b^2-c^2)$$

a について整理すると，

$$a^4-b^4-c^4+2b^2c^2=0$$

← 1つの文字に注目して整理する

← $-b^4-c^4+2b^2c^2$ は $-(b^4+c^4-2b^2c^2)$ さらに $-(b^2-c^2)^2$ と変形できる

よって，$a^4=(b^2-c^2)^2$

したがって，$a^2=b^2-c^2$ または $a^2=-(b^2-c^2)$

となり，$a^2+c^2=b^2$ または $a^2+b^2=c^2$

つまり，**$\angle B=90^\circ$ または $\angle C=90^\circ$ の直角三角形**である．

(3) $\cos A=\dfrac{b^2+c^2-a^2}{2bc}$ であるから，

$$bc\left(\frac{1}{2}+\cos A\right)=bc\left(\frac{1}{2}+\frac{b^2+c^2-a^2}{2bc}\right)$$

$$=\frac{bc+b^2+c^2-a^2}{2}$$

同じように，

$$ca\left(\frac{1}{2}+\cos B\right)=\frac{ca+c^2+a^2-b^2}{2},$$

$$ab\left(\frac{1}{2}+\cos C\right)=\frac{ab+a^2+b^2-c^2}{2}$$

であり，これらを条件式に代入すると，

$$a^2+b^2+c^2$$

$$=\frac{bc+b^2+c^2-a^2}{2}+\frac{ca+c^2+a^2-b^2}{2}+\frac{ab+a^2+b^2-c^2}{2}$$

整理して，$a^2+b^2+c^2-bc-ca-ab=0$

両辺を2倍して，

$$(b^2+c^2-2bc)+(c^2+a^2-2ca)+(a^2+b^2-2ab)=0$$

← 両辺を2倍すると $2a^2+2b^2+2c^2-2bc-2ca-2ab=0$

したがって，$(b-c)^2+(c-a)^2+(a-b)^2=0$

よって，$b=c$，$c=a$，$a=b$

つまり，

$$a=b=c$$

← $(b-c)^2\geqq 0$，$(c-a)^2\geqq 0$，$(a-b)^2\geqq 0$ であるから $(b-c)^2=(c-a)^2=(a-b)^2=0$ したがって，$b-c=0$，$c-a=0$，$a-b=0$

したがって，**正三角形**である．

演習問題

52 三角形 ABC において，AB$=c$，BC$=a$，CA$=b$ とする．次の等式が成り立つとき，三角形 ABC はそれぞれどのような三角形か．

(1) $b\sin^2 A+a\cos^2 B=a$ （松山大）

(2) $a\cos A=b\cos B$ （明星大）

標問 53 三角形の辺と角の大小

3 辺の長さが $a-1$, a, $a+1$ である三角形について, 次の問いに答えよ.

(1) この三角形が鈍角三角形であるとき, a の範囲を求めよ.

(2) この三角形の 1 つの内角が $150°$ であるとき, 外接円の半径を求めよ.

精講

三角形の成立条件

3 つの正の数 a, b, c を 3 辺の長さとする三角形が存在する条件は,

$a<b+c$, $b<c+a$, $c<a+b$

です.

これは

(1 辺の長さ)<(他の 2 辺の長さの和)

ということを意味します.

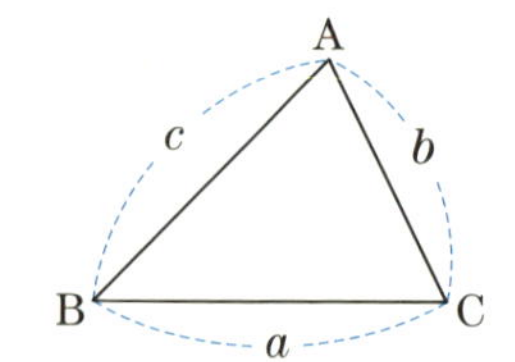

C から B までの最短経路の長さが a であり, A を経由したときの経路の長さ $b+c$ は a より長い

三角形の辺と角の大小

右のような三角形 ABC において

$\boldsymbol{a>b \Longleftrightarrow A>B}$

が成り立ちます.

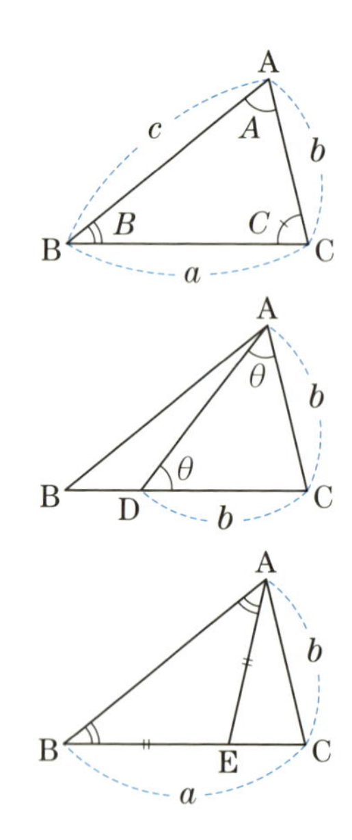

一応証明しておきます.

まず, $a>b \Longrightarrow A>B$ を示します.

$a>b$ のとき, 図のように, 辺 BC 上に,

CA=CD

となる点Dをとります.

このとき,

$\angle$CAD$=\angle$CDA (=θ とおく)

となり,

$A>\theta$, $B<\theta$

であることから, $A>B$ がわかります.

逆に, $A>B$ のとき, 図のように, 辺 BC 上に,

$\angle$EAB$=B$

となる点Eをとります.

このとき, EB=EA であり,

$a=$EB+EC
　=EA+EC
　>AC$=b$

← 三角形 AEC において 2 辺の長さの和 (EA+EC) は他の 1 辺の長さ (AC) より大きい

となります.

本問では，3 辺の長さ $a-1$，a，$a+1$ の中で最大である，$a+1$ の対角が 3 つの内角の中で最大の角だとわかります.

(1)では，この角が鈍角，(2)では，この角が $150°$ となります.

解法のプロセス

鈍角三角形

⇩

一番大きい内角が $90°$ より大

⇩

辺の長さが一番長い $a+1$ の対角が $90°$ より大

〈 解　答 〉

(1)　3 辺の長さが $a-1$，a，$a+1$ である三角形ができる条件より

$$a-1>0,$$
$$(a-1)+a>a+1$$

← $a-1$，a，$a+1$ が正

← 最大辺の長さが他の 2 辺の長さの和より小さい

よって，　$2<a$　……①

この三角形が鈍角三角形になる条件は，最大辺 $(a+1)$ の対角が鈍角となることであり，

$$\frac{(a-1)^2+a^2-(a+1)^2}{2(a-1)a}<0$$

← 最大辺 $(a+1)$ の対角の cos の値が負という内容

よって，$a^2-4a<0$

← $2<a$ より分母は正である

したがって，$0<a<4$　……②

①かつ②より，$\boldsymbol{2<a<4}$　……③

(2)　$\cos 150°=\dfrac{(a-1)^2+a^2-(a+1)^2}{2(a-1)a}$ より

← $a+1$ の辺の対角が $150°$

$$-\sqrt{3}(a-1)a=(a-1)^2+a^2-(a+1)^2$$

整理して，

$$(\sqrt{3}+1)a^2-(4+\sqrt{3})a=0$$

$a\neq 0$ であるから，

$$a=\frac{4+\sqrt{3}}{\sqrt{3}+1}=\frac{3\sqrt{3}-1}{2}$$ (これは③を満たす)

← 分母・分子に $\sqrt{3}-1$ をかけて分母を有理化

したがって，外接円の半径 R は，

$$R=\frac{a+1}{2\sin 150°}=\boldsymbol{\frac{3\sqrt{3}+1}{2}}$$

演習問題

53　3 辺の長さがそれぞれ $\sqrt{x^2-2x}$，$4-x$，2 で表される三角形がある．長さ $\sqrt{x^2-2x}$ の辺は他の 2 辺より長さが短くないとする.

(1)　このような三角形がかけるような x の範囲を求めよ.

(2)　この三角形の 3 つの内角のうち，最小の角の大きさを θ とするとき，$\cos\theta$ を x を用いて表せ.

(九大〈改作〉)

標問 54 72°，36° の三角比

cos 36° の値を求めるために，頂角 ∠A＝36° の二等辺三角形 ABC を利用する．辺 AC 上に点Dを，AD＝BD になるようにとる．このとき，△ABC と △BCD とは相似であるから，AB＝x，BC＝1 とすると，AD＝[(ア)] となる．また，CD には x を用いて 2 通りの表現方法があり，それらは [(イ)] と [(ウ)] である．よって，x＝[(エ)] となり，cos 36°＝[(オ)] が得られる．

（東京経済大）

精講　ひとまずこの例題はおいておきます．**72° の三角比は右図のような，**

$A=36°$，$B=C=72°$

の二等辺三角形 ABC を利用して求めることができることを知っておきましょう．

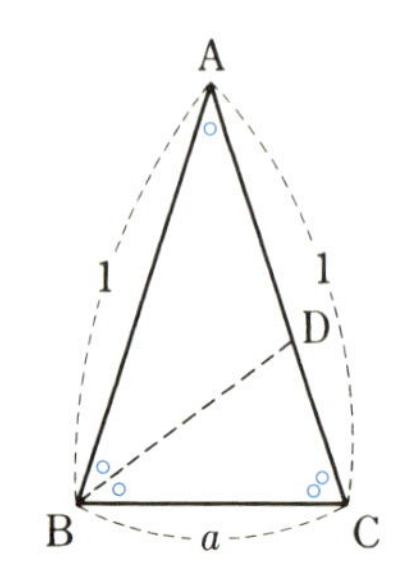

AB＝1，BC＝a とします．

いま，∠B の二等分線が AC と交わる点をDとすると，∠BDC＝180°－∠DBC－∠BCD

$$=180°-\frac{1}{2}\cdot72°-72°=72°$$

よって，∠BCD＝∠BDC（＝72°）

となり，**三角形 BCD は二等辺三角形**です．

ですから，BD＝BC＝a です．

また，**三角形 DAB も二等辺三角形**なので，

DA＝DB＝a

となります．したがって，CD の長さは

CD＝AC－AD＝1－a

です．

ところで，**2 つの二等辺三角形 ABC と BCD は相似**ですから，AB：BC＝BC：CD

となり，AB・CD＝BC^2 が成立します．

AB＝1，CD＝1－a，BC＝a を代入すると，

$$1\cdot(1-a)=a^2$$

となって，この 2 次方程式を解くと，a の値が

$$a=\frac{\sqrt{5}-1}{2}\ (>0)$$

と求まります．

解法のプロセス

頂角 36° の二等辺三角形

⇩

底角は 72° であり，頂角の 2 倍になっている．

⇩

AC 上に AD＝BD となる点Dをとると，BD は ∠B の二等分線

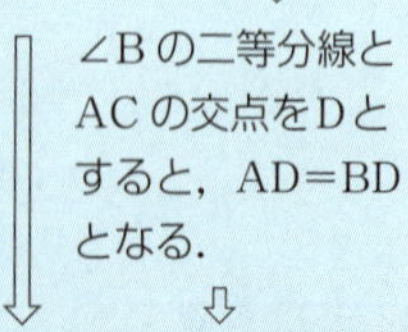

∠B の二等分線と AC の交点をDとすると，AD＝BD となる．

⇩

△ABC と △BCD は相似

⇩

辺の長さについての等式をつくる．

⇩

その方程式を解く．

そして右図のような直角三角形 ABH をつくると

$$\cos 72^\circ = \sin 18^\circ = \frac{\mathrm{BH}}{\mathrm{AB}} = \frac{a}{2} = \frac{\sqrt{5}-1}{4}$$

$$\sin 72^\circ = \cos 18^\circ = \frac{\mathrm{AH}}{\mathrm{AB}} = \sqrt{1-\left(\frac{a}{2}\right)^2} = \frac{\sqrt{10+2\sqrt{5}}}{4}$$

と求まります.

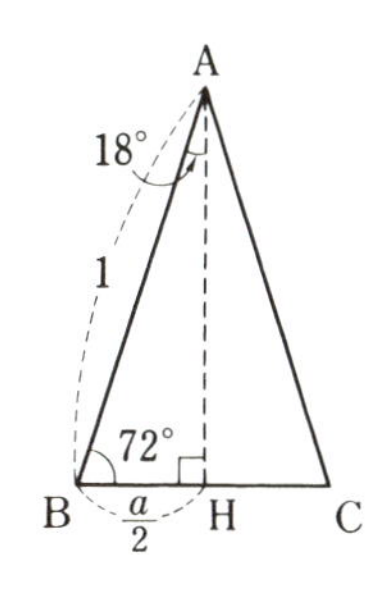

この例題では，AB＝x，BC＝1 となっていますが，上と同じようにして x の値を求めます.

そして，$A=36^\circ$ ですから，$\cos A$ の値を余弦定理を用いて計算するという流れになります.

〈 解　答 〉

∠DBA＝∠DAB＝36°（AD＝BD より）であるから，

$$\angle \mathrm{BDC} = \angle \mathrm{DBA} + \angle \mathrm{DAB} = 72^\circ$$

$$\angle \mathrm{BCD} = \frac{1}{2}(180^\circ - \angle \mathrm{BAC}) = \frac{1}{2}(180^\circ - 36^\circ) = 72^\circ$$

よって，∠BDC＝∠BCD

したがって，BD＝BC

ゆえに，AD＝BD＝BC＝**1**　……(ア)

よって，CD＝AC－AD＝$\boldsymbol{x-1}$　……(イ)（あるいは(ウ)）

また，△ABC∽△BCD であるから，

AB：BC＝BC：CD

よって，$\mathrm{CD} = \dfrac{\mathrm{BC}^2}{\mathrm{AB}} = \boldsymbol{\dfrac{1}{x}}$　……(ウ)（あるいは(イ)）

したがって，（CD＝）$x-1=\dfrac{1}{x}$

整理して，$x^2-x-1=0$　よって，$x=\boldsymbol{\dfrac{1+\sqrt{5}}{2}}$ （＞0）……(エ)

∠DBC＝36° であるから，

$$\cos 36^\circ = \cos \angle \mathrm{DBC} = \frac{\mathrm{BD}^2+\mathrm{BC}^2-\mathrm{CD}^2}{2\mathrm{BD}\cdot\mathrm{BC}}$$

⬅ 余弦定理を利用

$$= \frac{1^2+1^2-(x-1)^2}{2\cdot1\cdot1} = \frac{1}{2}\left\{2-\left(\frac{-1+\sqrt{5}}{2}\right)^2\right\}$$

$$= \frac{1}{2}\left(2-\frac{3-\sqrt{5}}{2}\right) = \boldsymbol{\frac{1+\sqrt{5}}{4}}$$ ……(オ)

演習問題

54　三角形 ABC において，AB＝AC＝1，∠A＝36° のとき，BC，$\cos A$ の値を求めよ.

（昭和薬大）

標問 55 円に内接する四角形

円に内接する四角形 ABCD において，AB=6，BC=CD=3，∠ABC=120° のとき，辺 AD の長さと，四角形 ABCD の面積を求めよ．

(福岡大)

精講 一般に，**円に内接する四角形 ABCD** に関する次の内容は知っておくべきです．

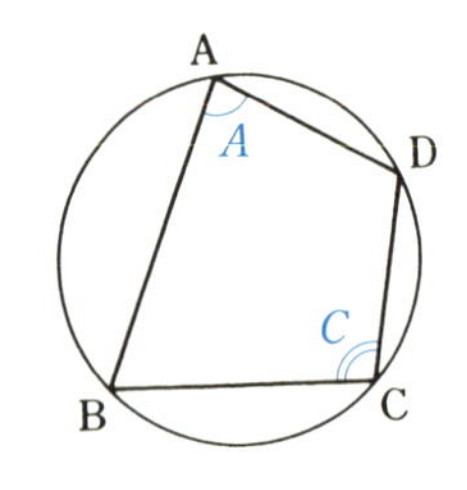

円に内接する四角形の向かい合った 2 つの角の大きさの和は 180° ですから

$$\boldsymbol{A+C=180^\circ}$$

です．したがって，$C=180^\circ-A$ ですから

$$\boldsymbol{\cos C}=\cos(180^\circ-A)=\boldsymbol{-\cos A}$$

← $\cos(180^\circ-\theta)=-\cos\theta$

という関係式が得られます．

そして，三角形 ABD に余弦定理を用いて，

$$\cos A=\frac{\mathrm{AD}^2+\mathrm{AB}^2-\mathrm{BD}^2}{2\mathrm{AD}\cdot\mathrm{AB}}\quad\cdots\cdots(*)$$

また，三角形 CDB に余弦定理を用いて，

$$\cos C=\frac{\mathrm{CD}^2+\mathrm{BC}^2-\mathrm{BD}^2}{2\mathrm{CD}\cdot\mathrm{BC}}\quad\cdots\cdots(**)$$

という関係式が得られ，これらを

$$\cos C=-\cos A$$

に代入することによって，

$$\frac{\mathrm{CD}^2+\mathrm{BC}^2-\mathrm{BD}^2}{2\mathrm{CD}\cdot\mathrm{BC}}=-\frac{\mathrm{AD}^2+\mathrm{AB}^2-\mathrm{BD}^2}{2\mathrm{AD}\cdot\mathrm{AB}}$$

という関係式が得られます．

また，$(*)$，$(**)$ をそれぞれ BD^2 について解いて，

$$(\mathrm{BD}^2=)\ \mathrm{AD}^2+\mathrm{AB}^2-2\mathrm{AD}\cdot\mathrm{AB}\cos A$$
$$=\mathrm{CD}^2+\mathrm{BC}^2-2\mathrm{CD}\cdot\mathrm{BC}\cos C$$

という関係式を得ることもできます．

さて，この問題では ∠ABC の大きさが 120° とわかっているので，∠CDA の大きさは 60° です．

余弦定理を 2 つの三角形 ABC，CDA に適用して AC^2 を 2 通りに表し，

等式をつくれば，あとはそれを解くだけです．

解法のプロセス

四角形 ABCD は円に内接し，∠ABC=120°

⇩

∠ABC+∠CDA=180° より ∠CDA が求まる．

⇩

三角形 ABC，CDA に余弦定理を用いて，AC^2 を 2 通りに表し等式をつくる．

⇩

この方程式を解く．

四角形の面積

⇩

2 つの三角形に分割してそれぞれの三角形の面積を求めて両者を加える．

〈 解　答 〉

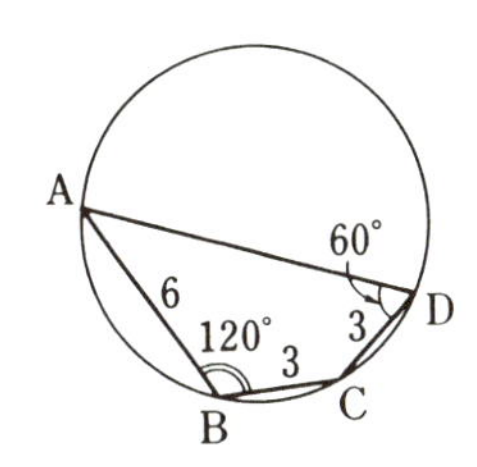

三角形 ABC に余弦定理を用いて

$AC^2=AB^2+BC^2-2AB\cdot BC\cos\angle ABC$

$=6^2+3^2-2\cdot6\cdot3\cdot\cos120°$ ← AB=6, BC=3, ∠ABC=120° を代入

$=36+9-2\cdot6\cdot3\cdot\left(-\frac{1}{2}\right)$

$=63$

また,

$\angle ABC+\angle CDA=180°$ ← 円に内接する四角形の向かい合った角の和は 180°

であるから,

$\angle CDA=180°-\angle ABC=180°-120°$

$=60°$

AD の長さを x として, 三角形 CDA に余弦定理を用いると,

$AC^2=CD^2+AD^2-2CD\cdot AD\cos\angle CDA$

したがって, $63=3^2+x^2-2\cdot3\cdot x\cos60°$ ← $AC^2=63$, CD=3, AD=x, ∠CDA=60°

整理して, $x^2-3x-54=0$ ← $(x-9)(x+6)=0$ となる

$x>0$ であるから, $x=9$

したがって, AD の長さは **9**

また, 四角形 ABCD の面積は, 三角形 ABC, CDA の面積の和と考えて,

$\triangle ABC+\triangle CDA$ ← 2つの三角形に分割して求める

$=\frac{1}{2}AB\cdot BC\sin\angle ABC+\frac{1}{2}CD\cdot AD\sin\angle CDA$ ← $S=\frac{1}{2}bc\sin A$

$=\frac{1}{2}\cdot6\cdot3\sin120°+\frac{1}{2}\cdot3\cdot9\sin60°$

$=\boldsymbol{\frac{45}{4}\sqrt{3}}$

演習問題

55 図のように円に内接する四角形 ABCD がある. 辺 AB, BC, CD, DA の長さをそれぞれ a, b, c, d とする.

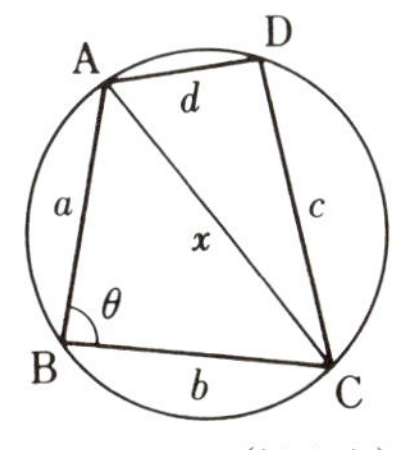

(1) 対角線 AC の長さを x とし, $\angle ABC=\theta$ とする.

(ア) x^2 を a, b および θ で表せ.

(イ) 同じく x^2 を c, d および θ で表せ.

(2) $AC\cdot BD=ac+bd$ となることを示せ.

(松山大)

第4章

標問 56 三角比と空間図形

三角錐 ABCD において辺 CD は底面 ABC に垂直である．AB$=3$ で，辺 AB 上の 2 点 E，F は，AE$=$EF$=$FB$=1$ を満たし，$\angle$DAC$=30°$，$\angle$DEC$=45°$，$\angle$DBC$=60°$ である．

(1) 辺 CD の長さを求めよ．

(2) $\theta=\angle$DFC とおくとき，$\cos\theta$ の値を求めよ． (一橋大)

精講 とにかく見取り図をかいてみましょう．その際，辺 CD と底面 ABC が垂直であるという特徴に注意して図をかいてみます．

(1)では，CD$=x$ とおいて，x の方程式を作ってそれを解く，という方針で進めることにします．

CD は底面 ABC に垂直ですから，CD と AC も垂直です．したがって，△DAC は直角三角形であり，

$\angle$DAC$=30°$

ですから，辺 AC の長さを x で表すことができます．

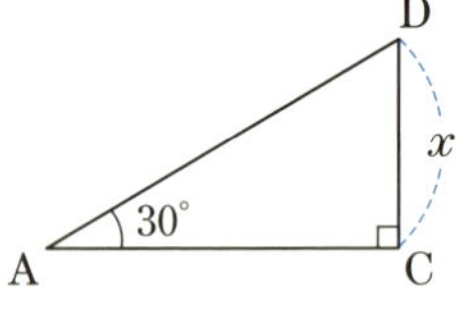

同様に，EC，BC の長さも x で表すことができます．

あとは，底面 ABC に注目して x の方程式を作ります．

$\cos\angle$CAB を三角形 CAB，三角形 CAE に注目して 2 通りに表せば x の方程式ができ，あとはこの方程式を解けば x が求まります．

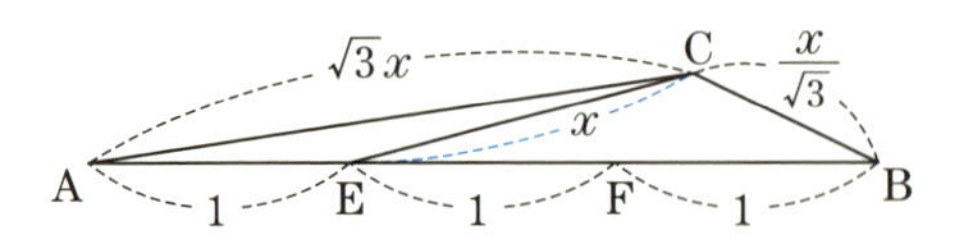

(2)では，$\cos\angle$CAB の値を用いて線分 FC の長さを求めれば，あとは直角三角形 DFC に注目して $\cos\theta$ の値を求めることができます．

解法のプロセス

見取り図をかく．
⇩
辺 CD が底面 ABC に垂直であることに注目する．

CD$=x$ とおく．
⇩
三角形 DAC，三角形 DEC，三角形 DBC が直角三角形であることを利用して，AC，EC，BC を x で表す．
⇩
底面 ABC に注目し，余弦定理を利用して，x の等式を作る．
⇩
x を求める．

〈 解　答 〉

(1)　CD$=x$ とおく．

三角形 DAC は，

$\angle \mathrm{DAC}=30^\circ$，$\angle \mathrm{ACD}=90^\circ$

の直角三角形であるから，

$\mathrm{AC}=\sqrt{3}\,\mathrm{CD}=\sqrt{3}\,x$

同様に，三角形 DEC，三角形 DBC に注目して，

$\mathrm{EC}=x$，$\mathrm{BC}=\dfrac{x}{\sqrt{3}}$

$\angle \mathrm{CAB}=\alpha$ とおくと，三角形 CAB に注目して，

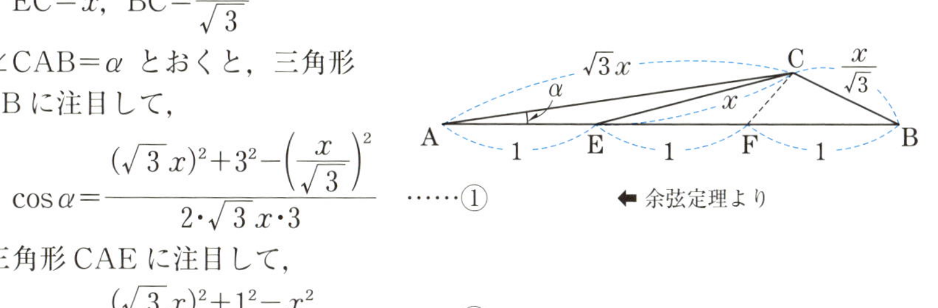

$$\cos\alpha=\frac{(\sqrt{3}\,x)^2+3^2-\left(\dfrac{x}{\sqrt{3}}\right)^2}{2\cdot\sqrt{3}\,x\cdot 3}\quad\cdots\cdots①$$

← 余弦定理より

三角形 CAE に注目して，

$$\cos\alpha=\frac{(\sqrt{3}\,x)^2+1^2-x^2}{2\cdot\sqrt{3}\,x\cdot 1}\quad\cdots\cdots②$$

①，②より，

$$(\sqrt{3}\,x)^2+3^2-\left(\frac{x}{\sqrt{3}}\right)^2=3\{(\sqrt{3}\,x)^2+1^2-x^2\}$$

整理して，$\dfrac{10}{3}x^2=6$　　よって，$x^2=\dfrac{9}{5}$

したがって，CD$=x=$ $\boldsymbol{\dfrac{3}{\sqrt{5}}}$

(2)　三角形 CAF に余弦定理を用いて

$$\begin{aligned}\mathrm{FC}^2&=(\sqrt{3}\,x)^2+2^2-2\cdot\sqrt{3}\,x\cdot 2\cdot\cos\alpha\\&=(\sqrt{3}\,x)^2+2^2-2\{(\sqrt{3}\,x)^2+1^2-x^2\}\\&=2-x^2\\&=\frac{1}{5}\end{aligned}$$

← ②を代入

← $x^2=\dfrac{9}{5}$ を代入

よって，$\mathrm{FC}=\dfrac{1}{\sqrt{5}}$

三角形 DFC に三平方の定理を用いて

$$\begin{aligned}\mathrm{FD}^2&=\mathrm{FC}^2+\mathrm{CD}^2\\&=2\end{aligned}$$

← $\mathrm{FC}^2=\dfrac{1}{5}$，$\mathrm{CD}^2=x^2=\dfrac{9}{5}$ を代入

よって，$\mathrm{FD}=\sqrt{2}$

したがって，

$$\cos\theta=\frac{\mathrm{FC}}{\mathrm{FD}}$$
$$=\frac{\mathbf{1}}{\sqrt{\mathbf{10}}}$$

⬅ $\mathrm{FC}=\frac{1}{\sqrt{5}}$，$\mathrm{FD}=\sqrt{2}$ を代入

別解 (1)では，$\mathrm{AC}=\sqrt{3}x$，$\mathrm{EC}=x$，$\mathrm{BC}=\frac{x}{\sqrt{3}}$ を導いたあと，x の方程式を作る際に次のように考えることもできる．

$\angle\mathrm{AEC}=\beta$ とおくと，$\angle\mathrm{CEB}=180°-\beta$

三角形 CAE に余弦定理を用いて，

$$\cos\beta=\frac{1^2+x^2-(\sqrt{3}x)^2}{2\cdot1\cdot x} \quad \cdots\cdots③$$

三角形 CEB に余弦定理を用いて，

$$\cos(180°-\beta)=\frac{2^2+x^2-\left(\frac{x}{\sqrt{3}}\right)^2}{2\cdot2\cdot x} \quad \cdots\cdots④$$

$\cos(180°-\beta)=-\cos\beta$ であるから，③＋④ より

$$0=\frac{1^2+x^2-(\sqrt{3}x)^2}{2\cdot1\cdot x}+\frac{2^2+x^2-\left(\frac{x}{\sqrt{3}}\right)^2}{2\cdot2\cdot x}$$

あとはこの方程式を解いて，x の値を求めればよい．

演習問題

56 空間内の四面体 OABC について，$\angle\mathrm{OAC}=\angle\mathrm{OAB}=90°$，$\angle\mathrm{BOC}=\alpha$，$\angle\mathrm{COA}=\beta$，$\angle\mathrm{AOB}=\gamma$，$\mathrm{OA}=1$ とする．ただし，α，β，γ はすべて鋭角で，$\cos\alpha=\frac{1}{4}$，$\cos\beta=\frac{1}{\sqrt{3}}$，$\cos\gamma=\frac{1}{\sqrt{3}}$ である．三角形 ABC の外接円の中心を P とする．

(1) 辺 BC の長さを求めよ．

(2) $\theta=\angle\mathrm{BAC}$ とするとき，$\cos\theta$ の値を求めよ．

(3) 線分 OP の長さを求めよ．

(岐阜大)

第5章 順列と組合せ

標問 57 数えあげる

1から999までの整数のうちで，次の整数はいくつあるか．

(1) 各位の数の和が7となる整数．

(2) 各位の数の和が7の倍数となる整数． (大阪市大)

精講 場合の数を数えるときの基本は，全部書いて数えることです．ただ，全部書くといっても数が多くて，実際に全部書くことがかなりたいへんなこともあり工夫が必要になります．

しかし，問題を読んで，これは**どの公式を使えば答えが出るだろうか，などと考えてはいけません．**

大切なことは，

全部書きあげる

ということですが，その際，

部分的に公式が使えるときは公式を使う

という方針で臨むことです．

この問題の(1)では，各位の数の和が7になるような整数を全部さがすのですが，全部書くのはたいへんです．

解法のプロセス

(1) 各位の数の和が7

⇩

和が7となる各位の数の組を全部さがす．

⇩

組 $(x,\ y,\ z)$ を

$0 \leqq x \leqq y \leqq z \leqq 9$

という規則のもとでさがす．

⇩

それぞれの組からいくつの整数ができるかを調べる．

⇩

同じ数字を2回以上使っているもの，使っていないものに分ける．

そこで，**和が7となる各位の数字の組を全部みつける**ことにしましょう．

つまり，0～9のどの数字が何回ずつ使われるかに注目してみます．

たとえば，223と232と322

は異なる整数ですが，いずれも2を2回，3を1回使っています．

これを(2, 2, 3)と表すことにしましょう．そして，2, 2, 3の3つの数字を並べかえて整数をつくるという部分は後で調べることにするのです．

和が7となる各位の数字の組を全部書いてみましょう．このとき，組 $(x,\ y,\ z)$ を $x \leqq y \leqq z$ という規則のもとで書いていくとよいでしょう．

$x=0$ のもの (0, 0, 7), (0, 1, 6), (0, 2, 5), (0, 3, 4)

$x=1$ のもの (1, 1, 5), (1, 2, 4), (1, 3, 3)

$x=2$ のもの (2, 2, 3)

$x \geqq 3$ だと，$x \leqq y \leqq z$ としましたから，$x,\ y,\ z$ の和は7にはなり得ません．

これで，各位の数字の組が8組あることがわかったのですが，次に，**それぞれについて数字を並べて整数をつくります．**

(2, 2, 3) なら，223, 232, 322 の 3 個

(1, 2, 4) なら，124, 142, 214, 241, 412, 421 の 6 個

というように，それぞれの組から何個の整数ができるか調べていくのです．

(2)では，各位の数の和が 7, 14, 21 の場合について調べることになります．

解法のプロセス

(2) 各位の数の和が 7 の倍数

⇩

各位の数の和は最大で (9･3＝) 27 なので各位の数の和は

7, 14, 21

のいずれか．

⇩

(1)と同様に調べる．

解 答

(1) 和が 7 となる各位の数字の組は，次の 8 通りある．

(0, 0, 7), (0, 1, 6), (0, 2, 5), (0, 3, 4)
(1, 1, 5), (1, 2, 4), (1, 3, 3), (2, 2, 3).

← 組 (x, y, z) $(0 \leqq x \leqq y \leqq z \leqq 9)$ を書きあげる

このうち，

(0, 0, 7), (1, 1, 5), (1, 3, 3), (2, 2, 3)

← 〰〰 は同じ数字を 2 回使うもの

のそれぞれの組から 3 個の整数ができ，

(0, 1, 6), (0, 2, 5), (0, 3, 4), (1, 2, 4)

← ＿＿ は同じ数字を使わないもの

のそれぞれの組から 6 個の整数ができるから，

$4\times3+4\times6=$**36（個）**

(2) 和が 14, 21 となる各位の数字の組は下のようになる．

(0, 5, 9), (0, 6, 8), (0, 7, 7), (1, 4, 9),
(1, 5, 8), (1, 6, 7), (2, 3, 9), (2, 4, 8),
(2, 5, 7), (2, 6, 6), (3, 3, 8), (3, 4, 7),
(3, 5, 6), (4, 4, 6), (4, 5, 5), (3, 9, 9),
(4, 8, 9), (5, 7, 9), (5, 8, 8), (6, 6, 9),
(6, 7, 8), (7, 7, 7)

← (1)と同様に和が 14 となる組を書きあげる

← 続いて和が 21 となる組を書きあげる

(1)もあわせた 〰〰 の 12 組からそれぞれ 3 個，＿＿ の 17 組からそれぞれ 6 個，〰〰 の 1 組から 1 個の整数ができるから，

$12\times3+17\times6+1\times1=$**139（個）**

演習問題

57 4 つの数字 0, 1, 2, 3 の中から異なる 3 つの数字を選んで，3 桁の数をつくるとき，3 の倍数は何通りできるか． （龍谷大）

標問 58 積の法則・和の法則

力士(りきし)が3つの相撲(すもう)部屋に配属されている．各相撲部屋に配属された力士の数を x, y, z とする．

(1) 同じ部屋に属する力士どうしの取り組み(対戦)はないものとするとき，可能な取り組みの総数 T を表す式を求めよ．

(2) $x+y+z=45$ のときについて，T が最大になるのはどのように配属された場合か．

(埼玉大)

精講 (1) x 人，y 人，z 人が配属された相撲部屋をそれぞれA，B，Cとしましょう．

A部屋の力士とB部屋の力士との取り組みは何通り可能でしょうか．

A部屋の **x 人の**力士**ひとりひとりについて**，B部屋のどの力士と対戦するかが

y 通り

あります．

したがって，A部屋の x 人の力士とB部屋の y 人の力士の取り組みは

$(x\times y=)$ **xy 通り**

あります．

ここで，$x\times y$ となる理由は次のような例で考えればわかるでしょう．

A部屋の力士が a_1, a_2, a_3 の3人

B部屋の力士が b_1, b_2, b_3, b_4 の4人

の場合を考えましょう．

a_1 の対戦相手は b_1, b_2, b_3, b_4 の4通り

a_2 の対戦相手も b_1, b_2, b_3, b_4 の4通り

a_3 の対戦相手も b_1, b_2, b_3, b_4 の4通り

ですから，全部で12通りです．

樹形図をかいて考えるのも1つの方法です．

さらに，

B部屋とC部屋の力士の取り組み

C部屋とA部屋の力士の取り組み

解法のプロセス

(1) x 人，y 人，z 人が配属された相撲部屋を，A, B, Cとするとき，異なる部屋に属する力士どうしの取り組みの数を調べたい．

⇩

A部屋の力士とB部屋の力士の取り組みは何通りあるか調べる．

⇩

同様にして，

B部屋とC部屋の場合，

C部屋とA部屋の場合

について調べる．

⇩

それらを加える．

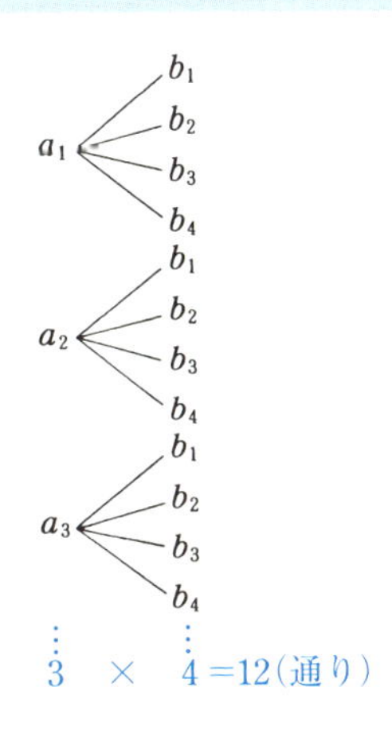

についても調べて，これらを加えれば，(1)はおしまいです．

(2)では，$x+y+z=45$ という関係式があるので，1文字を消去してみましょう．

解法のプロセス

(2) $x+y+z=45$
⇩
1文字を消去する．
⇩
2次関数の最大・最小
⇩
平方完成

〈 解　答 〉

(1) x 人，y 人，z 人の力士が配属された相撲部屋をそれぞれ A，B，C とする．A 部屋の x 人の力士と B 部屋の y 人の力士の取り組みは xy 通りある．
同じように，
B部屋とC部屋の力士の取り組みは yz 通り
C部屋とA部屋の力士の取り組みは zx 通り
あるから，$\boldsymbol{T=xy+yz+zx}$

(2) $x+y+z=45$ より $z=45-x-y$
これを(1)の答えに用いて

$$T=xy+(x+y)(45-x-y)$$

← $T=xy+(x+y)z$ と変形して $z=45-x-y$ を代入

$$=-x^2-y^2-xy+45x+45y$$

$$=-x^2+(45-y)x-y^2+45y$$

← xについて整理

$$=-\left(x-\frac{45-y}{2}\right)^2+\left(\frac{45-y}{2}\right)^2-y^2+45y$$

$$=-\left(x-\frac{45-y}{2}\right)^2\underset{\sim\sim\sim\sim\sim\sim\sim\sim}{-\frac{3}{4}y^2+\frac{45}{2}y}+\frac{45^2}{4}$$

← 〰の部分を平方完成する

$$=-\left(x-\frac{45-y}{2}\right)^2-\frac{3}{4}(y-15)^2+\frac{3}{4}\cdot15^2+\frac{45^2}{4}$$

したがって，

$$x-\frac{45-y}{2}=0,\quad y-15=0$$

← これらから $x=15$，$y=15$ を得る

のとき，つまり

$$\boldsymbol{x=15,\ y=15,\ z=15}$$

← z は $z=45-x-y$ を利用して求める

のときにTは最大となる．

演習問題

58 大小2つのさいころを同時に投げるとき，出る2つの目の積が4の倍数となる場合は何通りあるか．
（東京女大〈改作〉）

標問 59 重複順列

机の上に異なる本が7冊ある．その中から少なくとも1冊以上何冊でもすきなだけ本を取り出すとき，取り出し方は何通りあるか． （神戸薬大）

精講

7冊の本から1冊を取る場合
7冊の本から2冊を取る場合
⋮
7冊の本から7冊を取る場合

というように，それぞれの場合について調べていってもよいのですが，次のように視点をかえて考えてみましょう．

7冊の本それぞれに注目してみます．

それぞれの本について，
取り出される，取り出されない
の2つの場合が考えられます．

本は全部で7冊ありますから，2^7（通り）となります．

しかし，この中には，本を1冊も取り出さない場合が含まれているので注意が必要です．

解法のプロセス

異なる7冊の本からすきなだけ本を取り出す．
⇩
それぞれの本について，取り出すか，取り出さないか，と考える．
⇩
1冊も取り出さない場合を除く．

〈 解　答 〉

7冊の本それぞれについて，
取り出す，取り出さない
の2通りあるから，本の取り出し方は　2^7 通りある．しかし，少なくとも1冊は取り出さなくてはいけないので，1冊も取り出さない場合の1通りを除いて，

$2^7-1=$**127（通り）**

← 1冊，1冊の本に注目

← 1冊も取り出さない場合は条件にあわない

演習問題

59　n 人（$n \geqq 4$）の学生がいる．

n 人を2つの教室A，Bに配分する方法は，空の教室があるような配分方法も含めて，全部で［(ア)］通りある．このうち，どちらか一方の教室に n 人すべてを配分する方法は［(イ)］通りあり，したがって，A，Bどちらの教室にも少なくとも1人の学生を配分する方法は［(ウ)］通りある． （関西学院大）

第5章

標問 60　約数の個数・総和

5400 の正の約数は全部で何個あるか．また，それらの約数の総和を求めよ．

（愛知工大）

精講　たとえば 60 の正の約数は全部でいくつあるか調べてみましょう．

まず，60 を**素因数分解**します．

$60=2^2\cdot3\cdot5$　となります．

60 の正の約数は，$2^p\cdot3^q\cdot5^r$ の形をしていて，p，q，r については，

$\boldsymbol{p=0,\ 1,\ 2\ ;\ q=0,\ 1\ ;\ r=0,\ 1}$

であって，正の約数を全部書きだすと，

$2^0\cdot3^0\cdot5^0,\ 2^0\cdot3^0\cdot5^1,\ 2^0\cdot3^1\cdot5^0,\ 2^0\cdot3^1\cdot5^1,$
$2^1\cdot3^0\cdot5^0,\ 2^1\cdot3^0\cdot5^1,\ 2^1\cdot3^1\cdot5^0,\ 2^1\cdot3^1\cdot5^1,$
$2^2\cdot3^0\cdot5^0,\ 2^2\cdot3^0\cdot5^1,\ 2^2\cdot3^1\cdot5^0,\ 2^2\cdot3^1\cdot5^1$

となり，全部で 12 個あります．

これは，**p が 3 通り，q が 2 通り，r が 2 通り**ありますから，　$3\cdot2\cdot2=12$（個）

と求めることができます．

解法のプロセス

5400 の正の約数の個数

⇩

5400 を素因数分解

⇩

$2^3\cdot3^3\cdot5^2$

⇩

各素数の指数に 1 を加えてかける．

$2^3\cdot3^3\cdot5^2$ の正の約数の総和

⇩

$2^0+2^1+2^2+2^3$,
$3^0+3^1+3^2+3^3$,
$5^0+5^1+5^2$
をかける．

また，これらの和は次のようにして求めます．上の 12 個の約数の最初から 4 個，次の 4 個，残りの 4 個の和がそれぞれ

$2^0(3^0+3^1)(5^0+5^1),\ 2^1(3^0+3^1)(5^0+5^1),\ 2^2(3^0+3^1)(5^0+5^1)$

⬅ 因数分解する

となるので，これらを加えて次のようになります．

$(2^0+2^1+2^2)(3^0+3^1)(5^0+5^1)$

〈解　答〉

$5400=2^3\cdot3^3\cdot5^2$ であるから，5400 の正の約数の個数は，$(3+1)(3+1)(2+1)=\boldsymbol{48}$ **(個)**

⬅ 5400 を素因数分解する

⬅ 素因数 2，3，5 の指数である 3，3，2 にそれぞれ 1 を加えてかける

また，これら正の約数の総和は，

$(2^0+2^1+2^2+2^3)(3^0+3^1+3^2+3^3)(5^0+5^1+5^2)$
$=15\cdot40\cdot31=\boldsymbol{18600}$

演習問題

60　$400=2^{\square}\times5^{\square}$ であるから，400 の正の約数の個数は全部で □ 個ある．

（日本大）

標問 61 n 桁の整数をつくる

0, 1, 2, 3, 4, 5, 6, 7 の中から異なる 4 個を選んで並べてできる 4 桁の整数を考える.

(1) 全部でいくつの整数ができるか.

(2) このうちで, 4 の倍数となっているものの個数を求めよ.

(広島修道大〈改作〉)

精講 0～7 の 8 個の整数から異なる 4 個の整数を選んで, それらを並べて 4 桁の整数をつくるという問題です.

このようなときは, 右のような 4 つのマスを用意して, この 4 つのマスに整数を書くと考えていくのが有効です.

千の位	百の位	十の位	一の位

(1)では, **千の位に 0 がこない**ことに注意して, 千の位から決めていきましょう.

千の位の数字は,

0 を除いた 1～7 のどれにするか

で 7 通りあります.

次に**百の位**の数字を決めましょう. これは,

0～7 から千の位で使った数字を除いた 7 個のどれにするか

で, これも 7 通りです.

そして, **十の位**の数字は,

0～7 から, 千の位, 百の位で使った 2 つの数字を除いた 6 個のどれにするか

で 6 通りです.

一の位の数字は,

残りの 5 個の数字のどれにするか

で 5 通りです.

ですから, 7·7·6·5 (通り) です.

(2)は 4 の倍数になるものを数えます.

整数が 4 の倍数かどうかの判定は, その整数の下 2 桁の部分でできます.

解法のプロセス

(1) 0～7 の整数から 4 個を選んで並べ, 4 桁の整数をつくる.

⇩

千の位, 百の位, 十の位, 一の位の順に数字を決めていく.

⇩

千の位は 0 にならないことに注意する.

解法のプロセス

(2) 整数が 4 の倍数

⇩

その整数の下 2 桁が 4 の倍数.

⇩

下 2 桁がどんな数かを書きあげてみる.

⇩

それぞれについて, 千の位, 百の位の数字を決める方法は何通りあるかを調べる.

下2桁が4の倍数なら4の倍数，下2桁が4の倍数でなかったら4の倍数でないということです．

0～7の中から異なる4個を選んで並べてできる4桁の整数のうち，4の倍数となる整数の下2桁は

04，12，16，20，24，32，36，
40，52，56，60，64，72，76

これらひとつひとつについて，千の位と百の位を決める方法が何通りあるか調べていきます．

くれぐれも千の位には0がこないことを忘れてはいけません．

⬅ 4桁の整数を $abcd$ とするとき
$abcd=1000a+100b+10c+d$
$=4(250a+25b)+10c+d$
であるから，4桁の整数 $abcd$ が4の倍数になるのは，$10c+d$ つまり下2桁が4の倍数のときである

〈 解　答 〉

(1) 千の位は0以外の7通り．そして，
百の位は残った7個の数字のどれにするかで7通り．
十の位はさらに残った6個の数字のどれにするかで6通り．
一の位は残りの5個の数字のどれにするかで5通り．
したがって，$7\cdot7\cdot6\cdot5=$**1470（個）**

⬅ 千の位から決める

(2) 4桁の整数が4の倍数となる条件は，その整数の下2桁が4の倍数になることであり，下2桁について全部書くと
04，12，16，20，24，32，36，40，52，56，60，64，72，76
の14通りある．

このうち，0を用いている4通りそれぞれについては
千の位の決め方が6通り，百の位の決め方が5通り
あるから，$6\cdot5$（通り）

⬅ 04，20，40，60 の4通り

0を用いていない10通りそれぞれについては，
千の位は残り6個の数字のうち0以外の5通り
百の位は残り5個の数字のどれにするかで5通り
あるから，$5\cdot5$（通り）

⬅ 04，20，40，60 以外の10通り

したがって，4の倍数の個数は
$6\cdot5\times4+5\cdot5\times10=$**370（個）**

演習問題

61 [0]，[1]，[2]，…，[9] の札が各1枚ある．これらを並べて5桁の数をつくるとき，

(1) 5桁目（万の位）が1，2，3，4のいずれかになる場合は何通りあるか．

(2) 56789以下の5桁の数はいくつあるか．（武蔵工大）

標問 62 色分け

右図のA, B, C, D, Eの各領域を色分けしたい．隣り合った領域には異なる色を用い，次の指定された数だけの色は全部用いなければならない．塗り分け方はそれぞれ何通りか．

A		B
C	D	E

(1)　5色を用いる場合．

(2)　4色を用いる場合．

(3)　3色を用いる場合．　　　　（広島修道大）

精講

(1)　5色を用いる場合，A～Eはすべて異なる色を用いることになります．

(2)　4色を用いる場合，

どこか2か所を同じ色で塗る

ことになります．

ところが，AとB，AとC，AとDなど隣り合った領域には同じ色を使えません．こう考えていくと，

AとE　あるいは　BとC　あるいは　CとE で同じ色を使う

ことになります．

(3)　隣り合った領域には異なる色を用いるので，A～Eのうちの3つの領域に同じ色を用いることはできません．

そこで3色を用いる場合，2か所で用いる色が2つあることになります．

CとEで同じ色を使った場合，残りのA，B，Dはどの2つの領域も隣り合っているので，この3つの領域には異なる色を使わなくてはならず，A～Eを3色で塗り分けることはできません．

したがって，

AとE，BとCでそれぞれ同じ色を使う

ことになります．

解法のプロセス

(1)　A～Eを5色で塗る．
⇩
A，B，C，D，Eの順に色を決めていく．

(2)　5か所を4色で塗る．
⇩
1つの色を2か所に使う．
どことどこを？どの色で？

(3)　5か所を3色で塗る．
⇩
3か所を1色で塗ることはできない．
⇩
2か所で用いる色が2つ．

〈解 答〉

(1) Aに使う色の決め方が5通り，Bに残りの4色のどれを使うかで4通り，Cは3通り，Dは2通り，Eは1通りなので，

$5\cdot4\cdot3\cdot2\cdot1=$**120(通り)**

← 順列

(2) 隣り合わないどこか2つの領域を同じ色で塗ることになる．その2つの領域の決め方はAとE，BとC，CとEの3通りあり，そこに使う色の決め方が4通りある．

残った3つの領域を残った3色で塗り分ける方法は3!通りあるから，

$3\cdot4\cdot3!=$**72(通り)**

(3) 3色で塗り分けるには，AとE，BとCに同じ色を使う場合しかなく，

AとEで使う色の決め方が3通り，
BとCで使う色の決め方が2通り，
Dで使う色の決め方が1通り

あるから，

$3\cdot2\cdot1=$**6(通り)**

演習問題

62 ある地域が，右図のように6区画に分けられている．

(1) 境界を接している区画は異なる色で塗ることにして，赤・青・黄の3色で塗り分ける方法は何通りあるか．

(2) 境界を接している区画は異なる色で塗ることにして，赤・青・黄・白の4色すべてを使って塗り分ける方法は何通りあるか．

(東北学院大〈改作〉)

標問 63 余事象

整数 1, 2, …, 10 から 2 つの異なる整数 x, y を取り出すとき，積 xy が 3 の倍数となる x, y の組は何組あるか．ここで，組 (x, y) と組 (y, x) は同じものとみなす．

(防衛医大)

精講 **異なる n 個のものから r 個取り出す方法**の数を ${}_nC_r$ と表します．そして

$$ {}_nC_r=\frac{n!}{r!(n-r)!} $$

← n 個から r 個取る組合せの数

です．ところで，1, 2, …, 10 から異なる 2 つの整数 x, y を取り出し，x と y の積 xy が 3 の倍数となるのは

(i) 2 数とも 3 の倍数

(ii) 一方は 3 の倍数だが他方は 3 の倍数でない

という 2 つの場合が考えられます．

これらそれぞれについて数えてもよいのですが，(i), (ii)**以外の場合である**

2 数とも 3 の倍数でない

場合の数を数え，全体の数からひくのがラクです．

解法のプロセス

2 整数の積が 3 の倍数．

⇩

2 整数の少なくとも一方が 3 の倍数．

⇩

「少なくとも」は余事象を考えるとラクなことが多い．

⇩

全体から，2 整数とも 3 の倍数でない場合を除く．

〈解　答〉

10 個の異なる整数から 2 個取り出す方法は

$$ {}_{10}C_2=45 \text{(通り)} $$

← 組合せ

ある．整数 1, 2, …, 10 のうち，3 の倍数でないものは，1, 2, 4, 5, 7, 8, 10 の 7 個あり，これらから 2 個取り出す方法は

$$ {}_7C_2-21 \text{(通り)} $$

ある．取り出した 2 数の積が 3 の倍数になるのは，全体から，2 数とも 3 の倍数でない場合をひけばよいので，45−21=**24**(組)

← 全事象を U，「3 の倍数となる」という事象を A とすると，$n(A)=n(U)-n(\overline{A})$

演習問題

63 1 から 14 までの 14 個の自然数の中から 3 つの異なる数からなる組をつくる．

(1) 奇数だけからなる組は何組あるか．

(2) 3 の倍数を少なくとも 1 つ含む組は何組あるか．

(福岡大)

標問 64 集合の要素の個数

(1) 2つの集合をA，Bとし，$n(A)+n(B)=10$ かつ $n(A\cup B)=7$ とするとき，$n(\overline{A}\cap B)+n(A\cap\overline{B})$ を求めよ．なお，$n(X)$は，集合Xの要素の個数を表すものとする．　(神戸女学院大)

(2) 1000以下の自然数のうち，8の倍数全体の集合をX，12の倍数全体の集合をY，15の倍数全体の集合をZとする．このとき，集合$(X\cap Y)\cup Z$の要素の個数を求めよ．　(神戸薬大)

精講　集合の要素の個数を調べるとき，わかりにくければ，ベン図やカルノー図を利用するとよいでしょう．

ベン図

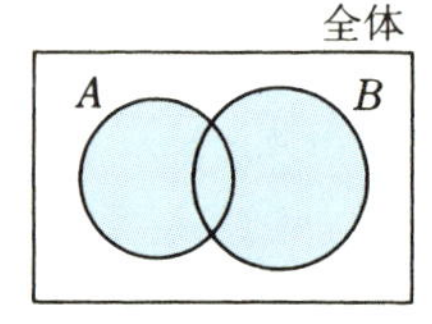

カルノー図

	B	$\overline{B}$
A		
$\overline{A}$		

ここで，

$$\boldsymbol{n(A\cup B)=n(A)+n(B)-n(A\cap B)}$$

という関係式がとても大切です．

(1)では

$n(A)+n(B)$，$n(A\cup B)$

がわかっているので，

$n(A\cap B)$

がわかります．そして，

$$\boldsymbol{n(\overline{A}\cap B)+n(A\cap B)=n(B)}$$
$$\boldsymbol{n(A\cap\overline{B})+n(A\cap B)=n(A)}$$

を利用して，

$n(\overline{A}\cap B)+n(A\cap\overline{B})$

を求めます．

解法のプロセス

(1) $n(A)+n(B)$，$n(A\cup B)$ がわかっている．

⇩

$n(A\cap B)$ が求まる．

⇩

$n(\overline{A}\cap B)+n(A\cap\overline{B})$ を求めたい．

⇩

$n(\overline{A}\cap B)=n(B)-n(A\cap B)$
$n(A\cap\overline{B})=n(A)-n(A\cap B)$
を利用する．

(2) $X\cap Y$は8の倍数全体の集合と12の倍数全体の集合の共通部分，つまり，8と12の最小公倍数である24の倍数全体の集合です．

$(X\cap Y)\cup Z$ の要素の数を求めるには，

$$\boldsymbol{n((X\cap Y)\cup Z)}$$
$$\boldsymbol{=n(X\cap Y)+n(Z)-n((X\cap Y)\cap Z)}$$

解法のプロセス

(2) $n((X\cap Y)\cup Z)$ を求めたい．

⇩

$n(X\cap Y)$，$n(Z)$，$n((X\cap Y)\cap Z)$ を求め，
$n(X\cap Y)+n(Z)$
$-n((X\cap Y)\cap Z)$
を計算する．

を利用して求めます．

$(X\cap Y)\cap Z$ は24の倍数全体の集合と15の倍数全体の集合の共通部分，つまり，24と15の最小公倍数である120の倍数全体の集合です．

〈 解 答 〉

(1) $n(A\cap B)=n(A)+n(B)-n(A\cup B)$

$=10-7=3$

← $n(A\cup B)=n(A)+n(B)-n(A\cap B)$ を変形

よって，

$n(\overline{A}\cap B)=n(B)-n(A\cap B)$

← $n(B)=n(\overline{A}\cap B)+n(A\cap B)$ を変形

および

$n(A\cap\overline{B})=n(A)-n(A\cap B)$

← $n(A)=n(A\cap\overline{B})+n(A\cap B)$ を変形

から

$n(\overline{A}\cap B)+n(A\cap\overline{B})=n(A)+n(B)-2n(A\cap B)$

$=10-2\times3=$ **4**

別解

カルノー図を利用して考える．

	B	$\overline{B}$
A	①	③
$\overline{A}$	②	

右図において，

①×2+②+③=10 ← $n(A)+n(B)=10$

①+②+③=7 ← $n(A\cup B)=7$

下の式を2倍して，上の式をひくと

②+③=4 ← ②+③ $=n(\overline{A}\cap B)+n(A\cap\overline{B})$

(2) Xは8の倍数全体の集合，Yは12の倍数全体の集合であるから，$X\cap Y$ は24の倍数全体の集合である．

← 8と12の最小公倍数である24の倍数

この集合の要素は41個ある． ← $1000=24\times41+16$

また，Zの要素は66個ある． ← $1000=15\times66+10$

$(X\cap Y)\cap Z$ は120の倍数全体の集合であり，要素は8個ある．

← 24と15の最小公倍数である120の倍数

← $1000=120\times8+40$

したがって，$(X\cap Y)\cup Z$ の要素の個数は

$41+66-8=$ **99（個）**

← $n((X\cap Y)\cup Z)=n(X\cap Y)+n(Z)-n((X\cap Y)\cap Z)$

演習問題

64 1以上1000以下の整数全体の集合をAとする．

Aのうちに，2の倍数は［　　］個，3の倍数は［　　］個，6の倍数は［　　］個あり，2の倍数のうち3の倍数とならない数は［　　］個ある． （近畿大）

第5章

標問 65 同じものを含む順列

白と黒の碁石を左から右へ一直線上に 9 個並べるとき，次の並べ方はそれぞれ何通りあるか.

(1) 白が 6 個と黒が 3 個からなる並べ方.

(2) 白が 7 個と黒が 2 個からなる並べ方のうち，右端が白となる並べ方.

(3) 白が 4 個と黒が 5 個からなる並べ方のうち，左端から 5 個の中に白が少なくとも 3 個入っている並べ方.

(4) 白が 6 個と黒が 3 個からなる並べ方のうち，両端の色が異なる並べ方.

(大妻女大)

精講

同じものを含む順列

a 3 個，b 2 個の合計 5 個を 1 列に並べる方法が何通りあるか調べてみましょう.

いま，**3 個の a が互いに区別できるものとして a_1，a_2，a_3 とし，2 個の b も区別できるものとして b_1，b_2 とします.**

これら，**a_1，a_2，a_3，b_1，b_2 を並べる方法は**

$$5!=120\ (通り)$$

あります.

しかし，3 個の a，2 個の b が互いに区別できない場合，上の 120 通りのうちのたとえば

$a_1a_2a_3b_1b_2$，$a_1a_2a_3b_2b_1$，
$a_1a_3a_2b_1b_2$，$a_1a_3a_2b_2b_1$，
$a_2a_1a_3b_1b_2$，$a_2a_1a_3b_2b_1$，
$a_2a_3a_1b_1b_2$，$a_2a_3a_1b_2b_1$，
$a_3a_1a_2b_1b_2$，$a_3a_1a_2b_2b_1$，
$a_3a_2a_1b_1b_2$，$a_3a_2a_1b_2b_1$

の 12 個は　aaabb

という 1 つの並べ方にすぎません.

このように，1 つの並べ方 aaabb に対して，3 個の a，2 個の b が区別できるものと考えた場合，その並べ方は 12 通りあります.

この 12 という数は

a_1，a_2，a_3 の並べ方の 3! 通り
b_1，b_2 の並べ方の 2! 通り

解法のプロセス

(1) 白 6 個，黒 3 個の合計 9 個を 1 列に並べる方法

⇩

$\dfrac{9!}{6!3!}$ (通り)

解法のプロセス

(2) 右端が白となるように並べる.

⇩

右端の白を除いた白 6 個，黒 2 個を並べると考える.

解法のプロセス

(3) 左端から 5 個の中に白が少なくとも 3 個ある.

⇩

5 個のうち，白が 3 個の場合と 4 個の場合についてそれぞれ調べる.

の 3! と 2! の積になっています.

そこで, a, a, a, b, b の並べ方の総数は

$\dfrac{5!}{3!2!}$ となります.

一般化すると,

a が p 個, b が q 個, c が r 個, …の合計 n 個 ($n=p+q+r+\cdots$) を 1 列に並べる方法の数は

$\dfrac{n!}{p!q!r!\cdots}$ **となります.**

解法のプロセス

(4) 両端の色が異なる.

⇩

左端が白, 右端が黒
左端が黒, 右端が白 } の

それぞれの場合について調べる.

〈解　答〉

(1) 白 6 個, 黒 3 個を 1 列に並べる方法は

$\dfrac{9!}{6!3!}=$**84 (通り)**

← 同じものを含む順列

← $\dfrac{9\cdot8\cdot7}{3\cdot2}=84$

(2) 右端の白を除いた白 6 個, 黒 2 個を 1 列に並べる方法を考えて $\dfrac{8!}{6!2!}=$**28 (通り)**

← まず, 右端に白を並べる

← $\dfrac{8\cdot7}{2}=28$

(3) (i) 左端から 5 個が白 3 個, 黒 2 個の場合

← 場合分け

白 3 個, 黒 2 個の並べ方が $\dfrac{5!}{3!2!}=10$ (通り)

← まず, 左端から 5 個を並べる

残った白 1 個, 黒 3 個の並べ方が $\dfrac{4!}{1!3!}=4$ (通り)

← 残り 4 個を並べる

(ii) 左端から 5 個が白 4 個, 黒 1 個の場合

白 4 個, 黒 1 個の並べ方が $\dfrac{5!}{4!1!}=5$ (通り)

残った黒 4 個の並べ方は 1 通り.

(i), (ii)より

$10\cdot4+5\cdot1=$**45 (通り)**

(4) 左端が白, 右端が黒の場合, 残りの 5 個の白, 2 個の黒の並べ方は $\dfrac{7!}{5!2!}=21$ (通り)

← まず, 制限のある両端を並べる

← $\dfrac{7\cdot6}{2}=21$

左端が黒, 右端が白の場合も同じく 21 通りある.

よって, $21+21=$**42 (通り)**

演習問題

65 0 と書いたカードが 2 枚, 1 と書いたカードが 2 枚, 2 と書いたカードが 3 枚ある. この 7 枚のカードを横に並べて 7 桁の整数をつくるとき,

(1) 両端が 1 である 7 桁の整数は何通りできるか.

(2) 7 桁の整数は全部で何通りできるか.

(大阪女大)

標問 66　最短経路

図のような市街路をA地点からB地点まで，最短経路で行く方法は何通りあるか，以下の各場合について答えよ．ただし，斜線部分は池があって通行できないものとする．

(1)　C地点を通って行く場合．

(2)　C地点を通らないで行く場合．　　(北海学園大)

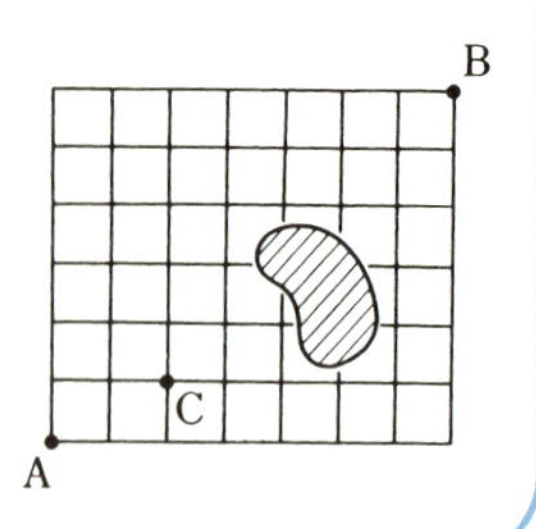

精講　右図のような道路があるとき，PからQまで，最短距離で行く方法が何通りあるか調べてみましょう．

PからQまで最短距離で行くには，右に3区画，上に2区画進むことになります．

右に1区画進むことを→

上に1区画進むことを↑

と表すことにすると，次の図の左の最短経路を→，↑で表すとそれぞれ右のようになります．

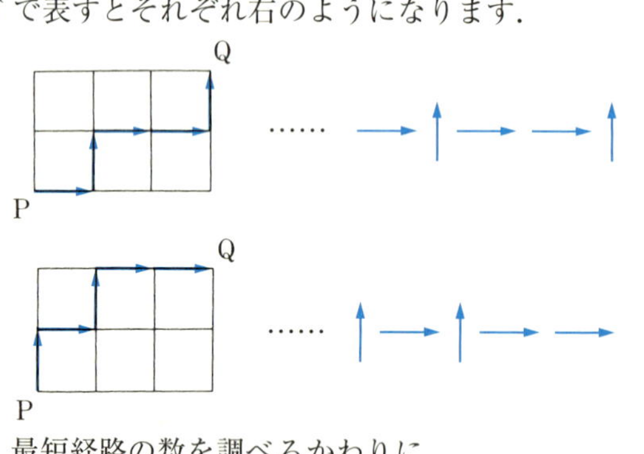

最短経路の数を調べるかわりに

↑ 2個，→ 3個の並べ方

が何通りあるかを調べるのです．

これは

$$\frac{(2+3)!}{2!3!}\ (\text{通り})$$

となります．(同じものを含む順列)

← この並べ方の数だけ最短経路の数がある

解法のプロセス

最短経路の数を調べる．

⇩

いくつかの →
いくつかの ↑ ｝を並べる方法の数と考える．

通行できない部分がある．

⇩

出発点を含む領域と到達点を含む領域にうまく分ける．

⇩

境界線をまたぐ場所がどこかで分けてそれぞれ最短経路の数を数える．

なお，↑2個，→3個を並べる方法は

合計5か所のうち↑の2か所を決めると考えて $_5C_2$ 通りとしても求まりますし，

← 1番目，2番目，3番目，4番目，5番目から2つを選ぶ組合せの数

合計5か所のうち→の3か所を決めると考えて $_5C_3$ 通りとしても求まります．

ところで，通行できない部分があるときは，次のように考えるのが有効です．

右図で，AからBまで最短の経路で行くときについて考えてみましょう．

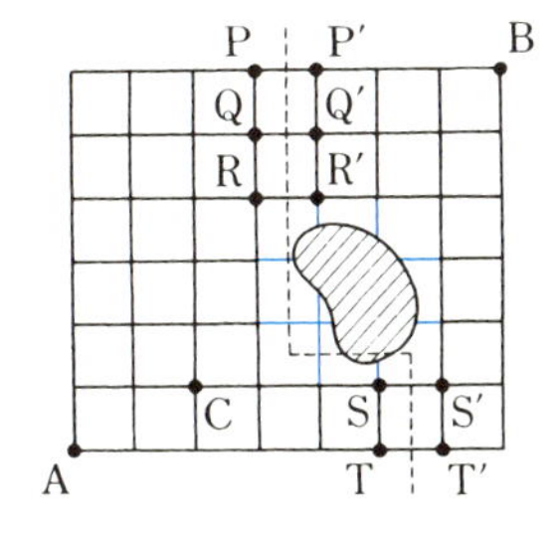

このとき，

Aを含む領域とBを含む領域に分ける

のです．しかも，通行できない道（図の青い道）と交差するように境界線（点線）を引きます．たとえば，右図のように境界線を引くと，AからBまで行くには

PP′，QQ′，RR′，SS′，TT′

のいずれかで境界線をまたぐことになります．

(1)では，CからBまでの経路について境界線を用意します．

〈 解　答 〉

(1)　AからCまでの最短経路は

$$\frac{3!}{2!1!}=3\text{（通り）}$$

あり，CからBまで行くには，右図のような境界線（点線）をLL′，MM′，NN′のいずれか1か所でまたぐ．

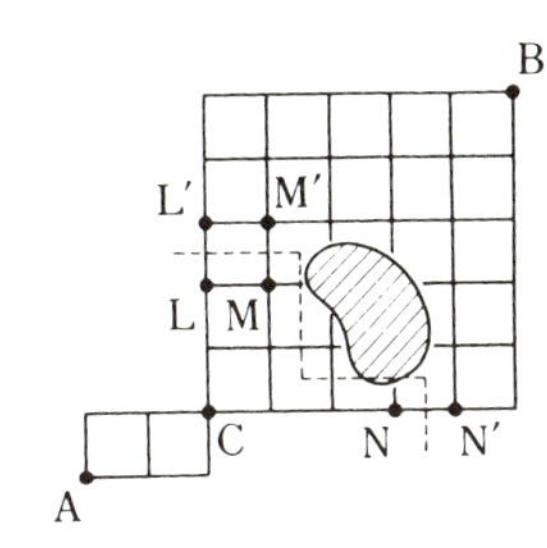

A → C → L → L′ → B の経路は

$$3\times1\times1\times\frac{7!}{5!2!}=63\text{（通り）}$$

← A → C は3通り
C → L，L → L′ はともに1通り
L′ → B は $\frac{7!}{5!2!}$ 通り

A → C → M → M′ → B の経路は

$$3\times\frac{3!}{1!2!}\times1\times\frac{6!}{4!2!}=135\text{（通り）}$$

A → C → N → N′ → B の経路は

$$3\times1\times1\times\frac{6!}{1!5!}=18\text{（通り）}$$

したがって，Cを通る最短経路は

63＋135＋18＝**216（通り）**

(2) Cを通ってもよいものとしたときのAからBまでの最短経路の数を調べる．

$A\to P\to P'\to B$ について，

$\dfrac{9!}{3!6!}\times1\times1=84$（通り）

$A\to Q\to Q'\to B$ について，

$\dfrac{8!}{3!5!}\times1\times\dfrac{4!}{3!1!}=224$（通り）

$A\to R\to R'\to B$ について，

$\dfrac{7!}{3!4!}\times1\times\dfrac{5!}{3!2!}=350$（通り）

$A\to S\to S'\to B$ について，

$\dfrac{6!}{5!1!}\times1\times\dfrac{6!}{1!5!}=36$（通り）

$A\to T\to T'\to B$ について，

$1\times1\times\dfrac{7!}{1!6!}=7$（通り）

したがって，Cを通ってもよいとしたときのAからBまでの最短経路の数は

$84+224+350+36+7=701$（通り）

よって，Cを通らない最短経路の数は

$701-216=$ **485（通り）**

← AからBまでの最短経路の数を求め，(1)の経路の数をひく，と考える

← いずれかでまたがなければならない境界線を引いて考える

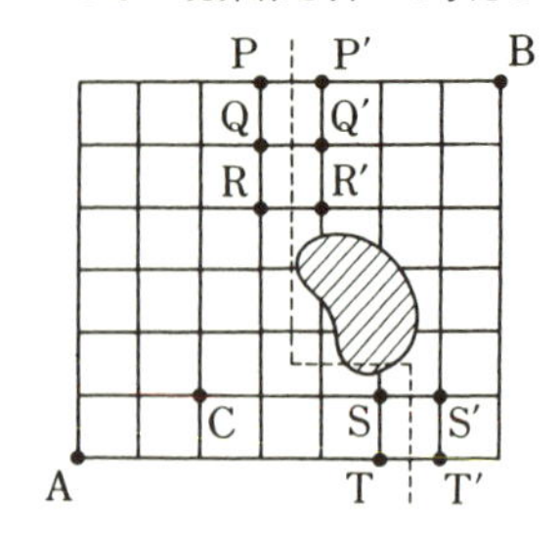

← $n(A)=n(U)-n(\overline{A})$

演習問題

66 (1) 図Ⅰのように，東西に5本，南北に6本の道路をもつ長方形の土地がある．点Aから点Bまで最短距離で行くには何通りの方法があるか．

(2) 図Ⅰの点Pを通って，点Aから点Bまで最短距離で行くには何通りの方法があるか．

(3) 図Ⅰの点Qを通って，点Aから点Bまで最短距離で行くには何通りの方法があるか．

(4) 図Ⅱのような東西，南北の道路をもつ土地がある．点Aから点Bまで最短距離で行くには何通りの方法があるか．

（宇都宮大）

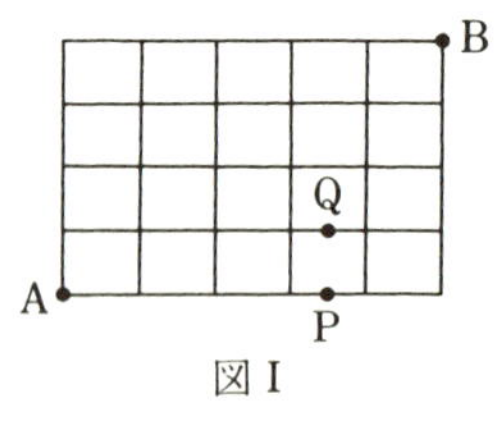

図Ⅰ

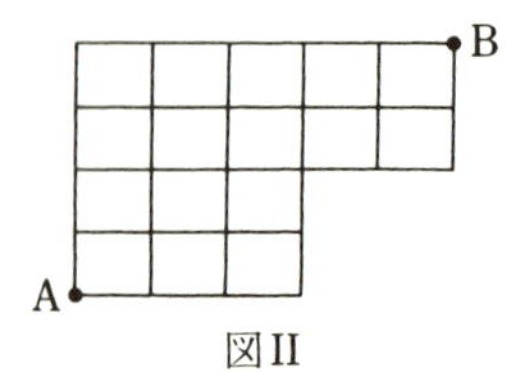

図Ⅱ

標問 67 部屋割り

男子5人と女子4人がいる．この9人が，次のように3人ずつA，B，Cの3部屋に入る方法は何通りあるか．

(1) 3部屋のうち1部屋には女子だけが入る．

(2) 各部屋に女子が少なくとも1人入る．

(3) 女子が2人ずつ2部屋に分かれて入る．

(兵庫医大)

精講 (1) **女子3人が入る部屋をどの部屋にするか，**

そして

その女子の3人をだれにするか

と考えます．

(3) どの2部屋に女子が入るかを考えます．

解法のプロセス

女子についての条件

⇩

まず女子の部屋割りを考える．

〈 解 答 〉

(1) 3人の女子が入る部屋がAの場合

Aに入る3人の女子の決め方が ${}_4C_3$ 通り，残り6人からBに入る3人の決め方が ${}_6C_3$ 通りある．

⬅ Cには残った3人が入る

3人の女子がB，Cに入る場合も同じであるから

⬅ それぞれ ${}_4C_3\times{}_6C_3$（通り）

$3\times{}_4C_3\cdot{}_6C_3=$ **240（通り）**

(2) 2人の女子が入る部屋がAの場合

⬅ 女子は2人，1人，1人に分かれる

Aに入る2人の女子の決め方が ${}_4C_2$ 通りあり，残り2人の女子のうち，Bに入る女子の決め方が2通りある．

そして，5人の男子のうちAに入る1人の決め方が5通り，残り4人の男子のうちBに入る2人の決め方が ${}_4C_2$ 通りある．

2人の女子がB，Cに入る場合も同じであるから

⬅ それぞれ ${}_4C_2\cdot2\times5\cdot{}_4C_2$（通り）

$3\times{}_4C_2\cdot2\times5\cdot{}_4C_2=$ **1080（通り）**

第5章

(3) 女子がAとBに入る場合

Aに入る2人の女子の決め方が $_4C_2$ 通りあり，残り2人の女子はBに入る．

そして，5人の男子のうちAに入る1人の決め方が5通り，残り4人の男子のうちBに入る1人の決め方が4通りある．

女子がBとC，CとAに入る場合も同じであるから

← それぞれ $_4C_2\times5\cdot4$ (通り)

$$3\times{}_4C_2\times5\cdot4=\mathbf{360}\text{ (通り)}$$

演習問題

67-1 大人3人，子供6人の計9人をA，B，Cの3つのグループに分けるとき，Aに4人，Bに3人，Cに2人を割り当てる方法は［　　］通りある．

また，大人3人をA，B，Cに1人ずつ割り当て，子供6人をA，B，Cに2人ずつ割り当てる方法は［　　］通りある．　(福岡大)

67-2 乗客定員9名の小型バスが2台ある．乗客10人が座席を区別せずに2台のバスに分乗する．人も車も区別しないで，人数の分け方だけを考えて分乗する方法は［　　］通りあり，人は区別しないが車は区別して分乗する方法は［　　］通りある．

さらに人も車も区別して分乗する方法は［　　］通りある．　(関西学院大)

標問 68 組分け

男子 4 人，女子 3 人の合計 7 人を 3 組に分ける．

(1) 4 人，2 人，1 人の 3 組に分ける方法は何通りあるか．

(2) 4 人，2 人，1 人の 3 組に分け，どの組にも女子が入っているように分ける方法は何通りあるか．

(3) 2 人，2 人，3 人の 3 組に分ける方法は何通りあるか．

精講 a，b，c，d，e，f の **6 人を 1 人，2 人，3 人の 3 つのグループに分ける**ことを考えてみましょう．

表をつくってみると，次の 60 行になります．ですから，この**グループ分けは 60 通り**あります．

a	b，c	d，e，f
a	b，d	c，e，f
a	b，e	c，d，f
a	b，f	c，d，e
a	c，d	b，e，f
a	c，e	b，d，f
a	c，f	b，d，e
a	d，e	b，c，f
a	d，f	b，c，e
a	e，f	b，c，d
b	a，c	d，e，f
⋮	⋮	⋮
f	c，e	a，b，d
f	d，e	a，b，c

60 行

ところで，60 行の 60 は，

表の左の欄を a ～ f のどれにするかで ${}_6C_1$ 通り，残り 5 人のうちどの 2 人を表の中央の欄に書くかが ${}_5C_2$ 通り，そして残った 3 人は表の右欄に書くことになるので，${}_6C_1\times{}_5C_2$ (＝60) で求まります．

さて，次に，a，b，c，d の **4 人を 1 人，1 人，2 人の 3 つのグループに分ける**方法が何通りあるか調べてみましょう．さっきのように表をつくってみると，次のように **12 行**できます．

解法のプロセス

(1) 7 人を 4 人，2 人，1 人に分ける．

⇩

4 人のグループを決め，残り 3 人のうち 2 人のグループに属する 2 人を決める．

解法のプロセス

(2) どの組にも女子が入る．

⇩

まず，4 人の男子を 3 人，1 人，0 人に分け，それぞれのグループに 1 人ずつ女子を加える．

解法のプロセス

(3) 7 人を 2 人，2 人，3 人に分ける．

⇩

同じ人数のグループがあるので，そのグループの数である 2! で割る．

a	b	c, d	12行
a	c	b, d	
a	d	b, c	
b	a	c, d	
b	c	a, d	
b	d	a, c	
c	a	b, d	
c	b	a, d	
c	d	a, b	
d	a	b, c	
d	b	a, c	
d	c	a, b	

この12行の12は，左の欄に何を書くかが$_4C_1$通り，中央の欄に何を書くかが$_3C_1$通りですから$_4C_1 \times {_3C_1}$ (=12) で求まります．

ところが，4人を1人，1人，2人に分ける方法は12通りではないのです．たとえば，表の

a；b；c，dとb；a；c，d

はグループ分けとしては同じです．

このように，グループ分けとしては同じものが表ではそれぞれ2回ずつ現れているので，**グループ分けの方法は** $\dfrac{_4C_1 \times {_3C_1}}{2}$ (通り)

というように2で割っておかなくてはいけません．この2は，表の左の欄と中央の欄の入れかえの数2!になっています．

ですから，たとえば**6人を2人，2人，2人の3グループに分ける**方法は $\dfrac{_6C_2 \cdot {_4C_2}}{3!}$ (通り)

というように，**3!で割る**ことになります．

ここで，$_6C_2$とは表の左の欄の2人の決め方，$_4C_2$は表の中央の欄の2人の決め方，そして，3!は，表の左の欄，中央の欄，右の欄の人数が同じなので，この3つの入れかえの数のことです．

〈解　答〉

(1) $_7C_4 \cdot {_3C_2}=$**105 (通り)**

← まず，4人の組を決め，次に2人の組を決める

(2) 4人の男子を3人，1人に分ける方法が$_4C_3$通りあり，3人の女子のだれを男子3人の組に加えるかが3通り，残り2人の女子のだれを男子1人の組に加えるかが2通りある．

よって，$_4C_3 \times 3 \cdot 2=$**24 (通り)**

← 4人の男子を3人，1人，0人に分け，各組に女子を1人ずつ加える，と考える

(3) $\dfrac{_7C_2 \cdot {_5C_2}}{2!}=$**105 (通り)**

← 2!の2は同数の組の数

演習問題

68 12人の生徒を4人ずつ3組に分ける方法は[　　]通りで，特定の3人A, B, Cが互いに異なる組に入るように4人ずつ3組に分ける方法は[　　]通りある．

(関西学院大)

標問 69 正 n 角形と頂点を共有する三角形

(1) 正八角形の頂点を結んでできる三角形の個数を求めよ．

(2) (1)の三角形で，正八角形と 1 辺あるいは 2 辺を共有する三角形の個数を求めよ．

(3) 正 n 角形の頂点を結んでできる三角形のうち，正 n 角形と辺を共有しない三角形の個数を求めよ．ただし，n は 4 以上の整数とする．（麻布大・改）

精講

(1) **正八角形の 8 個の頂点から，3 個の頂点を選ぶ**と，その 3 点を頂点とする三角形が 1 つ決まります．

(2) 正八角形と 1 辺のみを共有する三角形，2 辺を共有する三角形がそれぞれいくつあるか調べます．

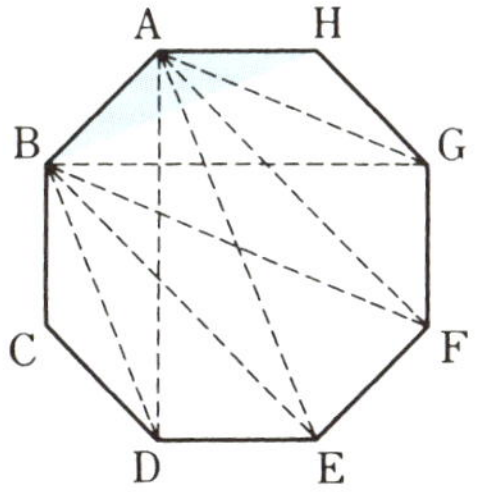

図のような正八角形と **2 辺を共有する三角形**はどれも二等辺三角形で，

△ABH，△BCA，

△CDB，…，△HAG

の 8 個あります．

これらは，二等辺三角形の頂角の頂点が

A，B，……，H

のもので，**頂点の数だけある**わけです．

次に **1 辺のみを共有する三角形**の数を調べます．たとえば辺 AB のみを共有する三角形の第 3 の頂点は，D，E，F，G のいずれかなので，このような三角形は 4 個あります．

この D，E，F，G は，8 個の頂点のうち，**共有する辺の両端**の A，B **と**，**その隣り**の C，H **を除いたもの**になっています．

辺 BC，CD，DE，EF，FG，GH，HA

のみを共有する三角形もそれぞれ 4 個ずつあります．

(3) (2)と同様に調べれば，正 n 角形と辺を共有するものがいくつあるか求まります．そして，(1)と同様にして求めた全体の数からひきます．

解法のプロセス

(1) 正八角形の頂点を結んで三角形をつくる．

⇩

8 個の頂点から三角形の 3 頂点を選ぶ．

解法のプロセス

(2) 正八角形と 2 辺を共有する三角形．

⇩

正八角形の隣り合う 2 辺を等辺とする二等辺三角形．

正八角形と 1 辺のみを共有する三角形の数．

⇩

特定の 1 辺のみを共有する三角形の数を 8 倍する．

解法のプロセス

(3) 辺を共有しない三角形の数．

⇩

全体から

1 辺のみを共有する三角形

2 辺を共有する三角形

の数をひく．

〈解 答〉

(1) 正八角形の 8 頂点から，三角形の 3 頂点を選ぶ選び方を考えて，

$${}_8C_3=\mathbf{56}\ (\textbf{個})$$

⬅ $\dfrac{8\cdot7\cdot6}{3\cdot2}=56$

(2) 正八角形と 2 辺を共有する三角形は正八角形の頂点の数と同じだけあり，8 (個) ある．

正八角形と特定の 1 辺のみを共有する三角形は $8-4=4$ (個) ある．

⬅ 特定の辺の両端点と，その隣りの点，あわせて 4 点を除く

したがって，正八角形と 1 辺のみを共有する三角形は $4\times8=32$ (個) ある．

よって，正八角形と 1 辺あるいは 2 辺を共有する三角形の個数は

$$8+32=\mathbf{40}\ (\textbf{個})$$

(3) 正 n 角形の n 個の頂点から 3 頂点を選んでできる三角形の数は

$${}_nC_3=\frac{n(n-1)(n-2)}{6}\ (\text{個})$$

ある．

このうち，正 n 角形と 2 辺を共有する三角形は正 n 角形の頂点の数と同じだけあり，n (個) ある．

⬅ 二等辺三角形の頂角の頂点に着目

また，正 n 角形と 1 辺のみを共有する三角形は $n(n-4)$ (個) ある．

⬅ 共有する 1 辺 (n 通り) と残りの頂点 ($n-4$ 通り) を決める

したがって，正 n 角形と辺を共有しない三角形の個数は

$$\frac{n(n-1)(n-2)}{6}-n-n(n-4)$$

$$=\frac{n}{6}\{(n-1)(n-2)-6-6(n-4)\}$$

$$=\boldsymbol{\frac{n}{6}(n-4)(n-5)}\ (\textbf{個})$$

⬅ $(n-1)(n-2)-6-6(n-4)$
$=n^2-9n+20$
$=(n-4)(n-5)$

演習問題

69 正十二角形の頂点を結んで得られる三角形の総数は □ 個である．その中で，直角三角形は □ 個，正三角形は □ 個である． (日本大)

標問 70　2組の平行線群と辺を共有する長方形

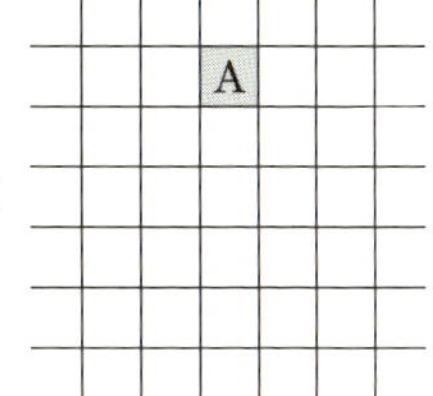

右図のように，6本の平行線と，それらに直交する6本の平行線が，両方とも同じ等間隔で並んでいる．この12本の直線のうちの4本で囲まれる四角形について，次の問いに答えよ．

(1)　四角形は全部で何個あるか．

(2)　この四角形のうち正方形は全部で何個あるか．

(3)　正方形のうち，図中の正方形Aをその一部分として含まないものは全部で何個あるか．

（星薬大）

精講

(1)　12本の直線のうちの4本で囲まれる四角形は，

横方向の6本の平行線から2本，
縦方向の6本の平行線から2本

を選べば1つ決まります．

(2)　平行線の間隔を1とするとき，1辺の長さが1の正方形，1辺の長さが2の正方形，…という具合いに数えていきます．

たとえば，下図のように，1辺の長さが3の正方形について，青色の正方形を右方向に平行移動するとき，可能な移動量は，0，1，2の3通りです．また，下方向に平行移動するときも可能な移動量は3通りあるので，1辺の長さが3の正方形は全部で，3･3(個)あることがわかります．

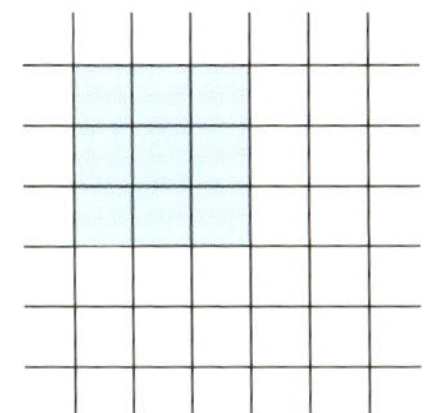

⇨

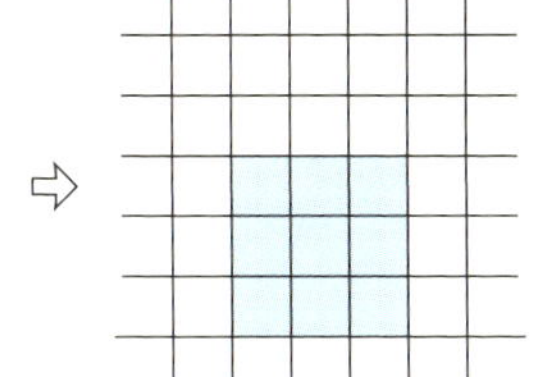

(右方向に1，下方向に2だけ平行移動した正方形)

(3)　直接，正方形Aをその一部分として含まな

解法のプロセス

(1)　縦横2組の平行線群と辺を共有する四角形．

⇩

2組の平行線群それぞれから2本ずつ選ぶと考える．

(2)　正方形の個数を数える．

⇩

1辺の長さが，
1のもの，2のもの，…，
5のもの
についてそれぞれ数える．

(3)　正方形Aをその一部分として含まない正方形の個数を数える．

⇩

正方形Aをその一部分として含む正方形の個数を数えて，(2)からひく．

いものを数えるのはやりにくいので，正方形Aを
その一部分として含むものをまず数えて，正方形
の総数((2))からひく，と考えることにします．

〈 解 答 〉

(1) 縦横それぞれ6本の平行線から2本ずつ選べば
四角形が1つ決まるから，四角形の個数は，

$${}_6C_2 \cdot {}_6C_2 = \mathbf{225}\ (\textbf{個})$$

⬅ ${}_6C_2 = \frac{6 \cdot 5}{2} = 15$

(2) 平行線の間隔を1とするとき，

1辺の長さが1の正方形の個数は，$5^2 = 25$ (個)
1辺の長さが2の正方形の個数は，$4^2 = 16$ (個)
1辺の長さが3の正方形の個数は，$3^2 = 9$ (個)
1辺の長さが4の正方形の個数は，$2^2 = 4$ (個)
1辺の長さが5の正方形の個数は，$1^2 = 1$ (個)

ある．
よって，正方形の個数は，

$$25 + 16 + 9 + 4 + 1 = \mathbf{55}\ (\textbf{個})$$

(3) 正方形Aをその一部分として含む正方形について，

1辺の長さが1の正方形は，1個
1辺の長さが2の正方形は，2個
1辺の長さが3の正方形は，3個
1辺の長さが4の正方形は，2個
1辺の長さが5の正方形は，1個

ある．
よって，正方形Aをその一部分として含まない正
方形の個数は，

$$55 - (1 + 2 + 3 + 2 + 1) = \mathbf{46}\ (\textbf{個})$$

⬅ (2)から，Aを含むものをひく

演習問題

70 図のような 8×8 マスの方眼紙を考える．

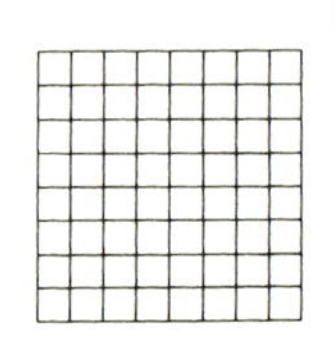

(1) 方眼紙にある正方形の総数を求めよ．
(2) 方眼紙にある長方形の総数を求めよ．ただし，長方形は正方形を含むものとする．　(大阪教育大)

標問 71 特定のものが隣り合う順列

数字 1 を 5 個，数字 2，3，4，5 をそれぞれ 1 個ずつ使ってつくられる 9 桁の整数を考える．

(1) 全部で何通りあるか．

(2) 1 が 3 個以上続いて並ぶものは何通りあるか． (関東学院大)

精講 (2) **1 がちょうど 3 個続くもの，**
1 がちょうど 4 個続くもの，
1 がちょうど 5 個続くもの

に分けて調べていきます．

このとき，

連続する 1 をひとかたまりに考える

のがポイントです．

そして，まず，

2，3，4，5 の 4 個の数字を並べ，

それから，

両端および 3 か所のすき間の合計 5 か所に 1 のかたまり，および残りの 1 を入れる

と考えるとラクです．

解法のプロセス

(2) 1 が 3 個以上続く．
⇩
ちょうど 3 個続く，
ちょうど 4 個続く，
ちょうど 5 個続く
に分ける．
⇩
連続する 1 をひとかたまりにする．
⇩
1 以外のものを並べ，両端とすき間に 1 を入れる．

第5章

〈 解 答 〉

(1) 2，3，4，5 を順に，9 桁のどこに配置するかと考えて，

$$9\cdot8\cdot7\cdot6=\mathbf{3024}\ \textbf{(通り)}$$

← 2 をどこに置くかが 9 通り，3 をどこに置くかは残りの 8 桁のいずれかで 8 通り
同様に 4 をどこに置くかが 7 通り，5 をどこに置くかが 6 通りある

(2) ・1 がちょうど 3 個続いて並ぶもの

2，3，4，5 の並べ方が 4! 通りある．

そして，その両端およびすき間の合計 5 か所のどこに 111 (1 が 3 個連続したもの) を入れるかが 5 通りある．

残り 2 個の 1 は，残った 4 か所のどこかにまとめて入れるか (これは 4 通り)，4 か所から 2 か所

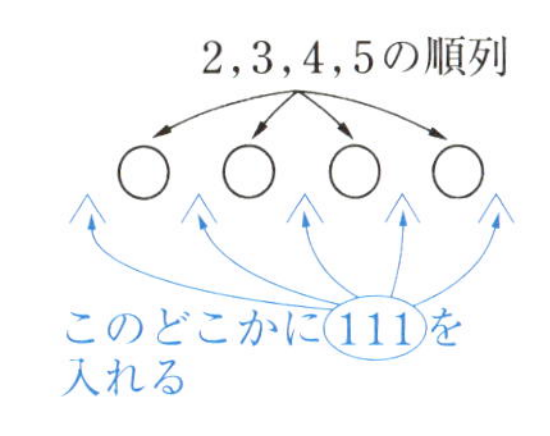

を選んで，1を1個ずつ入れるか（これは $_4C_2=6$ 通り）であるから，

$4!\times5\times(4+6)=1200$（通り）

・1がちょうど4個続いて並ぶもの

2，3，4，5の並べ方が4!通りある．

そして，その両端およびすき間の合計5か所のどこに1111（1が4個連続したもの）を入れるかが5通りある．残りの1個の1は，残った4か所のどこに入れるかが4通りあるから，

$4!\times5\times4=480$（通り）

・1が5個続いて並ぶもの

2，3，4，5の並べ方が4!通りある．

そして，その両端およびすき間の合計5か所のどこに11111（1が5個連続したもの）を入れるかが5通りあるから，

$4!\times5=120$（通り）

したがって，1が3個以上続いて並ぶものは，

$1200+480+120=$ **1800（通り）**

演習問題

71 男子3人，女子4人が1列に並ぶのに，女子2人が両端にくる場合は□通りで，女子が4人隣り合う場合は□通りである．（福岡大）

標問 72 円順列・じゅず順列

ガラスでできた玉で，青色のものが6個，赤色のものが2個，透明なものが1個ある．玉には，中心を通って穴があいているとする．

(1) これらを丸く円形に並べる方法は何通りあるか．

(2) これらの玉に糸を通して首輪をつくる方法は何通りあるか．（日本大）

精講

円順列

a, b, c, d を円形に並べることにします．たとえば，下の4つは区別せず，同じ並べ方だと考えます．

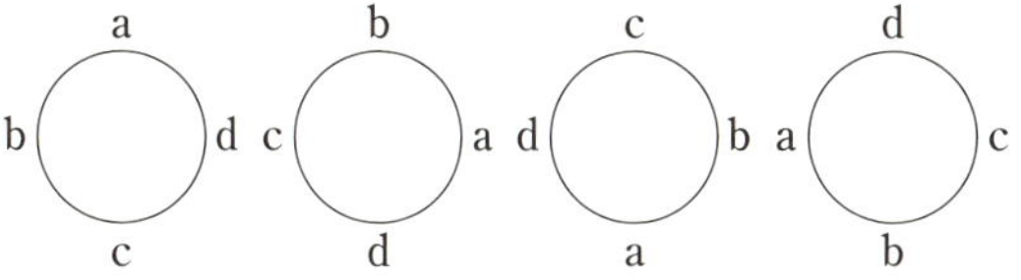

このような場合，**1つのもの(たとえばa)の位置を決めてしまう**のです．

すると右のように，**3か所の○に，b, c, d を配置する**ことになります．

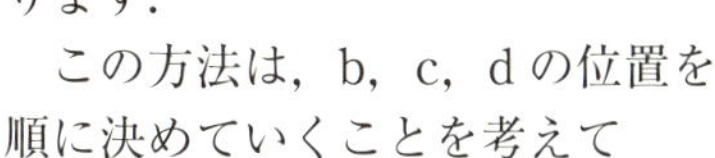

この方法は，b, c, d の位置を順に決めていくことを考えて

$3 \cdot 2 \cdot 1$ (通り)

となります．

一般に，**異なる n 個のものを円形に並べる方法は，$(n-1)!$ 通り**あります．

しかし，公式を丸暗記するだけでなく，

“1 つの位置を決めてしまう”

という考え方を覚えておくことが大切です．

解法のプロセス

(1) 円形に並べる方法の数を調べる．

⇩

1つの位置を決めてしまう．

⇩

透明なものが1つしかないので，この位置を決める．

⇩

残りの玉の配置を考える．

解法のプロセス

(2) 首輪をつくる方法の数を調べる．

⇩

円形に並べたものがいくつできるか調べる．(…(1))

⇩

それらのうち，裏返したときに同じになるものがないかどうか調べる．

⇩

同じになるものはダブらないように注意して数える．

じゅず順列

異なる n 個のものを円形に並べるだけでなく，糸を通して首輪をつくる，ということです．

例えば，$n=4$ のとき，右図のような2つの並べ方は，円順列では区別しますが，糸を通して首輪をつくるときには，一方を**裏返せば同じものになる**ので，これらは区別しません．

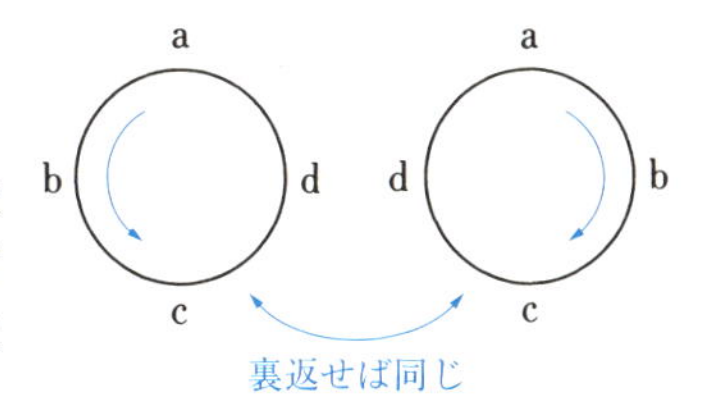

第5章

したがって，異なる n 個 $(n \geqq 3)$ のものに糸を通して首輪をつくる方法は $\dfrac{(n-1)!}{2}$ 通りあります．
これも

1つの位置を決め，裏返したとき同じになるかどうか調べる

という考え方を身につけておくべきです．

〈解　答〉

(1) 透明なものの位置を決めて考える．

青玉，赤玉合計8個の玉を置く場所8か所から，赤玉2個を置く場所を決めれば，青玉6個を置く場所も決まってしまうから

$${}_8C_2 = \mathbf{28}\ (\textbf{通り})$$

← $\dfrac{8 \cdot 7}{2} = 28$

(2) (1)の28通りのうち，下の4つは左右対称であり，残りの24通りについては左右対称でない．

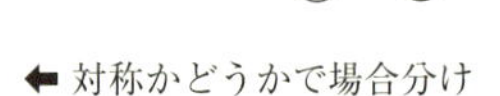

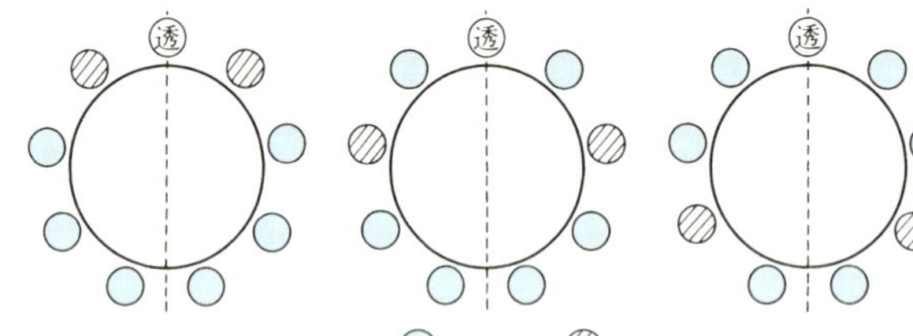

○は青玉，◎は赤玉を表すものとする．

左右対称でない24通りについて糸を通して首輪をつくると，同じものが2つずつできるので，

$$4 + \frac{24}{2} = \mathbf{16}\ (\textbf{通り})$$

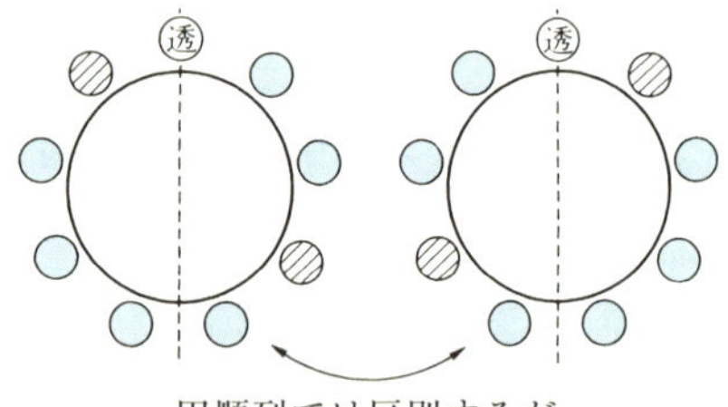

演習問題

72-1 両親と子供4人の合計6人が円形のテーブルに座るとき，座り方は何通りあるか． （広島文教女大）

72-2 黒と白の同色どうしは区別のつかない玉が充分数多くある．これらから玉6個を選びつないで輪をつくるとき，異なる輪は何種類できるか． （大妻女大）

標問 73 部分集合の要素の和

1 から n までの自然数全体の集合を $X=\{1,\ 2,\ 3,\ \cdots,\ n\}$ とする．いま，Xから k 個の異なる自然数を取り出してその和をつくる．さらに，このような和を，Xから k 個の異なる自然数を取り出すすべての組合せにわたって加えたものを $S(n,\ k)$ とする．ただし，$1\leqq k\leqq n$ である．

(1) $S(n,\ 1)$ を n の式で表せ．

(2) Xから k 個の異なる自然数を取り出す組合せの総数を求め，$S(n,\ k)$ を n と k の式で表せ．

（関西学院大〈改作〉）

精講 たとえば，$X=\{1,\ 2,\ 3,\ 4,\ 5\}$ のときについて調べてみましょう．

(1)について

集合Xから 1 個取り出す場合，それをすべて書いてみると，1，2，3，4，5 の 5 通りあります．

そして，これらを加えたものが $S(5,\ 1)$ です．

(2)について

$S(5,\ 3)$ について調べてみましょう．

集合Xから異なる 3 個の自然数を取り出す方法は，　${}_5C_3=10$（通り）

ありますが，これをすべて書いてみると次のようになります．

1，2，3；1，2，4；1，2，5
1，3，4；1，3，5；1，4，5
2，3，4；2，3，5；2，4，5
3，4，5

これら 10 組に**現れる数字は，重複するものもすべて数えると**，のべで 30 個あります．

これは，1 組に 3 個の自然数が含まれていて，組が 10 組あるのですから，$3\cdot10=30$（個）です．

ところで，この 30 個の中に，

1 は 6 個，2 は 6 個，3 は 6 個，
4 は 6 個，5 は 6 個

というように，**どの自然数も同じ数ずつ含まれています．**

そして，これら 30 個の自然数の和が $S(5,\ 3)$ で

解法のプロセス

(1) 集合 $X=\{1,\ 2,\ 3,\ \cdots,\ n\}$ から 1 個の自然数を取り出す．
⇩
すべての場合を書いてみる．
⇩
それらの和を計算する．

解法のプロセス

(2) Xから k 個取り出す方法は何通りあるか調べる．
⇩
取り出した自然数の，のべの個数を求める．
⇩
$1,\ 2,\ 3,\ \cdots,\ n$ のそれぞれが何回ずつ現れるかを調べる．

すから，

$$S(5,\ 3)=(1+2+3+4+5)\times 6$$

となります．

この6は，のべの個数30を自然数の種類である5で割れば得られます．

← 1から5までの数は同じ数ずつ含まれる

いま述べてきた内容を，$1\sim n$ の n 個の自然数から k 個取り出す場合について適用していくことになります．

〈解答〉

(1) $S(n,\ 1)$ は，集合 $X=\{1,\ 2,\ 3,\ \cdots,\ n\}$ から1個の自然数を取り出すすべての場合について，それらを加えたものだから

$$S(n,\ 1)=1+2+3+\cdots+n$$
$$=\boldsymbol{\frac{n(n+1)}{2}}$$

← $\displaystyle\sum_{k=1}^{n}k=\frac{n(n+1)}{2}$

(2) 集合 X から異なる k 個の自然数を取り出す方法は ${}_n\mathrm{C}_k$ (通り) ある．

これらすべての取り出し方について，

取り出した自然数の，のべの個数は $k\cdot{}_n\mathrm{C}_k$ (個) である．

← 1つの取り出し方に対して k 個の自然数が含まれている

この中に，1から n までの自然数は同じ数ずつ含まれるから，それぞれ $\dfrac{k\cdot{}_n\mathrm{C}_k}{n}$ (個) ずつ含まれる．よって，

← 1，2，…，n は同じ個数ずつ含まれるので，のべの個数を n で割ると，それぞれの個数が得られる

$$S(n,\ k)=(1+2+3+\cdots+n)\times\frac{k\cdot{}_n\mathrm{C}_k}{n}$$
$$=\frac{n(n+1)}{2}\cdot\frac{k\cdot{}_n\mathrm{C}_k}{n}$$
$$=\boldsymbol{\frac{(n+1)k}{2}{}_n\mathrm{C}_k}\ \left(=\boldsymbol{\frac{(n+1)!}{2(k-1)!(n-k)!}}\right)$$

演習問題

73 (1) 1から9までの9個の数字から，相異なる2個を用いてつくられる2桁の整数の個数とそれらの総和を求めよ．

(2) 1から9までの9個の数字から，相異なる3個を用いてつくられる3桁の整数の個数とそれらの総和を求めよ．

(日本女大)

標問 74 重複組合せ

(1) 重複を許した5つの負でない整数 a, b, c, d, e がある．このとき，$a+b+c+d+e=7$ となるような $(a,\ b,\ c,\ d,\ e)$ の組合せは何通りあるか．　(山梨学院大)

(2) a, b, c, d を自然数(正の整数)とする．このとき，$a+b+c+d=10$ を満たす $(a,\ b,\ c,\ d)$ は何通りあるか．　(大阪経済大)

(3) 10個のさいころを同時に投げたとき，出た目すべての積をとる．このようにして得られる数のうち，奇数であるものの個数を求めよ．　(東京女大)

精講　重複組合せ

a, b, c を負でない整数として，和が2になるような a, b, c の組 $(a,\ b,\ c)$ は何組あるか調べてみましょう．

全部書いてみると左下のようになります．

a	b	c		
2	0	0	……	○ ○ ｜ ｜
1	1	0	……	○ ｜ ○ ｜
1	0	1	……	○ ｜ ｜ ○
0	2	0	……	｜ ○ ○ ｜
0	1	1	……	｜ ○ ｜ ○
0	0	2	……	｜ ｜ ○ ○

このように6通りありますが，それぞれについて，右上のように，○と｜(丸と棒)を並べたものを対応させます．

｜と｜(棒と棒)の間の○(丸)の数が b の値，1番左の｜(棒)より左にある○(丸)の数が a の値，1番右の｜(棒)より右にある○(丸)の数が c の値

という具合いです．

たとえば，上の組の3行目では

a　b　c

1　0　1　……

というわけです．

解法のプロセス

(1) 和が7となる負でない整数 a, b, c, d, e の組が何組あるか調べたい．

⇩

○を7個，｜を4本用意して並べる．

解法のプロセス

(2) a, b, c, d は正の整数．

⇩

$a+b+c+d=10$ を
$(a-1)+(b-1)+(c-1)+(d-1)=6$
と変形すれば，
$a-1$, $b-1$, $c-1$, $d-1$
は負でない整数で，和が6.

⇩

○を6個，｜を3本用意して並べる．

ですから，$a+b+c=2$ を満たす負でない整数 a，b，c の組は

2個の○（丸）と2本の｜（棒）

を並べる方法の数だけあり，

$$\frac{4!}{2!2!} \text{（組）}$$

← 同じものを含む順列

あります．これは ${}_4C_2$ と表すこともできます．なお，

○の数は，$a+b+c=2$ の 2，

｜の数は，a，b，c を区別するための2本です．

***n* 種類のものから重複を許して *r* 個選ぶ方法の数を** ${}_nH_r$ と表しますが，これは，

r 個の○と $(n-1)$ 本の｜

を並べる方法ですから

$${}_n\mathrm{H}_r=\frac{(r+n-1)!}{r!(n-1)!}={}_{n+r-1}\mathrm{C}_r$$

となります．

← 上の例題では ${}_3H_2$

← 重複組合せ

解法のプロセス

(3) 積が奇数.

⇩

全部奇数.

⇩

1か3か5

⇩

積は

$1^p\cdot3^q\cdot5^r$

で，p，q，r は負でない整数で，和は10.

〈 解　答 〉

(1) ${}_5H_7={}_{11}C_7=$ **330（通り）**

← ○7個，｜4本を並べると考えて，$\frac{11!}{7!4!}=330$

(2) $a+b+c+d=10$ より

$(a-1)+(b-1)+(c-1)+(d-1)=6$

ここで，$a-1=A$，$b-1=B$，$c-1=C$，$d-1=D$ とすると，

← 0以上の整数を用意する

$A+B+C+D=6$，A，B，C，D は0以上の整数である．

← ○6個，｜3本を並べると考える

このような A，B，C，D の組を数えて，

${}_4H_6={}_9C_6=$ **84（通り）**

← ${}_nH_r={}_{n+r-1}C_r$

(3) 10個のさいころの目の積が奇数のとき，それぞれのさいころの目は1か3か5であるから，10個のさいころの目の積は

$1^p\cdot3^q\cdot5^r$（p，q，r は負でない整数で $p+q+r=10$……(＊)）

(＊)を満たす整数 p，q，r の組 $(p,\ q,\ r)$ の数を調べて

${}_3H_{10}={}_{12}C_{10}=$ **66（個）**

← 求める数は p，q，r の組の数と同じ

演習問題

74 球と立方体と正三角錐の3種類の積み木を製造する会社があり，これらの積み木を組み合わせて10個1組のセットをつくるとする．

(1) 全部でいくつの組合せが考えられるか．

(2) 3種類の積み木のうち，球と立方体を少なくとも1個ずつ含む組合せはいくつか．

（麻布大）

第6章 確　率

標問 75 標本空間

2つのさいころを同時に投げるとする.

(1) 1つのさいころの目の数がもう1つのさいころの目の数の2倍となる確率を求めよ.

(2) 2つのさいころの目の数の差が3以下となる確率を求めよ.　　(福岡大)

精講　この2つのさいころは区別できるのでしょうか, 区別できないのでしょうか.

ここに10円硬貨と50円硬貨を1枚ずつ用意して2枚を同時に投げることにします.

10円硬貨の表裏と, 50円硬貨の表裏は

10円硬貨が表で50円硬貨が表
10円硬貨が表で50円硬貨が裏
10円硬貨が裏で50円硬貨が表
10円硬貨が裏で50円硬貨が裏

の4通りの場合があります.

ところが, 区別できない2枚の硬貨を同時に投げたときの表裏は

2枚とも表
表, 裏とも1枚ずつ
2枚とも裏

の3通りです.

解法のプロセス

2つのさいころを投げる.
⇩
確率を調べるときには, 2つのさいころを区別して考える.
⇩
全部で 6×6(通り)の目の出方がある.
⇩
そのうちで, 条件に合うものが何通りあるか数える.
⇩
全体の数で割る.

さて, 2枚の硬貨を投げるとき, 2枚とも表となる確率はどうなるでしょうか.

2枚の硬貨が区別できれば　$\frac{1}{4}$

2枚の硬貨が区別できなければ $\frac{1}{3}$

だと思うかも知れませんが, これは変です.

2枚の硬貨を投げる操作をくり返していったとき, 2枚とも表が出る回数が, 2枚の硬貨が区別できるか区別できないかに左右されるというのは変だと思いませんか.

実は, 2枚の硬貨を投げる回数をどんどん多くしていったとき, 2枚とも表が出

る割合は，$\frac{1}{4}$ に近づいていきます．

そこで，**確率を調べる際**には，

たとえ区別できないものであっても

区別できるものとして扱う

のです．

〈 解 答 〉

(1) 2つのさいころの目の出方は全部で，
$6 \times 6 = 36$（通り）ある．

← 2つのさいころは区別できるものとして扱う

2つのさいころの目の一方が他方の2倍になるような目の出方は

(1, 2)，(2, 4)，(3, 6)，(2, 1)，(4, 2)，
(6, 3)

← (1, 2)，(2, 1) などのように2つのさいころを区別して書く

の6通りある．

← 場合の数

したがって，1つのさいころの目の数がもう1つのさいころの目の数の2倍となる確率は

$$\frac{6}{36} = \mathbf{\frac{1}{6}}$$

← $\frac{\text{場合の数}}{\text{全体の数}}$

(2) 2つのさいころの目の数の差が3以下となるような目の出方は

(1, 1)，(1, 2)，(1, 3)，(1, 4)
(2, 1)，(2, 2)，(2, 3)，(2, 4)，(2, 5)
(3, 1)，(3, 2)，(3, 3)，(3, 4)，(3, 5)，(3, 6)
(4, 1)，(4, 2)，(4, 3)，(4, 4)，(4, 5)，(4, 6)
(5, 2)，(5, 3)，(5, 4)，(5, 5)，(5, 6)
(6, 3)，(6, 4)，(6, 5)，(6, 6)

← 数え落としがないように順序よく書き出す

の30通りある．

したがって，2つのさいころの目の数の差が3以下となる確率は

$$\frac{30}{36} = \mathbf{\frac{5}{6}}$$

演習問題

75 2つのさいころを同時に投げたとき，出た目の数の和が3の倍数となる確率を求めよ．

（日本大）

標問 76 定義にしたがって確率を求める(1)

男子5人，女子6人が1列に並ぶとき，次の問いに答えよ．

(1) 特定の男女2人が隣り合う確率を求めよ．

(2) 男子どうしが隣り合わない確率を求めよ．　　(信州大)

精講 (1) **まず，隣り合う特定の男女2人をひとかたまりとみて並べ，そのあと，その2人の左右を並べかえる**と考えるとラクです．

(2) まず，**6人の女子を並べます．**

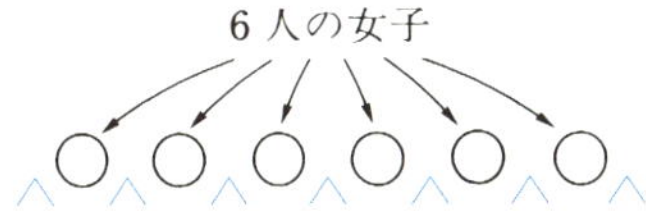

そして，

両端と6人のすき間5か所の合計7か所のどこかに男子を1人ずつ入れていく

と考えるのがラクでしょう．

1人目の男子をどこに入れるか　← 7か所のどこか
2人目の男子をどこに入れるか　← 残った6か所のどこか
3人目の男子をどこに入れるか　⋮
4人目の男子をどこに入れるか
5人目の男子をどこに入れるか

というように，5人の男子の位置を順に決めていきましょう．

解法のプロセス

確率を求める．
⇩
全部で何通りあるか調べる．
⇩
条件に合うものが何通りあるか調べる．
⇩
条件に合う場合の数を全体の場合の数で割る．

〈解　答〉

男子5人，女子6人の合計11人の並べ方は全部で11! 通りある．　← 全体の場合の数

(1) 特定の男女2人をひとかたまりにして他の9人と並べる方法は

10! 通り

ある．　← ひとかたまりにした男女2人を1人と考えて10人を並べる

そして，その特定の男女の並べ方が2通りあるから，特定の男女2人が隣り合う並べ方は全部で　← 女男，男女の2通り

10!×2 通り　← 条件に合う場合の数

ある．

よって，特定の男女2人が隣り合う確率は

$$\frac{10!\times 2}{11!}=\mathbf{\frac{2}{11}}$$

← $\frac{\text{場合の数}}{\text{全体の数}}$

である．

(2) まず，6人の女子を並べる．この並べ方は，

6! 通り

ある．

そして，女子6人の両端およびすき間の合計7か所に，5人の男子を1人ずつ入れていく．

← このように並べると男子どうしは隣り合わない

1人目の男子の位置の決め方が7通り

2人目の男子の位置の決め方は，残り6か所のどこにするかで6通り

3人目の男子の位置の決め方は，残り5か所のどこにするかで5通り

そして，4人目は4通り，5人目は3通り

あるから，男子が隣り合わないような並べ方は全部で

$6!\times 7\cdot 6\cdot 5\cdot 4\cdot 3$ 通り

← 条件に合う場合の数

ある．

よって，男子が隣り合わない確率は

$$\frac{6!\times 7\cdot 6\cdot 5\cdot 4\cdot 3}{11!}=\mathbf{\frac{1}{22}}$$

← $\frac{\text{場合の数}}{\text{全体の数}}$

である．

演習問題

76-1 10枚の札があり，それぞれに0，1，2，…，9の番号が書かれている．これら10枚の札を任意に円形に並べるとき，次の問いに答えよ．

(1) 時計回りに見て，1，2の札が，1，2の順に並ぶ確率を求めよ．

(2) 時計回りに見て，0，1の札が，0，1の順に，かつ2，3の札が，2，3の順に並ぶ確率を求めよ．

(信州大〈改作〉)

76-2 1から50までの数を書いた50枚のカードをよく切っておき，1枚抜いて出た数を a，次に残りからまた1枚抜いて出た数を b とする．

$ab(a+b)$ が7で割り切れない確率を求めよ．

(お茶の水女大)

標問 77 定義にしたがって確率を求める (2)

1つのさいころを続けて3回投げる．このとき，

(1) 出る目の数がすべて異なる確率を求めよ．

(2) 出る目の数の積が偶数になる確率を求めよ．

(3) 出る目の数の積が9の倍数になる確率を求めよ．

(4) 出る目の数を左から順に並べて3桁の整数をつくるとき，その整数が444以上になる確率を求めよ．

(関西大)

精講 さいころを3回投げるとき，目の出方は全部で

6^3 通り

あります．

(1)〜(4)の各条件を満たす目の出方がそれぞれ何通りあるかを求めて，6^3 で割ります．

(1) **どの数が出るか，それらが何回目に出るのかに注目して調べます．**

(2) 積が偶数となる場合よりも

積が奇数となる場合のほうが数えやすい

です．

(3) 積が9の倍数ということは，

3か6が2回以上出る

ということです．

そこで，3か6が2回出る場合と，3回出る場合についてそれぞれ調べます．

3か6が2回出る場合は，どの回とどの回に出るかも考えなくてはいけません．

(4) **444以上になるのは**どんなときなのかを考えてみます．

百の位が5か6

百の位が4で十の位が5か6

百の位が4，十の位が4で，一の位が4か5か6

の場合です．

解法のプロセス

さいころを3回投げるときの確率．

⇩

全体は 6^3 通りある．

⇩

(1)〜(4)の条件に合った目の出方の数をそれぞれ求めて，6^3 で割る．

解法のプロセス

(2) 積が偶数

⇩

積が奇数のものを全体からひく．

(3) 積が9の倍数．

⇩

3または6が2回以上出る．

(4) 444以上の整数．

⇩

百の位が5か6

百の位は4で十の位は5か6

百の位は4，十の位は4で，一の位は4か5か6

〈 解 答 〉

さいころを3回投げるとき，目の出方は 6^3 通りある．

(1) 3回の目の数が異なる場合について，
1回目の目の出方は6通り
2回目の目の出方は1回目に出た数以外の5通り
3回目の目の出方は1，2回目に出た数以外の4通り
ある．したがって，出る目がすべて異なる確率は

$$\frac{6\cdot5\cdot4}{6^3}=\mathbf{\frac{5}{9}}$$

(2) 出る目の数の積が奇数になるような目の出方は 3^3 通りある．

← 余事象の場合の数を求める
← 奇数は1，3，5の3通り

したがって，出る目の数の積が偶数になるような目の出方は 6^3-3^3 通りある．

← 全体は 6^3 通り

よって，出る目の数の積が偶数になる確率は

$$\frac{6^3-3^3}{6^3}=1-\frac{3^3}{6^3}=\mathbf{\frac{7}{8}}$$

← $P(E)=1-P(\overline{E})$ を利用して求めてもよい

(3) 3の倍数(つまり3か6)が2回出る場合について

← 場合分け

3の倍数が1回目と2回目に出るような目の出方は

← 何回目に出るかに注目

$2\cdot2\cdot4$ 通り

← 1，2回目は3か6の2通り，3回目は1，2，4，5の4通り

あり，3の倍数が1回目と3回目，2回目と3回目に出るような目の出方も同じだけある．

3の倍数が3回出るような目の出方は 2^3 通りある．よって，出る目の数の積が9の倍数になる確率は

$$\frac{2\cdot2\cdot4\times3+2^3}{6^3}=\mathbf{\frac{7}{27}}$$

(4) 百の位が5，6の整数はそれぞれ 6^2 個ある．

← 十の位，一の位は1～6のいずれでもよい

百の位が4で十の位が5か6の整数はそれぞれ6個ある．
百の位が4，十の位が4で，444以上の整数は444，445，446の3個ある．したがって，444以上の整数になる確率は

$$\frac{6^2\times2+6\times2+3}{6^3}=\mathbf{\frac{29}{72}}$$

演習問題

77 3つのさいころを同時に投げたとき，出る目の数の積を考える．
(1) 3つの目の数がどれも4以下で，これらの積が40以下となる確率を求めよ．
(2) 3つの目の数の積が40以下となる確率を求めよ． (信州大)

標問 78 余事象の確率

5 人の学生にカードを 1 枚ずつ配り，1 から 10 までの数の 1 つを任意に書かせた.

(1) 同じ番号を書いた学生が少なくとも 1 組はある確率を求めよ.

(2) 学生の人数を増やすと(1)の確率は増える．確率が 0.9 を越すのは何人からか.

(日本女大)

精講 (1) 同じ番号を書いた学生が**少なくとも 1 組はある**，という場合について，直接調べるのは非常にやっかいです.

同じ番号を書いた学生の組が 1 組の場合でも，それが 2 人なのか 3 人なのか 4 人なのか 5 人なのか決まりません.

また 2 組の場合でも，それが

2 人と 2 人の場合と 2 人と 3 人の場合

があります.

このようなときは**余事象を調べてみる**ことです.

そして，問題文に，**“少なくとも”と書いてあったら，余事象について調べたほうがラクなことが多い**のです.

同様に確からしい起こり得るすべての場合の数 (根元事象の数) を N とし，ある事象 E の起こる場合の数を n とします.

すると，事象 E の余事象である $\overline{E}$ の起こる場合の数は $N-n$ となります.

ですから，$\overline{E}$ の起こる確率は

$$P(\overline{E})=\frac{N-n}{N}$$

ですが，右辺を変形すると，

$$P(\overline{E})=1-\frac{n}{N}$$

となって，さらに $\dfrac{n}{N}$ は $P(E)$ (E の起こる確率) ですから,

$$\boldsymbol{P(\overline{E})=1-P(E)}$$

という関係式が得られます.

解法のプロセス

(1) 同じ番号を書いた学生が少なくとも 1 組はある確率を求める.

⇩

同じ番号を書いた学生がいない確率を求めて 1 からひく.

解法のプロセス

(2) 同じ番号を書いた学生が少なくとも 1 組はある確率が 0.9 を越す.

⇩

同じ番号を書いた学生がいない確率が 0.1 未満.

⇩

学生の数を(1)の 5 人から 6 人，7 人，…と増やしてみる.

〈 解 答 〉

(1) 5人の学生が1から10までの数の1つを書く方法は全部で 10^5 通りある．

5人の学生が互いに異なる数を書く方法について1人目の学生の書く数は10通り，2人目の学生の書く数は1人目の学生が書いた数以外の9通り，3人目の学生の書く数は1人目，2人目の学生が書いた数以外の8通り，4人目の学生の書く数は残りの7個の数のいずれかで7通り，5人目の学生の書く数は残りの6個の数のいずれかで6通り．

← 余事象を数える

したがって，5人の学生が互いに異なる数を書く確率は $\dfrac{10\cdot9\cdot8\cdot7\cdot6}{10^5}=\dfrac{189}{625}$

よって，同じ番号を書いた学生が少なくとも1組以上ある確率は $1-\dfrac{189}{625}=\boldsymbol{\dfrac{436}{625}}$

← 余事象の確率

(2) 学生の数を増やしていったとき，同じ番号を書く学生がいない確率が0.1未満となる場合を調べる．

← 余事象の確率を利用して調べる

同じ番号を書く学生がいない確率は

5人のとき，$\dfrac{189}{625}>0.1$

← $\dfrac{189}{625}$ は(1)で求めてある

6人のとき，

$$\frac{10\cdot9\cdot8\cdot7\cdot6\cdot5}{10^6}=\frac{189}{625}\cdot\frac{5}{10}=\frac{189}{1250}>0.1$$

← $\dfrac{10\cdot9\cdot8\cdot7\cdot6}{10^5}$ は(1)で計算してあるのでこれを利用する

7人のとき，

$$\frac{10\cdot9\cdot8\cdot7\cdot6\cdot5\cdot4}{10^7}=\frac{189}{1250}\cdot\frac{4}{10}=\frac{378}{6250}<0.1$$

← $\dfrac{10\cdot9\cdot8\cdot7\cdot6\cdot5}{10^6}$ は，上で計算済み

したがって，**7人から**である．

演習問題

78 ある町の住人を任意に3人選んで1，2，3と番号をつけ，それぞれの人の生まれた曜日を調べる．ただし，町の人口は十分多く，その中でどの曜日に生まれた人も同じ割合であるとする．3人のうち少なくとも2人が同じ曜日生まれであるという事象を A とする．このとき，事象 A の確率を求めよ．

(筑波大)

標問 79 確率の計算

1つのさいころを3回投げて出た目を順に x_1, x_2, x_3 とする．$x_1 \neq x_2$ となる事象を A, $x_2 \neq x_3$ となる事象を B とするとき，次の事象の確率を求めよ．

(1) A, B がともに起こる事象 $A \cap B$

(2) A または B が起こる事象 $A \cup B$ (浜松医大)

精講

確率の計算 (加法定理)

同様に確からしい起こり得るすべての場合の数 (根元事象の数) を N とします．

ところで，2つの事象 A, B に対して，

$$n(A \cup B) = n(A) + n(B) - n(A \cap B)$$

という関係式が成立します．

この両辺を N で割ると，

$$\frac{n(A \cup B)}{N} = \frac{n(A)}{N} + \frac{n(B)}{N} - \frac{n(A \cap B)}{N}$$

という関係式が得られます．

$$\frac{n(E)}{N} = P(E) \quad (E\text{が起こる確率})$$

ですから，

$$\boldsymbol{P(A \cup B) = P(A) + P(B) - P(A \cap B)}$$

と書くことができます．

(2)では，$P(A)$, $P(B)$ を求めて，(1)で求めた $P(A \cap B)$ をひけば $P(A \cup B)$ が求まります．

解法のプロセス

(2) A または B が起こる確率

⇩

$P(A \cup B)$
$= P(A) + P(B) - P(A \cap B)$
を利用する．

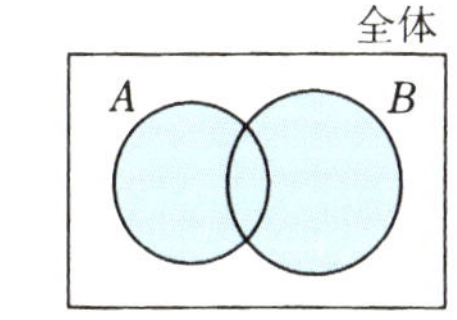

解答

1つのさいころを3回投げるとき，目の出方は全部で 6^3 通りある．

(1) 事象 $A \cap B$ つまり $x_1 \neq x_2$ かつ $x_2 \neq x_3$ となる目の出方を調べる．

1回目に出る目の出方は6通り

2回目に出る目の出方は1回目に出た目の数以外の5通り

3回目に出る目の出方は2回目に出た目の数以外の5通り

であるから，$x_1 \neq x_2$ かつ $x_2 \neq x_3$ となる目の出

← 3回目と1回目の目は同じでもよい

方は 6・5・5 通りある.

したがって, 事象 $A\cap B$ の確率 $P(A\cap B)$ は

$$P(A\cap B)=\frac{6\cdot5\cdot5}{6^3}=\mathbf{\frac{25}{36}}$$

(2) $x_1 \neq x_2$ となる目の出方は

1回目に出る目の出方は6通り

2回目に出る目の出方は1回目に出た目の数以外の5通り

3回目に出る目の出方は6通り

← x_3 は制限がないので6通り

より

6・5・6 通り

したがって, $x_1 \neq x_2$ となる確率 $P(A)$ は

$$P(A)=\frac{6\cdot5\cdot6}{6^3}=\frac{5}{6}$$

である.

まったく同様に, $x_2 \neq x_3$ となる確率 $P(B)$ は

$$P(B)=\frac{5}{6}$$

← $\frac{6\cdot6\cdot5}{6^3}$

である.

したがって, $P(A\cup B)$ は

$$P(A\cup B)=P(A)+P(B)-P(A\cap B)$$
$$=\frac{5}{6}+\frac{5}{6}-\frac{25}{36}=\mathbf{\frac{35}{36}}$$

別解 (2) $\overline{A}\cap\overline{B}$ つまり $x_1=x_2$ かつ $x_2=x_3$ となる確率 $P(\overline{A}\cap\overline{B})$ は

← 余事象の確率を求める

$$P(\overline{A}\cap\overline{B})=\frac{6}{6^3}=\frac{1}{36}$$

← $x_1=x_2=x_3$ となるのは6通りある

よって,

$$P(A\cup B)=1-P(\overline{A}\cap\overline{B})=\frac{35}{36}$$

演習問題

79 n 個のさいころを投げて得られる2つの事象 A, B を次のように定める.

(A) 奇数の目ばかり出ている事象を A とする.

(B) 1の目が少なくとも1つは出ている事象を B とする.

これに関して, 次の問いに答えよ.

(1) 「A かつ B」という事象の起こる確率を求めよ.

(2) 「A または B」という事象の起こる確率を求めよ. (和歌山県医大)

標問 80 独立な試行の確率

さいころを7回投げ，k回目 ($k=1$, 2, …, 7) に出る目を X_k とする．積 $X_1X_2\cdots X_7$ が偶数である確率を求めよ．（千葉大）

精講 1回目の試行においてどの目が出るかということと，2回目の試行においてどの目が出るかということは無関係です．このように，**2つの試行が互いに他方の結果に影響を及ぼさない**とき，2つの**試行は独立である**といいます．

ここで，「X_1 が偶数で，X_2 が3の倍数」という確率を考えてみましょう．

X_1 は2, 4, 6のいずれかで3通り，X_2 は3か6のいずれかで2通りあり，全体は6×6通りありますから，この確率は $\dfrac{3\times2}{6\times6}$ です．これを，

$$\frac{3}{6}\times\frac{2}{6}$$

と書いてみると，$\dfrac{3}{6}$ は X_1 が偶数である確率，$\dfrac{2}{6}$ は X_2 が3の倍数である確率ですから，

(X_1 が偶数で，X_2 が3の倍数である確率)
=(X_1 が偶数である確率)×(X_2 が3の倍数である確率)

となります．

このように，独立な試行S，Tにおいて，

(試行Sで事象 A が起こり，
試行Tで事象 B が起こる確率)
=(Sで A が起こる確率)×(Tで B が起こる確率)

が成り立ちます．

この問題では，1回目～7回目までの試行はすべて独立です．

解法のプロセス

$X_1X_2\cdots X_7$ が偶数である確率を求める．
⇩
$X_1X_2\cdots X_7$ が奇数である確率を求めて1からひく．

$X_1X_2\cdots X_7$ が奇数．
⇩
$X_1\sim X_7$ すべてが奇数．

〈解 答〉

$X_1\sim X_7$ のすべてが奇数である確率を1からひいて

$$1-\left(\frac{1}{2}\right)^7=\mathbf{\frac{127}{128}}$$

⬅ X_k ($k=1$, 2, ……, 7) が奇数である確率はすべて $\dfrac{3}{6}=\dfrac{1}{2}$

演習問題

80　1つのさいころを続けて3回投げる．このとき，3回とも偶数の目が出る確率は［　　］．（東京理大）

標問 81 排反事象の確率

図のような分かれ道がある．下から上へ進むことはないとして，各分岐点で左下へ進む確率を p，右下へ進む確率を $1-p$ とする．

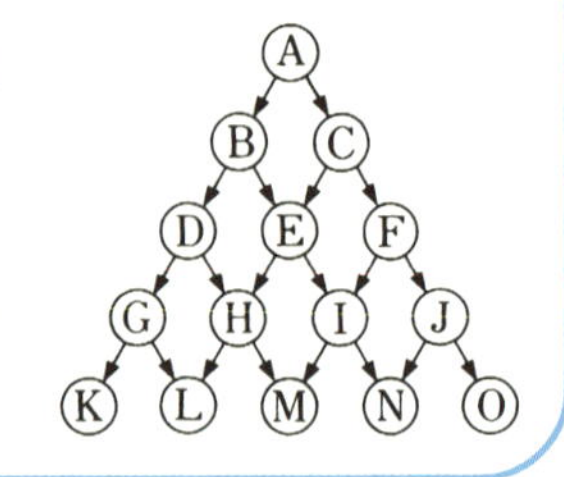

(1) $p=\dfrac{1}{3}$ のとき，Aから出発してLに到達する確率を求めよ．

(2) $p=\dfrac{1}{4}$ のとき，Aから出発してEを通ってMに到達する確率を求めよ．　（電通大）

精講 (1) **Aから出発してLに到達するような進路**はどのようなものがあるか，**全部書いてみると，下の(i)〜(iv)のようになります．**

(i) A→C→E→H→L　(ii) A→B→E→H→L

(iii) A→B→D→H→L　(iv) A→B→D→G→L

(i)〜(iv)の進路をとる確率をそれぞれ求め，これらを加えれば，Aから出発してLに到達する確率が求まります．

いま，(i)〜(iv) **が同時に起こることがない**ので，これらの確率を加えることによって，

(i) または (ii) または (iii) または (iv)

が起こる確率が求まるわけです．

事象 E と F について，

$P(E\cup F)=P(E)+P(F)-P(E\cap F)$

ですが，E と F が同時に起こらないとき（このようなとき E と F は**排反**であるという）

$\boldsymbol{P(E\cap F)=0}$ **から** $\boldsymbol{P(E\cup F)=P(E)+P(F)}$

(2) Aから出発してEに到達する確率と，Eから出発してMに到達する確率を求めて，これらをかけることになります．

ところで，Aから出発してEに到達するような進路は

A→C→E,　A→B→E

の2つありますが，これらは同時に起こることが

解法のプロセス

(1) Aから出発してLに到達する確率を求めたい．

⇩

Aから出発してLに到達する進路をダブリなくすべて書きあげる．

⇩

それぞれの進路をとる確率を求める．

⇩

それらの和を求める．

解法のプロセス

(2) Aから出発してEを通ってMに到達する確率を求めたい．

⇩

Aから出発してEに到達する確率と，Eから出発してMに到達する確率をそれぞれ求める．

⇩

それらの積を求める．

ないので，これらの確率を加えることによって，Aから出発してEに到達する確率が求まります．

また，Eから出発してMに到達するような進路も

$$E \to I \to M, \quad E \to H \to M$$

の2つありますが，これらも同時に起こることがないので，これらの確率を加えることによって，Eから出発してMに到達する確率が求まります．

〈 解 答 〉

(1) A→C→E→H→L と進む確率は $(1-p)\cdot p\cdot p\cdot p$

A→B→E→H→L と進む確率は $p\cdot(1-p)\cdot p\cdot p$

A→B→D→H→L と進む確率は $p\cdot p\cdot(1-p)\cdot p$

A→B→D→G→L と進む確率は $p\cdot p\cdot p\cdot(1-p)$

であり，これらは互いに排反であるから，Aを出発してLに到達する確率は

$$(1-p)\cdot p\cdot p\cdot p+p\cdot(1-p)\cdot p\cdot p+p\cdot p\cdot(1-p)\cdot p+p\cdot p\cdot p\cdot(1-p)$$

$$=4p^3(1-p)=\mathbf{\frac{8}{81}}$$

⬅ $p=\frac{1}{3}$ を代入

(2) Aから出発してEに到達する進路は，

A→C→E，A→B→E

の2つあり，それぞれの進路を進む確率は

$(1-p)p$，$p(1-p)$

であるから，Aから出発してEに到達する確率は

$$(1-p)p+p(1-p)=2p(1-p)$$

同様に，Eから出発してMに到達する確率は

$$2p(1-p)$$

⬅ E→I→M と E→H→M

であるから，Aから出発してEを通ってMに到達する確率は

$$2p(1-p)\times 2p(1-p)=4p^2(1-p)^2=\mathbf{\frac{9}{64}}$$

⬅ $p=\frac{1}{4}$ を代入

演習問題

81 右図の道筋を点Aから格子点を通りながら点Bに進むものとする．このとき，各格子点で，上方向に進む確率を $\frac{1}{2}$，右方向に進む確率を $\frac{1}{4}$，斜め方向（右上）に進む確率を $\frac{1}{4}$ とする．ただし，右端の各格子点では上方向へ確率1で進み，上端の各格子点では右方向へ確率1で進むものとする．

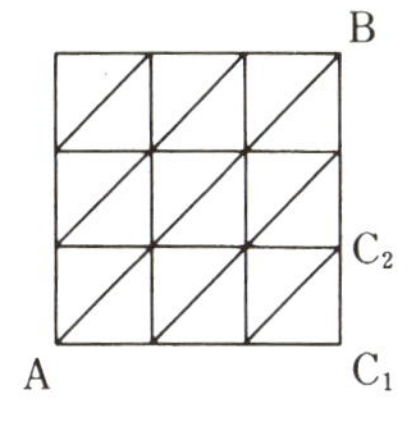

(1) 点Aから点 C_1 を通って点Bに行く確率を求めよ．

(2) 点Aから点 C_2 を通って点Bに行く確率を求めよ．（豊橋技科大）

標問 82 図形上の点の移動

正四面体 ABCD の辺上を動くアリは，頂点を訪れた1秒後に他の頂点のいずれかをおのおの確率 $\frac{1}{3}$ で訪れる．最初に頂点Aにいるアリをその n 秒後まで観察する．ただし，n は1以上の整数とする．

(1) 頂点 A，B は訪れているが，頂点 C，D は訪れていない確率 p_n を求めよ．

(2) 頂点 A，B，C は訪れているが，頂点Dは訪れていない確率 q_n を求めよ．

(3) 全頂点を訪れている確率 r_n を求めよ．

ただし，(1)，(2)，(3)とも，最初にいる頂点Aは訪れた頂点として考える．

（一橋大）

精講 (1) 頂点 A，B は訪れているが，頂点 C，D は訪れていない，ということは，

A，B 間を行き来している

ということです．

Aにいるとき，その1秒後にBにいる確率，

Bにいるとき，その1秒後にAにいる確率

はともに $\frac{1}{3}$ です．

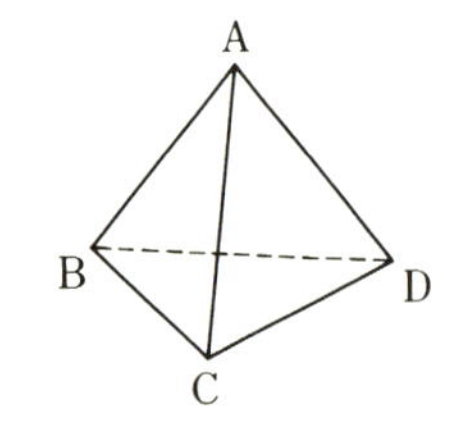

解法のプロセス

(1) A，B は訪れるが，C，D は訪れない．

⇩

AとBの間を行き来する．

(2) まず，**D は訪れていない確率**を求めます．

Aにいるとき，その1秒後にD以外のBかCにいる確率は $\frac{2}{3}$ です．

また，Bにいるとき，その1秒後にD以外にいる確率，Cにいるとき，その1秒後にD以外にいる確率はともに $\frac{2}{3}$ です．

ですから，Dは訪れていない確率は

$$\left(\frac{2}{3}\right)^n$$

となります．

しかし，この中には，**A と B しか訪れていない場合**，**A と C しか訪れていない場合**が含まれていますから，これらを**除かなくてはいけません．**

解法のプロセス

(2) A，B，C は訪れているが，Dは訪れていない確率を求めたい．

⇩

Dは訪れていない確率からAとB，AとCだけ訪れている確率をひく．

(3) **どの頂点を訪れていて，どの頂点を訪れていないかに注目**します．

(i) AとBは訪れ，CとDは訪れていない
(ii) AとCは訪れ，BとDは訪れていない
(iii) AとDは訪れ，BとCは訪れていない
(iv) AとBとCは訪れ，Dは訪れていない
(v) AとBとDは訪れ，Cは訪れていない
(vi) AとCとDは訪れ，Bは訪れていない
(vii) A，B，C，Dすべてを訪れている

という7つの場合が考えられます．このうち(vii)の確率を求めたいのですが，(i)の確率は(1)で，(iv)の確率は(2)で求めてあります．

解法のプロセス

(3) 全頂点を訪れている確率を求めたい．
⇩
直接的に確率を求めるのはたいへん．
⇩
いくつの頂点に訪れているかという視点で考える．
⇩
2頂点のみを訪れている確率および3頂点のみを訪れている確率を1からひく．

〈 解　答 〉

(1) AとBの間を行き来する確率が p_n であり，

$$p_n=\left(\frac{1}{3}\right)^n$$

(2) Dは訪れていない確率 $\left(\frac{2}{3}\right)^n$ から

AとBは訪れるがCとDは訪れない確率 $\left(\frac{1}{3}\right)^n$，　← p_n

AとCは訪れるがBとDは訪れない確率 $\left(\frac{1}{3}\right)^n$　← p_n と等しい

をひけばよい．よって，$q_n=\left(\frac{2}{3}\right)^n-2\left(\frac{1}{3}\right)^n$

(3) AとBだけ訪れる確率，AとCだけ訪れる確率，
AとDだけ訪れる確率，および，　← それぞれ p_n
AとBとCだけ訪れる確率，AとBとDだけ訪れる確率，
AとCとDだけ訪れる確率を1からひけばよい．　← それぞれ q_n

よって，$r_n=1-3p_n-3q_n=\mathbf{1-3\left(\frac{2}{3}\right)^n+3\left(\frac{1}{3}\right)^n}$　← $r_n+3p_n+3q_n=1$

演習問題

82 正四面体ABCDの1つの頂点にある動点Pは等しい確率 $\frac{1}{3}$ で他の3つの頂点のいずれかに移動するものとする．

(1) 頂点Aから出発したPが3回目にAに戻る確率を求めよ．
(2) 頂点Aから出発したPが頂点Bをちょうど1回通って4回目にAに戻っている確率を求めよ．
(学習院大)

標問 83 じゃんけん

3人がじゃんけんで1，2，3番を決める．ちょうどn回目で3人の順位が確定する確率$P(n)$を求めよ．ただし，3人ともグー，チョキ，パーを出す確率はすべて$\frac{1}{3}$とする． （名 大）

精講 じゃんけんで勝つ確率，負ける確率，引き分ける確率は

だれが勝つか（負けるか）
どの手を出して勝つか（負けるか）

に注目して考えるのがポイントです．

A，B，Cの3人でじゃんけんをするときを考えましょう．

たとえば，AがB，Cの2人に勝つのは

Aがグー，B，Cがチョキを出す場合
Aがチョキ，B，Cがパーを出す場合
Aがパー，B，Cがグーを出す場合

の3通りあります．

BがA，Cの2人に勝つ場合も3通り
CがA，Bの2人に勝つ場合も3通り

ですから，3人でじゃんけんを1回するとき，1人の勝者が決まる確率は

$$\frac{3\times3}{3^3}=\frac{1}{3}$$ ← 3人の手の出し方は3^3通りある

です．これは

だれが **どの手で** **勝つか**
↑ A，B，Cの3通り　↑ グー，チョキ，パーの3通り

を考えて，$\frac{3\times3}{3^3}=\frac{1}{3}$ と求まります．

3人でじゃんけんをして，2人の勝者が決まる確率も，上と同じように

だれとだれが **どの手で** **勝つか**
↑ AとB，BとC，AとCの3通り　↑ グー，チョキ，パーの3通り

と考えて，$\frac{3\times3}{3^3}=\frac{1}{3}$ となります．

解法のプロセス

じゃんけんをする．
⇩
だれが（だれとだれが）どの手で勝つか（負けるか）に注目して場合の数を調べる．
⇩
全員の手の出し方（グー，チョキ，パーのいずれを出すか）である$3^{人数}$で割る．

ちょうどn回目に1，2，3番の順位が確定する．
⇩
何回目かで1位あるいは3位が決まり，その後残った2人で2位，3位あるいは，1位，2位を決めるためにじゃんけんをして，ちょうどn回目に決着がつく．
⇩
1回じゃんけんをするとき
3人→3人，3人→2人，
2人→2人，2人→1人
となる確率を求める．
⇩
3人→2人になるのが，1回目のとき，2回目のとき，…，$n-1$回目のときについて確率を求める．

また，2 人でじゃんけんをして，1 人の勝者が決まる確率も

だれが　　**どの手で**　　**勝つか**
↑ 2通り　　↑ 3通り

と考えて，$\frac{2\times3}{3^2}=\frac{2}{3}$ です．

〈 解　答 〉

3 人で 1 回じゃんけんをするとき，
1 人が勝つ，2 人が勝つ，引き分ける

確率はすべて $\frac{1}{3}$ である．

← 引き分けは他の余事象

← $\frac{3\times3}{3^3}=\frac{1}{3}$，$\frac{3\times3}{3^3}=\frac{1}{3}$，$1-\left(\frac{1}{3}+\frac{1}{3}\right)=\frac{1}{3}$

また，2 人で 1 回じゃんけんをするとき，
1 人が勝つ，引き分ける

確率はそれぞれ $\frac{2}{3}$，$\frac{1}{3}$ である．

← $\frac{2\times3}{3^2}=\frac{2}{3}$，$1-\frac{2}{3}=\frac{1}{3}$

3 人でじゃんけんをして，ちょうど n 回目に 1，2，3 番の順位が決まるのは

3 人 → 3 人 →…→ 3 人 → 2 人 → 2 人 →…→ 2 人 → 1 人
（1 回目，2 回目，…，k 回目，…，n 回目）

← n 回目に 2 人 → 1 人

という場合である．($k=1$，2，3，…，$n-1$)

3 人 → 3 人の確率は $\frac{1}{3}$，3 人 → 2 人の確率は $\frac{2}{3}$

← 3 人 → 2 人は，1 人が勝つ場合と 2 人が勝つ場合

2 人 → 2 人の確率は $\frac{1}{3}$，2 人 → 1 人の確率は $\frac{2}{3}$

であるから，

1 回目に 3 人 → 2 人，n 回目に 2 人 → 1 人となる確率は $\frac{2}{3}\cdot\left(\frac{1}{3}\right)^{n-2}\cdot\frac{2}{3}$

2 回目に 3 人 → 2 人，n 回目に 2 人 → 1 人となる確率は $\frac{1}{3}\cdot\frac{2}{3}\cdot\left(\frac{1}{3}\right)^{n-3}\cdot\frac{2}{3}$

⋮

$n-1$ 回目に 3 人 → 2 人，n 回目に 2 人 → 1 人となる確率は $\left(\frac{1}{3}\right)^{n-2}\cdot\frac{2}{3}\cdot\frac{2}{3}$

これらはすべて $\frac{4}{3^n}$ であるから，$P(n)=\boldsymbol{\frac{4(n-1)}{3^n}}$

演習問題

83　4 人でじゃんけんを 1 回行うとき，次の(1)，(2)それぞれの場合について，その確率を求めよ．ただし，「あいこ」とは，全員が同じものを出すか，グー(石)，チョキ(はさみ)，パー(紙)すべてが出ることである．

(1)　1 人だけが勝つ　　(2)　あいこになる　　(城西大)

第6章

標問 84 反復試行の確率

A，B 2 人の子供がそれぞれ 1 枚の 10 円硬貨を 5 回ずつ投げた．

(1) AとBの表の出る回数が同じである確率を求めよ．

(2) AのほうがBより 2 回以上多く表の出る確率を求めよ．（神戸薬大）

精講

反復試行の確率

たとえば，さいころを 5 回投げるときを考えてみましょう．

このとき，2 以下の目（つまり 1 か 2）が 3 回出る確率を求めてみます．

さいころを 1 回投げたとき，

2 以下の目が出る確率は $\dfrac{1}{3}$

それ以外の目が出る確率は $\dfrac{2}{3}$

です．

5 回中どの 3 回に 2 以下の目が出るかを書いてみましょう．2 以下の目が出ることを○，それ以外の目が出ることを×と表して書いてみると，

○○○××，○○×○×，○○××○
○×○○×，○×○×○，○××○○
×○○○×，×○○×○，×○×○○
××○○○

となり，10 通りあります．

これは，5 か所から○を書く 3 か所の選び方ですから，${}_5C_3$ 通りと考えることもできます．

ところで，この 10 通りの確率はどれも

$$\left(\frac{1}{3}\right)^3\cdot\left(\frac{2}{3}\right)^2$$

ですから，5 回中 3 回 2 以下の目が出る確率は

$${}_5C_3\left(\frac{1}{3}\right)^3\cdot\left(\frac{2}{3}\right)^2$$

となります．

一般に，1 回の試行で事象 A が起こる確率を p とし，この試行を n 回行うとき，事象 A が r 回（$r=0,\ 1,\ 2,\ \cdots,\ n$）起こる確率は

${}_nC_rp^r(1-p)^{n-r}$ です．

← 反復試行の確率

解法のプロセス

(1) AとBの表の出る回数が同じ．

⇩

AもBも 0 回，
AもBも 1 回，
AもBも 2 回，
AもBも 3 回，
AもBも 4 回，
AもBも 5 回
の確率をそれぞれ求めて加える．

解法のプロセス

(2) AのほうがBより 2 回以上多く表を出す．

⇩

Aが 2 回でBが 0 回
Aが 3 回でBが 1 回以下
Aが 4 回でBが 2 回以下
Aが 5 回でBが 3 回以下
の確率をそれぞれ求めて加える．

〈 解答 〉

5回中 r 回 $(r=0,\ 1,\ 2,\ 3,\ 4,\ 5)$ 表が出る確率

は $\ {}_5\mathrm{C}_r\left(\dfrac{1}{2}\right)^r\left(\dfrac{1}{2}\right)^{5-r}=\dfrac{{}_5\mathrm{C}_r}{2^5}$

である.

← 硬貨を1回投げるとき，表，裏の出る確率はともに $\dfrac{1}{2}$

(1) 表を出す回数が A，B ともに r 回 $(r=0,\ 1,\ 2,\ 3,\ 4,\ 5)$ である確率は，

$$\frac{{}_5\mathrm{C}_r}{2^5}\times\frac{{}_5\mathrm{C}_r}{2^5}=\frac{({}_5\mathrm{C}_r)^2}{2^{10}} \quad \cdots\cdots①$$

である. ①で r が 0，1，2，3，4，5 の場合についてすべて加えて

$$\frac{({}_5\mathrm{C}_0)^2}{2^{10}}+\frac{({}_5\mathrm{C}_1)^2}{2^{10}}+\frac{({}_5\mathrm{C}_2)^2}{2^{10}}+\frac{({}_5\mathrm{C}_3)^2}{2^{10}}+\frac{({}_5\mathrm{C}_4)^2}{2^{10}}+\frac{({}_5\mathrm{C}_5)^2}{2^{10}}$$

$$=\frac{1}{2^{10}}+\frac{5^2}{2^{10}}+\frac{10^2}{2^{10}}+\frac{10^2}{2^{10}}+\frac{5^2}{2^{10}}+\frac{1}{2^{10}}$$

$$=\frac{252}{2^{10}}=\mathbf{\frac{63}{256}}$$

(2) 表を出す回数が

A が2回で B が0回，A が3回で B が0回か1回，

A が4回で B が2回以下，A が5回で B が3回以下

となる確率を加えて

← これらは排反

$$\frac{{}_5\mathrm{C}_2}{2^5}\times\frac{{}_5\mathrm{C}_0}{2^5}+\frac{{}_5\mathrm{C}_3}{2^5}\times\left(\frac{{}_5\mathrm{C}_0}{2^5}+\frac{{}_5\mathrm{C}_1}{2^5}\right)+\frac{{}_5\mathrm{C}_4}{2^5}\times\left(\frac{{}_5\mathrm{C}_0}{2^5}+\frac{{}_5\mathrm{C}_1}{2^5}+\frac{{}_5\mathrm{C}_2}{2^5}\right)$$
$$+\frac{{}_5\mathrm{C}_5}{2^5}\times\left(\frac{{}_5\mathrm{C}_0}{2^5}+\frac{{}_5\mathrm{C}_1}{2^5}+\frac{{}_5\mathrm{C}_2}{2^5}+\frac{{}_5\mathrm{C}_3}{2^5}\right)$$

$$=\frac{1}{2^{10}}\{10\cdot1+10(1+5)+5(1+5+10)+1(1+5+10+10)\}$$

$$=\mathbf{\frac{11}{64}}$$

演習問題

84 1つの面に数字1が，2つの面に数字2が，3つの面に数字3が書かれているさいころがある. このさいころの各面は等しい確率で出るとして，このさいころを3回投げたとき，

(1) 出た数の和が6となる確率を求めよ.

(2) 出た数の和が7となる確率を求めよ. (東北学院大〈改作〉)

標問 85 xy 平面上の点の移動

xy 平面上の原点に碁石を1つ置く．さいころを振り，1または2が出たら碁石を x 軸方向に1動かす．3または4が出たら碁石を x 軸方向に -1 動かす．5または6が出たら碁石を y 軸方向に1動かす．

(1) さいころを4回振ったとき，次の確率を求めよ．

(i) 碁石が原点にある．　(ii) 碁石が $(1,\ 1)$ にある．

(2) さいころを10回振ったとき，次の確率を求めよ．

(i) 碁石が原点にある．　(ii) 碁石が $(7,\ 3)$ にある．

(iii) 碁石が $(5,\ 1)$ にある．(iv) 碁石が直線 $y=x$ 上にある．　(上智大)

精講

碁石の動かし方は

x 軸方向に $+1$ 動かす……aとする
x 軸方向に -1 動かす……bとする
y 軸方向に $+1$ 動かす……cとする

の3種類しかありません．そして，これらの動かし方をする確率はそれぞれ $\dfrac{1}{3}$ です．

(1) 原点からの4回の移動後原点にあるのはどのような動かし方をしたときかを調べます．

具体的には，a，b，c の動かし方がそれぞれ何回か，に注目します．

4回の移動後，原点にあるのは，

a が2回，b が2回

のときです．

同様に，$(1,\ 1)$ にある場合についても調べます．

(2) (iv) 10回の移動のうち，**c の回数で最終地点の y 座標が決まります．**

そして **x 座標は (a の回数)−(b の回数)** です．

これら（x 座標と y 座標）が等しくなるような a，b，c の回数を調べあげます．

もちろんこれらの回数の和は10です．

解法のプロセス

(1) 4回移動する．
⇩
各回どのような動きが可能かを正確につかむ．
⇩
それぞれの動きが何回ずつ起こるかを調べる．
⇩
反復試行の確率を求める要領で確率を求める．

解法のプロセス

(2) 10回移動する．
⇩
それぞれの動きが何回ずつ起こるかを調べる．

〈解 答〉

各回の碁石の動かし方は，

x 軸方向に $+1$ 動かす　……a と表す
x 軸方向に -1 動かす　……b と表す
y 軸方向に $+1$ 動かす　……c と表す

のいずれかであり，これらの確率はそれぞれ $\frac{1}{3}$ である．

(1)　(i)　4 回の移動後原点にあるのは a が 2 回，b が 2 回のときであり，

その確率は ${}_4C_2\left(\frac{1}{3}\right)^2\left(\frac{1}{3}\right)^2=\mathbf{\frac{2}{27}}$

← 4 回のうち，どの 2 回が a なのかが ${}_4C_2$

(ii)　4 回の移動後 (1, 1) にあるのは a が 2 回，b が 1 回，c が 1 回のときであり，その確率は

$$\frac{4!}{2!1!1!}\left(\frac{1}{3}\right)^2\left(\frac{1}{3}\right)^1\left(\frac{1}{3}\right)^1=\mathbf{\frac{4}{27}}$$

← $\frac{4!}{2!1!1!}$ は，a 2 個，b 1 個，c 1 個の並べ方

(2)　(i)　10 回の移動後原点にあるのは a が 5 回，b が 5 回のときであり，

その確率は ${}_{10}C_5\left(\frac{1}{3}\right)^5\left(\frac{1}{3}\right)^5=\frac{28}{3^8}=\mathbf{\frac{28}{6561}}$

← ${}_{10}C_5$ は $\frac{10!}{5!5!}$ と考えてもよい

(ii)　(7, 3) にあるのは a が 7 回，c が 3 回のときであり，

その確率は ${}_{10}C_7\left(\frac{1}{3}\right)^7\left(\frac{1}{3}\right)^3=\frac{40}{3^9}=\mathbf{\frac{40}{19683}}$

← ${}_{10}C_7$ は $\frac{10!}{7!3!}$ と考えてもよい

(iii)　(5, 1) にあるのは a が 7 回，b が 2 回，c が 1 回のときであり，

その確率は $\frac{10!}{7!2!1!}\left(\frac{1}{3}\right)^7\left(\frac{1}{3}\right)^2\left(\frac{1}{3}\right)^1=\frac{40}{3^8}=\mathbf{\frac{40}{6561}}$

(iv)　直線 $y=x$ 上にあるのは (a の回数，b の回数，c の回数) が
(5, 5, 0), (5, 4, 1), (5, 3, 2), (5, 2, 3), (5, 1, 4), (5, 0, 5)
のときであり，その確率は

$$\frac{10!}{5!5!}\left(\frac{1}{3}\right)^{10}+\frac{10!}{5!4!1!}\left(\frac{1}{3}\right)^{10}+\frac{10!}{5!3!2!}\left(\frac{1}{3}\right)^{10}+\frac{10!}{5!2!3!}\left(\frac{1}{3}\right)^{10}+\frac{10!}{5!1!4!}\left(\frac{1}{3}\right)^{10}+\frac{10!}{5!5!}\left(\frac{1}{3}\right)^{10}$$

$$=\frac{9(28+140+280+280+140+28)}{3^{10}}=\mathbf{\frac{896}{6561}}$$

演習問題

85　座標平面上を毎秒 1 の速さで運動している点 P がある．点 P は 1 秒ごとに上下左右いずれかの方向に進み，上，下，左，右に移動する確率はそれぞれ $\frac{1}{10}$, $\frac{2}{10}$, $\frac{3}{10}$, $\frac{4}{10}$ であるとする．

時刻 0 のとき，P は原点 O(0, 0) にいるものとして，次の問いに答えよ．

(1)　2 秒後に P が (1, 1) にいる確率，および (1, −1) にいる確率を求めよ．
(2)　2 秒後に P が (0, 0) にいる確率を求めよ．
(3)　4 秒後に P が (1, 1) にいる確率を求めよ．　　(東北学院大)

標問 86 確率の最大値

図のような経路があったとき，A点，B点においては，さいころを投げて1の目が出たときは駒が矢印に沿って1つ進み，それ以外は同じ場所にとどまるとする．C点においては，さいころの目にかかわらず同じ場所にとどまるとする．さいころを投げて1の目が出る確率は $\frac{1}{6}$ である．さいころを n 回投げた結果として，駒がA点，B点，C点にある確率を A_n，B_n，C_n とする．

A ●→● B →● C

駒がA点にある状態から始めるとして，次の問いに答えよ．

(1) A_n を求めよ．　(2) $\frac{B_n}{A_n}$ を求めよ．　(3) C_n を求めよ．

(4) n を変化させたとき，B_n が最大となる n の値をすべて求めよ．

（豊橋技科大）

精講

(1) ずっとAから動かない確率です．

(2) B_n を求めれば解決です．

k 回目（$k=1, 2, \cdots, n$）に B に移動し，その後動かない確率を求めて $k=1, 2, \cdots, n$ について加えれば B_n が求まります．

(3) 直接的に求めることもできますが，$1-A_n-B_n$ で求まります．

(4) (2)で，$B_n=\frac{n}{6}\left(\frac{5}{6}\right)^{n-1}$ と求まっています．

そして，B_1，B_2，B_3，… の中で最大のものを見つけたいのですが，次のように考えていきます．

まず，**B_n と B_{n+1} の大小を比較**します．その際

$$B_n<B_{n+1} \iff \frac{B_{n+1}}{B_n}>1$$

$$B_n=B_{n+1} \iff \frac{B_{n+1}}{B_n}=1$$

$$B_n>B_{n+1} \iff \frac{B_{n+1}}{B_n}<1$$

であることを利用します．

$\frac{B_{n+1}}{B_n}$ が1より大きい n の範囲，1より小さい n の範囲を求めます．

解法のプロセス

(2) n 回後Bにいる．

⇩

何回目にAからBに移動したかで場合分けする．

(3) C_n を求める．

⇩

$A_n+B_n+C_n=1$

なので，

$C_n=1-A_n-B_n$

で求まる．

(4) B_n（$n=1$，2，…）の中で最大のものをさがす．

⇩

$\frac{B_{n+1}}{B_n}$ と1との大小を調べる．

〈 解答 〉

(1)　A_n は，さいころを n 回投げるとき，
n 回とも 1 以外の目が出る確率であり，

$$A_n=\left(\frac{5}{6}\right)^n$$

(2)　1 回目に B に進み，その後動かない確率は　$\frac{1}{6}\cdot\left(\frac{5}{6}\right)^{n-1}\ \left(=\frac{5^{n-1}}{6^n}\right)$

2 回目に B に進み，その後動かない確率は　$\frac{5}{6}\cdot\frac{1}{6}\cdot\left(\frac{5}{6}\right)^{n-2}\ \left(=\frac{5^{n-1}}{6^n}\right)$

3 回目に B に進み，その後動かない確率は　$\left(\frac{5}{6}\right)^2\cdot\frac{1}{6}\cdot\left(\frac{5}{6}\right)^{n-3}\ \left(=\frac{5^{n-1}}{6^n}\right)$

⋮

n 回目に B に進む確率は　$\left(\frac{5}{6}\right)^{n-1}\cdot\frac{1}{6}\ \left(=\frac{5^{n-1}}{6^n}\right)$

したがって，$B_n=n\cdot\frac{5^{n-1}}{6^n}$　　⬅ 上の各確率をすべて加える

よって，$\frac{B_n}{A_n}=\boldsymbol{\frac{n}{5}}$

(3)　n 回後 C にいるということは，A にも B にもいないことであるから，

$$C_n=1-A_n-B_n=\boldsymbol{1-\left(\frac{5}{6}\right)^n-n\cdot\frac{5^{n-1}}{6^n}}$$

(4)　$\frac{B_{n+1}}{B_n}=\frac{(n+1)\frac{5^n}{6^{n+1}}}{n\cdot\frac{5^{n-1}}{6^n}}=\frac{5(n+1)}{6n}$　　⬅ (2)より $B_n=n\cdot\frac{5^{n-1}}{6^n}$，$B_{n+1}=(n+1)\frac{5^n}{6^{n+1}}$

であるから，$\frac{B_{n+1}}{B_n}\gtrless 1 \iff \frac{5(n+1)}{6n}\gtrless 1 \iff 5\gtrless n$

したがって，$B_n<B_{n+1} \iff n<5$，
$B_n>B_{n+1} \iff 5<n$，
$B_5=B_6$　　⬅ $n=5$ のとき $\frac{B_{n+1}}{B_n}=1$

よって，$B_1<B_2<B_3<B_4<B_5=B_6>B_7>B_8>\cdots$
ゆえに，B_n が最大となる n は **5**，**6** である．

演習問題

86　袋の中に白球 10 個，黒球 60 個が入っている．この袋の中から 1 球ずつ取り出した球をもとに戻しながら 40 回取り出すとき，白球が何回取り出される確率がもっとも大きいか．
（群馬大〈改作〉）

標問 87 条件つき確率 (1)

30本のくじの中に当たりくじが5本ある．このくじをA，B，Cの3人がこの順に，1本ずつ1回だけ引くとき，次の確率を求めよ．ただし，引いたくじはもとに戻さないものとする．

(1) A，B，Cの3人とも当たる確率

(2) A，B，Cのうち少なくとも1人が当たる確率

(3) A，B，Cのうち2人以上が当たる確率 (鳥取大)

精講 条件つき確率

事象Eが起こったときに，事象Fが起こる確率を，事象Eが起こったときの事象Fが起こる条件つき確率といい，

$$\boldsymbol{P_E(F)}$$

という記号で表します．

右のような図で考えてみましょう．

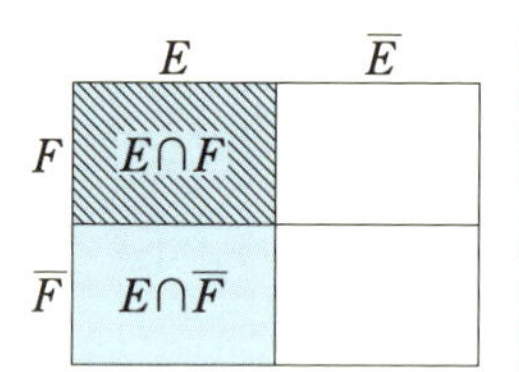

事象Eが起こったときについて考えるので，事象Eが起こらない (つまり$\overline{E}$) 部分は無視して考えます．

すなわち，**図の青い網のかかった部分を全体として**考えるわけです．このときに，Fが起こるのは斜線部分ですから

$$P_E(F)=\frac{n(E\cap F)}{n(E)}$$

であり，右辺の分母・分子を$n(U)$で割って

$$\boldsymbol{P_E(F)=\frac{P(E\cap F)}{P(E)}}$$

となります．そして，この式の両辺に$P(E)$をかけることによって，

$$\boldsymbol{P(E\cap F)=P(E)\cdot P_E(F)}$$

という等式が得られます．

つまり，$E\cap F$の確率を求めるには，

Eが起こる確率と

Eが起こったときFが起こる条件つき確率

解法のプロセス

(1) AもBも当たる確率

⇩

(Aが当たる確率)

×(Aが当たったときにBが当たる確率)

AもBもCも当たる確率

⇩

(AもBも当たる確率)

×(AもBも当たったときにCが当たる確率)

⬅ $P_E(F)=\dfrac{n(E\cap F)}{n(E)}=\dfrac{\dfrac{n(E\cap F)}{n(U)}}{\dfrac{n(E)}{n(U)}}=\dfrac{P(E\cap F)}{P(E)}$

をかければよいわけです．

(1)で具体的に話してみましょう．

Aが当たりくじを引くという事象を　A，
Bが当たりくじを引くという事象を　B，
Cが当たりくじを引くという事象を　C

と表しておきます．

まず $P(A\cap B)$ を求めてみます．

$$\boldsymbol{P(A\cap B)=P(A)\times P_A(B)} \quad \cdots\cdots①$$

を利用します．

Aは，当たりくじ 5 本を含む 30 本のくじから引くので，A が当たる確率 $P(A)$ は，

$$P(A)=\frac{5}{30}$$

です．

そして，$P_A(B)$ は，

Aが当たりくじを引いたという条件のもとで
Bが当たりくじを引く確率

です．

Bがくじを引くとき，既にAがくじを引いているので，くじは 1 本減って 29 本しかなく，その中の当たりくじも 1 本減って 4 本しかありません．

ですから，B は，

4 本の当たりくじを含む 29 本のくじ

から引くことになります．

したがって，A が当たりくじを引いたとき B が当たりくじを引く確率 $P_A(B)$ は，

$$\boldsymbol{P_A(B)=\frac{4}{29}}$$

です．

あとは，①を利用して $P(A\cap B)$ が求まります．

さらに $P(A\cap B\cap C)$ は，

$$\boldsymbol{P(A\cap B\cap C)=P(A\cap B)\times P_{A\cap B}(C)} \cdots ②$$

を利用して求めます．

$P_{A\cap B}(C)$ は，

AもBも当たりくじを引いたという条件のもとでCが当たりくじを引く確率

です．

Cがくじを引くとき，既にAもBもくじを引き，

解法のプロセス

(2)　少なくとも 1 人が当たる確率
⇩
3 人ともはずれる確率を求めて 1 からひく．

解法のプロセス

(3)　2 人以上が当たる．
⇩
1 人目(A)，2 人目(B)，3 人目(C)の当たりはずれについて，どのような場合があるか考えてみる．

しかも両者共に当たりくじを引いたので，C は

3 本の当たりくじを含む 28 本のくじ

から引くことになります．ですから，

$$P_{A\cap B}(C)=\frac{3}{28}$$

となり，あとは②を利用すれば $P(A\cap B\cap C)$ が求まります．

〈 解 答 〉

(1) 3 人とも当たる確率は，

$$\frac{5}{30}\times\frac{4}{29}\times\frac{3}{28}=\frac{1}{406}$$

← $P(A\cap B\cap C)=P(A)\cdot P_A(B)\cdot P_{A\cap B}(C)$

(2) 3 人ともはずれる確率は，

$$\frac{25}{30}\times\frac{24}{29}\times\frac{23}{28}=\frac{115}{203}$$

したがって，少なくとも 1 人が当たる確率は，

$$1-\frac{115}{203}=\frac{88}{203}$$

← $1-P(\overline{A}\cap\overline{B}\cap\overline{C})$

(3) A，B，C のうち，2 人以上が当たるのは，

(i) A，B が当たる場合

(ii) A が当たり，B がはずれ，C が当たる場合

(iii) A がはずれ，B が当たり，C が当たる場合

がある．

← A，B が当たるとき，この時点で 2 人が当たっているので，C の当たりはずれはどうでもよい

(i)の確率は，$\frac{5}{30}\times\frac{4}{29}$

(ii)の確率は，$\frac{5}{30}\times\frac{25}{29}\times\frac{4}{28}$

(iii)の確率は，$\frac{25}{30}\times\frac{5}{29}\times\frac{4}{28}$

したがって，2 人以上が当たる確率は，

$$\frac{5}{30}\times\frac{4}{29}+\frac{5}{30}\times\frac{25}{29}\times\frac{4}{28}+\frac{25}{30}\times\frac{5}{29}\times\frac{4}{28}=\frac{13}{203}$$

← (i)，(ii)，(iii)のどの 2 つの場合も同時に起こることはない

演習問題

87 赤球が 3 個，白球が 7 個入っている袋から，球を戻さずに 1 球ずつ取り出す．ただし，赤球が取り出されたら終了するものとし，k 回目（$k=1$，2，3，4，5）で終了する確率を a_k とする．

(1) a_2，a_3 を求めよ．

(2) a_k ($k=1$，2，3，4，5) を最大にする k を求めよ． （東京薬大〈改作〉）

標問 88 条件つき確率(2)

2つの袋A，Bがある．どちらの袋にも赤玉2個と白玉3個が入っている．

(1) Aから1個，Bから2個の玉を取り出すとき，取り出される合計3個の玉について，次の事象の確率を求めよ．

(ア) 3個とも赤玉　(イ) 1個が赤玉，2個が白玉

(2) Aから2個を取り出してBに入れ，よくかき混ぜてから，Bから2個取り出す．Bから取り出される2個の玉について，次の事象の確率を求めよ．

(ウ) 2個とも白玉　(エ) 2個の玉の色が異なる

(オ) 少なくとも1個が赤玉　(兵庫医大)

精講

(1) (ア) 3個とも赤玉ということは，

Aから出す1個の玉が赤玉

Bから出す2個の玉がともに赤玉

ということです．

(イ) 1個が赤玉，2個が白玉ということは，

Aから赤玉，Bから白玉2個

出す場合と，

Aから白玉，Bから赤玉，白玉を1個ずつ

出す場合があります．

(2) AからBに移す2個の玉が

(i) **2個とも赤玉の場合**

(ii) **赤玉，白玉が1個ずつの場合**

(iii) **2個とも白玉の場合**

があります．それぞれの場合についてていねいに調べていかなくてはいけません．

たとえば，

Aから2個の白玉を取り出し，それをBに入れ，Bから取り出した2個の玉が2個とも白玉である確率（pとする）

を求めてみましょう．

Aから2個の白玉を取り出す確率は，

Aから2個の玉を取り出す方法が${}_5C_2$通り，3個の白玉から2個の白玉を取り出す方法が${}_3C_2$通りあるので，$\dfrac{{}_3C_2}{{}_5C_2}$です．

解法のプロセス

袋から玉を取り出すときの確率を求める．

⇩

玉は区別できるものと考えて処理する．

(1) (イ) 赤玉1個，白玉2個

⇩

Aから出す1個の玉の色は？
Bから出す2個の玉の色は？
と考えて場合分けする．

(2) Aから2個の玉を取り出しそれをBに入れる．

⇩

Aから取り出す2個の玉の色によって，Bの中の赤玉，白玉の構成がちがってくる．

⇩

Aから取り出す2個の玉が，2個とも赤玉の場合，赤玉，白玉1個ずつの場合，2個とも白玉の場合に分ける．

⇩

これらは排反なのでそれぞれの確率の和を求める．

次に，**A から 2 個の白玉を取り出したとき，B から白玉 2 個を取り出す**確率について考えます．
Bの袋から 2 個の玉を取り出すときには袋の中に

赤玉が 2 個，白玉が 5 個

入っていることに注意しましょう．

この中から 2 個の玉を取り出すとき，白玉 2 個を取り出す確率は $\dfrac{{}_5C_2}{{}_7C_2}$ です．

ですから，p は $\boldsymbol{p=\dfrac{{}_3C_2}{{}_5C_2}\times\dfrac{{}_5C_2}{{}_7C_2}}$ となります．

〈 解 答 〉

(1) (ア) A から赤玉を 1 個，B から赤玉を 2 個取り出す確率であり，

$$\frac{{}_2C_1}{{}_5C_1}\times\frac{{}_2C_2}{{}_5C_2}=\boldsymbol{\frac{1}{25}}$$

⬅ $\dfrac{2}{5}\cdot\dfrac{1}{10}=\dfrac{1}{25}$

(イ) A から赤玉 1 個，B から白玉 2 個取り出す確率と，A から白玉 1 個，B から赤玉，白玉 1 個ずつ取り出す確率を加えて

$$\frac{{}_2C_1}{{}_5C_1}\times\frac{{}_3C_2}{{}_5C_2}+\frac{{}_3C_1}{{}_5C_1}\times\frac{{}_2C_1\cdot{}_3C_1}{{}_5C_2}=\boldsymbol{\frac{12}{25}}$$

(2) (ウ) A から 2 個の赤玉を取り出した場合，赤玉，白玉 1 個ずつ取り出した場合，2 個の白玉を取り出した場合に分けて求めると，

$$\frac{{}_2C_2}{{}_5C_2}\times\frac{{}_3C_2}{{}_7C_2}+\frac{{}_2C_1\cdot{}_3C_1}{{}_5C_2}\times\frac{{}_4C_2}{{}_7C_2}+\frac{{}_3C_2}{{}_5C_2}\times\frac{{}_5C_2}{{}_7C_2}=\boldsymbol{\frac{23}{70}}$$

Bには赤玉 4 個白玉 3 個　Bには赤玉 3 個白玉 4 個　Bには赤玉 2 個白玉 5 個

(エ) (ウ)と同じようにして

$$\frac{{}_2C_2}{{}_5C_2}\times\frac{{}_4C_1\cdot{}_3C_1}{{}_7C_2}+\frac{{}_2C_1\cdot{}_3C_1}{{}_5C_2}\times\frac{{}_3C_1\cdot{}_4C_1}{{}_7C_2}+\frac{{}_3C_2}{{}_5C_2}\times\frac{{}_2C_1\cdot{}_5C_1}{{}_7C_2}=\boldsymbol{\frac{19}{35}}$$

(オ) (ウ)の余事象の確率であるから，

$$1-\frac{23}{70}=\boldsymbol{\frac{47}{70}}$$

⬅「少なくとも」は余事象を考えるとラクなことが多い

演習問題

(88) Aの袋には白球 4 個，黒球 3 個，Bの袋には白球 3 個，黒球 4 個が入っている．Aの袋から無作為に 3 個の球を取り出してBの袋に入れよくかき混ぜてから，Bの袋から 2 個の球を取り出すとき，それらが白と黒である確率を求めよ．

(日本女大)

標問 89 条件つき確率(3)

6月のある日，A，Bの両市を受けもつセールスマンS氏は，それぞれ確率 $P(A)=0.6$, $P(B)=0.4$ で，いずれかの市に滞在している．一方，S氏が滞在しているときA市，B市で雨の降る確率は，それぞれ

$P_A(C)=0.5$, $P_B(C)=0.4$ である．

(1) S氏が雨にあう確率 $P(C)$ を求めよ．

(2) 雨が降っていたときS氏がA市に滞在している確率 $P_C(A)$ を求めよ．

（広島修道大）

精講

(2)の $P_C(A)$ は

$$\frac{P(A\cap C)}{P(C)}$$

を計算することによって求めます．

そして，$P(A\cap C)$ は，$P(A)\cdot P_A(C)$ という計算によって求めることができます．

解法のプロセス

(2) $P_C(A)$ を求める．

⇩

$$P_C(A)=\frac{P(A\cap C)}{P(C)}$$

〈解 答〉

(1) $P(C)=P(A\cap C)+P(B\cap C)$

$=P(A)\cdot P_A(C)+P(B)\cdot P_B(C)$

$=0.6\cdot 0.5+0.4\cdot 0.4$ ← $P(A)$, $P_A(C)$, $P(B)$, $P_B(C)$ の値を代入

$=\mathbf{0.46}\left(=\dfrac{\mathbf{23}}{\mathbf{50}}\right)$

(2) $P_C(A)=\dfrac{P(A\cap C)}{P(C)}=\dfrac{P(A)\cdot P_A(C)}{P(C)}$ ← 条件つき確率

$=\dfrac{0.6\cdot 0.5}{0.46}=\dfrac{\mathbf{15}}{\mathbf{23}}$ ← $P(A)$, $P_A(C)$, $P(C)$ の値を代入

演習問題

89 事象 A, B およびそれらの余事象 $\overline{A}$, $\overline{B}$ に関する確率について，

$$P(A)=\frac{1}{2},\ P(B)=\frac{2}{3},\ P(A\cap\overline{B})+P(\overline{A}\cap B)=\frac{1}{4}$$

となっているとき，次の確率を既約分数で表せ．ただし，記号 $P_E(F)$ は事象 E が起こったという条件のもとで事象 F が起こる条件つき確率を表す．

(1) $P_B(A)$　　(2) $P_{\overline{A}}(B)$

（東京理大）

標問 90 期待値

1, 2, 3のいずれかの番号の書かれたカードが何枚かある．1, 2, 3それぞれの番号のカードを1枚ずつ箱に入れる．この中から1枚のカードを取り出し，取り出したカードと同じ番号のカードをその番号と同じ数だけ箱の中に入れる．このようにしてから，次に，箱の中から2枚のカードを取り出す．取り出した2枚のカードの番号の差をXとするとき，次の問いに答えよ．

(1) $X=0$ となる確率を求めよ．

(2) $X=2$ となる確率を求めよ．

(3) Xの期待値（平均値）を求めよ． （千葉大）

精講

期待値

ある試行において，**Xのとり得る値が**

$$\boldsymbol{x_1,\ x_2,\ x_3,\ \cdots,\ x_n}$$

だとします．

そして，**Xがこれらの値をとる確率をそれぞれ**

$$\boldsymbol{p_1,\ p_2,\ p_3,\ \cdots,\ p_n}$$

とします．このとき，

$$\boldsymbol{x_1p_1+x_2p_2+x_3p_3+\cdots+x_np_n}$$

のことを，**Xの期待値**と呼びます．

そして，Xの期待値を$E(X)$と表すことがあります．

この問題では，Xのとり得る値は0, 1, 2です．

そして $X=0$ となる確率，$X=2$ となる確率は(1)と(2)で求めます．

また，(3)では，$X=1$ となる確率も求める必要がありますが，これは，Xが0でも2でもない確率ですから， 1－((1)の確率)－((2)の確率)
で求まります．

解法のプロセス

(1) $X=0$ となる確率を求めたい．

⇩

最初にどの番号のカードを取り出すかで，2回目に取り出すときの箱の中のカードが異なる．

⇩

最初に取り出すカードの種類で場合分けする．

⇩

それぞれの場合について，2回目に取り出すときの箱の中に，カードがそれぞれ何枚ずつあるかを正確につかむ．

(3) Xの期待値を求める．

⇩

$X=0$, 1, 2となる確率を求める．

解 答

(1) (i) 最初に1のカードを取り出したとき　← 場合分け

2回目に取り出すときには箱の中には

1のカードが1枚，2のカードが1枚，3のカードが1枚

入っている．　← 箱の中のカードは3枚

(ii) 最初に2のカードを取り出したとき

2回目に取り出すときには箱の中には

1のカードが1枚，2のカードが2枚，3のカードが1枚

入っている． ⬅ 箱の中のカードは4枚

(iii) 最初に3のカードを取り出したとき

2回目に取り出すときには箱の中には

1のカードが1枚，2のカードが1枚，3のカードが3枚

入っている． ⬅ 箱の中のカードは5枚

したがって，$X=0$ となるのは，

最初に2のカードを取り出し，次に2のカードを2枚取り出す場合，

最初に3のカードを取り出し，次に3のカードを2枚取り出す場合

がある．よって，

$$P(X=0)=\frac{1}{3}\cdot\frac{{}_2C_2}{{}_4C_2}+\frac{1}{3}\cdot\frac{{}_3C_2}{{}_5C_2}=\boldsymbol{\frac{7}{45}}$$

⬅ 最初に1，2，3の番号のカードを取り出す確率はいずれも $\frac{1}{3}$

(2) $X=2$ となるのは，

最初に1のカードを取り出し，2回目に1と3のカードを取り出す場合，

最初に2のカードを取り出し，2回目に1と3のカードを取り出す場合，

最初に3のカードを取り出し，2回目に1と3のカードを取り出す場合

がある．よって，

$$P(X=2)=\frac{1}{3}\cdot\frac{1\cdot1}{{}_3C_2}+\frac{1}{3}\cdot\frac{1\cdot1}{{}_4C_2}+\frac{1}{3}\cdot\frac{1\cdot{}_3C_1}{{}_5C_2}=\boldsymbol{\frac{4}{15}}$$

(3) $P(X=1)=1-P(X=0)-P(X=2)$ であるから， ⬅ 余事象の確率

$$P(X=1)=1-\frac{7}{45}-\frac{4}{15}=\frac{26}{45}$$

⬅ $P(X=0)=\frac{7}{45}$，$P(X=2)=\frac{4}{15}$

したがって，Xの期待値 $E(X)$ は

$$E(X)=0\cdot P(X=0)+1\cdot P(X=1)+2\cdot P(X=2)$$
$$=0\cdot\frac{7}{45}+1\cdot\frac{26}{45}+2\cdot\frac{4}{15}=\boldsymbol{\frac{10}{9}}$$

演習問題

90 箱Aには白球2個と赤球4個，箱Bには白球3個と赤球3個，箱Cには白球4個と赤球2個が入っている．さいころを投げて，1または2の目が出たら箱Aから，3または4の目が出たら箱Bから，5または6の目が出たら箱Cから，2個の球を取り出す．

(1) 取り出された球が2個とも白球である確率を求めよ．

(2) 取り出された球のうち白球の個数をxとする．xの期待値を求めよ．

（東北学院大）

第6章

第7章 論 理

標問 91 必要条件・十分条件

a, b を有理数とする．次の命題(1), (2)はそれぞれ「$a+b$ が整数である」ための「必要条件であるが，十分条件でない」，「十分条件であるが，必要条件でない」，「必要十分条件である」，「必要条件でも十分条件でもない」のいずれであるかを述べ証明せよ．

(1) 「a, b はともに整数である」

(2) (1)または「a, b はいずれも整数ではない」 (山口大)

精講

必要条件・十分条件

2つの条件 p, q に対して

$p \Longrightarrow q$ が真であるとき，

p は q であるための十分条件である，

q は p であるための必要条件である

といいます．

つまり，

矢印が出ていく方を十分条件

矢印が向かってくる方を必要条件

といいます．

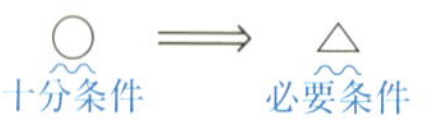

たとえば，p を $x=2$, q を $x^2=4$ とすると，

$p \Longrightarrow q$ は真なので

p は q であるための十分条件である

といえますが，

$q \Longrightarrow p$ は偽なので

p は q であるための必要条件でない

となります．

したがって，この例では，

p $(x=2)$ は q $(x^2=4)$ であるための

十分条件であるが必要条件でない

ということです．

なお，q $(x^2=4) \Longrightarrow p$ $(x=2)$ が偽である

解法のプロセス

(1) 必要条件か十分条件か．

⇩

「a, b はともに整数である」

と

「$a+b$ が整数である」のどちらからどちらに矢印が向くかを調べる．

解法のプロセス

$p \Longrightarrow q$ が偽であることの証明．

⇩

反例を1つあげる．

← $x^2=4$ であっても，$x=2$ とは限らない ($x=-2$ の場合もある)

ことを証明するには，成り立たない例，すなわち，
「$x^2=4$ を満たすが $x=2$ を満たさない」
ような例を1つあげればよいのです．

← 反例：$x=-2$

このような例のことを**反例**と呼びます．
また，
$x=0 \Longrightarrow x^2=0$ は真
$x^2=0 \Longrightarrow x=0$ も真
です．したがって，$x=0$ は $x^2=0$ であるための十分条件であり，必要条件でもあります．このようなとき，
$x=0$ は $x^2=0$ であるための**必要十分条件**である
といい，
$x=0 \Longleftrightarrow x^2=0$
と表します．
また，このとき，
$x=0$ と $x^2=0$ は**同値**である
ということもあります．

〈 解答 〉

(1) 有理数 a，b に対して，p と q を
p：$a+b$ が整数である
q：a，b はともに整数である
とする．
$p \underset{\Longleftarrow}{\not\Longrightarrow} q$ なので，q は p であるための
十分条件であるが，必要条件でない

← q は…と問われていることに注意する

($p \not\Longrightarrow q$ の証明)
$a=\dfrac{1}{2}$，$b=\dfrac{3}{2}$ のとき，$a+b=2$ となり，$a+b$ は整数であるが，a，b は整数でない．

← 反例：$a=\dfrac{1}{2}$，$b=\dfrac{3}{2}$

よって，$a=\dfrac{1}{2}$，$b=\dfrac{3}{2}$ は p を満たすが q は満たさないので，「$p \Longrightarrow q$」は偽である．

($q \Longrightarrow p$ の証明)
(整数)+(整数) は (整数) である．
よって，a，b がともに整数のとき $a+b$ は整数であり，「$q \Longrightarrow p$」は真である．

(2) r：「a，b はともに整数である」または「a，b はいずれも整数ではない」とする．

$p \overset{\Longrightarrow}{\not\Longleftarrow} r$ なので，r は p であるための

必要条件であるが，十分条件でない

($p \Longrightarrow r$ の証明)

$a+b$ が整数であるとき，

a が整数なら $b\ (=(a+b)-a)$ も整数であり，

a が整数でなければ $b\ (=(a+b)-a)$ も整数でない

つまり

「a，b はともに整数である」または

「a，b はいずれも整数ではない」

よって，「$p \Longrightarrow r$」は真である．

⬅ $(a+b)-a$
=(整数)−(整数)=(整数)

⬅ $(a+b)-a$
=(整数)−(整数でない)
=(整数でない)

($r \not\Longrightarrow p$ の証明)

$a=\dfrac{1}{2}$，$b=\dfrac{1}{3}$ のとき，「a，b はいずれも整数ではない」ので，r を満たす．

しかし，このとき，$a+b=\dfrac{5}{6}$ であり，$a+b$ は整数ではないので，p を満たさない．

よって，$a=\dfrac{1}{2}$，$b=\dfrac{1}{3}$ は r を満たすが p を満たさないので，「$r \Longrightarrow p$」は偽である．

⬅ 反例：$a=\dfrac{1}{2}$，$b=\dfrac{1}{3}$

演習問題

91 x，y，z を実数とするとき，次の空欄にあてはまるものを(ア)〜(エ)から1つずつ選べ．

(1) $xyz=0$ は $xy=0$ であるための□

(2) $x+y+z=0$ は $x+y=0$ であるための□

(3) $x(y^2+1)=0$ は $x=0$ であるための□

(ア) 必要条件であるが十分条件でない．

(イ) 十分条件であるが必要条件でない．

(ウ) 必要十分条件である．

(エ) 必要条件でも十分条件でもない．

(摂南大)

標問 92 命題の真偽と集合

x, y は実数とする．次の空欄にあてはまるものを(ア)～(エ)から１つずつ選べ．

(1) $x^2>16$ は，$x>6$ であるための□．（駒澤大）

(2) $x^2+y^2=1$ は，「$x\leqq 1$ かつ $y\leqq 1$」であるための□．（北見工大）

(ア) 必要条件であるが十分条件でない

(イ) 十分条件であるが必要条件でない

(ウ) 必要十分条件である

(エ) 必要条件でも十分条件でもない

精講 たとえば，２つの条件

$p:1<x<2$

$q:0<x<3$

について考えることにします．

このとき，

命題 $p\Longrightarrow q$ は真

です．

ところで，p，q を満たす x の集合をそれぞれ P，Q とすると，

$P=\{x|1<x<2\}$，

$Q=\{x|0<x<3\}$

です．

これを数直線上に表してみると右のようになり，

$\boldsymbol{P\subset Q}$

であることがわかると思います．

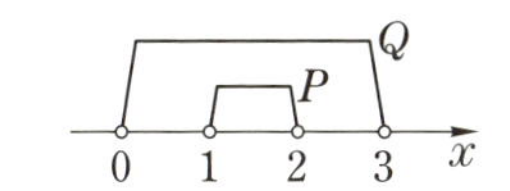

このように，

集合の包含関係を利用して命題の真偽を判断する

のも１つの方法です．

解法のプロセス

$x^2>16$ を満たす x の範囲，$x>6$ を満たす x の範囲を図示して，包含関係を調べてみる．

〈 解 答 〉

(1) $x^2>16$ を満たす x の範囲は,

$x<-4$, $4<x$

である.

$P=\{x|x<-4, 4<x\}$,

$Q=\{x|x>6\}$

とおくと

$P\supset Q$, $P\not\subset Q$

が成り立つので

「$x^2>16$」$\underset{\Longleftarrow}{\not\Longrightarrow}$「$x>6$」

したがって,

$x^2>16$ は $x>6$ であるための必要条件だが十分条件でない. ……(ア)

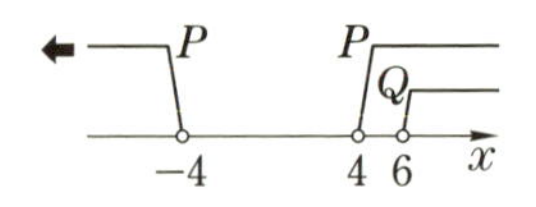

(2) $P=\{(x, y)|x^2+y^2=1\}$

$Q=\{(x, y)|x\leqq 1$ かつ $y\leqq 1\}$

とおくと,

$P\subset Q$, $P\not\supset Q$

が成り立つので,

「$x^2+y^2=1$」$\underset{\not\Longleftarrow}{\Longrightarrow}$「$x\leqq 1$ かつ $y\leqq 1$」

したがって,

$x^2+y^2=1$ は,「$x\leqq 1$ かつ $y\leqq 1$」であるための十分条件だが必要条件でない. ……(イ)

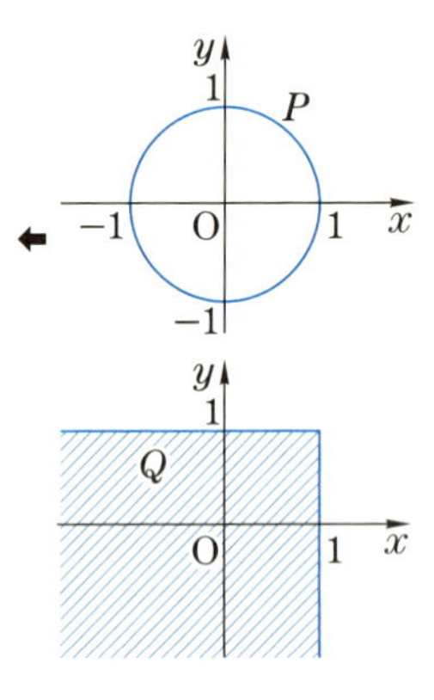

演習問題

92 x, y を実数とする. 次の空欄にあてはまるものを(ア)〜(エ)から1つずつ選べ.

(1) $x^2+y^2\leqq 1$ は $x+y\leqq\sqrt{3}$ であるための $\square$. (桃山学院大)

(2) $x^2+y^2<2$ は $|x|+|y|<3$ であるための $\square$. (上智大)

(ア) 必要条件であるが十分条件でない

(イ) 十分条件であるが必要条件でない

(ウ) 必要十分条件である

(エ) 必要条件でも十分条件でもない

標問 93 逆・裏・対偶

条件 (ア)〜(シ) を次のようにおく．ただし，a，b は実数とする．

(ア) $a=0$ かつ $b=0$　　(イ) $a=0$ かつ $b\neq0$

(ウ) $a\neq0$ かつ $b=0$　　(エ) $a\neq0$ かつ $b\neq0$

(オ) $a=0$ または $b=0$　　(カ) $a=0$ または $b\neq0$

(キ) $a\neq0$ または $b=0$　　(ク) $a\neq0$ または $b\neq0$

(ケ) すべての実数 x について $ax+b=0$

(コ) すべての実数 x について $ax+b\neq0$

(サ) ある実数 x について $ax+b=0$

(シ) ある実数 x について $ax+b\neq0$

このとき，□ にあてはまる語句を上の (ア)〜(シ) から選べ．

命題

「$a=0$ かつ $b=0$ ならば，すべての実数 x について $ax+b=0$ である」

の逆は

「□ ならば，□ である」

であり，対偶は

「□ ならば，□ である」

である．　　　　(山口大)

精講　**条件の否定**

p を条件とするとき，「p でない」を

p の否定

といい，$\overline{p}$ と表します．

条件 p，q に対して，

「p かつ q」の否定 $\overline{p\text{ かつ }q}$ は
「$\overline{p}$ または $\overline{q}$」

「p または q」の否定 $\overline{p\text{ または }q}$ は
「$\overline{p}$ かつ $\overline{q}$」

となります．このことは，

全体集合を U，
p を満たすもの全体の集合を P，
q を満たすもの全体の集合を Q

解法のプロセス

命題 $p\Longrightarrow q$ の逆
⇩
$q\Longrightarrow p$

解法のプロセス

命題 $p\Longrightarrow q$ の対偶
⇩
$\overline{q}\Longrightarrow\overline{p}$

として，

$$\overline{P\cap Q}=\overline{P}\cup\overline{Q},\ \overline{P\cup Q}=\overline{P}\cap\overline{Q}$$

と表せます．

$\overline{P\cap Q}=\overline{P}\cup\overline{Q}$ であることは，次の図からもわかります．

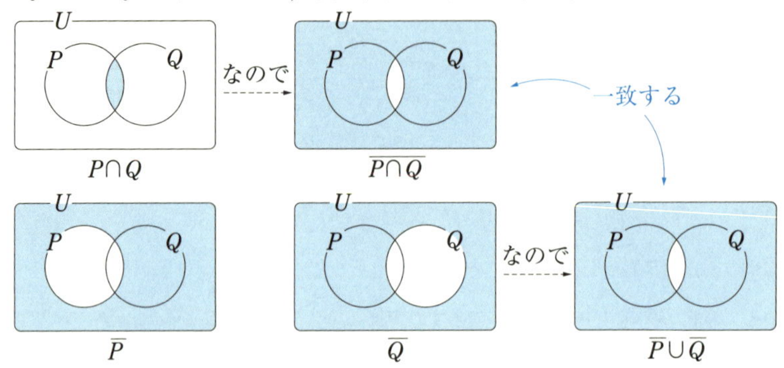

$\overline{P\cup Q}=\overline{P}\cap\overline{Q}$ であることは，次の図からもわかります．

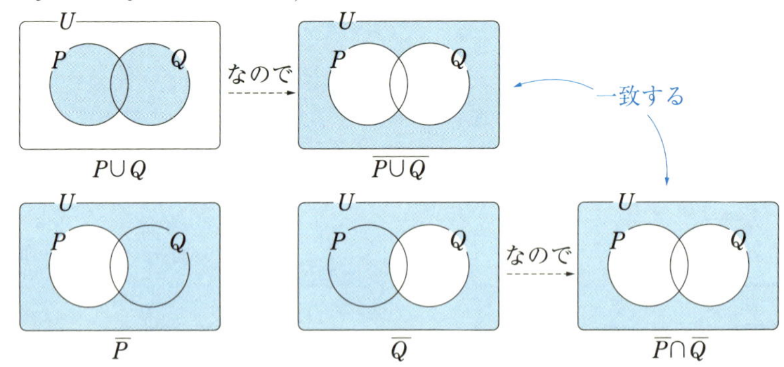

また，x を含む条件 $P(x)$ に対して，

「すべての x に対して $P(x)$」の否定は
「ある x に対して $\overline{P(x)}$」

「ある x に対して $P(x)$」の否定は
「すべての x に対して $\overline{P(x)}$」

となります．

← たとえば，「全員がめがねをかけている」の否定は，「めがねをかけていない人がいる」であり，「めがねをかけている人がいる」の否定は，「全員がめがねをかけていない」になる

解法のプロセス

“すべて”，“ある” の否定
⇩
“すべて” の否定は “ある”
“ある” の否定は “すべて”

逆・裏・対偶

命題 $p\Longrightarrow q$ に対して

「$q\Longrightarrow p$」を「$p\Longrightarrow q$」の**逆**
「$\overline{p}\Longrightarrow\overline{q}$」を「$p\Longrightarrow q$」の**裏**
「$\overline{q}\Longrightarrow\overline{p}$」を「$p\Longrightarrow q$」の**対偶**

といいます.

なお,

「$q \Longrightarrow p$」の逆は「$p \Longrightarrow q$」
「$q \Longrightarrow p$」の裏は「$\overline{q} \Longrightarrow \overline{p}$」
「$q \Longrightarrow p$」の対偶は「$\overline{p} \Longrightarrow \overline{q}$」

です.

「$p \Longrightarrow q$」とその逆, 裏, 対偶は, 互いに次のような関係にあります.

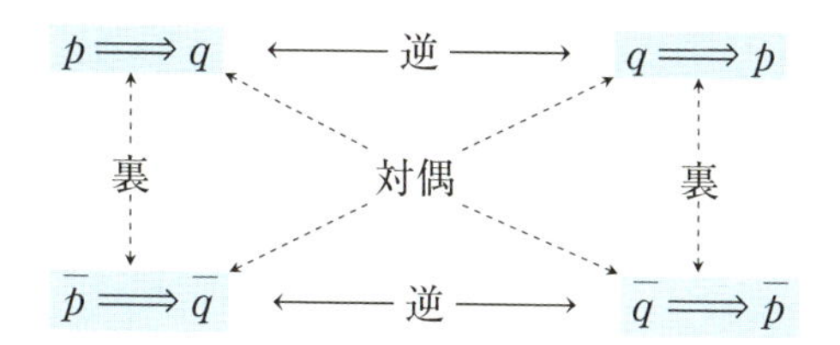

〈 解　答 〉

命題

「$a=0$ かつ $b=0$ ならば, すべての実数 x について $ax+b=0$ である」　← 命題：$p \Longrightarrow q$

について

逆は,

「すべての実数 x について $ax+b=0$ であるならば, $a=0$ かつ $b=0$ である」　← 逆：$q \Longrightarrow p$

つまり, 「(ケ) ならば, (ア) である」

また, 対偶は,

「ある実数 x について $ax+b \neq 0$ であるならば, $a \neq 0$ または $b \neq 0$ である」　← 対偶：$\overline{q} \Longrightarrow \overline{p}$

つまり, 「(シ) ならば, (ク) である」

演習問題

93 実数 x についての命題

「$x^2-x-2<0$ ならば $0<x<1$ である」……①

がある.

(1) 命題 ① の逆, 裏, 対偶を述べよ.

(2) 命題 ①, およびその逆, 裏, 対偶の真偽を述べよ.　(名古屋経済大)

第7章

標問 94 対偶法・背理法

(1) nが整数のとき，n^3が偶数ならばnも偶数であることを示せ.

(2) $\sqrt[3]{2}$ は無理数であることを示せ.

(3) a，bが有理数のとき，$a+b\sqrt[3]{2}=0$ ならば $a=b=0$ であることを示せ.

（東北学院大）

精講

対偶法

命題 $p \Longrightarrow q$ とその対偶 $\overline{q} \Longrightarrow \overline{p}$ は真偽が一致

します.

ですから，命題 $p \Longrightarrow q$ が真であることの証明が直接的には難しいとき，この対偶である，$\overline{q} \Longrightarrow \overline{p}$ を証明するのも1つの方法です.

このように，もとの命題を証明するかわりに，対偶を証明するという証明法を，**対偶法**と呼びます.

(1)では，

「n^3が偶数ならばnも偶数である」

を示すかわりに，この命題の対偶である

「nが偶数でないならばn^3は偶数でない」

を示せばよいわけです.

なお，整数nが偶数でないとは，nが奇数であることですから，nを

$$n=2k+1 \quad (k は整数)$$

とおくことができます.

解法のプロセス

(1) n^3が偶数ならばnも偶数であることを示したい.

⇩

直接証明することは難しい.

⇩

対偶を証明することを考えてみる.

背理法

ある命題を証明するために，**その命題が成り立たないと仮定すると矛盾が導かれることを示し，**そのことによって，**もとの命題が成り立つと結論する証明法**のことを**背理法**と呼びます.

(3)では，a，bが有理数のとき，

「$a+b\sqrt[3]{2}=0$ ならば $a=b=0$」

であることを示したいのですが，$b=0$ がいえれば $a+b\sqrt[3]{2}=0$ から $a=0$ が簡単にいえるので，まず

解法のプロセス

(2) $\sqrt[3]{2}$ が無理数であることを証明したい.

⇩

$\sqrt[3]{2}$ が有理数であると仮定して矛盾を示す.

「$a+b\sqrt[3]{2}=0$ ならば $b=0$」
を示すことを考えてみます．

そして，これを示すには背理法を用いるとスッキリと証明することができます．

一般に，**命題 $p \Longrightarrow q$ を背理法を用いて証明するには，p かつ $\overline{q}$ と仮定して矛盾を示します．**

ですから，(3)では，

「$a+b\sqrt[3]{2}=0$　かつ　$b \neq 0$」

と仮定して矛盾を示すことになります．

解法のプロセス

(3)「$a+b\sqrt[3]{2}=0$ ならば $a=b=0$」を示したい．

⇩

まず，「$a+b\sqrt[3]{2}=0$ ならば $b=0$」を示す．

⇩

背理法を用いる．

解　答

(1)　対偶を証明する．

整数 n が偶数でない，すなわち，n が奇数のとき，n を

$n=2k+1$　(k は整数)

と表すことができる．

このとき，

$$n^3=(2k+1)^3$$
$$=8k^3+12k^2+6k+1$$
$$=2(4k^3+6k^2+3k)+1$$

$4k^3+6k^2+3k$ は整数であるから，n^3 は偶数でない．

したがって，n が整数のとき，n^3 が偶数ならば n も偶数である．

(2)　背理法を用いて証明する．

$\sqrt[3]{2}$ が無理数でない，すなわち有理数であると仮定する．

このとき，

$\sqrt[3]{2}=\dfrac{n}{m}$　(m と n は互いに素な正の整数)

と表すことができる．

← 有理数とは，$\dfrac{整数}{整数}$ と表すことができる数

このとき，

$2m^3=n^3$　……(＊)

となる．

← $\sqrt[3]{2}m=n$ の両辺を3乗した

$2m^3$ は偶数であるから，n^3 も偶数であることがわかり，(1)より n も偶数である．

したがって，n は

$n=2n'$ (n' は整数)

と表すことができ，(*)に代入して，

$2m^3=(2n')^3$

よって，

$m^3=4n'^3$

$4n'^3$ は偶数であるから，m^3 も偶数であることがわかり，m も偶数である．

よって，m も n も偶数になるが，これは m と n が互いに素な正の整数であることに反する．

したがって，$\sqrt[3]{2}$ は無理数である．

(3) $a+b\sqrt[3]{2}=0$ かつ $b \neq 0$ と仮定すると，

$$\sqrt[3]{2}=-\frac{a}{b}$$

が得られる．

ところが，左辺は無理数，右辺は有理数であり矛盾が生じる．

よって，$b=0$

このとき，$a+b\sqrt[3]{2}=0$ より $a=0$ が得られる．

したがって，a，b が有理数のとき，

$a+b\sqrt[3]{2}=0$ ならば $a=b=0$

が成り立つ．

演習問題

94-1 (1) n が整数であるとき，n^2 が偶数ならば n も偶数となることを示せ．

(2) $\sqrt{2}$ は無理数であることを示せ．（滋賀県大）

94-2 a，b，c，d を有理数，x を無理数とするとき，

「$a+bx=c+dx$ ならば，$a=c$ かつ $b=d$」

が成り立つことを証明せよ．（福井県大）

第8章 図形の性質

標問 95 三角形の外心

円に内接する四角形 ABCD において，AB＝AD＝1，∠BAD＝90° とし，対角線 AC と対角線 BD の交点を E とする．

三角形 ABE，三角形 BCE，三角形 CDE，三角形 DAE の外心をそれぞれ P，Q，R，S とするとき，四角形 PQRS の面積を求めよ．　（同志社大〈改作〉）

精講

三角形の外心

三角形の 3 辺の垂直二等分線は 1 点で交わります．

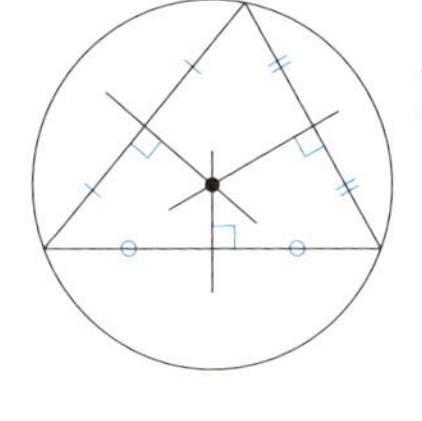

この交点のことを

　三角形の外心

と呼びます．

なお，**外心から 3 頂点までの距離は等しい**ので，外心を中心として 3 頂点を通る円が描けます．この円のことを

　三角形の外接円

と呼びます．

本問で話題になっている 4 点 P，Q，R，S はいずれも三角形の外心です．

たとえば，P は，三角形 ABE の外心ですから，

　P は，3 辺 AB，BE，EA の垂直二等分線の交点

です．しかし，P は，2 辺の垂直二等分線の交点として定まるので

　P は 2 辺 BE，AE の垂直二等分線の交点である

と捉えることにしましょう．

同様に，Q，R，S も，四角形の対角線の一部である，AE や BE や CE や DE の垂直二等分線の

解法のプロセス

P は三角形 ABE の外心

⇩

3 辺の垂直二等分線の交点が P

解法のプロセス

四角形 PQRS の面積を求めたい．

⇩

四角形 PQRS はどんな四角形?

⇩

四角形 PQRS は平行四辺形

⇩

面積は

　(底辺)×(高さ)

交点として扱ってみましょう.

すると，四角形PQRSが平行四辺形であることに気づくはずです.

〈 解 答 〉

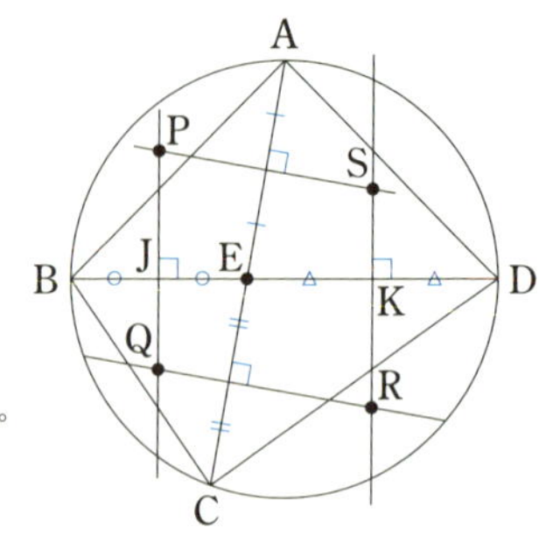

右上図において，PQ⊥BD，SR⊥BD より

PQ∥SR

PS⊥AC，QR⊥AC より

PS∥QR

したがって，四角形PQRSは平行四辺形である.

線分BE，EDの中点をそれぞれJ，Kとすると

$$\mathrm{JK}=\frac{1}{2}\mathrm{BD}=\frac{\sqrt{2}}{2}$$

← AB=AD=1，∠BAD=90° より BD=$\sqrt{2}$

次に線分PQの長さを求める.

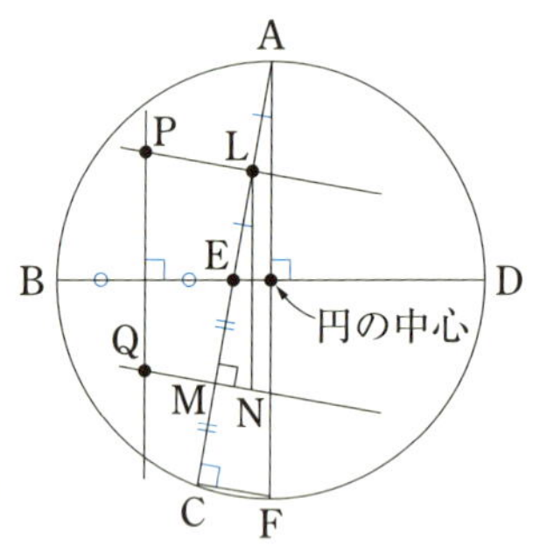

右下図において，線分AE，ECの中点をそれぞれL，Mとし，Lを通り直径AFに平行な直線とQRの交点をNとする.

このとき，△LMN∽△ACF

であり，相似比は，

← ∠LMN=∠ACF=90°，∠MLN=∠CAF より

LM：AC=1：2

であるから，

$$\mathrm{LN}=\frac{1}{2}\mathrm{AF}=\frac{1}{2}\mathrm{BD}=\frac{\sqrt{2}}{2}$$

← ∠BAD=90° より BD は円の直径である

また，PQ=LN であるから，

$$\mathrm{PQ}=\frac{\sqrt{2}}{2}$$

したがって，四角形PQRSの面積は，

$$\mathrm{PQ}\times\mathrm{JK}=\frac{\sqrt{2}}{2}\times\frac{\sqrt{2}}{2}=\mathbf{\frac{1}{2}}$$

← 平行四辺形PQRSについてPQを底辺，JKを高さと考える

演習問題

95 $A=60°$ である鋭角三角形ABCがある．三角形ABCの内部にあって，PA≦PB，PA≦PC をともに満たす点P全体がつくる領域を G とする．三角形ABCの面積が領域 G の面積の3倍であるとき，三角形ABCはどのような三角形か.

（阪　大）

標問 96 円と接線

半径 a, b $(0<a<b)$ の 2 つの円 C_1, C_2 が外接し，さらに，この 2 つの円は異なる 2 点 P, Q で直線 l に接している．

(1) 線分 PQ の長さを a, b で表せ．

(2) C_1, C_2 と異なり，l と C_1, C_2 すべてに接する 2 つの円の半径の積を a, b で表せ．

精講 円Oと直線 l が点Pで接しているとき，

OP⊥l

となります．

円と直線が接するという状況のときには，

接点と円の中心を結んだ線分が接線と垂直

という性質を利用して考えていくことが大切です．

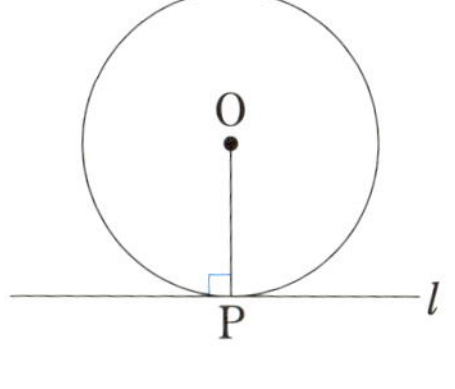

解法のプロセス

円 C_1, C_2 と直線 l が接している．

⇩

円の中心と接点を結ぶ．

2 つの円 O_1, O_2 が点Pで接しているとき，

3 点 O_1, O_2, P は一直線上

にあります．

ですから，2 円が接するという状況のときには，

中心間の距離が 2 円の半径の和（または差）に等しい

という性質を利用して考えていきます．

解法のプロセス

2 つの円 C_1, C_2 が接している．

⇩

中心と中心を結ぶ．

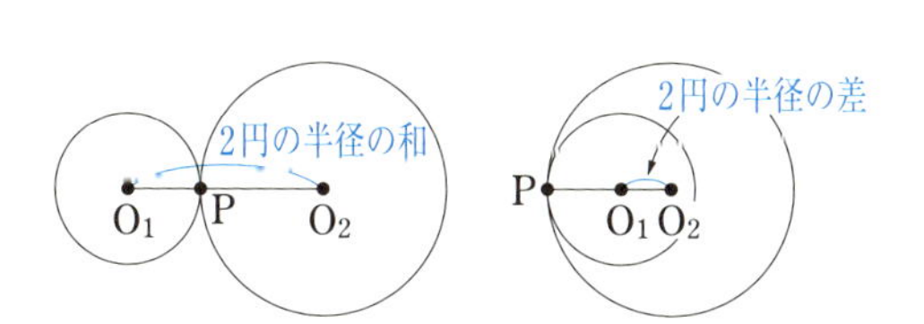

第8章

〈 解答 〉

(1) 次ページの図において，

$$AB^2=AH^2+BH^2$$

より，

← 三角形 BAH に三平方の定理を用いる

$$\mathrm{AH}^2=\mathrm{AB}^2-\mathrm{BH}^2$$
$$=(a+b)^2-(b-a)^2$$
$$=4ab$$

したがって,

$$\mathrm{AH}=2\sqrt{ab}$$

よって,

$$\mathrm{PQ}=\mathrm{AH}=\boldsymbol{2\sqrt{ab}}$$

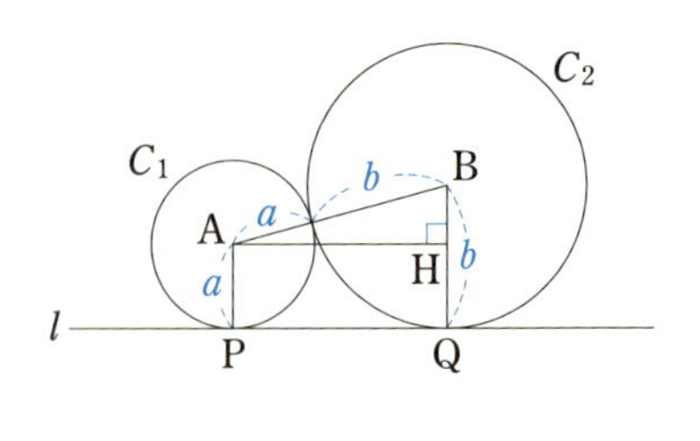

(2)

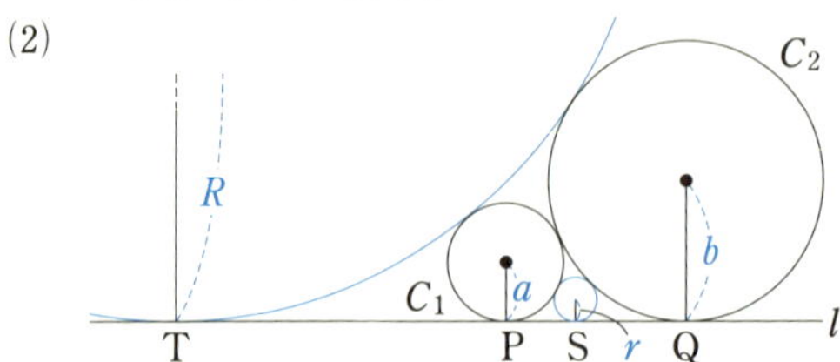

l と C_1, C_2 すべてに接する 2 つの円の半径を r, R $(0<r<R)$, l との接点を S, T とする.

⬅ 2円の半径を r, R とおき, (1) の PQ と a, b の関係を TP と R, a などに適用する

(1)より

$$\mathrm{TP}=2\sqrt{Ra},\ \mathrm{PQ}=2\sqrt{ab},\ \mathrm{TQ}=2\sqrt{Rb},$$
$$\mathrm{PS}=2\sqrt{ar},\ \mathrm{SQ}=2\sqrt{rb}$$

であるから, TP+PQ=TQ, PS+SQ=PQ より

$$2\sqrt{Ra}+2\sqrt{ab}=2\sqrt{Rb},\ 2\sqrt{ar}+2\sqrt{rb}=2\sqrt{ab}$$

よって,

$$\sqrt{R}=\frac{\sqrt{ab}}{\sqrt{b}-\sqrt{a}},\ \sqrt{r}=\frac{\sqrt{ab}}{\sqrt{b}+\sqrt{a}}$$

したがって,

$$Rr=\left(\frac{\sqrt{ab}}{\sqrt{b}-\sqrt{a}}\cdot\frac{\sqrt{ab}}{\sqrt{b}+\sqrt{a}}\right)^2=\boldsymbol{\frac{a^2b^2}{(b-a)^2}}$$

演習問題

96 内面が円柱形の容器があり, 底面の半径が a である. この容器に半径 b の鉄の球と, 半径 c の鉄の球を一緒に入れ (上側の球の中心ができるだけ低い位置になるような安定した状態にする), 容器の中の 2 つの鉄の球がちょうどかくれるまで水を注ぐ. このときの水面までの水の高さ (水深) を h とする. 次の a, b, c の各場合について h の値はそれぞれいくらか.

(1) $a=8$, $b=c=5$ のとき

(2) $a=9$, $b=7$, $c=6$ のとき

(東京理大)

標問 97 方べきの定理

定点Oを中心とする半径rの円Cと，円Cの外に定点Pがある．点Pを通る直線が円Cと2点A，Bで交わり，さらに，A，Bにおける接線が点Qで交わっているものとする．点Qから直線OPに下ろした垂線の足をHとする．

(1) 点Hは中心Oとは異なることを証明せよ．

(2) 5点Q，A，H，O，Bは同一円周上にあることを証明せよ．

(3) $\mathrm{PH}\cdot\mathrm{PO}=\mathrm{PO}^2-r^2$ が成り立つことを証明せよ．

(4) 直線QH上の円Cの外にあるどの点から円Cに2本の接線を引いても，その接点R，Sを通る直線は必ず点Pを通ることを証明せよ．　(鹿児島大)

精講

方べきの定理

右の図で，

$\angle\mathrm{APC}=\angle\mathrm{DPB}$

$\angle\mathrm{PCA}=\angle\mathrm{PBD}$

なので，

$\triangle\mathrm{PAC}\backsim\triangle\mathrm{PDB}$

したがって，

$\mathrm{PA}:\mathrm{PD}=\mathrm{PC}:\mathrm{PB}$

よって，

$\mathbf{PA\cdot PB=PC\cdot PD}$

が成り立ちます．

これを**方べきの定理**と呼びます．

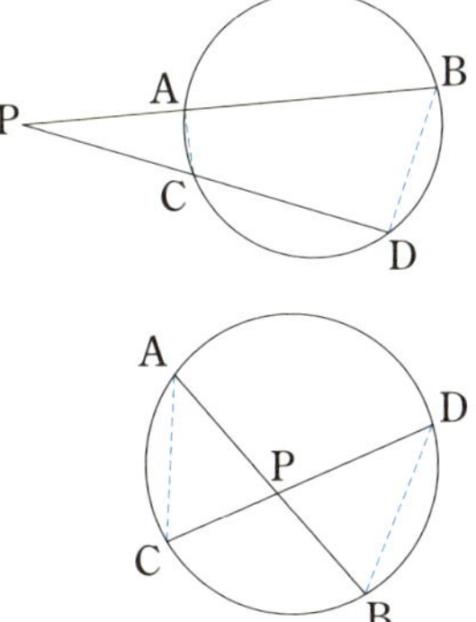

解法のプロセス

(1) HとOが異なることを示す．

⇩

HとOが一致すると仮定して矛盾を示す．

(2) Q，A，H，O，Bが同一円周上にあることを示したい．

⇩

∠OAQ，∠OHQ，∠OBQに注目する．

(3) $\mathrm{PH}\cdot\mathrm{PO}=\mathrm{PO}^2-r^2$ を示す．

⇩

方べきの定理を利用．

〈 解 答 〉

(1) A，Bにおける接線がQで交わるので，直線ABは中心Oを通らない．

Hが0に一致したと仮定すると，

$\mathrm{OQ}\perp\mathrm{OP}$，$\mathrm{AB}\perp\mathrm{OQ}$

より，直線ABがOを通ることになり矛盾する．

したがって，点Hは中心Oとは異なる．

← 背理法を用いて証明する．なお，ABが直径のときA，Bでの接線は交わらない

(2) ∠OAQ，∠OHQ，∠OBQはいずれも90°であるから，3点A，H，Bは，線分OQを直径とする円周上にある．

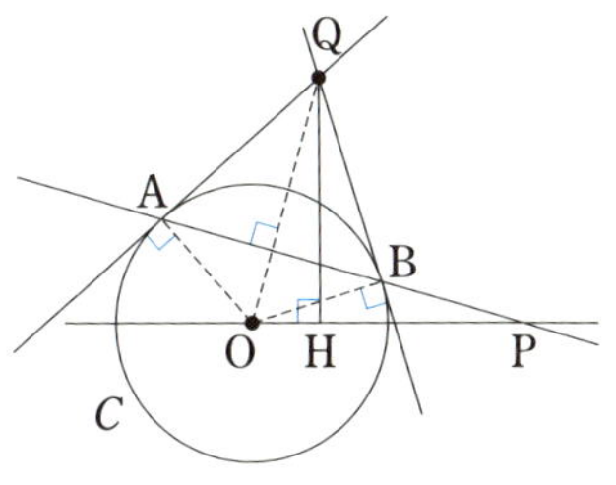

したがって，5点Q，A，H，O，Bは同一円周上にある．

⑶ 円Cと直線OPの交点をD，Eとする．

方べきの定理より，

$PH \cdot PO = PA \cdot PB$ ……① ⬅ ⑵で求めた円で

$PD \cdot PE = PA \cdot PB$ ……② ⬅ 円Cで

①，②より

$PH \cdot PO = PD \cdot PE$

ところで，

$PD \cdot PE = (PO + r)(PO - r)$

$= PO^2 - r^2$

であるから，

$PH \cdot PO = PO^2 - r^2$ ……③

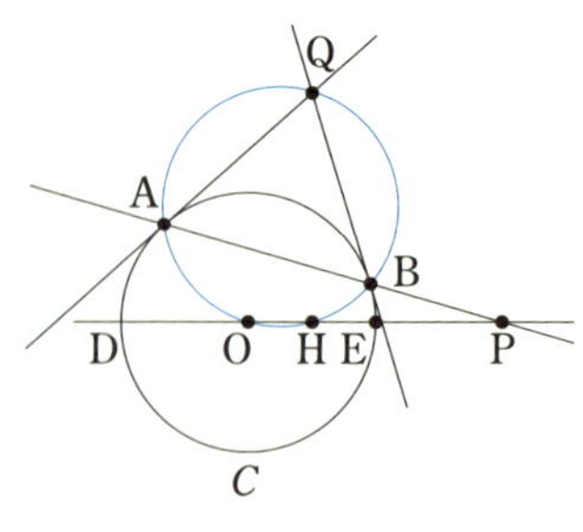

⑷ 直線QH上の円Cの外にある点Q′から円Cに2本の接線を引き，その接点R，Sを通る直線と直線OHの交点をP′とする．

⬅ 5点Q′，R，O，H，Sは同一円周上にある

このとき，⑶と同様に

$P'H \cdot P'O = P'O^2 - r^2$ ……④

が成り立つ．

ところで③より

$(PO - OH) \cdot PO = PO^2 - r^2$

よって

$PO \cdot OH = r^2$ ……③′

同様に④より

$P'O \cdot OH = r^2$ ……④′

③′，④′より

$OP = OP'$

したがって，PとP′は一致する．

よって，直線RSは必ず点Pを通る．

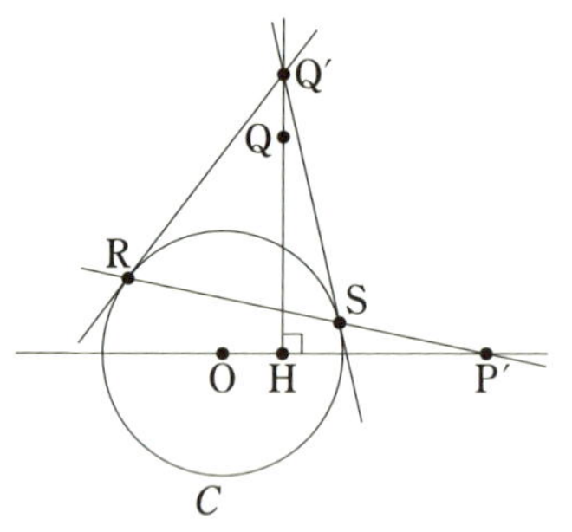

演習問題

97 三角形ABCの各頂点から対辺またはその延長に引いた垂線をそれぞれAD，BE，CFとし，それらの交点（垂心）をHとするとき，

$AH \cdot HD = BH \cdot HE = CH \cdot HF$

が成立することを証明せよ． （広島修道大）

標問 98 チェバの定理

AB>AC である三角形ABC において，AM は中線であり，D は ∠A の二等分線と BC の交点である．C を通って AD に垂直な直線と AD，AM，AB の交点を順に P，Q，E とし，直線 MP と AC の交点を R とするとき，次のことを証明せよ．

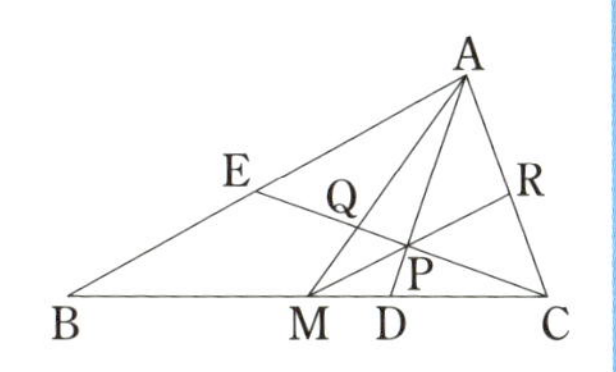

(1)　P は CE の中点である．

(2)　R は AC の中点である．

(3)　$\dfrac{\mathrm{MD}}{\mathrm{DC}}=\dfrac{\mathrm{MQ}}{\mathrm{QA}}$

（広島修道大）

精講

チェバの定理

三角形 ABC の 3 辺 BC，CA，AB 上にそれぞれ点 P，Q，R があり，3 直線 AP，BQ，CR が 1 点で交わるならば

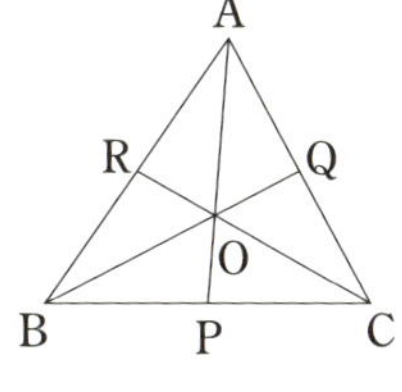

$$\boldsymbol{\frac{\mathrm{BP}}{\mathrm{PC}}\cdot\frac{\mathrm{CQ}}{\mathrm{QA}}\cdot\frac{\mathrm{AR}}{\mathrm{RB}}=1}$$

が成り立ちます．

一応証明しておきます．

AP，BQ，CR の交点を O とすると，△OAB と △OCA において，共通の底辺を AO と考えると，面積の比は高さの比 BP：PC に等しい．

$$\frac{\mathrm{BP}}{\mathrm{PC}}=\frac{\triangle\mathrm{OAB}}{\triangle\mathrm{OCA}}\quad\cdots\cdots①$$

同様に，$\dfrac{\mathrm{CQ}}{\mathrm{QA}}=\dfrac{\triangle\mathrm{OBC}}{\triangle\mathrm{OAB}}\quad\cdots\cdots②$

$$\frac{\mathrm{AR}}{\mathrm{RB}}=\frac{\triangle\mathrm{OCA}}{\triangle\mathrm{OBC}}\quad\cdots\cdots③$$

が成り立ちます．①，②，③の辺々をかけると

$$\frac{\mathrm{BP}}{\mathrm{PC}}\cdot\frac{\mathrm{CQ}}{\mathrm{QA}}\cdot\frac{\mathrm{AR}}{\mathrm{RB}}=1$$

が得られます．

解法のプロセス

(1)　P が CE の中点であることを示したい．

⇩

CP，PE を 1 辺にもつ 2 つの三角形の合同を示す．

解法のプロセス

(2)　R が AC の中点であることを示したい．

⇩

M は CB の中点，MR∥BA であることに注目する．

解法のプロセス

(3)　$\dfrac{\mathrm{MD}}{\mathrm{DC}}=\dfrac{\mathrm{MQ}}{\mathrm{QA}}$ を示したい．

⇩

△AMC と点 P に注目してチェバの定理を利用する．

〈解 答〉

(1) △AEP と △ACP について

∠APE＝∠APC (＝90°)

∠EAP＝∠CAP

AP は共通

したがって,

△AEP≡△ACP

よって, EP＝CP であり, P は CE の中点である.

← CE は AD に垂直

← AD は ∠A の二等分線

← 1辺とその両端の角がそれぞれ等しい

(2) M は CB の中点, P は CE の中点であるから,

BE∥MP

つまり, BA∥MR

これと, M が CB の中点であることから, R は AC の中点である.

← △CEB∽△CPM となるから BE∥MP (中点連結定理を用いてもよい)

← △CAB∽△CRM であり, 相似比は CB : CM＝2 : 1 (中点連結定理(の逆)を用いてもよい)

(3) チェバの定理より

$$\frac{MD}{DC}\cdot\frac{CR}{RA}\cdot\frac{AQ}{QM}=1$$

$\frac{CR}{RA}=1$ であるから

$$\frac{MD}{DC}\cdot\frac{AQ}{QM}=1$$

よって,

$$\frac{MD}{DC}=\frac{MQ}{QA}$$

← △AMC と点 P に注目してチェバの定理

A Q R P M D C

演習問題

98 図の三角形 ABC において, 辺 BC の中点を D とする. 線分 AD 上に点 P をとり, 直線 BP と辺 AC との交点を E, 直線 CP と辺 AB との交点を F とする. このとき, FE∥BC であることを示せ.

(宮崎大)

A F E P B D C

標問 99 メネラウスの定理

図の正三角形 ABC において，辺 BC，CA，AB を $m:n\,(0<m<n)$ に内分する点をそれぞれ D，E，F とする．また，線分 AD と BE の交点を P，線分 BE と CF の交点を Q，線分 CF と AD の交点を R とする．このとき，次の各問いに答えよ．

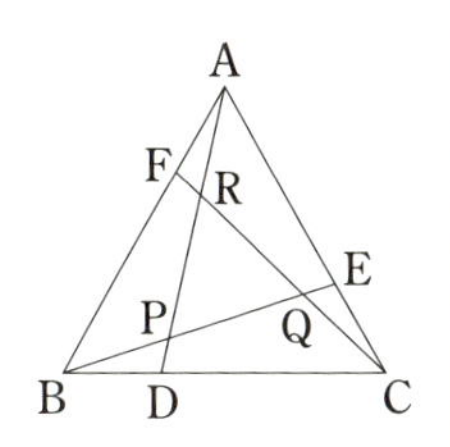

(1) 三角形 PQR は正三角形であることを示せ．

(2) $\mathrm{AR}:\mathrm{AP}=m:n$ であることを示せ．　　　　（宮崎大）

精講　メネラウスの定理

ある直線が，三角形 ABC の辺 BC，CA，AB，またはその延長とそれぞれ P，Q，R で交わるとき，

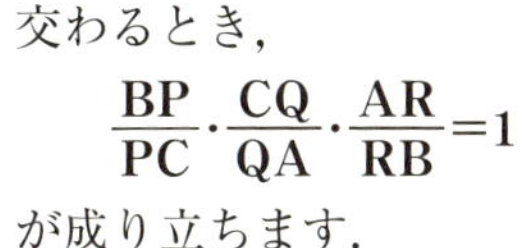

$$\frac{\mathbf{BP}}{\mathbf{PC}}\cdot\frac{\mathbf{CQ}}{\mathbf{QA}}\cdot\frac{\mathbf{AR}}{\mathbf{RB}}=1$$

が成り立ちます．

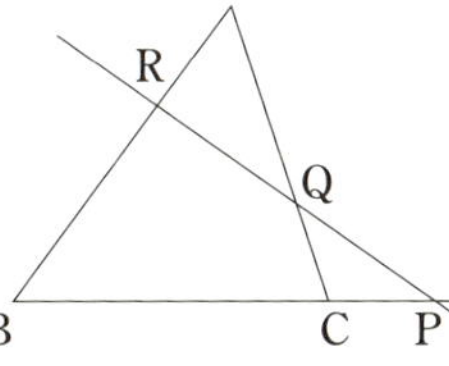

証明は次のようになります．

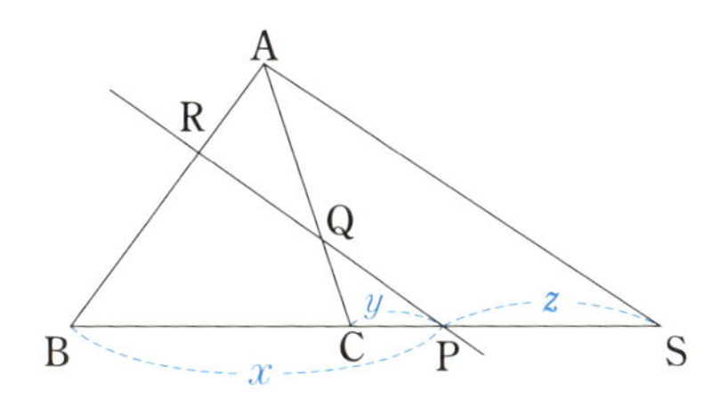

A を通り PQ に平行な直線を引き，BC との交点を S とします．

$\mathrm{BP}=x$，$\mathrm{CP}=y$，$\mathrm{PS}=z$ とすると，

$$\frac{\mathrm{BP}}{\mathrm{PC}}=\frac{x}{y},\quad \frac{\mathrm{CQ}}{\mathrm{QA}}=\frac{y}{z},\quad \frac{\mathrm{AR}}{\mathrm{RB}}=\frac{z}{x}$$

となるので，

$$\frac{\mathrm{BP}}{\mathrm{PC}}\cdot\frac{\mathrm{CQ}}{\mathrm{QA}}\cdot\frac{\mathrm{AR}}{\mathrm{RB}}=1$$

となります．

解法のプロセス

(1) 三角形 PQR が正三角形であることを示したい．

⇩

3 辺の長さが等しいことを示す．

⇩

三角形の合同を利用して，

$\mathrm{AD}=\mathrm{BE}=\mathrm{CF}$

$\mathrm{AR}=\mathrm{BP}=\mathrm{CQ}$

$\mathrm{PD}=\mathrm{QE}=\mathrm{RF}$

を示す．

解法のプロセス

(2) AR：AP の比を求めたい．

⇩

メネラウスの定理を利用する．

〈 解 答 〉

(1) △ABD と △BCE と △CAF について，

$AB=BC=CA$

$BD=CE=AF$

$\angle ABD=\angle BCE=\angle CAF\ (=60°)$

であるから，

$\triangle ABD \equiv \triangle BCE \equiv \triangle CAF$ ……①

⬅ 三角形 PQR の 3 辺が等しいことを示すために，合同な三角形を見つける

⬅ 2 辺とその間の角がそれぞれ等しい

したがって，

$\angle DAB=\angle EBC=\angle FCA$ ……②

$\angle ADB=\angle BEC=\angle CFA$ ……③

②，③および $BD=CE=AF$ より

$\triangle PBD \equiv \triangle QCE \equiv \triangle RAF$

⬅ 1 辺とその両端の角がそれぞれ等しい

よって， $BP=CQ=AR\,(=x$ とおく$)$，

$PD=QE=RF$

また，①より，$AD=BE=CF$

であるから， $PQ=QR=RP\,(=y$ とおく$)$

したがって，三角形 PQR は正三角形である．

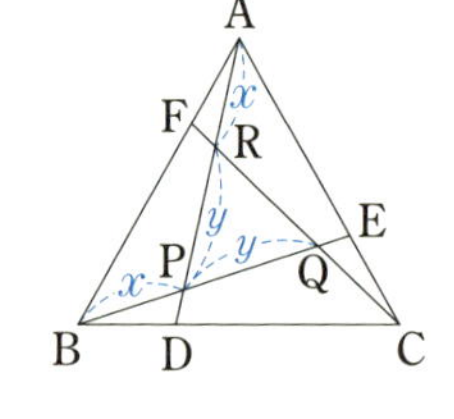

(2) メネラウスの定理より，

$$\frac{AF}{FB}\cdot\frac{BQ}{QP}\cdot\frac{PR}{RA}=1$$

⬅ 三角形 ABP と直線 FQ に注目

であるから，

$$\frac{m}{n}\cdot\frac{x+y}{y}\cdot\frac{y}{x}=1$$

よって，$\dfrac{m}{n}=\dfrac{x}{x+y}$

したがって，

$AR:AP=x:(x+y)=m:n$

演習問題

99 図のように，三角形 ABC の辺 BC の延長上の点 D を通る直線と辺 AB，AC との交点をそれぞれ F，E とする．$AB=6$，$BC=3$，$CD=4$，$AC=5$ とする．

$AE=a$，$AF=b$ とおくとき，次の各問いに答えよ．ただし，$0<a<5$，$0<b<6$ とする．

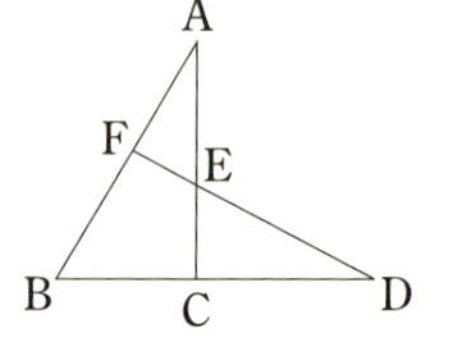

(1) a と b の関係式を求めよ．

(2) 4 点 B，C，E，F が同一円周上にあるとき，a の値を求めよ． (宮崎大)

標問 100 空間図形 (1)

四角錐 OABCD において，底面 ABCD は 1 辺の長さ 2 の正方形で $OA=OB=OC=OD=\sqrt{5}$ である．

(1) 四角錐 OABCD の高さを求めよ．

(2) 四角錐 OABCD に内接する球 S の半径を求めよ． (千葉大)

精講

(1) O から底面 ABCD に引いた垂線と底面の交点を H とすると，H は線分 AC の中点と一致します．

線分 OH の長さを求めることになりますが，平面 OAC による切り口，すなわち，三角形 OAC に注目してみましょう．

空間図形を扱うとき，

平面による切り口に注目する

投影図に注目する

という 2 つの道具を駆使することが大切です．

(2) 辺 AB，CD の中点をそれぞれ M，N とすると，内接球と平面 OAB の接点は線分 OM 上にあり，内接球と平面 OCD の接点は線分 ON 上にあります．

そこで，平面 OMN による切り口，すなわち，三角形 OMN に注目しましょう．

内接球は MN の中点 H で底面に接し，内接球の中心は線分 OH 上にあるので，**三角形 OMN の内接円の半径が球 S の半径と一致**します．

解法のプロセス

(1) 三角形 OAC に注目する．

⇩

辺 AC を底辺と考えたときの高さを求める．

(2) 辺 AB，CD の中点をそれぞれ M，N とするとき，三角形 OMN に注目する．

⇩

三角形 OMN の内接円の半径を求める．

〈 解 答 〉

(1) 底面の対角線 AC，BD の交点を H とする．

三角形 OAC は，図のような二等辺三角形であり，

$AC=2\sqrt{2}$

よって，四角錐 OABCD の高さ OH は，

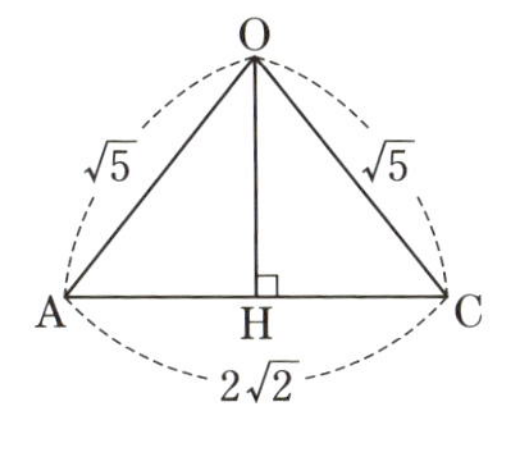

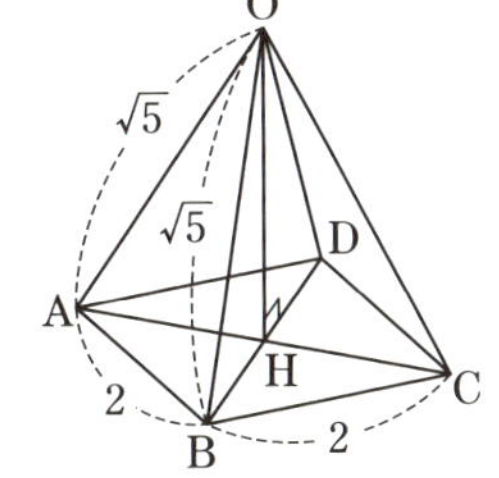

$$\mathrm{OH}=\sqrt{\mathrm{OA}^2-\mathrm{AH}^2}$$
$$=\sqrt{(\sqrt{5})^2-(\sqrt{2})^2}$$
$$=\sqrt{3}$$

(2) 辺 AB，CD の中点をそれぞれ M，N とする．

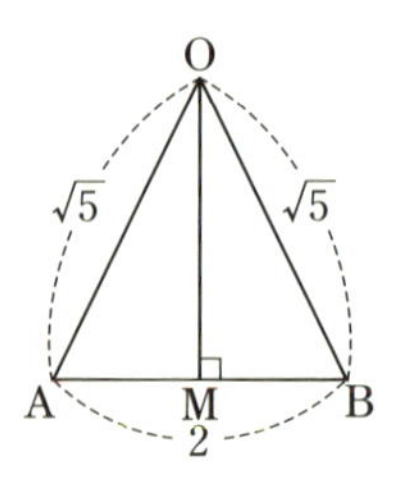

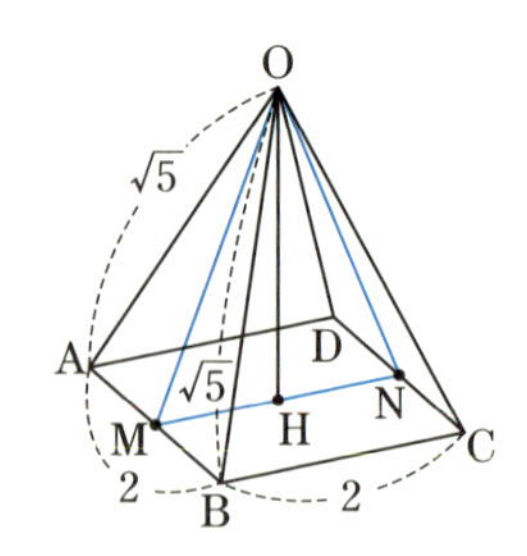

このとき，

$$\mathrm{OM}=\sqrt{\mathrm{OA}^2-\mathrm{AM}^2}$$
$$=\sqrt{(\sqrt{5})^2-1^2}$$
$$=2$$

同様に，ON=2 であるから，三角形 OMN は，1辺の長さが 2 の正三角形である．

三角形 OMN の内接円の半径が球 S の半径 r であり，正三角形の内心 I は重心と一致するから，

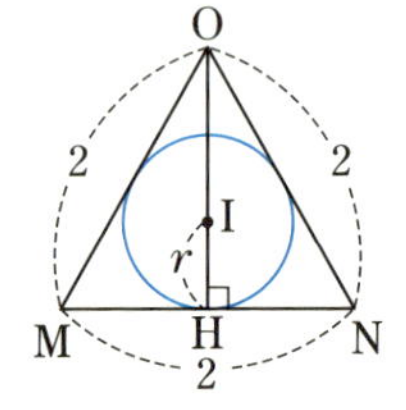

⬅ 重心は OH を 2：1 に内分する点

$$r=\frac{1}{3}\mathrm{OH}$$
$$=\frac{\sqrt{3}}{3}$$

研究 四角錐 OABCD の内接球 S の半径 r を求めるには，次のような方法もあります．

球 S の中心を I とすると，四角錐 OABCD の体積は，

(三角錐 IOAB)+(三角錐 IOBC)+(三角錐 IOCD)+(三角錐 IODA)
+(四角錐 IABCD) ……①

と一致します．

そして，三角錐 IOAB の体積は，

$$\frac{1}{3}\triangle\mathrm{OAB}\cdot r=\frac{1}{3}\times\left(\frac{1}{2}\mathrm{AB}\cdot\mathrm{OM}\right)\times r$$
$$=\frac{2}{3}r$$

⬅ AB=2，OM=2 を代入

です．

三角錐 IOBC，三角錐 IOCD，三角錐 IODA の体積も $\frac{2}{3}r$ であり，四角錐 IABCD の体積は，

$$\frac{1}{3}(\text{正方形 ABCD})\cdot r=\frac{4}{3}r$$

と表せます．

ですから，①は，

$$\frac{2}{3}r+\frac{2}{3}r+\frac{2}{3}r+\frac{2}{3}r+\frac{4}{3}r=4r$$

となります．

ところで，四角錐 OABCD の体積は，

$$\frac{1}{3}(\text{正方形 ABCD})\cdot \mathrm{OH}=\frac{1}{3}\cdot 4\cdot\sqrt{3}$$

$$=\frac{4}{3}\sqrt{3}$$

← 角錐の体積 $=\frac{1}{3}\times$(底面積)$\times$(高さ)

ですから，

$$4r=\frac{4}{3}\sqrt{3}$$

という等式が成り立ちます．

そして，この等式から r が

$$r=\frac{\sqrt{3}}{3}$$

と求まります．

演習問題

100 三角錐 OABC において，

$$\mathrm{AB}=2\sqrt{3},\ \mathrm{OA}=\mathrm{OB}=\mathrm{OC}=\mathrm{AC}=\mathrm{BC}=\sqrt{7}$$

とする．このとき，三角錐 OABC の体積を求めよ．　　(群馬大)

標問 101 空間図形(2)

半径rの球面上に4点A，B，C，Dがある．四面体ABCDの各辺の長さは，$AB=\sqrt{3}$，$AC=AD=BC=BD=CD=2$ を満たしている．このとき，rの値を求めよ．（東　大）

精講 四面体ABCDの外接球の半径を求める問題です．

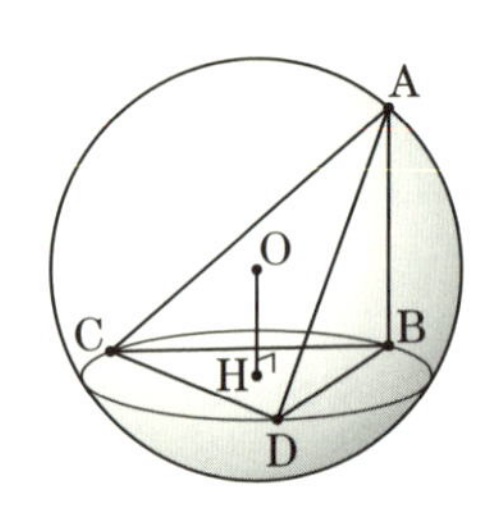

四面体の外接球に関しては，次のことを覚えておきましょう．

外接球の中心から底面に引いた垂線と底面の交点は，三角形の外心に一致する

一応説明しておきます．

外接球の中心Oから底面BCDに引いた垂線と底面の交点をHとします．外接球の半径をrとすると

$$BH=\sqrt{OB^2-OH^2}=\sqrt{r^2-OH^2}$$
$$CH=\sqrt{OC^2-OH^2}=\sqrt{r^2-OH^2}$$
$$DH=\sqrt{OD^2-OH^2}=\sqrt{r^2-OH^2}$$

となり，$BH=CH=DH$ であることがわかります．

ですから，Hは三角形BCDの外心と一致します．

本問では，三角形BCDは正三角形ですから，外心Hは重心と一致します．

したがって，線分CDの中点をMとすると，Hは線分BMを2：1に内分する点です．

解法のプロセス

外接球の中心をO，Oから底面BCDに引いた垂線と底面BCDとの交点をHとすると，Hは三角形BCDの外心と一致．

⇩

辺CDの中点をMとして，三角形AMBに注目する．

⇩

O，Hは三角形AMB上にあることからrを求める．

ところで，一般に空間図形の問題を考えるときの道具は，

平面による切り口に注目する
投影図（正射影）を考える

の2つしかありません．

← こういう平面で切ってみよう，ああいう平面で切ってみよう，と考えたり，こっちから見たらどう見えるか，あっちから見たらどう見えるか，と考えていくしか方法はない

〈 解　答 〉

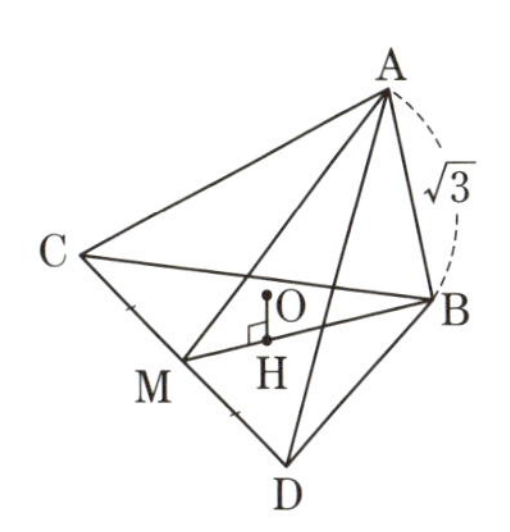

四面体 ABCD の外接球の中心をOとする．

Oから底面 BCD に引いた垂線と底面の交点をHとすると，Hは三角形 BCD の外心である．

また，三角形 BCD は正三角形であるから，外心Hは重心と一致する．

したがって，線分 CD の中点をMとすると，Hは線分 BM を 2：1 に内分する点である．

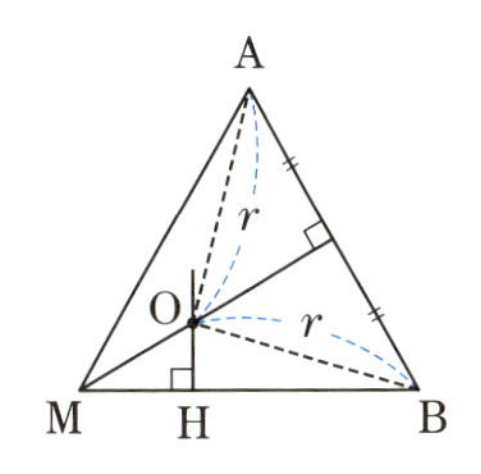

平面 AMB は底面 BCD に垂直であるから，外接球の中心Oは平面 AMB 上にあり，OA＝OB（＝r）であるから，平面 AMB 上において，O は線分 AB の垂直二等分線上にある．

ここで，AM は 1 辺の長さ 2 の正三角形 ACD の中線であるから，AM＝$\sqrt{3}$

同様に，BM＝$\sqrt{3}$

したがって，三角形 AMB は正三角形であるから，線分 AB の垂直二等分線はMを通る．

$$\begin{aligned} \mathrm{OH} &= \frac{1}{\sqrt{3}}\mathrm{MH} \\ &= \frac{1}{\sqrt{3}}\cdot\frac{1}{3}\mathrm{BM} \\ &= \frac{1}{3} \end{aligned}$$

⬅ 三角形 OMH は，OH：OM：MH＝1：2：$\sqrt{3}$ の直角三角形

⬅ H は MB を 1：2 に内分する点

⬅ BM＝$\sqrt{3}$ を代入

$$\begin{aligned} r = \mathrm{OB} &= \sqrt{\mathrm{OH}^2+\mathrm{HB}^2} \\ &= \sqrt{\left(\frac{1}{3}\right)^2+\left(\frac{2}{3}\sqrt{3}\right)^2} \\ &= \boldsymbol{\frac{\sqrt{13}}{3}} \end{aligned}$$

⬅ $\mathrm{HB}=\frac{2}{3}\mathrm{BM}=\frac{2}{3}\sqrt{3}$

演習問題

101 1 辺の長さが 1 の正三角形 ABC を底面とする四面体 OABC を考える．ただし，OA＝OB＝OC＝a であり，$a \geqq 1$ とする．頂点Oから三角形 ABC におろした垂線の足をHとする．

(1) 線分 AH の長さを求めよ．

(2) a を用いて線分 OH の長さを表せ．

(3) 四面体 OABC が球 S に内接しているとする．この球 S の半径 r を a を用いて表せ．

（北　大）

第9章 データの分析

標問 102 3つの代表値

(1) いくつかのデータを比べるとき，それぞれのデータの特徴を1つの数値で表すと比較しやすい．そのような数値を代表値という．

代表値としてよく用いられるもののうち3つを挙げ，それぞれの定義を述べよ．

(2) 次の2つの表は，糖尿病患者100人(表A)と糖尿病でない健常者100人(表B)を対象に採血検査「HbA1c」の結果を度数分布表の形にまとめたものである．(ここではHbA1cの値を小数点以下四捨五入していることに留意せよ．)

表A(糖尿病患者)

HbA1c	3	4	5	6	7	8	9	10	計
人数	0	0	8	18	28	25	14	7	100

表B(糖尿病でない健常者)

HbA1c	3	4	5	6	7	8	9	10	計
人数	9	15	26	22	15	9	4	0	100

(1)で回答した3つの代表値を，表Aおよび表Bに対してそれぞれ求めよ．

(浜松医科大)

精講 変数xについてのデータが，

$x_1,\ x_2,\ x_3,\ \cdots,\ x_n$

のn個の値であるとき，データ全体の特徴を1つの数値で表すこともあります．この値をデータの**代表値**といい，よく用いられる代表値には，

平均値，**中央値**(メジアン)，**最頻値**(モード)

があります．

平均値とは，

$$\frac{1}{n}(x_1+x_2+x_3+\cdots+x_n)$$

のことです．

← 日常的に用いる平均(平均値)と同じ

中央値についてですが，データの個数(大きさともいう) n が偶数の場合と奇数の場合で求め方が少し異なります．

まず，x_1，x_2，x_3，…，x_n を小さな順に並べかえたものを

y_1，y_2，y_3，…，y_n

とします．

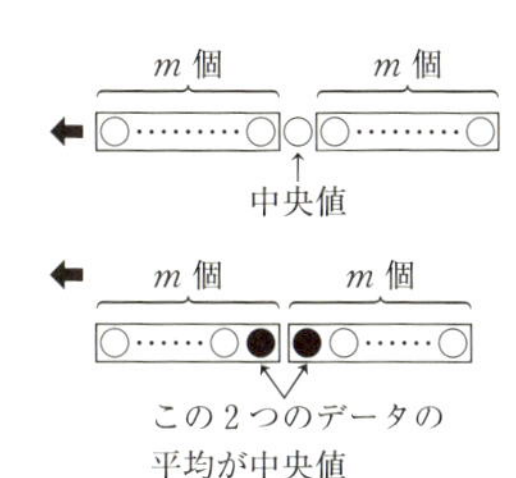

n が奇数の場合 ($n=2m+1$ とします) は，**$m+1$ 番目**の値である y_{m+1} が中央値です．

n が偶数の場合 ($n=2m$ とします) は，**m 番目と $m+1$ 番目の値の平均**が中央値です．

つまり，$\dfrac{y_m+y_{m+1}}{2}$ が中央値になります．

最頻値は，最も頻度が高いデータの値です．

なお，最頻値が**2 つ以上ある場合もあります**．

例えば，サイコロを 10 回投げたとき，1 から 6 の目が出た回数が次の通りだったとします．

サイコロの目	1	2	3	4	5	6	計
回　数	1	3	2	2	1	1	10

この場合，最頻値は (3 回出た) 2 です．

これに対して，次のような場合には，最頻値は 2 と 4 になります．

サイコロの目	1	2	3	4	5	6	計
回　数	1	3	1	3	2	1	11

ところで，平均値，中央値，最頻値には，次のような特徴があります．

[平均値]

すべてのデータによって決まるが，かけ離れた値が含まれていると，その影響を大きく受ける．

[中央値]

他の値とかけ離れた値が含まれていても，その影響を受けにくいが，データどうしを比較するには適さない．

［最頻値］

他の値とかけ離れた値が含まれていても，その影響を受けないが，値（最頻値）が1つに決まらないことがあり，また，データの個数（大きさ）が小さいときにはあまり役に立たない．

さて，表Aのデータについて，平均値を求めるには，

$$3\times0+4\times0+5\times8+6\times18+7\times28+8\times25+9\times14+10\times7$$

を計算して，データの個数（大きさ）の100で割って求めることもできますが，絶対値が大きく計算がたいへんです．

このようなときには，**仮の平均値**を設定して計算すると少し楽に求めることができます．

仮の平均値を7とした場合，次のように求めることができます．

解法のプロセス
平均値を求めるとき，データの個数が多い場合は，
仮の平均値を設定して計算すると楽である．

x	3	4	5	6	7	8	9	10	計
$x-7$	-4	-3	-2	-1	0	1	2	3	
人数	0	0	8	18	28	25	14	7	100

各データから仮の平均値7を引いた値の平均値を求めると，

$$(-4)\times0+(-3)\times0+(-2)\times8+(-1)\times18+0\times28+1\times25+2\times14+3\times7\ (=40)$$

を100で割って，0.4

これを7に加えれば，**元のデータの平均値**が求まります．

中央値を求める際，データの個数が100で偶数であることに注意します．

本問では，小さい方から50番目と51番目の値の平均値を求めることになります．

解法のプロセス
データの個数は100で偶数なので，
50番目と51番目の平均値が中央値になる．

〈解　答〉

(1) **平均値：データの値の総和をデータの個数で割った値**
中央値：データを値の大きさの順に並べたとき，中央の位置にくる値
最頻値：データにおいて最も個数の多い値

(2) 表Aについて

[**平均値**]

仮の平均値を7として計算すると,

$$7+\frac{(-4)\times 0+(-3)\times 0+(-2)\times 8+(-1)\times 18+0\times 28+1\times 25+2\times 14+3\times 7}{100}$$

$$=7+\frac{40}{100}$$

$$=\mathbf{7.4}$$

[**中央値**]

データを小さい順に並べたとき, 50番目の値も51番目の値も7であるから,

$$\frac{7+7}{2}=\mathbf{7}$$

⬅ データの値が6以下の人数は
$0+0+8+18=26$ (人)
7以下の人数は
$0+0+8+18+28=54$ (人)

[**最頻値**]

人数が一番多い(28人)データの値は**7**

表Bについて,

[**平均値**]

仮の平均値を6として計算すると,

$$6+\frac{(-3)\times 9+(-2)\times 15+(-1)\times 26+0\times 22+1\times 15+2\times 9+3\times 4+4\times 0}{100}$$

$$=6+\frac{-38}{100}$$

$$=\mathbf{5.62}$$

[**中央値**]

データを小さい順に並べたとき, 50番目の値は5, 51番目の値は6であるから,

$$\frac{5+6}{2}=\mathbf{5.5}$$

⬅ データの値が5以下の人数は
$9+15+26=50$ (人)
6以下の人数は
$9+15+26+22=72$ (人)

[**最頻値**]

人数が一番多い(26人)データの値は**5**

演習問題

102-1 データ2, 8, 1, 9, 4, a がある. このデータの平均値が7であるような a の値は □ である. (福岡大)

102-2 次の8個のデータの中央値が17であった.

10 11 13 15 20 23 25 x

このとき $x=$ □ である. (神戸薬科大)

標問 103 四分位数

(1) 次のデータの第1四分位数，第3四分位数，四分位範囲を求めよ．

4, 5, 6, 7, 8, 9, 10, 11, 12, 17, 20 （北海学園大）

(2) 生徒10人のハンドボール投げの距離を小さい方から順に並べたものが次のデータである．

16, 20, 23, 25, 26, 28, 28, 30, 35, 37 (メートル)

このとき，このデータの中央値を求めると［ア］メートルであり，四分位範囲は［イ］メートルである．

（南山大・改）

精講 データの値の最大値と最小値の差を**範囲**といいます．

例えば本問(1)のデータの場合，

最大値は20，最小値は4

ですから，データの範囲は，

$20-4=16$

です．

また，データを小さい順に並べたときに，4等分する位置にくる値を**四分位数**といいます．

第2四分位数は，データの中央値で，Q_2 と表すことが多いです．

さらに，**第1四分位数** Q_1 と**第3四分位数** Q_3 は次のように定められます．

データの個数(大きさ)が奇数($2m+1$ とします)の場合は，**小さい方から** m **個のデータの中央値**を第1四分位数 Q_1，**大きい方から** m **個のデータの中央値**を第3四分位数 Q_3 といいます．

データの個数(大きさ)が偶数($2m$ とします)

解法のプロセス

定義に従って，

第1四分位数，第3四分位数を求める．

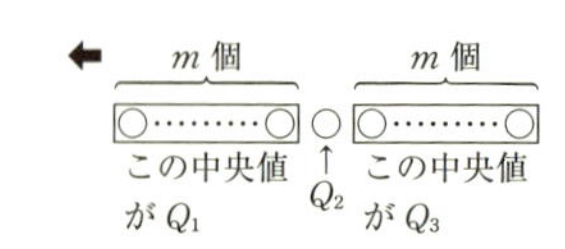

の場合も，**小さい方から m 個のデータの中央値**を第 1 四分位数 Q_1，**大きい方から m 個のデータの中央値**を第 3 四分位数 Q_3 といいます．

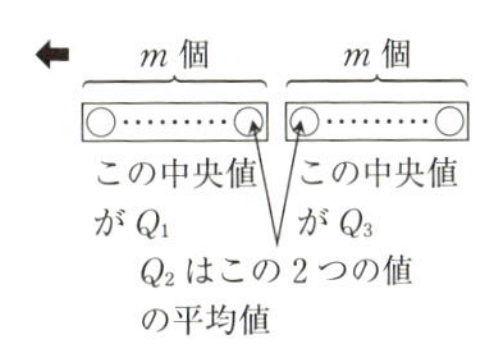

そして，Q_3-Q_1 のことを**四分位範囲**といいます．

(1)の場合は，データの個数（大きさ）が 11 で奇数なので，

Q_2 は小さい方から 6 番目の値
Q_1 は小さい方から 5 個のデータの中央値
Q_3 は大きい方から 5 個のデータの中央値

になります．

解法のプロセス

データの個数が偶数なのか奇数なのかによって，四分位数の求め方が違ってくる．

(2)の場合は，データの個数（大きさ）が 10 で偶数なので，

Q_2 は小さい方から 5 番目と 6 番目の値の平均値
Q_1 は小さい方から 5 個のデータの中央値
Q_3 は大きい方から 5 個のデータの中央値

になります．

〈 解　答 〉

(1)　データの個数（大きさ）が 11 で奇数であるから，小さい方から 5 個のデータ

← データの個数が奇数であることに注意する

4，5，6，7，8

の中央値である **6** が第 1 四分位数であり，大きい方から 5 個のデータ

10，11，12，17，20

の中央値である **12** が第 3 四分位数である．
よって，四分位範囲は，

$12-6=\mathbf{6}$

(2)　データの個数（大きさ）が 10 で偶数であるから，中央値は，小さい方から 5 番目のデータと 6 番目のデータの値の平均であり，

← データの個数が偶数であることに注意する

$\dfrac{26+28}{2}=\mathbf{27}$ (メートル) ……ア

また，第1四分位数 Q_1 は小さい方から5個のデータ

16，20，23，25，26

の中央値である23 (メートル)

そして，第3四分位数 Q_3 は大きい方から5個のデータ

28，28，30，35，37

の中央値である30 (メートル)

したがって，四分位範囲は，

$Q_3-Q_1=30-23$

$=\mathbf{7}$ (メートル) ……イ

演習問題

103 次の表は，あるクラス (生徒15名) で実施した英語と数学のテスト (それぞれ100点満点) の得点をまとめたものである．

番号	1	2	3	4	5	6	7	8	9	10	11	12	13	14	15
英語	25	44	50	54	55	58	66	68	72	76	81	84	86	92	94
数学	45	65	55	65	66	73	78	69	87	77	90	88	78	80	94

英語の点数の箱ひげ図は［ア］，数学の点数の箱ひげ図は［イ］である．

［ア］，［イ］にあてはまるものを，次の①～④のうちから一つ選べ．

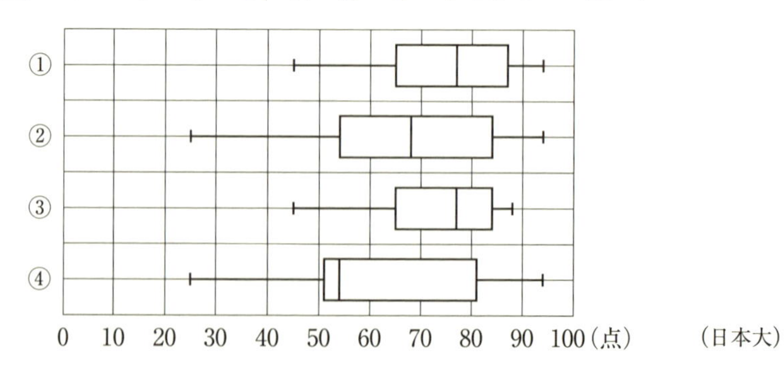

(日本大)

標問 104 分散・標準偏差(1)

(1) 変量xの9個のデータを $x_i=ai$ ($i=1, 2, 3, \cdots\cdots, 9$) とするとき，$x$のデータの平均値$\overline{x}$は［ア］，標準偏差$s_x$は［イ］である．

ただし，aは正の定数とする．

変量zのデータz_i ($i=1, 2, 3, \cdots\cdots, 9$) を $z_i=\dfrac{x_i-\overline{x}}{s_x}$ とすると，zのデータの平均値$\overline{z}$は［ウ］，標準偏差s_zは［エ］である．　（同志社大〈改作〉）

(2) 変量xの9個のデータ $x_1, x_2, x_3, \cdots, x_9$ について考える．この9個のデータの平均値はm，標準偏差はsであり，sは0ではないとする．

a，bを実数とし，$a>0$ とする．変量xの9個のデータと，変量yの9個のデータ $y_1, y_2, y_3, \cdots, y_9$ との間に

$$y_k=ax_k+b \quad (k=1, 2, 3, \cdots, 9)$$

の関係があるとする．変量yの9個のデータの平均値は0，標準偏差は1であるとき，a，bをm，sを用いて表せ．　（奈良女子大）

精講

分散

変量xについてのn個のデータ $x_1, x_2, \cdots, x_n$ の平均値を$\overline{x}$とします．つまり，

$$\overline{x}=\frac{1}{n}(x_1+x_2+\cdots+x_n)$$

このとき，各データの値と$\overline{x}$の差（これを**偏差**という）の平方の平均値を**分散**といいます．

すなわち，分散を$s_x{}^2$とすると，

$$s_x{}^2=\frac{1}{n}\{(x_1-\overline{x})^2+(x_2-\overline{x})^2+\cdots+(x_n-\overline{x})^2\}$$
$$\left(=\frac{1}{n}\sum_{i=1}^{n}(x_i-\overline{x})^2\right)$$

です．そして，分散の正の平方根を**標準偏差**といいます．

解法のプロセス
定義に従って，平均値，分散，標準偏差を求める．

← $x_1-\overline{x}$, $x_2-\overline{x}$, $\cdots$, $x_n-\overline{x}$ をそれぞれ，x_1, x_2, $\cdots$, x_n の平均値からの偏差という

← $\sum$（シグマ）は数学Bの「数列」で学ぶ記号である

つまり，標準偏差を s_x とすると，

$$\begin{aligned}\boldsymbol{s_x} &= \sqrt{\boldsymbol{s_x}^2}\\ &= \sqrt{\frac{\boldsymbol{1}}{\boldsymbol{n}}\{(\boldsymbol{x}_1-\overline{\boldsymbol{x}})^2+(\boldsymbol{x}_2-\overline{\boldsymbol{x}})^2+\cdots+(\boldsymbol{x}_n-\overline{\boldsymbol{x}})^2\}}\end{aligned}$$

が成り立ちます．

変量 x についてのデータの値 x_1，x_2，…，x_n と，変量 y についてのデータの値 y_1，y_2，…，y_n の間に

$$\boldsymbol{y_i = ax_i + b}\ (\boldsymbol{a},\ \boldsymbol{b}\ \text{は定数},\ \boldsymbol{i}=1,\ 2,\ \cdots,\ \boldsymbol{n})$$

の関係があるとき，n 個のデータ y_1，y_2，…，y_n の平均値と分散について調べてみます．

解法のプロセス

変量 $ax+b$ (a，b は定数) の平均値，分散，標準偏差は，それぞれ，変量 x の平均値，分散，標準偏差で表せる．

n 個のデータ y_1，y_2，…，y_n つまり

$$ax_1+b,\ ax_2+b,\ \cdots,\ ax_n+b$$

の平均値を $\overline{y}$ とすると，

$$\begin{aligned}\overline{\boldsymbol{y}} &= \frac{1}{n}\{(ax_1+b)+(ax_2+b)+\cdots+(ax_n+b)\}\\ &= \frac{1}{n}\{a(x_1+x_2+\cdots+x_n)+bn\}\\ &= a\times\frac{1}{n}(x_1+x_2+\cdots+x_n)+b\\ &= \boldsymbol{a\overline{x}+b}\end{aligned}$$

← $\overline{x}=\dfrac{1}{n}(x_1+x_2+\cdots+x_n)$

となります．

よって，y_1，y_2，…，y_n の分散 $s_y{}^2$ は，

$$\begin{aligned}\boldsymbol{s_y}^2 &= \frac{1}{n}[\{(ax_1+b)-(a\overline{x}+b)\}^2+\{(ax_2+b)-(a\overline{x}+b)\}^2\\ &\qquad +\cdots+\{(ax_n+b)-(a\overline{x}+b)\}^2]\\ &= \frac{1}{n}\{(ax_1-a\overline{x})^2+(ax_2-a\overline{x})^2+\cdots+(ax_n-a\overline{x})^2\}\\ &= a^2\times\frac{1}{n}\{(x_1-\overline{x})^2+(x_2-\overline{x})^2\\ &\qquad +\cdots+(x_n-\overline{x})^2\}\\ &= \boldsymbol{a^2 s_x{}^2}\end{aligned}$$

← $s_x{}^2=\dfrac{1}{n}\{(x_1-\overline{x})^2+(x_2-\overline{x})^2+\cdots+(x_n-\overline{x})^2\}$

となります．

したがって，標準偏差 s_y については，

$$\boldsymbol{s_y}=\sqrt{s_y{}^2}=\sqrt{a^2 s_x{}^2}=|a|\sqrt{s_x{}^2}=\boldsymbol{|a|s_x}$$

← $\sqrt{a^2}=|a|$ に注意

が成り立ちます.

まとめておきます.

変量xについてのn個のデータ x_1, x_2, …, x_n
と変量yについてのn個のデータ y_1, y_2, …, y_n
の間に,

$$y_i = ax_i + b \quad (a,\ b\ \text{は定数},\ i = 1,\ 2,\ \cdots,\ n)$$

の関係があるとき,

$$\overline{y} = a\overline{x} + b,\quad {s_y}^2 = a^2{s_x}^2,\quad s_y = |a|s_x$$

が成り立ちます.

〈 解　答 〉

(1) 変量xの9個のデータ

a, $2a$, $3a$, $4a$, $5a$, $6a$, $7a$, $8a$, $9a$

の平均値$\overline{x}$は,

$$\overline{x} = \frac{1}{9}(a + 2a + 3a + 4a + 5a + 6a + 7a + 8a + 9a)$$
$$= \frac{1}{9}\cdot 45a$$
$$= \mathbf{5a} \qquad \cdots\cdots ア$$

ここでは定義に従って求めるが, 標問 **105** の計算法に従って求めることもできる

また, 分散${s_x}^2$は,

$${s_x}^2 = \frac{1}{9}\{(a - 5a)^2 + (2a - 5a)^2 + (3a - 5a)^2 + (4a - 5a)^2 + (5a - 5a)^2 + (6a - 5a)^2 + (7a - 5a)^2 + (8a - 5a)^2 + (9a - 5a)^2\}$$
$$= \frac{1}{9}(16a^2 + 9a^2 + 4a^2 + a^2 + 0 + a^2 + 4a^2 + 9a^2 + 16a^2)$$
$$= \frac{1}{9}\cdot 60a^2$$
$$= \frac{20}{3}a^2$$

したがって, 変量xの標準偏差s_xは,

$$s_x = \sqrt{{s_x}^2} = \sqrt{\frac{20}{3}a^2} = \frac{\mathbf{2\sqrt{5}}}{\mathbf{\sqrt{3}}}\mathbf{a} \qquad \cdots\cdots イ$$

$a > 0$ より $\sqrt{a^2} = |a| = a$

また，変量 z の 9 個のデータ，$z_i\left(=\dfrac{x_i-\overline{x}}{s_x}\right)$ $(i=1,\ 2,\ \cdots,\ 9)$ の平均値 $\overline{z}$ は，

$$\overline{z}=\frac{\overline{x}-\overline{x}}{s_x}=\mathbf{0} \quad \cdots\cdots ウ$$

であり，分散 $s_z{}^2$ は

$$s_z{}^2=\frac{1}{s_x{}^2}\cdot s_x{}^2=1$$

したがって，標準偏差 s_z は，

$$s_z=\sqrt{s_z{}^2}=\mathbf{1} \quad \cdots\cdots エ$$

⬅ $z_i=\dfrac{1}{s_x}x_i-\dfrac{\overline{x}}{s_x}$ であるから，$\overline{z}=\dfrac{1}{s_x}\overline{x}-\dfrac{\overline{x}}{s_x}$，$s_z{}^2=\left(\dfrac{1}{s_x}\right)^2 s_x{}^2$
なお，変量 x に対して変量 z を標準化といい，標準化したデータの平均値は 0，分散は 1 (したがって標準偏差も 1) となる

(2) 9 個のデータ $x_1,\ x_2,\ \cdots,\ x_9$ の平均値を $\overline{x}$，分散を $s_x{}^2$，標準偏差を s_x とし，$y_1,\ y_2,\ \cdots,\ y_n$ の平均値を $\overline{y}$，分散を $s_y{}^2$，標準偏差を s_y とすると

$$\overline{x}=m \quad \cdots\cdots①$$
$$s_x=s\ (\neq 0) \quad \cdots\cdots②$$
$$\overline{y}=0 \quad \cdots\cdots③$$
$$s_y=1 \quad \cdots\cdots④$$

$y_k=ax_k+b\ (k=1,\ 2,\ \cdots,\ 9)$ の関係があるので，

$$\overline{y}=a\overline{x}+b \quad \cdots\cdots⑤$$

$s_y{}^2=a^2s_x{}^2$，$a>0$ より

$$s_y=as_x \quad \cdots\cdots⑥$$

⬅ $s_y=\sqrt{s_y{}^2}=\sqrt{a^2s_x{}^2}=|a|\sqrt{s_x{}^2}=as_x$ ($a>0$ より)

⑤に①，③を，⑥に②，④を代入して，

$$0=am+b,\ 1=as$$

よって，

$$\boldsymbol{a=\frac{1}{s},\ b=-\frac{m}{s}}$$

演習問題

104 c を定数として，変量 y，z の k 番目のデータの値が

$$y_k=k \quad (k=1,\ 2,\ \cdots,\ n)$$
$$z_k=ck \quad (k=1,\ 2,\ \cdots,\ n)$$

であるとする．このとき $y_1,\ y_2,\ \cdots,\ y_n$ の分散が $z_1,\ z_2,\ \cdots,\ z_n$ の分散より大きくなるための c の必要十分条件を求めよ． (広島大)

標問 105 分散・標準偏差(2)

(1) 変量xの値がx_1，x_2，x_3のとき，その平均値を$\overline{x}$とする．分散s^2を

$$\frac{1}{3}\{(x_1-\overline{x})^2+(x_2-\overline{x})^2+(x_3-\overline{x})^2\}$$

で定義するとき，$s^2=\overline{x^2}-(\overline{x})^2$となることを示せ．ただし$\overline{x^2}$は$x_1{}^2$，$x_2{}^2$，$x_3{}^2$の平均値を表す．（琉球大）

(2) 50人のテストの得点xの平均値$\overline{x}$が60で，分散s^2が100であった．ところが，テストを受けた生徒の中のA君が答案用紙の裏にも解答を書いていることに気づいたため，採点し直したところ，A君の得点が50点上がった．

(i) A君の得点を修正した後の平均値を求めよ．

(ii) 修正する前のA君の得点が50点だったとするとき，A君の得点を修正した後の分散の値を求めよ．

(iii) A君の得点を修正した後の標準偏差が11になったとするとき，修正する前のA君の得点を求めよ．（岡山理科大）

精講

分散の計算方法

解法のプロセス
(1)では，分散の定義式を変形する．

変量xについてのn個のデータx_1，x_2，…，x_nの平均値を$\overline{x}$，分散を$s_x{}^2$とするとき，定義に従えば

$$s_x{}^2=\frac{1}{n}\{(x_1-\overline{x})^2+(x_2-\overline{x})^2+\cdots+(x_n-\overline{x})^2\}$$

⬅ これが分散の定義

ですが，実は

$$\boldsymbol{s_x{}^2=\overline{x^2}-(\overline{x})^2}$$

が成り立ちます．

つまり，xのデータの分散は，

(x^2のデータの平均値)−(xのデータの平均値)^2

⬅ 分散の1つの計算方法

で求めることもできます．

一応証明しておきます．

$$s_x{}^2=\frac{1}{n}\{(x_1-\overline{x})^2+(x_2-\overline{x})^2+\cdots+(x_n-\overline{x})^2\}$$

$$=\frac{1}{n}\{x_1{}^2+x_2{}^2+\cdots+x_n{}^2-2\overline{x}(x_1+x_2+\cdots+x_n)+n(\overline{x})^2\}$$

$$=\frac{1}{n}\{x_1{}^2+x_2{}^2+\cdots+x_n{}^2-2\overline{x}\cdot n\overline{x}+n(\overline{x})^2\}$$

$$=\frac{1}{n}\{x_1{}^2+x_2{}^2+\cdots+x_n{}^2-n(\overline{x})^2\}$$

$$=\frac{1}{n}(x_1{}^2+x_2{}^2+\cdots+x_n{}^2)-(\overline{x})^2$$

$$=\overline{x^2}-(\overline{x})^2$$

← $\overline{x}=\frac{1}{n}(x_1+x_2+\cdots+x_n)$ より，$x_1+x_2+\cdots+x_n=n\overline{x}$

(2)(i) A君の得点を修正する前の50人の得点の合計は，60×50(点)であり，A君の得点を修正した後の50人の得点の合計はこれより50(点)増えることになります．

← (修正後の得点の合計)＝(修正前の得点の合計)＋50

(ii) 分散は(2乗の平均値)−(平均値)^2 で求めることができます．

そして，(2乗の平均値)は，

(2乗の合計)÷(人数)

であることに注目します．

A君以外の49人の得点の2乗の合計をKとすると

修正前の50人の得点の2乗の合計は$K+50^2$，

修正後の50人の得点の2乗の合計は$K+(50+50)^2$

となります．

解法のプロセス

A君を除いた49人の得点の2乗の合計をKとおく．

⇩

修正前の50人の得点の合計は$K+50^2$であり，修正後は$K+(50+50)^2$である．

(iii) 修正前のA君の得点をaとすると，修正後の得点は$a+50$(点)になります．

このことに注意して，(ii)と同様にして修正後の分散を求めます．

そして，その値が11^2であることからaを求めます．

解法のプロセス

修正前のA君の得点をaとおく．

(2乗の合計)は，修正前に対して修正後は，$(a+50)^2-a^2$ だけ増える

〈 解 答 〉

(1) $s^2=\frac{1}{3}\{(x_1-\overline{x})^2+(x_2-\overline{x})^2+(x_3-\overline{x})^2\}$

$$=\frac{1}{3}[\{x_1{}^2-2x_1\overline{x}+(\overline{x})^2\}+\{x_2{}^2-2x_2\overline{x}+(\overline{x})^2\}+\{x_3{}^2-2x_3\overline{x}+(\overline{x})^2\}]$$

← $(x_1-\overline{x})^2$，$(x_2-\overline{x})^2$，$(x_3-\overline{x})^2$ を展開

$$=\frac{1}{3}\{(x_1{}^2+x_2{}^2+x_3{}^2)-2(x_1+x_2+x_3)\overline{x}+3(\overline{x})^2\}\quad\cdots\cdots(*)$$

ここで，

$$\overline{x}=\frac{1}{3}(x_1+x_2+x_3)$$

より，

$$x_1+x_2+x_3=3\overline{x}$$

であるから，これを（＊）に代入して

$$s^2=\frac{1}{3}\{(x_1{}^2+x_2{}^2+x_3{}^2)-6\overline{x}\cdot\overline{x}+3(\overline{x})^2\}$$

$$=\frac{1}{3}(x_1{}^2+x_2{}^2+x_3{}^2)-(\overline{x})^2$$

$$=\overline{x^2}-(\overline{x})^2$$

(2)(i)　A君の得点を修正する前の50人の得点の合計は，

$$60\times50\ (\text{点})$$

であるから，A君の得点を修正した後の50人の得点の合計は，

$$60\times50+50\ (\text{点})$$

← A君の得点が50点上がったので50人の合計点も50点上がる

したがって，A君の得点を修正した後の平均値は，

$$\frac{60\times50+50}{50}=\mathbf{61}\ (\textbf{点})$$

(ii)　A君以外の49人の得点の2乗の合計をKとする．

A君の得点を修正する前の50人の得点の2乗の合計は

$$K+50^2$$

であるから，分散は，

$$\frac{K+50^2}{50}-60^2$$

である．

これが100であることから

$$\frac{K+50^2}{50}-60^2=100$$

よって，

$$K+50^2=3700\times50$$

したがって，

$$K=3650\times50$$

A君の得点を修正した後の50人の得点の2乗の合計は，

$$K+100^2=3650\times50+100^2$$

$$=3850\times50$$

← $100^2=200\times50$ と変形して計算

よって，A 君の得点を修正した後の分散は，

$$\frac{K+100^2}{50}-61^2$$
$$=3850-61^2$$
$$=\mathbf{129}$$

(iii) 修正する前のA君の得点を a とすると，(ii)と同様に，

$$\frac{K+a^2}{50}-60^2=100$$

より，

$$K=3700\times50-a^2$$

A君の得点を修正した後の分散は，

$$\frac{K+(a+50)^2}{50}-61^2=\frac{3700\times50-a^2+(a+50)^2}{50}-61^2$$
$$=\frac{3700\times50+100a+50^2}{50}-61^2$$
$$=3700+2a+50-61^2=2a+29$$

これが 11^2 に等しいことから

$$2a+29=11^2$$

← 分散は，標準偏差（＝11）の2乗

よって，

$$a=\mathbf{46}\text{（点）}$$

演習問題

105-1 nを2以上の自然数とする．

変量xのデータの値がx_1，x_2，…，x_nであるとし，

$$f(a)=\frac{1}{n}\sum_{k=1}^{n}(x_k-a)^2\ \left(=\frac{1}{n}\{(x_1-a)^2+(x_2-a)^2+\cdots+(x_n-a)^2\}\right)$$

とする．

$f(a)$を最小にするaはx_1，x_2，…，x_nの平均値で，そのときの最小値はx_1，x_2，…，x_nの分散であることを示せ．（広島大）

105-2 (1) 3つの正の数a，b，cの平均値が14，標準偏差が8であるとき，

$a^2+b^2+c^2=$ ア ，

$ab+bc+ca=$ イ

である．

グループ	個数	平均値	分散
A	20	16	24
B	60	12	28

(2) ある集団はAとBの2つのグループで構成される．データを集計したところ，それぞれのグループの個数，平均値，分散は上の表のようになった．このとき，集団全体の平均値は ウ ，分散は エ である．（立命館大）

標問 106 偏差値

受験者数が 100 人の試験が実施され，この試験を受験した智子さんの得点は 84 (点) であった．また，この試験の得点の平均値は 60 (点) であった．

なお，得点の平均値が m (点)，標準偏差が s (点) である試験において，得点が x (点) である受験者の偏差値は

$$50+\frac{10(x-m)}{s}$$

となることを用いてよい．

(1) 智子さんの偏差値は 62 であった．したがって，100 人の受験者の得点の標準偏差は [ア] (点) である．

(2) この試験において，得点が x (点) である受験者の偏差値が 65 以上であるための必要十分条件は $x \geqq$ [イ] である．

(3) 後日，この試験を新たに 50 人が受験し，受験者数が合計で 150 人となった．その結果，試験の得点の平均値が 62 (点) となり，智子さんの偏差値は 60 となった．したがって，150 人の受験者の得点の標準偏差は [ウ] (点) である．

また，新たに受験した 50 人の受験者の得点について，平均値は [エ] (点) であり，標準偏差は [オ] $\sqrt{\boxed{カ}}$ (点) である．(上智大)

精講

偏差値

試験において，n 人の得点が

x_1，x_2，…，x_n (点)

であったとします．

また，得点の平均値を $\overline{x}$，分散を $s_x{}^2$，標準偏差を s_x とします．

このとき，x_k 点を取った人の偏差値を

$$50+10\times\frac{x_k-\overline{x}}{s_x}$$

で定義します．

ただし，この定義は必ず問題文中に書いてあるので，暗記しておく必要はありません．**定義に従って計算できる**ようにしておけばそれで十分です．

解法のプロセス

問題文中の定義式に従って式を作り，それを解く．

← $\overline{x}=\frac{1}{n}(x_1+x_2+\cdots+x_n)$

$s_x{}^2=\frac{1}{n}\{(x_1-\overline{x})^2+(x_2-\overline{x})^2+\cdots+(x_n-\overline{x})^2\}$

$\left(=\frac{1}{n}(x_1{}^2+x_2{}^2+\cdots+x_n{}^2)-(\overline{x})^2\right)$

$s_x=\sqrt{s_x{}^2}$

〈 解 答 〉

(1) 100人の受験者の得点の標準偏差をs(点)とする.
得点の平均値が60(点)で，84点の智子さんの偏差値が62であるから,

$$50+10\times\frac{84-60}{s}=62$$

← 定義に従って式を作る

よって,

$$50+\frac{240}{s}=62$$

したがって,

$s=\mathbf{20}$ ……ア

← $\frac{240}{s}=12$ より $12s=240$

(2) 得点がx(点)である受験者の偏差値が65以上となる条件は,

$$50+10\times\frac{x-60}{20}\geqq65$$

よって,

$$50+\frac{x-60}{2}\geqq65$$

したがって,

$x\geqq\mathbf{90}$ ……イ

← $\frac{x-60}{2}\geqq15$ より
$x-60\geqq30$

(3) 150人の受験者の得点の標準偏差をs'(点)とする.
得点の平均値が62(点)で，84点の智子さんの偏差値が60であるから,

$$50+10\times\frac{84-62}{s'}=60$$

よって,

$$50+\frac{220}{s'}=60$$

したがって,

$s'=\mathbf{22}$ ……ウ

← $\frac{220}{s'}=10$ より $10s'=220$

新たに受験した50人の得点の平均値をm(点)とすると,

$$\frac{60\times100+m\times50}{150}=62$$

← 150人の得点の合計は，
$60\times100+m\times50$(点)

よって,

$m=\mathbf{66}$ ……エ

また，前回受験した100人の得点の2乗の合計をa，新たに受験した50人の得点の2乗の合計

を b とする.

前回受験した100人の得点の標準偏差が20(点)であるから,

$$\frac{a}{100}-60^2=20^2 \quad \cdots\cdots ①$$

⬅(分散)=(2乗の平均値)−(平均値)^2,
(分散)=(標準偏差)^2

受験した150人の得点の標準偏差が22(点)であるから,

$$\frac{a+b}{150}-62^2=22^2 \quad \cdots\cdots ②$$

①より,

$a=400000$

②より,

$a+b=649200$

よって,

$b=649200-400000$
$=249200$

したがって,新たに受験した50人の得点の分散は,

$$\frac{b}{50}-66^2=\frac{249200}{50}-66^2$$
$$=628$$

であるから,標準偏差は,

$\sqrt{628}=\mathbf{2\sqrt{157}}$ (点) ……オ,カ

⬅(標準偏差)=$\sqrt{(分散)}$

である.

演習問題

106 n を2以上の自然数とする.

n 人の得点が $x_1=100$, $x_i=99$ ($i=2$, 3, …, n) であるとき,n 人の得点の平均 $\overline{x}$,分散 v を求めると $(\overline{x}, v)=$ [ア] である.

ここで,得点 x_i ($i=1$, 2, 3, …, n) の偏差値 t_i は $t_i=50+\frac{10(x_i-\overline{x})}{\sqrt{v}}$ によって計算されることを利用すると,t_1 が100以上となる最小の n は [イ] である.

(福岡大)

標問 107 共分散・相関係数

2つの変量 x, y に関するデータが右のように与えられている．y の平均値は 4，分散は 0.8 である．

番号	1	2	3	4	5
x	6	2	2	6	4
y	5	a	b	5	3

(1) x の平均値は [ア]，分散は [イ] である．

(2) $a=$[ウ]，$b=$[エ] である．ただし，$a<b$ とする．

(3) x と y の共分散は [オ] である．

(4) x と y の相関係数は [カ] である．

(西南学院大)

精講

共分散

2つの変量 x と y のデータが，n 個の x と y の値の組として，

$$(x_1,\ y_1),\ (x_2,\ y_2),\ \cdots,\ (x_n,\ y_n)$$

と与えられているとします．

そして，

$x_1,\ x_2,\ \cdots,\ x_n$ の平均値を $\overline{x}$，標準偏差を s_x，
$y_1,\ y_2,\ \cdots,\ y_n$ の平均値を $\overline{y}$，標準偏差を s_y

とします．

このとき，x の偏差 $x_k-\overline{x}$ と y の偏差 $y_k-\overline{y}$ の積 $(x_k-\overline{x})(y_k-\overline{y})$ の平均値を，x と y の**共分散**といい，s_{xy} と表します．

つまり，x と y の共分散 s_{xy} は

$$\boldsymbol{s_{xy}=\frac{1}{n}\{(x_1-\overline{x})(y_1-\overline{y})+(x_2-\overline{x})(y_2-\overline{y})+\cdots+(x_n-\overline{x})(y_n-\overline{y})\}}$$

です．

一般に，共分散が正のとき，x_k，y_k はそれぞれ $\overline{x}$，$\overline{y}$ より同時に大きくなる，あるいは同時に小さくなる，という傾向をもちます．

逆に，共分散が負のとき，x_k が $\overline{x}$ より大きくなると y_k は $\overline{y}$ より小さくなる（x_k が $\overline{x}$ より小さくなると y_k は $\overline{y}$ より大きくなる）という傾向をもちます．

解法のプロセス
それぞれ定義式に従って計算する．

← $x_k-\overline{x}$ を，x_k の平均値からの偏差という

相関係数

2つの変量 x と y の共分散 s_{xy} を，x，y の標準偏差の積 $s_x s_y$ でわった値を，x と y の**相関係数**といい，r と表すことが多いです．

つまり，x と y の相関係数 r は，

$$r=\frac{s_{xy}}{s_x s_y}$$

で定義されます．

なお，相関係数 r は

$$-1 \leqq r \leqq 1$$

であって，-1 より小さかったり，1 より大きかったりすることは決してありません．

x と y において，一方が増えると他方も増える傾向があるとき，x と y の間には**正の相関関係がある**といいます．

それに対して，x と y において，一方が増えると他方は減る傾向があるとき，x と y の間には**負の相関関係がある**といいます．

相関係数が正（共分散が正）のときには，正の相関関係があり，また，相関係数が負（共分散が負）のときには，負の相関関係があると考えられます．

なお，相関係数が 1 に近ければ近いほど，より強い正の相関関係があり，相関係数が -1 に近ければ近いほど，より強い負の相関関係があります．

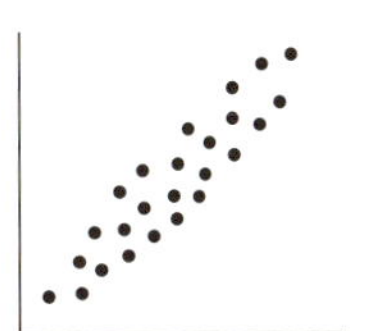
相関係数ほぼ0.9

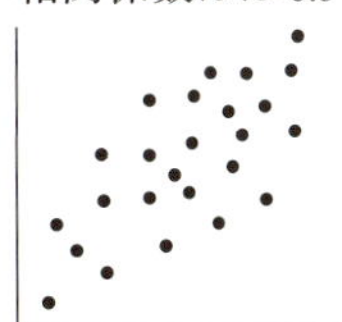
相関係数ほぼ0.7

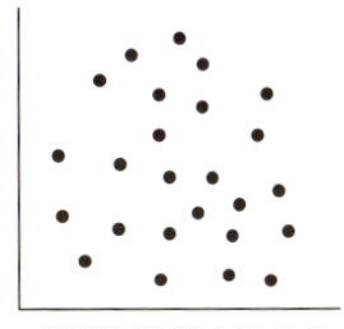
相関係数ほぼ0

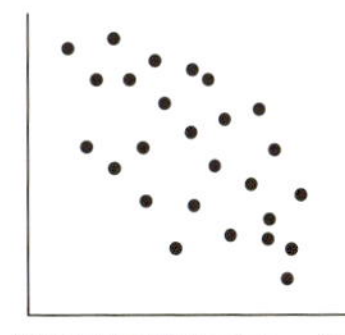
相関係数ほぼ－0.7

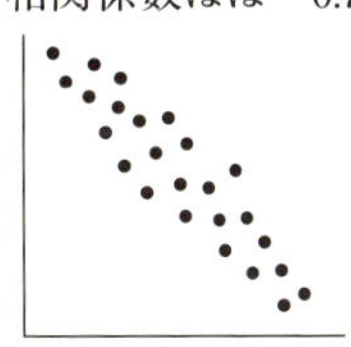
相関係数ほぼ－0.9

〈 解　答 〉

(1)　x の平均値 $\overline{x}$ は，

$$\overline{x}=\frac{1}{5}(6+2+2+6+4)=\mathbf{4} \quad \cdots\cdots ア$$

x の分散 $s_x{}^2$ は，

$$s_x{}^2=\frac{1}{5}(6^2+2^2+2^2+6^2+4^2)-4^2$$
$$=\mathbf{3.2} \quad \cdots\cdots イ$$

← (分散) ＝(2乗の平均値)－(平均値)^2

(2)　y の平均値 $\overline{y}$ が 4 であるから，

$$\frac{1}{5}(5+a+b+5+3)=4$$

よって，$a+b=7$ 　……①

y の分散が 0.8 であるから，

第9章

$$\frac{1}{5}(5^2+a^2+b^2+5^2+3^2)-4^2=0.8$$

よって，$a^2+b^2=25$ ……②

①，②から b を消去して，

$$a^2+(7-a)^2=25$$

よって，$a^2-7a+12=0$

したがって，$a=3,\ 4$

$b=7-a$（①より）であるから，

$$(a,\ b)=(3,\ 4),\ (4,\ 3)$$

$a<b$ であるから，$\boldsymbol{a=3},\ \boldsymbol{b=4}$ ……ウ，エ

(3) x と y の共分散 s_{xy} は，

$$s_{xy}=\frac{1}{5}\{(6-4)(5-4)+(2-4)(3-4)+(2-4)(4-4)+(6-4)(5-4)+(4-4)(3-4)\}$$

$$=\frac{1}{5}(2+2+0+2+0)$$

$$=\mathbf{1.2}$$ ……オ

(4) x と y の相関係数 r は，

$$r=\frac{s_{xy}}{s_x s_y}$$

$$=\frac{1.2}{\sqrt{3.2}\sqrt{0.8}}$$

$$=\frac{1.2}{1.6}$$

$$=\mathbf{0.75}$$ ……カ

⬅ $\sqrt{3.2}\sqrt{0.8}=\sqrt{3.2\times0.8}$
$=\sqrt{4\cdot0.8\times0.8}$
$=2\times0.8$
$=1.6$

演習問題

107 a を定数とする．2つの変量 $(x,\ y)$ が右の4つの観測値をとった．

x	0	1	a	$a+1$
y	0	0	1	1

このとき，次の問いに答えよ．

(1) x，y の平均値 $\overline{x}$，$\overline{y}$ をそれぞれ求めよ．

(2) x，y の分散 $s_x{}^2$，$s_y{}^2$ をそれぞれ求めよ．

(3) x と y の共分散 s_{xy} を求めよ．

(4) x と y の相関係数 r を a を用いて表せ． （広島工業大）

標問 108 変量 $ax+b$ と $cy+d$ の共分散と相関係数

次の表は，あるクラスの生徒 10 人に対して行った英語と国語のテストの結果である．ただし，英語の得点を変量 x，国語の得点を変量 y とする．

x	9	9	8	6	8	9	8	9	7	7
y	9	10	4	7	10	5	5	7	6	7

定数 x_0，y_0 と正の定数 c を用いて，

$$u=\frac{x-x_0}{c},\quad v=\frac{y-y_0}{c}$$

とするとき，次の(1)～(3)に答えなさい．

(1) u の平均値 $\overline{u}=0$ とするとき，x_0 の値を求めなさい．

(2) v の分散 $s_v{}^2$ と y の分散 $s_y{}^2$ の比を $1:2$ とするとき，c の値を求めなさい．

(3) x と y の相関係数 r_{xy} を求めなさい．また，任意の定数 x_0，y_0 と正の定数 c について，u と v の相関係数 r_{uv} が r_{xy} に等しくなることを示しなさい．

（宮城大）

精講

2 つの変量 x と y のデータが，n 個の x と y の値の組として

$$(x_1,\ y_1),\ (x_2,\ y_2),\ \cdots,\ (x_n,\ y_n)$$

と与えられているとします．

そして，2 つの変量 x と y について，平均値，分散，標準偏差をそれぞれ $\overline{x}$，$\overline{y}$，$s_x{}^2$，$s_y{}^2$，s_x，s_y とし，x と y の共分散を s_{xy} とします．

いま，変量 u と x の間に

$$u_i=ax_i+b\ (i=1,\ 2,\ \cdots,\ n)\quad (a,\ b \text{ は定数})$$

変量 v と y の間に

$$v_i=cy_i+d\ (i=1,\ 2,\ \cdots,\ n)\quad (c,\ d \text{ は定数})$$

の関係があるとします．

解法のプロセス

(1)では，$u=\dfrac{x-x_0}{c}$ より，$\overline{u}=\dfrac{\overline{x}-x_0}{c}$ であることを利用する．

(2)では，$v=\dfrac{y-y_0}{c}\ \left(=\dfrac{1}{c}y-\dfrac{y_0}{c}\right)$ より，$s_v{}^2=\left(\dfrac{1}{c}\right)^2 s_y{}^2$ であることを利用する．

このとき，u，v について，平均値，分散，標準偏差をそれぞれ，$\overline{u}$，$\overline{v}$，$s_u{}^2$，$s_v{}^2$，s_u，s_v とすると

$$\overline{u}=a\overline{x}+b,\ \overline{v}=c\overline{y}+d,$$
$$s_u{}^2=a^2s_x{}^2,\ s_v{}^2=c^2s_y{}^2,$$
$$s_u=|a|s_x,\ s_v=|c|s_y$$

であることは，標問 **104** で述べました．

ここでは，u と v の共分散 s_{uv} について調べてみます．

共分散の定義により，s_{uv} は，

$$s_{uv}=\frac{1}{n}\{(u_1-\overline{u})(v_1-\overline{v})+(u_2-\overline{u})(v_2-\overline{v})+\cdots+(u_n-\overline{u})(v_n-\overline{v})\} \quad \cdots\cdots①$$

です．ここで，

$$u_i-\overline{u}=(ax_i+b)-(a\overline{x}+b)=a(x_i-\overline{x}) \quad (i=1,\ 2,\ \cdots,\ n)$$

同様に

$$v_i-\overline{v}=c(y_i-\overline{y}) \quad (i=1,\ 2,\ \cdots,\ n)$$

ですから，①は，

$$\begin{aligned}s_{uv}&=\frac{1}{n}\{a(x_1-\overline{x})\cdot c(y_1-\overline{y})+a(x_2-\overline{x})\cdot c(y_2-\overline{y})+\cdots+a(x_n-\overline{x})\cdot c(y_n-\overline{y})\}\\&=ac\times\frac{1}{n}\{(x_1-\overline{x})(y_1-\overline{y})+(x_2-\overline{x})(y_2-\overline{y})+\cdots+(x_n-\overline{x})(y_n-\overline{y})\}\\&=acs_{xy}\end{aligned}$$

となります．

つまり，a，b，c，d を定数として

$$u_i=ax_i+b,\ v_i=cy_i+d \quad (i=1,\ 2,\ \cdots,\ n)$$

のとき，

$$s_{uv}=acs_{xy}$$

が成り立ちます．

解法のプロセス

(3)では，$u=\dfrac{1}{c}x-\dfrac{x_0}{c}$，$v=\dfrac{1}{c}y-\dfrac{y_0}{c}$ であるから，

$$s_u{}^2=\left(\frac{1}{c}\right)^2s_x{}^2,$$
$$s_v{}^2=\left(\frac{1}{c}\right)^2s_y{}^2,$$
$$s_{uv}=\frac{1}{c}\cdot\frac{1}{c}s_{xy}$$

が成り立つ．

⇩

r_{uv} を r_{xy} で表す．

したがって，u と v の相関係数を r_{uv}，x と y の相関係数を r_{xy} とすると

$$r_{uv}=\frac{s_{uv}}{s_u s_v}$$
$$=\frac{acs_{xy}}{|a|s_x\times|c|s_y}$$
$$=\frac{ac}{|ac|}\cdot\frac{s_{xy}}{s_x s_y}$$
$$=\frac{ac}{|ac|}r_{xy}$$

という関係が成り立ちます．

特に，$ac>0$ のときには

$$r_{uv}=r_{xy}$$

となります．

〈 解　答 〉

(1)　$u=\dfrac{x-x_0}{c}$ より

$$\overline{u}=\frac{\overline{x}-x_0}{c}$$

← $u=\dfrac{1}{c}x-\dfrac{x_0}{c}$ であるから，$\overline{u}=\dfrac{1}{c}\overline{x}-\dfrac{x_0}{c}$

$\overline{u}=0$ より，

$$x_0=\overline{x}$$
$$=\frac{1}{10}(9+9+8+6+8+9+8+9+7+7)$$
$$=8$$

(2)　$v=\dfrac{y-y_0}{c}\left(=\dfrac{1}{c}y-\dfrac{y_0}{c}\right)$ より

$$s_v{}^2=\frac{1}{c^2}s_y{}^2$$

よって，$s_v{}^2:s_y{}^2=1:2$ のとき，

$$\frac{1}{c^2}=\frac{1}{2}$$

$c>0$ であるから，

$$c=\sqrt{\mathbf{2}}$$

(3) xの分散を$s_x{}^2$とすると,

$$s_x{}^2=\frac{1}{10}\{(9-8)^2+(9-8)^2+(8-8)^2+(6-8)^2+(8-8)^2+(9-8)^2+(8-8)^2+(9-8)^2+(7-8)^2+(7-8)^2\}$$

$$=\frac{1}{10}(1+1+0+4+0+1+0+1+1+1)$$

$$=\frac{10}{10}=1$$

⬅ ここでは分散の定義に従って計算した

したがって,xの標準偏差s_xは,

$$s_x=\sqrt{s_x{}^2}=1$$

また,yの平均値$\overline{y}$,分散$s_y{}^2$,標準偏差s_yは,

$$\overline{y}=\frac{1}{10}(9+10+4+7+10+5+5+7+6+7)$$

$$=7$$

$$s_y{}^2=\frac{1}{10}\{(9-7)^2+(10-7)^2+(4-7)^2+(7-7)^2+(10-7)^2+(5-7)^2+(5-7)^2+(7-7)^2+(6-7)^2+(7-7)^2\}$$

$$=\frac{1}{10}(4+9+9+0+9+4+4+0+1+0)$$

$$=\frac{40}{10}=4$$

$$s_y=\sqrt{s_y{}^2}=2$$

xとyの共分散をs_{xy}とすると

$$s_{xy}=\frac{1}{10}\{(9-8)(9-7)+(9-8)(10-7)+(8-8)(4-7)+(6-8)(7-7)+(8-8)(10-7)+(9-8)(5-7)+(8-8)(5-7)+(9-8)(7-7)+(7-8)(6-7)+(7-8)(7-7)\}$$

$$=\frac{1}{10}(2+3+0+0+0-2+0+0+1+0)$$

$$=\frac{4}{10}=0.4$$

したがって,xとyの相関係数r_{xy}は,

$$r_{xy}=\frac{s_{xy}}{s_x s_y}$$
$$=\frac{0.4}{1\times2}=\mathbf{0.2}$$

さらに,

$$u=\frac{1}{c}x-\frac{x_0}{c},\quad v=\frac{1}{c}y-\frac{y_0}{c}$$

であるから，u の標準偏差 s_u，v の標準偏差 s_v，u と v の共分散 s_{uv} はそれぞれ,

$$s_u{}^2=\left(\frac{1}{c}\right)^2 s_x{}^2 \text{ より } s_u=\left|\frac{1}{c}\right|s_x=\frac{1}{c}s_x,$$

$$s_v{}^2=\left(\frac{1}{c}\right)^2 s_y{}^2 \text{ より } s_v=\left|\frac{1}{c}\right|s_y=\frac{1}{c}s_y,$$

$$s_{uv}=\frac{1}{c}\cdot\frac{1}{c}s_{xy}=\frac{1}{c^2}s_{xy}$$

⬅ $s_u=\sqrt{s_u{}^2}=\sqrt{\left(\frac{1}{c}\right)^2 s_x{}^2}$
$=\left|\frac{1}{c}\right|s_x=\frac{1}{c}s_x$
($c>0$ より)

したがって，u と v の相関係数 r_{uv} は

$$r_{uv}=\frac{s_{uv}}{s_u s_v}=\frac{\frac{1}{c^2}s_{xy}}{\frac{1}{c}s_x\times\frac{1}{c}s_y}$$
$$=\frac{s_{xy}}{s_x s_y}$$
$$=r_{xy}$$

演習問題

108 2つの変量 x，y のデータが，n 個の x，y の値の組として，次のように与えられているとする.

$$(x_1,\ y_1),\ (x_2,\ y_2),\ \cdots,\ (x_n,\ y_n)$$

x_1，x_2，$\cdots$，x_n と y_1，y_2，$\cdots$，y_n の平均値をそれぞれ $\overline{x}$，$\overline{y}$，標準偏差をそれぞれ s_x，s_y とする.

定数 $a>0$ と b に対して，新しい変量 w を式 $w_i=ax_i+b$ ($i=1,\ 2,\ \cdots,\ n$) で定義するとき，以下の問いに答えよ.

(1) 新しい変量 w に対するデータ w_1，w_2，$\cdots$，w_n の平均値 $\overline{w}$ と標準偏差 s_w を，$\overline{x}$ と s_x を用いて表せ.

(2) w と y の相関係数は，x と y の相関係数に等しいことを示せ. (成城大)

第9章

標問 109 共分散のもう1つの計算方法

x は0以上の整数である．右の表は2つの科目XとYの試験を受けた5人の得点をまとめたものである．

	①	②	③	④	⑤
科目Xの得点	x	6	4	7	4
科目Yの得点	9	7	5	10	9

(1) $2n$ 個の実数 a_1, a_2, $\cdots$, a_n, b_1, b_2, $\cdots$, b_n について, $a=\dfrac{1}{n}(a_1+a_2+\cdots+a_n)$, $b=\dfrac{1}{n}(b_1+b_2+\cdots+b_n)$ とすると,

$$(a_1-a)(b_1-b)+(a_2-a)(b_2-b)+\cdots+(a_n-a)(b_n-b)$$
$$=a_1b_1+a_2b_2+\cdots+a_nb_n-nab$$

が成り立つことを示せ．

(2) 科目Xの得点と科目Yの得点の相関係数 r_{XY} を x で表せ．

(3) x の値を2増やして r_{XY} を計算しても値は同じであった．このとき，r_{XY} の値を四捨五入して小数第1位まで求めよ．　(一橋大)

精講　2つの変量 x と y のデータが，n 個の x と y の組として，

$$(x_1,\ y_1),\ (x_2,\ y_2),\ \cdots,\ (x_n,\ y_n)$$

と与えられているとします．

x と y の共分散 s_{xy} は，

$$s_{xy}=\frac{1}{n}\{(x_1-\overline{x})(y_1-\overline{y})+(x_2-\overline{x})(y_2-\overline{y})+\cdots+(x_n-\overline{x})(y_n-\overline{y})\}$$

で定義されますが，

$$\boldsymbol{(x_i-\overline{x})(y_i-\overline{y})=x_iy_i-x_i\overline{y}-y_i\overline{x}+\overline{x}\,\overline{y}}$$

であることに注意して，次のように変形することができます．

$$s_{xy}=\frac{1}{n}\{x_1y_1+x_2y_2+\cdots+x_ny_n-(x_1+x_2+\cdots+x_n)\overline{y}-(y_1+y_2+\cdots+y_n)\overline{x}+n\overline{x}\,\overline{y}\}$$

解法のプロセス

(1) 左辺を展開して整理する．
⇩
$a=\dfrac{1}{n}(a_1+a_2+\cdots+a_n)$
から得られる,
$a_1+a_2+\cdots+a_n=na$
を代入する．

解法のプロセス

(2) 共分散を求める際，(1)の等式を利用して求めると楽である．

ここで，$\overline{x}=\dfrac{1}{n}(x_1+x_2+\cdots+x_n)$ より

$$x_1+x_2+\cdots+x_n=n\overline{x}$$

であり，同様に，

$$y_1+y_2+\cdots+y_n=n\overline{y}$$

であることを用いると

$$\begin{aligned}s_{xy}&=\frac{1}{n}(x_1y_1+x_2y_2+\cdots+x_ny_n\\&\qquad-n\overline{x}\cdot\overline{y}-n\overline{y}\cdot\overline{x}+n\overline{x}\overline{y})\\&=\frac{1}{n}(x_1y_1+x_2y_2+\cdots+x_ny_n-n\overline{x}\overline{y})\\&=\boldsymbol{\frac{1}{n}(x_1y_1+x_2y_2+\cdots+x_ny_n)-\overline{x}\overline{y}}\end{aligned}$$

となります．

ですから，x と y の共分散は，

(xy の平均値)−(x の平均値)(y の平均値)

という計算で求めることもできるというわけです．

本問の場合，共分散を求める際には(1)を利用して求めるのが楽です．

〈 解　答 〉

(1)

$$\begin{aligned}&(a_1-a)(b_1-b)+(a_2-a)(b_2-b)\\&\qquad+\cdots+(a_n-a)(b_n-b)\\&=a_1b_1+a_2b_2+\cdots+a_nb_n\\&\qquad-(a_1+a_2+\cdots+a_n)b\\&\qquad-(b_1+b_2+\cdots+b_n)a+nab\\&=a_1b_1+a_2b_2+\cdots+a_nb_n\\&\qquad-na\cdot b-nb\cdot a+nab\\&=a_1b_1+a_2b_2+\cdots+a_nb_n-nab\end{aligned}$$

(2) X，Y の得点について，平均値，分散，標準偏差をそれぞれ $\overline{X}$，$\overline{Y}$，$s_X{}^2$，$s_Y{}^2$，s_X，s_Y とおくと

$$\overline{X}=\frac{1}{5}(x+6+4+7+4)=\frac{x+21}{5}$$

$$\overline{Y}=\frac{1}{5}(9+7+5+10+9)=8$$

$$s_X{}^2=\frac{1}{5}(x^2+6^2+4^2+7^2+4^2)-\left(\frac{x+21}{5}\right)^2$$

$$=\frac{x^2+117}{5}-\frac{(x+21)^2}{25}$$

$$=\frac{4x^2-42x+144}{25}$$

$$s_X=\frac{\sqrt{4x^2-42x+144}}{5}$$

$$s_Y{}^2=\frac{1}{5}(9^2+7^2+5^2+10^2+9^2)-8^2=\frac{16}{5}$$

$$s_Y=\frac{4}{\sqrt{5}}$$

また，(1)の等式において，$n=5$ とし，

a_1，a_2，a_3，a_4，a_5 を科目Xの得点，

b_1，b_2，b_3，b_4，b_5 を科目Yの得点

とすると，

$$s_{XY}=\frac{1}{5}\{(a_1-\overline{X})(b_1-\overline{Y})+(a_2-\overline{X})(b_2-\overline{Y})+(a_3-\overline{X})(b_3-\overline{Y})$$
$$+(a_4-\overline{X})(b_4-\overline{Y})+(a_5-\overline{X})(b_5-\overline{Y})\}$$

$$=\frac{1}{5}(a_1b_1+a_2b_2+a_3b_3+a_4b_4+a_5b_5-5\overline{X}\,\overline{Y})$$ ⬅ (1)の n を 5 として適用

$$=\frac{1}{5}(a_1b_1+a_2b_2+a_3b_3+a_4b_4+a_5b_5)-\overline{X}\,\overline{Y}$$

$$=\frac{1}{5}(x\cdot 9+6\cdot 7+4\cdot 5+7\cdot 10+4\cdot 9)-\frac{x+21}{5}\cdot 8$$

$$=\frac{x}{5}$$

したがって，相関係数 r_{XY} は

$$r_{XY}=\frac{s_{XY}}{s_Xs_Y}=\frac{\frac{x}{5}}{\frac{\sqrt{4x^2-42x+144}}{5}\cdot\frac{4}{\sqrt{5}}}$$

$$=\boldsymbol{\frac{\sqrt{5}\,x}{4\sqrt{4x^2-42x+144}}}$$

(3) x の値を 2 増やしても相関係数は同じであるから

$$\frac{\sqrt{5}\,(x+2)}{4\sqrt{4(x+2)^2-42(x+2)+144}}=\frac{\sqrt{5}\,x}{4\sqrt{4x^2-42x+144}}$$

よって，

$(x+2)\sqrt{4x^2-42x+144}=x\sqrt{4(x+2)^2-42(x+2)+144}$

両辺を２乗して，

$(x+2)^2(4x^2-42x+144)=x^2\{4(x+2)^2-42(x+2)+144\}$

整理して，

$7x^2-34x-48=0$

よって，

$(7x+8)(x-6)=0$

x は０以上の整数であるから

$x=6$

したがって，相関係数 r_{XY} は

$r_{XY}=\dfrac{\sqrt{5}\cdot 6}{4\sqrt{36}}=\dfrac{\sqrt{5}}{4}$ ⬅(2)の答の式に $x=6$ を代入

$2.2<\sqrt{5}<2.3$ であるから

$\dfrac{2.2}{4}<\dfrac{\sqrt{5}}{4}<\dfrac{2.3}{4}$

よって

$0.55<\dfrac{\sqrt{5}}{4}<0.575$

したがって r_{XY} の小数第２位を四捨五入すると，**0.6**

演習問題

109 ２つの変量 x，y の 10 個のデータ $(x_1,\ y_1)$，$(x_2,\ y_2)$，…，$(x_{10},\ y_{10})$ が与えられており，これらのデータから $x_1+x_2+\cdots+x_{10}=55$，$y_1+y_2+\cdots+y_{10}=75$，$x_1{}^2+x_2{}^2+\cdots+x_{10}{}^2=385$，$y_1{}^2+y_2{}^2+\cdots+y_{10}{}^2=645$，$x_1y_1+x_2y_2+\cdots+x_{10}y_{10}=445$ が得られている．

また，２つの変量 z，w の 10 個のデータ $(z_1,\ w_1)$，$(z_2,\ w_2)$，…，$(z_{10},\ w_{10})$ はそれぞれ $z_i=2x_i+3$，$w_i=y_i-4$ $(i=1,\ 2,\ \cdots,\ 10)$ で得られるとする．

(1) 変量 x，y，z，w の平均 $\overline{x}$，$\overline{y}$，$\overline{z}$，$\overline{w}$ をそれぞれ求めよ．

(2) 変量 x の分散を $s_x{}^2$ とし，２つの変量 x，y の共分散を s_{xy} とする．このとき，２つの等式

$x_1{}^2+x_2{}^2+\cdots+x_{10}{}^2=10\{s_x{}^2+(\overline{x})^2\}$，

$x_1y_1+x_2y_2+\cdots+x_{10}y_{10}=10(s_{xy}+\overline{x}\overline{y})$

がそれぞれ成り立つことを示せ．

(3) x と y の共分散 s_{xy} および相関係数 r_{xy} をそれぞれ求めよ．
また，z と w の共分散 s_{zw} および相関係数 r_{zw} をそれぞれ求めよ． （同志社大）

第10章 総合問題

標問 110 合同式

n を自然数とする．次の問いに答えよ．

(1) 8^n を 11 で割った余りが 3 となる n をすべて求めよ．

(2) 11^n を 17 で割った余りが 4 となる n をすべて求めよ．

(3) (1)の条件と(2)の条件を同時に満たす n をすべて求めよ．（秋田大）

精講

合同式

m を正の整数とします．2 つの整数 a，b について，$a-b$ が m の倍数のとき，a と b は m を法として**合同**であるといい，

$$\boldsymbol{a \equiv b \pmod{m}}$$

と表します．

これは，a，b を m で割ったときの余りが等しいことと同じです．

整数 a，b，c について，

$a \equiv a \pmod{m}$

$a \equiv b \pmod{m}$ ならば $b \equiv a \pmod{m}$

$a \equiv b \pmod{m}$，$b \equiv c \pmod{m}$ ならば $a \equiv c \pmod{m}$

が成り立つことはすぐわかるでしょう．

また，

$a \equiv b \pmod{m}$，$c \equiv d \pmod{m}$ のとき

$a \pm c \equiv b \pm d \pmod{m}$ （複号同順）

$ac \equiv bd \pmod{m}$

$a^n \equiv b^n \pmod{m}$ （n は正の整数）

が成り立ちます．

一応，証明しておきます．

$a \equiv b \pmod{m}$，$c \equiv d \pmod{m}$ より，$a-b$，$c-d$ はともに m の倍数である．

このとき，

$$(a \pm c)-(b \pm d)=(a-b) \pm (c-d) \quad \text{（複号同順）}$$

であり，$(a-b) \pm (c-d)$ は m の倍数であるから，

$$a \pm c \equiv b \pm d \pmod{m} \quad \text{（複号同順）}$$

また，

$$\begin{aligned} ac-bd &= ac-bc+bc-bd \\ &= (a-b)c+b(c-d) \end{aligned}$$

であり，$(a-b)c+b(c-d)$ は m の倍数であるから，

$ac \equiv bd \pmod{m}$

これを用いて，

$a \equiv b \pmod{m}$，$a \equiv b \pmod{m}$ より

$a^2 \equiv b^2 \pmod{m}$

$a^2 \equiv b^2 \pmod{m}$，$a \equiv b \pmod{m}$ より

$a^3 \equiv b^3 \pmod{m}$

くり返して，

$a^n \equiv b^n \pmod{m}$ （n は正の整数）

本問(1)で用いると，

$8^1 \equiv 8 \pmod{11}$ ……①

$8^2=64$ より，$8^2 \equiv 9 \pmod{11}$ ……②

①，②より

$8 \cdot 8^2 \equiv 8 \cdot 9 \pmod{11}$

$8 \cdot 9=72$ より，$8^3 \equiv 6 \pmod{11}$ ……③

①，③より

$8 \cdot 8^3 \equiv 8 \cdot 6 \pmod{11}$

$8 \cdot 6=48$ より，$8^4 \equiv 4 \pmod{11}$ ……④

①，④より

$8 \cdot 8^4 \equiv 8 \cdot 4 \pmod{11}$

$8 \cdot 4=32$ より，$8^5 \equiv 10 \pmod{11}$

← $8^1 \equiv -3$ より
$8^2 \equiv (-3)^2=9 \equiv -2$
$8^3=8 \cdot 8^2 \equiv (-3)(-2)=6$
$8^4 \equiv (-2)^2=4$
のように考えてもよい

このようにして，8，8^2，8^3，8^4，8^5，…… を 11 で割ったときの余りを求めていきます．

整数を 11 で割った余りは，0，1，2，……，10 の 11 通りしかないので，いずれくり返しとなります．

〈 解　答 〉

(1) 11 を法として，

$8^1 \equiv 8$，$8^2 \equiv 9$，$8^3 \equiv 6$，$8^4 \equiv 4$，$8^5 \equiv 10$，$8^6 \equiv 3$，
$8^7 \equiv 2$，$8^8 \equiv 5$，$8^9 \equiv 7$，$8^{10} \equiv 1$，$8^{11} \equiv 8$

← $8^2=64 \equiv 9$
$8^3=8^1 \cdot 8^2 \equiv 8 \cdot 9=72 \equiv 6$

$8^{11} \equiv 8^1$ であるから，8^n を 11 で割った余りは，周期 10 でくり返される．

以上より，8^n を 11 で割った余りが 3 となる n は，

$\boldsymbol{n=10l+6}$ （$\boldsymbol{l=0,\ 1,\ 2,\ \cdots\cdots}$）

(2) 17 を法として，

$11^1 \equiv 11$，$11^2 \equiv 2$，$11^3 \equiv 5$，$11^4 \equiv 4$，$11^5 \equiv 10$，
$11^6 \equiv 8$，$11^7 \equiv 3$，$11^8 \equiv 16$，$11^9 \equiv 6$，$11^{10} \equiv 15$，
$11^{11} \equiv 12$，$11^{12} \equiv 13$，$11^{13} \equiv 7$，$11^{14} \equiv 9$，
$11^{15} \equiv 14$，$11^{16} \equiv 1$，$11^{17} \equiv 11$

← $11^2=121 \equiv 2$
$11^3=11^1 \cdot 11^2 \equiv 11 \cdot 2=22 \equiv 5$

$11^{17} \equiv 11^1$ であるから，11^n を 17 で割った余りは，周期 16 でくり返される．

以上より，11^n を 17 で割った余りが 4 となる n は，

$\boldsymbol{n=16m+4}$ $(\boldsymbol{m=0,\ 1,\ 2,\ \cdots\cdots})$

(3) (1)，(2)より

$(n=)\ 10l+6=16m+4$ （l，m は 0 以上の整数）

よって，

$8m-5l=1$ ……①

$8\cdot2-5\cdot3=1$ ……②

← ①をみたす l，m を 1 組みつける

であるから，①−② より

$8(m-2)=5(l-3)$ ……③

右辺は 5 の倍数なので，左辺の $8(m-2)$ も 5 の倍数であり，5 と 8 は互いに素であるから，$m-2$ は 5 の倍数である．

よって，

$m-2=5k$ （k は整数）

と表すことができる．

これを③に代入して，

$40k=5(l-3)$

変形して，$8k=l-3$

よって，$l=8k+3$

したがって，①をみたす整数 l と m は，

$$\begin{cases} l=8k+3 \\ m=5k+2 \end{cases} \quad (k \text{ は整数})$$

と表すことができる．

l，m は 0 以上の整数であるから，k は 0 以上の整数である．

したがって，

$\boldsymbol{n}=10(8k+3)+6$

$=\boldsymbol{80k+36}$ $(\boldsymbol{k=0,\ 1,\ 2,\ \cdots\cdots})$

← $n=10l+6$ に $l=8k+3$ を代入
（$n=16m+4$ に $m=5k+2$ を代入してもよい）

演習問題

110 自然数 n に対して，10^n を 13 で割った余りを a_n とおく．a_n は 0 から 12 までの整数である．

(1) a_{n+1} は $10a_n$ を 13 で割った余りに等しいことを示せ．

(2) a_1，a_2，……，a_6 を求めよ．

(3) 以下の 3 条件を満たす自然数 N をすべて求めよ．

(A) N を十進法で表示したとき 6 桁となる．

(B) N を十進法で表示して，最初と最後の桁の数字を取り除くと 2016 となる．

(C) N は 13 で割り切れる．

（九州大）

標問 111 n 進法

n を 4 以上の整数とする.

(1) $(n+1)(3n^{-1}+2)(n^2-n+1)$ と表される数を n 進法の小数で表せ.

(2) 3 進数 $21201_{(3)}$ を n 進法で表すと $320_{(n)}$ となるような n の値を求めよ.

(3) 正の整数 N を 3 倍して 7 進法で表すと 3 桁の数 $abc_{(7)}$ となり, N を 4 倍して 8 進法で表すと 3 桁の数 $acb_{(8)}$ となる. 各位の数字 a, b, c を求めよ. また, N を 10 進法で表せ.

(徳島大)

〈 解 答 〉

(1) $(n+1)(3n^{-1}+2)(n^2-n+1)$

$=(n^3+1)(3n^{-1}+2)$ ← $(n+1)(n^2-n+1)=n^3+1$

$=2n^3+3n^2+2+3n^{-1}$

$=2\cdot n^3+3\cdot n^2+0\cdot n^1+2\cdot n^0+3\cdot n^{-1}$

$=\mathbf{2302.3_{(n)}}$ ← n 進法では各位の数は $0\sim n-1\ (n\geqq 4)$

(2) $21201_{(3)}$, $320_{(n)}$ をともに 10 進法で表して,

$2\cdot 3^4+1\cdot 3^3+2\cdot 3^2+0\cdot 3^1+1\cdot 3^0=3\cdot n^2+2\cdot n+0\cdot n^0$

よって, $3n^2+2n-208=0$

左辺を因数分解して, $(3n+26)(n-8)=0$

n は 4 以上の整数であるから, $\boldsymbol{n=8}$ ← $320_{(n)}$ と, n 進法表記で 3 が使われているので, n は 4 以上の整数である

(3) $4\times abc_{(7)}=3\times acb_{(8)}\ (=12N)$ ……(＊)

$1\leqq a\leqq 6$, $0\leqq b\leqq 6$, $0\leqq c\leqq 6$ ……(＊＊)

である.

(＊)の両辺を 10 進法で表して,

$4\times(a\cdot 7^2+b\cdot 7^1+c\cdot 7^0)=3\times(a\cdot 8^2+c\cdot 8^1+b\cdot 8^0)\ (=12N)$

よって, $4(49a+7b+c)=3(64a+8c+b)\ (=12N)$

したがって, $25b=4(5c-a)$

← 整理すると $4a+25b-20c=0$

25 と 4 は互いに素であるから b は 4 の倍数であり, (＊＊)より, $b=0$, 4

(i) $b=0$ のとき

$5c-a=0$ であり, (＊＊)より, $a=5$, $c=1$

(ii) $b=4$ のとき

$5c-a=25$ であり, $a=5(c-5)$

よって, a は 5 の倍数であり, (＊＊)より $a=5$ $\quad\therefore\ c=6$

また, $N=\dfrac{1}{3}(49a+7b+c)$ であるから ← $12N=4(49a+7b+c)$ より

$\boldsymbol{(a,\ b,\ c,\ N)=(5,\ 0,\ 1,\ 82),\ (5,\ 4,\ 6,\ 93)}$

標問 112 整数の性質の活用

p を 2 でない素数とし，自然数 m，n は

$$(m+n\sqrt{p})(m-n\sqrt{p})=1$$

を満たすとする．

(1) 互いに素な自然数の組 $(x,\ y)$ で $m+n\sqrt{p}=\dfrac{x+y\sqrt{p}}{x-y\sqrt{p}}$ を満たすものが存在することを示せ．

(2) x は(1)の条件を満たす自然数とする．x が p で割り切れないことと，m を p で割った余りが 1 であることが，同値であることを示せ．（千葉大）

〈 解 答 〉

(1) $(m+n\sqrt{p})(m-n\sqrt{p})=1$ より

$$m^2-n^2p=1 \quad \cdots\cdots(*)$$

$m+n\sqrt{p}=\dfrac{x+y\sqrt{p}}{x-y\sqrt{p}}$ の両辺に $x-y\sqrt{p}$ をかけて，

$$(m+n\sqrt{p})(x-y\sqrt{p})=x+y\sqrt{p}$$

よって，

$$mx-npy+(nx-my)\sqrt{p}=x+y\sqrt{p}$$

$mx-npy$，$nx-my$，x，y は有理数，$\sqrt{p}$ は無理数であるから，

$$\begin{cases} mx-npy=x \\ nx-my=y \end{cases}$$

よって，

$$\begin{cases} (m-1)x=npy & \cdots\cdots① \\ nx=(m+1)y & \cdots\cdots② \end{cases}$$

②の両辺に $\dfrac{m-1}{n}$ をかけると

$$(m-1)x=\frac{m^2-1}{n}y \quad \cdots\cdots②'$$

$(*)$ より，

$$\frac{m^2-1}{n}=np$$

であるから，②′ は①と同じ式である．

← ①かつ②は②と同値であることがわかった

したがって，②をみたす互いに素な自然数 x，y が存在することを証明すればよい．

正の整数 n と $m+1$ の最大公約数を g とすると

$n=ga$, $m+1=gb$ （a, b は互いに素な整数）

と表すことができ，$x=b$, $y=a$ は②をみたす．

←$x=b$ のとき $nx=gab$
$y=a$ のとき $(m+1)y=gab$
よって，$nx=(m+1)y$ が成り立つ

したがって，

$$m+n\sqrt{p}=\frac{x+y\sqrt{p}}{x-y\sqrt{p}}$$

をみたす互いに素な自然数 x, y が存在する．

(2) (i) x が p で割り切れないときについて考える．

①より，$(m-1)x$ は素数 p の倍数であるから $m-1$ は p の倍数である．

よって，このとき，m を p で割った余りは1である．

(ii) m を p で割った余りが1のときについて考える．

このとき，x が p で割り切れると仮定すると，②より，$(m+1)y$ は p の倍数である．

ところが，x と y は互いに素であるから，y は素数 p の倍数ではなく，$m+1$ は p の倍数である．

したがって，$m+1$, $m-1$ はともに p の倍数であるから $(m+1)-(m-1)\,(=2)$ は p の倍数である．これは，p が2でない素数であることに反する．

よって，x は p で割り切れない．

(i), (ii)より，x が p で割り切れないことと，m を p で割った余りが1であることは同値である．

演習問題

112 x, y を整数とする．x, y が整数全体を動くとき，$(1+2\sqrt{2})(x+y\sqrt{2})$ と表される実数全体の集合である無限集合を L とする．

(1) $(1+2\sqrt{2})(x_1+y_1\sqrt{2})=7$, $(1+2\sqrt{2})(x_2+y_2\sqrt{2})=7\sqrt{2}$ を満たす整数 x_1, y_1, x_2, y_2 を求めよ．

(2) z が L の要素であるとき，$z+7$, $z+7\sqrt{2}$ はともに L の要素であることを示せ．また，z が L の要素でないとき，$z+7$, $z+7\sqrt{2}$ はともに L の要素でないことを示せ．

（同志社大〈改作〉）

標問 113 整数の性質

半径がそれぞれ a, b の円を C_a, C_b とする．C_a 上に点A，C_b 上に点Bをとる．はじめに2点A，Bを一致させ，C_b を C_a に外接させながら滑らないように回転させる．ここで，点Bが再び C_a 上に来るときを C_b の回転の1周期とする．次の問いに答えよ．ただし，必要があれば，自然数 m, n の最大公約数を $\gcd(m,\ n)$ で表せ．

(1) a, b を自然数とする．C_b 上の点Bが C_a 上の点Aに再び一致するとき，C_b は何周期回転しているか．a, b を用いて表せ．

(2) a, b は互いに素な自然数とする．$k=1,\ 2,\ \cdots\cdots,\ a$ に対して，C_b が k 周期回転したとき，点Bが一致する C_a 上の点を A_k とする．このとき $\{A_1,\ A_2,\ A_3,\ \cdots\cdots,\ A_a\}$ は C_a をちょうど a 等分することを示せ．

（新潟大〈改作〉）

解答

(1) C_a, C_b の円周の長さはそれぞれ，$2\pi a$, $2\pi b$ であるから，C_b 上の点Bが C_a 上の点Aに再び一致するまでに，2円の接点は

$2\pi\times(a$ と b の最小公倍数$)$

だけ円周上を移動する．

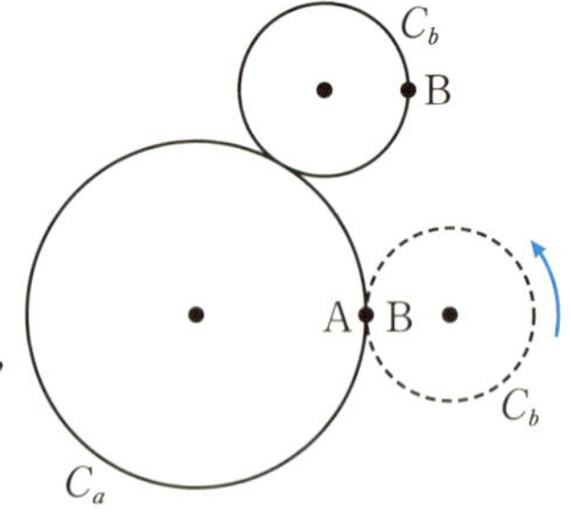

したがって，この間に，C_b の回転する周期数は，

$$\frac{2\pi\times(a\text{と}b\text{の最小公倍数})}{2\pi b}$$

ここで，

$$(a\text{と}b\text{の最小公倍数})=\frac{ab}{(a\text{と}b\text{の最大公約数})}=\frac{ab}{\gcd(a,\ b)}$$

であるから，BがAに再び一致するまでに C_b は，$\boldsymbol{\dfrac{a}{\gcd(a,\ b)}}$ **周期回転する．**

(2) b, $2b$, $3b$, $\cdots\cdots$, ab を a で割った余りをそれぞれ r_1, r_2, r_3, $\cdots\cdots$, r_a とする ($r_a=0$ である)．

点 A_k $(k=1,\ 2,\ 3,\ \cdots\cdots,\ a)$ は，C_a の周上のAから弧長 $2\pi r_k$ の点であり，$\{A_1,\ A_2,\ A_3,\ \cdots\cdots,\ A_a\}$ が C_a をちょうど a 等分することを示すには，$\{r_1,\ r_2,\ r_3,\ \cdots\cdots,\ r_a\}$ が $\{0,\ 1,\ 2,\ \cdots\cdots,\ a-1\}$ と一致することを示せばよい．

$0\leqq r_k\leqq a-1$ $(k=1,\ 2,\ 3,\ \cdots\cdots,\ a)$ であるから，

$$\{r_1,\ r_2,\ r_3,\ \cdots\cdots,\ r_a\}\subset\{0,\ 1,\ 2,\ \cdots\cdots,\ a-1\}$$

次に，r_1，r_2，r_3，……，r_a がすべて異なることを示す．

r_1，r_2，r_3，……，r_a の中に等しいものがあると仮定する．

つまり，$r_i=r_j$ $(1 \leqq i < j \leqq a)$ をみたす自然数 i，j が存在すると仮定する．

このとき，$jb-ib$ は a の倍数である．

ところが，

$$jb-ib=(j-i)b$$

であり，

$$1 \leqq j-i \leqq a-1,\quad a \text{ と } b \text{ は互いに素}$$

であるから $jb-ib$ は a で割り切れるはずはなく，矛盾が生じる．

よって，r_1，r_2，r_3，……，r_a はすべて異なる．

以上より，

$$\{r_1,\ r_2,\ r_3,\ \cdots\cdots,\ r_a\}=\{0,\ 1,\ 2,\ \cdots\cdots,\ a-1\}$$

である．

よって，$\{A_1,\ A_2,\ A_3,\ \cdots\cdots,\ A_a\}$ は C_a をちょうど a 等分する．

← これを示せば，
$\{r_1,\ r_2,\ \cdots\cdots,\ r_a\}$
$\subset\{0,\ 1,\ 2,\ \cdots\cdots,\ a-1\}$
と合わせて，
$\{r_1,\ r_2,\ \cdots\cdots,\ r_a\}$
$=\{0,\ 1,\ 2,\ \cdots\cdots,\ a-1\}$
がいえる

背理法を用いて，
r_1，r_2，……，r_a
がすべて異なることを示す

jb を a で割った余り r_j と ib を a で割った余り r_i が一致するので $jb-ib$ は a で割り切れる

標問 114 ガウス記号と数の性質

実数aに対して，a以下の最大の整数を$[a]$で表す．

(1) nを自然数とするとき，$[\sqrt{n}]=\sqrt{n}$ であるための必要十分条件は，nが平方数であることを示せ．ただし，平方数とは整数の2乗である数をいう．

(2) nを自然数とするとき，$[\sqrt{n}]-[\sqrt{n-1}]=1$ となるための必要十分条件はnが平方数であることを示せ． (津田塾大〈改作〉)

〈解答〉

(1) $[\sqrt{n}]=\sqrt{n}$ のとき，$[\sqrt{n}]$は整数であるから，$\sqrt{n}$ も整数であり

$\sqrt{n}=N$ (Nは自然数)

と表すことができ，$n\,(=N^2)$は平方数である．

また，nが平方数のとき，

$n=N^2$ (Nは自然数)

と表すことができ，このとき，

$[\sqrt{n}]=[N]=N=\sqrt{n}$

以上より，$[\sqrt{n}]=\sqrt{n}$ であるための必要十分条件は，nが平方数であることである．

(2) $[\sqrt{n}]-[\sqrt{n-1}]=1$ のとき，$[\sqrt{n}]=M$ (Mは自然数) ……① とおくと

$[\sqrt{n-1}]=[\sqrt{n}]-1=M-1$ ……②

①より，$\sqrt{n}-1<M\leqq\sqrt{n}$ ……①′，

②より，$\sqrt{n-1}-1<M-1\leqq\sqrt{n-1}$ ……②′

①′の右側の不等式より，$M^2\leqq n$

②′の左側の不等式より，$n-1<M^2$

よって，$n-1<M^2\leqq n$ であり，n, Mは整数なので $M^2=n$

したがって，nは平方数である．

← $x-1<[x]\leqq x$ だから $[\sqrt{n}]=M$ ……① より $\sqrt{n}-1<M\leqq\sqrt{n}$ ……①′ $[\sqrt{n-1}]=M-1$ ……② より $\sqrt{n-1}-1<M-1\leqq\sqrt{n-1}$ ……②′

また，nが平方数のとき，$n=M^2$ (Mは自然数) と表すことができ，

$n-1=M^2-1$

よって，$(M-1)^2<n-1<M^2$

← $(M-1)^2<\underbrace{M^2-1}_{=n-1}<M^2$

したがって，$M-1<\sqrt{n-1}<M$ であるから

$[\sqrt{n-1}]=M-1$ であり，$[\sqrt{n}]-[\sqrt{n-1}]=M-(M-1)=1$

以上より，$[\sqrt{n}]-[\sqrt{n-1}]=1$ となるための必要十分条件はnが平方数であることである．

標問 115 組合せと整数

$Q_0(x)=1$, $Q_1(x)=\dfrac{x}{2}$, $Q_2(x)=\dfrac{x(x-2)}{2\cdot 4}$ とし，一般に

$$Q_n(x)=\frac{x(x-2)(x-4)\cdot\cdots\cdot(x-2n+2)}{n!\cdot 2^n}$$

とする．x が偶数のとき，$Q_n(x)$ は整数であることを示せ．　(中央大〈改作〉)

解答

$Q_0(x)=1$ であるから，$n=0$ のとき $Q_n(x)$ は整数である．

次に，$n\geqq 1$ のときについて調べる．

(i) $x=0,\ 2,\ 4,\ \cdots\cdots,\ 2n-2$ のとき

$$Q_n(x)=0$$

であるから，$Q_n(x)$ は整数である．

(ii) $x=2m$ （m は n 以上の整数）のとき

$$\begin{aligned}Q_n(x)&=Q_n(2m)\\&=\frac{2m(2m-2)(2m-4)\cdot\cdots\cdot(2m-2n+2)}{n!2^n}\\&=\frac{m(m-1)(m-2)\cdot\cdots\cdot(m-n+1)}{n!}\\&={}_m\mathrm{C}_n\end{aligned}$$

⬅ ${}_N\mathrm{C}_r=\dfrac{N!}{(N-r)!r!}=\dfrac{N(N-1)(N-2)\cdot\cdots\cdot(N-r+1)}{r!}$ の形になっている

よって，$Q_n(x)$ は整数である．

(iii) $x=-2m$ （m は正の整数）のとき

$$\begin{aligned}Q_n(x)&=Q_n(-2m)\\&=\frac{-2m(-2m-2)(-2m-4)\cdot\cdots\cdot(-2m-2n+2)}{n!2^n}\\&=(-1)^n\frac{m(m+1)(m+2)\cdot\cdots\cdot(m+n-1)}{n!}\\&=(-1)^n{}_{m+n-1}\mathrm{C}_n\end{aligned}$$

よって，$Q_n(x)$ は整数である．

以上より，x が偶数のとき，$Q_n(x)$ は整数である．

参考 n を自然数とするとき，連続する n 個の整数の積は $n!$ で割り切れる．本問ではこのことの証明を求めている．

標問 116 関数の決定

実数から実数への関数 $f(x)$ は，次の 2 つの条件を満たす．

・任意の実数 x，y に対して，$|f(x)-f(y)|=|x-y|$

・x が整数のとき，$f(x)$ も整数

このとき，以下の問いに答えよ．

(1) $f(x)$ はどの値も固定しない，すなわち，任意の実数 x に対して $f(x)$ は x と異なるとき，$f(x)=x+n$ （n は 0 以外の整数）となることを示せ．

(2) $f(x)$ が 1 点 x_0 のみを固定するとき，すなわち，ただ 1 つの実数 x_0 に対して $f(x_0)=x_0$ となるとき，x_0 を $f(0)$ を用いて表せ．

(3) $f(x)$ が 2 点以上の点を固定するとき，すなわち，少なくとも 2 つの実数 x_1，x_2 $(x_1 \neq x_2)$ に対して $f(x_1)=x_1$ かつ $f(x_2)=x_2$ となるとき，任意の実数 x に対して $f(x)=x$ となることを示せ．（福井大）

精講 $|f(x)-f(y)|=|x-y|$ の y に 0 を代入してみると

$$|f(x)-f(0)|=|x|$$

となります．

よって，$f(x)-f(0)=\pm x$ ←$|a|=|b|$ のとき $a=\pm b$

したがって，$f(x)=\pm x+f(0)$

が成り立つことがわかります．

ここで注意しなければいけないのは，

すべての実数 x に対して，「$f(x)=x+f(0)$ または $f(x)=-x+f(0)$」が成り立つのであって，

「すべての実数 x に対して $f(x)=x+f(0)$」

または「すべての実数 x に対して $f(x)=-x+f(0)$」 ……(＊)

が成り立つとは**限らない**ということです．

つまり，ある x に対しては $f(x)=x+f(0)$ が成り立ち，またある x に対しては，$f(x)=-x+f(0)$ が成り立つかもしれないということです．

しかしながら，実は (＊) が成り立つことが証明できます．

〈 解 答 〉

(1) $|f(x)-f(y)|=|x-y|$ に $y=0$ を代入すると

$$|f(x)-f(0)|=|x|$$

よって，$f(x)-f(0)=\pm x$

したがって，

$f(x)=x+f(0)$ または $f(x)=-x+f(0)$

ここで,

$f(a)=a+f(0)$, $f(b)=-b+f(0)$

が成り立つ0でない実数 a, b が存在すると仮定すると,

$f(a)-f(b)=a+b$

より,

$|f(a)-f(b)|=|a+b|$

条件より, $|f(a)-f(b)|=|a-b|$ であるから

$|a+b|=|a-b|$

よって, $a+b=\pm(a-b)$

このとき, $a=0$ または $b=0$ となり矛盾が生じる.

← $a+b=a-b$ のとき $b=0$, $a+b=-(a-b)$ のとき $a=0$ となる

したがって

0以外のすべての x に対して, $f(x)=x+f(0)$ ……①

または,

0以外のすべての x に対して, $f(x)=-x+f(0)$ ……②

が成り立つ.

なお, ①, ②ともに $x=0$ のときも成立する.

②のとき,

$$f(x)=x \iff -x+f(0)=x \iff x=\frac{1}{2}f(0)$$

よって, このとき $f(x)$ は1点 $\frac{1}{2}f(0)$ のみ固定する.

①のとき,

$f(x)=x \iff x+f(0)=x \iff f(0)=0$

したがって, $f(0)=0$ ならばすべての x に対して $f(x)=x$ が成り立ち, $f(0)\neq0$ ならばすべての x に対して $f(x)\neq x$ が成り立つ.

以上より, $f(x)$ がどの値も固定しないとき,

$f(x)=x+f(0)$, $f(0)\neq0$

$f(0)$ は整数であるから, これを n と表すと,

$f(x)=x+n$ (n は0以外の整数)

(2) $f(x)$ が1点のみを固定するとき, $f(x)=-x+f(0)$ であり, $f(x_0)=x_0$ となる x_0 は

$$\boldsymbol{x_0=\frac{1}{2}f(0)}$$

(3) $f(x)$ が2点以上を固定するのは, (1), (2)の議論より $f(x)=x+f(0)$ かつ $f(0)=0$ のときであるから,

$f(x)=x$

標問 117 命題と不等式

a, b, c は実数とする．次の命題が成立するための，a と c がみたすべき必要十分条件を求めよ．

命題：すべての実数 b に対して，ある実数 x が不等式 $ax^2+bx+c<0$ をみたす．

（京都大〈改作〉）

精講 「すべての実数 b に対して，ある実数 x が $ax^2+bx+c<0$ をみたす」

とは，

「どんな実数 b に対しても，$ax^2+bx+c<0$ をみたす実数 x が存在する」

ということです．

ここで，$ax^2+bx+c<0$ の部分を，$b<x$ にかえてみます．

「どんな実数 b に対しても，$b<x$ をみたす実数 x が存在する」

となります．これを命題 P とします．

この命題と，

「どんな実数 b に対しても $b<x$ をみたす（ような）実数 x が存在する」

という命題（これを命題 Q とする）とは異なります．

上の命題 P は真ですが，Q は偽です．

P については，どんな実数 b に対しても，$x=b+1$ とすれば $b<x$ が成り立ちます．しかし，Q については，実数 x をどのような値に設定しても，

「どんな実数 b に対しても $b<x$ をみたす」

は成り立ちません．

⬅ 例えば $b=x$ のとき $b<x$ は成り立たない

P と Q は，カンマ (,) の位置が異なる（カンマの有無）だけしか違いはないのに，その**表す内容が異なる**点に注意が必要です．

次に，

「すべての実数 b に対して，ある実数 x が $bx+c<0$ をみたす」

すなわち，

「どんな実数 b に対しても，$bx+c<0$ をみたす実数 x が存在する」

という命題 R が成り立つ条件を考えてみましょう．

まず，命題 R が成り立つときについて考えてみます．

すると，$b=0$ のときである，「$0\cdot x+c<0$ をみたす実数 x が存在する」

が成り立ちます．ここで，

$c \geqq 0$ ならば，$0 \cdot x+c<0$ をみたす実数 x が存在しないので，この対偶である，

「$0 \cdot x+c<0$ をみたす実数 x が存在する」ならば「$c<0$」

が成り立ち，したがって，命題 R が成り立つとき，「$c<0$」が成り立ちます．

そして，「$c<0$」が成り立つとき，「どんな実数 b に対しても，$b \cdot 0+c<0$」が成り立つので，「どんな実数 b に対しても，$bx+c<0$ をみたす実数 x が存在する」が成り立ちます．

したがって，命題 R が成り立つ条件は，$c<0$ です．

〈 解　答 〉

(i) $a<0$ のとき

関数 $y=ax^2+bx+c$ のグラフは上に凸の放物線であるから，すべての実数 b に対して，$ax^2+bx+c<0$ となる実数 x が存在する．

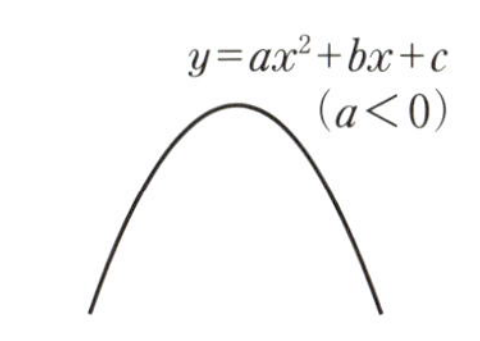

(ii) $a=0$ のとき

関数 $y=bx+c$ のグラフは，点 $(0,\ c)$ を通り，傾きが b である直線である．

よって，すべての実数 b に対して，$bx+c<0$ となる実数 x が存在する条件は，

$c<0$

← この部分については，**精講**のように考えることもできる

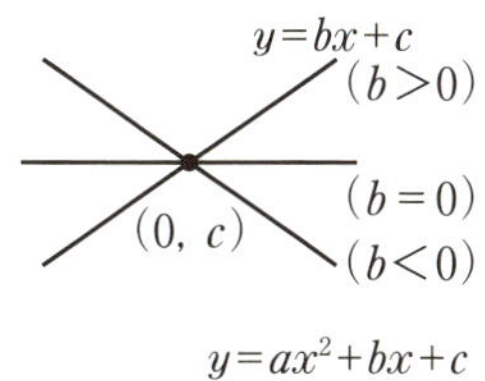

(iii) $a>0$ のとき

関数 $y=ax^2+bx+c$ のグラフは下に凸の放物線である．

よって，すべての実数 b に対して，$ax^2+bx+c<0$ となる実数 x が存在する条件は，

すべての b に対して，$b^2-4ac>0$ ……(＊)

が成り立つことである．

b^2 は 0 以上のすべての実数値をとるので，(＊) が成り立つ条件は，

$4ac<0$

よって，$c<0$

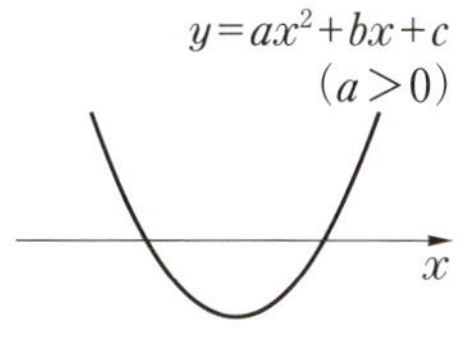

← $a>0$ のとき，$ax^2+bx+c<0$ となる x が存在する条件は，$y=ax^2+bx+c$ のグラフが x 軸と異なる 2 点で交わることである

↳ $b^2-4ac>0$ つまり $b^2>4ac$ がすべての b に対して成り立つのは $ac<0$ のときである

以上より，求める条件は，

$a<0$ または，「$a \geqq 0$ かつ $c<0$」

参考 条件をみたす点 $(a,\ c)$ の範囲を図示すると右のようになる．(境界線上は除く．)

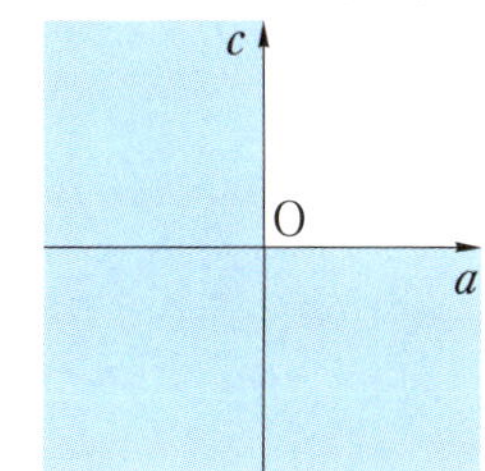

標問 118　データの変換

n は自然数とする．2つの変量 x，y の n 個のデータ $(x_i,\ y_i)$ $(i=1,\ 2,\ 3,\ \cdots\cdots,\ n)$ が与えられている．変量 x，y の平均をそれぞれ $\overline{x}$，$\overline{y}$ と記し，分散をそれぞれ $s_x{}^2$，$s_y{}^2$ と記す．変量 x と y の共分散を s_{xy} と記す．

更に，$z_i=x_i+y_i$，$w_i=x_i-y_i$ $(i=1,\ 2,\ 3,\ \cdots\cdots,\ n)$ とおく．また，$\overline{x}=\dfrac{11}{2}$，$\overline{y}=11$，$s_x{}^2=\dfrac{33}{4}$，$s_y{}^2=33$，$s_{xy}=\dfrac{33}{2}$ である．

このとき，変量 z の平均 $\overline{z}$ は［ア］，変量 w の平均 $\overline{w}$ は［イ］である．変量 z の分散 $s_z{}^2$ は［ウ］，変量 w の分散 $s_w{}^2$ は［エ］である．また，変量 z と w の共分散 s_{zw} は［オ］であり，変量 z と w の相関係数 r_{zw} の2乗は［カ］である．

（同志社大）

〈解　答〉

$$\overline{z}=\frac{1}{n}(z_1+z_2+\cdots\cdots+z_n)$$
$$=\frac{1}{n}\{(x_1+y_1)+(x_2+y_2)+\cdots\cdots+(x_n+y_n)\}$$
$$=\frac{1}{n}(x_1+x_2+\cdots\cdots+x_n)+\frac{1}{n}(y_1+y_2+\cdots\cdots+y_n)$$
$$=\overline{x}+\overline{y}=\mathbf{\frac{33}{2}}\quad\cdots\cdots ア$$

← $\overline{x}+\overline{y}=\dfrac{11}{2}+11$

同様に，

$$\overline{w}=\overline{x}-\overline{y}=-\mathbf{\frac{11}{2}}\quad\cdots\cdots イ$$

← $\overline{x}-\overline{y}=\dfrac{11}{2}-11$

$$s_z{}^2=\frac{1}{n}\{(z_1-\overline{z})^2+(z_2-\overline{z})^2+\cdots\cdots+(z_n-\overline{z})^2\}$$
$$=\frac{1}{n}\{(x_1+y_1-\overline{x}-\overline{y})^2+(x_2+y_2-\overline{x}-\overline{y})^2+\cdots\cdots+(x_n+y_n-\overline{x}-\overline{y})^2\}$$
$$=\frac{1}{n}[\{(x_1-\overline{x})+(y_1-\overline{y})\}^2+\{(x_2-\overline{x})+(y_2-\overline{y})\}^2+\cdots\cdots+\{(x_n-\overline{x})+(y_n-\overline{y})\}^2]$$
$$=\frac{1}{n}[\{(x_1-\overline{x})^2+(x_2-\overline{x})^2+\cdots\cdots+(x_n-\overline{x})^2\}+\{(y_1-\overline{y})^2+(y_2-\overline{y})^2+\cdots\cdots+(y_n-\overline{y})^2\}+2\{(x_1-\overline{x})(y_1-\overline{y})+(x_2-\overline{x})(y_2-\overline{y})+\cdots\cdots+(x_n-\overline{x})(y_n-\overline{y})\}]$$
$$=s_x{}^2+s_y{}^2+2s_{xy}$$

$$=\frac{33}{4}+33+2\cdot\frac{33}{2}$$

$$=\frac{\mathbf{297}}{\mathbf{4}} \quad \cdots\cdots ウ$$

同様に,

$$s_w{}^2=s_x{}^2+s_y{}^2-2s_{xy}$$

$$=\frac{\mathbf{33}}{\mathbf{4}} \quad \cdots\cdots エ$$

⬅ $s_x{}^2+s_y{}^2-2s_{xy}=\frac{33}{4}+33-2\cdot\frac{33}{2}$

$$s_{zw}=\frac{1}{n}\{(z_1-\overline{z})(w_1-\overline{w})+(z_2-\overline{z})(w_2-\overline{w})+\cdots\cdots+(z_n-\overline{z})(w_n-\overline{w})\}$$

$$=\frac{1}{n}\{(x_1+y_1-\overline{x}-\overline{y})(x_1-y_1-\overline{x}+\overline{y})$$
$$+(x_2+y_2-\overline{x}-\overline{y})(x_2-y_2-\overline{x}+\overline{y})$$
$$+\cdots\cdots+(x_n+y_n-\overline{x}-\overline{y})(x_n-y_n-\overline{x}+\overline{y})\}$$

$$=\frac{1}{n}[\{(x_1-\overline{x})+(y_1-\overline{y})\}\{(x_1-\overline{x})-(y_1-\overline{y})\}$$
$$+\{(x_2-\overline{x})+(y_2-\overline{y})\}\{(x_2-\overline{x})-(y_2-\overline{y})\}$$
$$+\cdots\cdots+\{(x_n-\overline{x})+(y_n-\overline{y})\}\{(x_n-\overline{x})-(y_n-\overline{y})\}]$$

$$=\frac{1}{n}[\{(x_1-\overline{x})^2-(y_1-\overline{y})^2\}+\{(x_2-\overline{x})^2-(y_2-\overline{y})^2\}$$
$$+\cdots\cdots+\{(x_n-\overline{x})^2-(y_n-\overline{y})^2\}]$$

$$=\frac{1}{n}\{(x_1-\overline{x})^2+(x_2-\overline{x})^2+\cdots\cdots+(x_n-\overline{x})^2\}$$
$$-\frac{1}{n}\{(y_1-\overline{y})^2+(y_2-\overline{y})^2+\cdots\cdots+(y_n-\overline{y})^2\}$$

$$=s_x{}^2-s_y{}^2=-\frac{\mathbf{99}}{\mathbf{4}} \quad \cdots\cdots オ$$

⬅ $s_x{}^2-s_y{}^2=\frac{33}{4}-33$

$$(r_{zw})^2=\left(\frac{s_{zw}}{s_z s_w}\right)^2=\frac{(s_{zw})^2}{s_z{}^2 s_w{}^2}=\frac{\left(-\frac{99}{4}\right)^2}{\frac{297}{4}\cdot\frac{33}{4}}=\mathbf{1} \quad \cdots\cdots カ$$

標問 119 球と平面

空間内に，直線 l で交わる2平面 α，β と交線 l 上の1点Oがある．更に，平面 α 上の直線 m と平面 β 上の直線 n を，どちらも点Oを通り l に垂直にとる．m，n 上にそれぞれ点P，Qがあり，$\mathrm{OP}=\sqrt{3}$，$\mathrm{OQ}=2$，$\mathrm{PQ}=1$ であるとする．線分PQ上の動点Tについて，$\mathrm{PT}=t$ $(0\leqq t\leqq 1)$ とおく．点Tを中心とした半径 $\sqrt{2}$ の球 S を考える．

(1) S の平面 α による切り口の面積を t を用いて表せ．

(2) S の平面 α による切り口の面積と S の平面 β による切り口の面積の和を $f(t)$ とおく．Tが線分PQ上を動くとき，$f(t)$ の最大値と，そのときの t の値を求めよ．

（東北大）

〈 解 答 〉

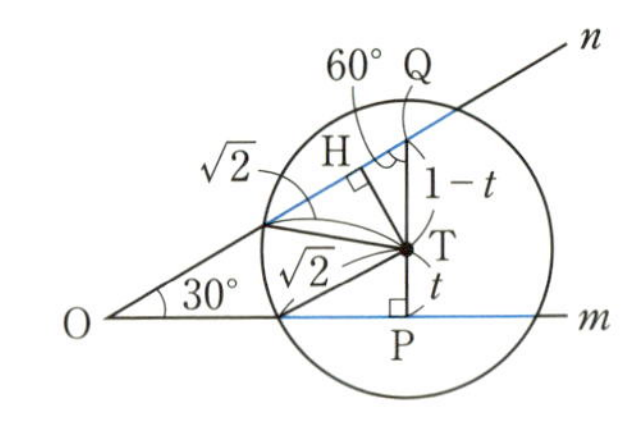

(1) Oを通り，l に垂直な平面による切り口に注目する．

Tから平面 α に引いた垂線の長さは，

$\mathrm{TP}=t$

であるから，S の平面 α による切り口の面積は，

$\pi\{(\sqrt{2})^2-t^2\}=\boldsymbol{(2-t^2)\pi}$

(2) Tから平面 β に垂線THを引くと

$$\mathrm{TH}=\frac{\sqrt{3}}{2}\mathrm{TQ}=\frac{\sqrt{3}}{2}(1-t)$$

であるから，S の平面 β による切り口の面積は，

$$\pi\left[(\sqrt{2})^2-\left\{\frac{\sqrt{3}}{2}(1-t)\right\}^2\right]=\left\{2-\frac{3}{4}(1-t)^2\right\}\pi$$

よって，

$$\begin{aligned}f(t)&=(2-t^2)\pi+\left\{2-\frac{3}{4}(1-t)^2\right\}\pi\\&=\left(-\frac{7}{4}t^2+\frac{3}{2}t+\frac{13}{4}\right)\pi\\&=\left\{-\frac{7}{4}\left(t-\frac{3}{7}\right)^2+\frac{25}{7}\right\}\pi\end{aligned}$$

したがって，$f(t)$ は，$\boldsymbol{t=\frac{3}{7}}$ のとき最大値 $\boldsymbol{\frac{25}{7}\pi}$ をとる．

1 (1) $(a-b+c)(a-b-c)$

$=(a-b)^2-c^2$

$=\boldsymbol{a^2-2ab+b^2-c^2}$

(2) $(x+y)(x-y)(x^2+y^2)(x^4+y^4)$

$=(x^2-y^2)(x^2+y^2)(x^4+y^4)$

$=(x^4-y^4)(x^4+y^4)$

$=\boldsymbol{x^8-y^8}$

(3) $(x+y+2z)^3-(y+2z-x)^3$

$-(2z+x-y)^3-(x+y-2z)^3$

$=\{(x+y)+2z\}^3-\{(x+y)-2z\}^3$

$-\{2z-(x-y)\}^3-\{2z+(x-y)\}^3$

$=(x+y)^3+6(x+y)^2z+12(x+y)z^2+8z^3$

$-(x+y)^3+6(x+y)^2z-12(x+y)z^2+8z^3$

$-8z^3+12z^2(x-y)-6z(x-y)^2+(x-y)^3$

$-8z^3-12z^2(x-y)-6z(x-y)^2-(x-y)^3$

$=12(x+y)^2z-12z(x-y)^2$

$=\boldsymbol{48xyz}$

2 (1)

$10x^2-xy-2y^2+17x+5y+3$

$=10x^2-(y-17)x-(2y+1)(y-3)$

$=\{5x+(2y+1)\}\{2x-(y-3)\}$

$=\boldsymbol{(5x+2y+1)(2x-y+3)}$

(2) $x^3+2x^2-9x-18$

$=x^2(x+2)-9(x+2)$

$=(x^2-9)(x+2)$

$=\boldsymbol{(x+3)(x-3)(x+2)}$

(3) $(x^2+3x+5)(x+1)(x+2)+2$

$=(x^2+3x+5)(x^2+3x+2)+2$

$=(x^2+3x)^2+7(x^2+3x)+12$

$=\boldsymbol{(x^2+3x+3)(x^2+3x+4)}$

(4) $4x^4-17x^2y^2+4y^4$

$=4x^4+8x^2y^2+4y^4-25x^2y^2$

$=(2x^2+2y^2)^2-(5xy)^2$

$=(2x^2+5xy+2y^2)(2x^2-5xy+2y^2)$

$=\boldsymbol{(2x+y)(x+2y)(2x-y)(x-2y)}$

別解 $4x^4-17x^2y^2+4y^4$

$=4x^4-8x^2y^2+4y^4-9x^2y^2$

$=(2x^2-2y^2)^2-(3xy)^2$

$=(2x^2+3xy-2y^2)(2x^2-3xy-2y^2)$

$=(2x-y)(x+2y)(2x+y)(x-2y)$

別解 $4x^4-17x^2y^2+4y^4$

$=(x^2-4y^2)(4x^2-y^2)$

$=(x+2y)(x-2y)(2x+y)(2x-y)$

3-1

$\dfrac{2}{\sqrt{5}+\sqrt{3}}-\dfrac{3}{\sqrt{5}-\sqrt{2}}+\dfrac{1}{\sqrt{3}-\sqrt{2}}$

$=(\sqrt{5}-\sqrt{3})-(\sqrt{5}+\sqrt{2})$

$+(\sqrt{3}+\sqrt{2})=\boldsymbol{0}$

3-2 $\dfrac{b}{a}+\dfrac{a}{b}=\dfrac{a^2+b^2}{ab}$

$=\dfrac{(\sqrt{2}+\sqrt{10})^2+(\sqrt{2}-\sqrt{10})^2}{(\sqrt{2}+\sqrt{10})(\sqrt{2}-\sqrt{10})}$

$=\dfrac{24}{-8}$

$=\boldsymbol{-3}$

4-1 $\sqrt{14+\sqrt{96}}=\sqrt{14+2\sqrt{24}}$

$=\sqrt{(\sqrt{12}+\sqrt{2})^2}=\sqrt{12}+\sqrt{2}$

$=2\sqrt{3}+\sqrt{2}$

$\sqrt{5-2\sqrt{6}}=\sqrt{(\sqrt{3}-\sqrt{2})^2}$

$=\sqrt{3}-\sqrt{2}$

よって,

$\sqrt{14+\sqrt{96}}+\sqrt{5-2\sqrt{6}}$

$=2\sqrt{3}+\sqrt{2}+\sqrt{3}-\sqrt{2}$

$=\boldsymbol{3\sqrt{3}}$

4-2 $\sqrt{4+2\sqrt{3}}=\sqrt{(\sqrt{3}+1)^2}$

$=\sqrt{3}+1$

であるから

$\sqrt{9+4\sqrt{4+2\sqrt{3}}}=\sqrt{9+4(\sqrt{3}+1)}$

$=\sqrt{13+4\sqrt{3}}=\sqrt{13+2\sqrt{12}}$

$=\sqrt{(\sqrt{12}+1)^2}=\sqrt{12}+1$

$=\boldsymbol{2\sqrt{3}+1}$

4-3 $2\sqrt{2}=\sqrt{8}$ であるから

$$2<2\sqrt{2}<3$$

よって，$3<6-2\sqrt{2}<4$

したがって，$6-2\sqrt{2}$ をこえない最大の整数は 3 である．

よって，$a=3$，$b=3-2\sqrt{2}$

このとき，

$$\frac{1}{b^3}=\left(\frac{1}{b}\right)^3=\left(\frac{1}{3-2\sqrt{2}}\right)^3$$
$$=(3+2\sqrt{2})^3$$

よって，

$$b^3+\frac{1}{b^3}$$
$$=(3-2\sqrt{2})^3+(3+2\sqrt{2})^3$$
$$=27-54\sqrt{2}+72-16\sqrt{2}$$
$$+27+54\sqrt{2}+72+16\sqrt{2}$$
$$=198$$

したがって，

$$b^3+\frac{1}{b^3}-7a^3=198-7\cdot3^3=\mathbf{9}$$

5 (1) $(\sqrt{2}-1)p+(\sqrt{2}-1)^2q$
$=19-11\sqrt{2}$ より，

$$-p+3q-19+(p-2q+11)\sqrt{2}=0$$

$-p+3q-19$，$p-2q+11$ は有理数であり，$\sqrt{2}$ は無理数であるから，

$$\begin{cases}-p+3q-19=0\\ p-2q+11=0\end{cases}$$

よって，$p=\mathbf{5}$，$q=\mathbf{8}$（ともに自然数であり条件を満たす）

(2) k^2-l^2，m^2-1 は有理数であるから，(1)より

$$\begin{cases}k^2-l^2=5 & \cdots\cdots①\\ m^2-1=8 & \cdots\cdots②\end{cases}$$

①より，　$(k-l)(k+l)=5$

$k-l$ は整数，$k+l$ は自然数であり，$k-l<k+l$ であるから，

$$\begin{cases}k-l=1\\ k+l=5\end{cases}$$

よって，$k=\mathbf{3}$，$l=\mathbf{2}$（ともに自然数であり条件を満たす）

②より，$m^2=9$ であり，m は自然数であるから，$m=\mathbf{3}$

6-1 $x+4y=y-3x$ より

$$4x+3y=0$$

よって，$y=-\dfrac{4}{3}x$

したがって，

$$\frac{2x^2-xy-y^2}{2x^2+xy+y^2}$$
$$=\frac{\left(2+\frac{4}{3}-\frac{16}{9}\right)x^2}{\left(2-\frac{4}{3}+\frac{16}{9}\right)x^2}=\mathbf{\frac{7}{11}}$$

6-2 $\dfrac{x+y}{z}=\dfrac{y+2z}{x}=\dfrac{z-x}{y}=k$

とおくと

$$x+y=kz \quad\cdots\cdots①$$
$$y+2z=kx \quad\cdots\cdots②$$
$$z-x=ky \quad\cdots\cdots③$$

①＋③より

$$y+z=k(y+z)$$

よって，$(y+z)(k-1)=0$

したがって，$y+z=0$ または $k=1$

$y+z=0$ のとき

$z=-y$ であり，①，②に代入して

$$x=-(k+1)y,\quad -y=kx$$

よって，$x=(k+1)kx$

$x\neq0$ より　$(k+1)k=1$

よって，$k^2+k-1=0$

したがって，$k=\dfrac{-1\pm\sqrt{5}}{2}$

また，$k=1$ のとき，①，②より

$$x+y=z,\quad y+2z=x$$

これらを満たす 0 でない x，y，z が存在する．(たとえば，$x=3$，$y=-1$，$z=2$)

以上より，$k=\mathbf{1}$，$\mathbf{\dfrac{-1\pm\sqrt{5}}{2}}$

7 $(x+y)^2=x^2+y^2+2xy$

であり，これに

$$x+y=1,\quad x^2+y^2=2$$

を代入して　$1^2=2+2xy$

よって，$xy=-\dfrac{1}{2}$

したがって，

$$x^3+y^3=(x+y)^3-3xy(x+y)$$
$$=1^3-3\cdot\left(-\frac{1}{2}\right)\cdot1=\frac{5}{2}$$
$$x^4+y^4=(x^2+y^2)^2-2x^2y^2$$
$$=2^2-2\cdot\left(-\frac{1}{2}\right)^2=\frac{7}{2}$$

また，

$$(x^3+y^3)(x^4+y^4)$$
$$=x^7+y^7+x^3y^3(x+y)$$

であるから

$$\frac{5}{2}\cdot\frac{7}{2}=x^7+y^7+\left(-\frac{1}{2}\right)^3\cdot1$$

よって，

$$x^7+y^7=\frac{35}{4}+\frac{1}{8}=\mathbf{\frac{71}{8}}$$

8-1　$\left(x-\dfrac{1}{x}\right)^2=\left(x+\dfrac{1}{x}\right)^2-4x\cdot\dfrac{1}{x}$

$$=3^2-4=5$$

よって，

$$x-\frac{1}{x}=\pm\sqrt{\mathbf{5}}$$

また，

$$x^4-\frac{1}{x^4}=\left(x^2-\frac{1}{x^2}\right)\left(x^2+\frac{1}{x^2}\right)$$
$$=\left(x-\frac{1}{x}\right)\left(x+\frac{1}{x}\right)\left\{\left(x+\frac{1}{x}\right)^2-2x\cdot\frac{1}{x}\right\}$$
$$=\pm\sqrt{5}\cdot3\cdot(3^2-2)$$
$$=\pm\mathbf{21\sqrt{5}}$$ （複号同順）

8-2　$x^2+\dfrac{1}{x^2}=\left(x-\dfrac{1}{x}\right)^2+2x\cdot\dfrac{1}{x}$

$$=\boldsymbol{a^2+2}$$

また，

$$x^3-\frac{1}{x^3}$$
$$=\left(x-\frac{1}{x}\right)\left(x^2+x\cdot\frac{1}{x}+\frac{1}{x^2}\right)$$
$$=a(a^2+2+1)$$
$$=\boldsymbol{a^3+3a}$$

9-1　$x^2+y^2+z^2$

$$=(x+y+z)^2-2(xy+yz+zx)$$
$$=4^2-2\cdot5=\mathbf{6}$$

また，

$$x^3+y^3+z^3$$
$$=(x+y+z)(x^2+y^2+z^2-xy-yz-zx)+3xyz$$
$$=4(6-5)+3=\mathbf{7}$$

9-2　$(x+y+z)^2$

$$=x^2+y^2+z^2+2(xy+yz+zx)$$

であるから

$$xy+yz+zx$$
$$=\frac{(x+y+z)^2-(x^2+y^2+z^2)}{2}$$
$$=\frac{0^2-1}{2}=-\mathbf{\frac{1}{2}}$$

また，

$$(xy+yz+zx)^2$$
$$=x^2y^2+y^2z^2+z^2x^2+2xyz(x+y+z)$$

であるから

$$x^2y^2+y^2z^2+z^2x^2$$
$$=(xy+yz+zx)^2-2xyz(x+y+z)$$
$$=\left(-\frac{1}{2}\right)^2-2xyz\cdot0=\mathbf{\frac{1}{4}}$$

10　$6x+4<2x+5$ を解くと

$4x<1$ より

$$x<\frac{1}{4} \quad \cdots\cdots①$$

$2x+5\leqq3x+6$ を解くと

$-x\leqq1$ より

$$x\geqq-1 \quad \cdots\cdots②$$

①，②をともに満たす x の値の範囲は，

$$\boldsymbol{-1\leqq x<\frac{1}{4}}$$

11　$|x|+2|x-1|=x+3$　……①

(i)　$x<0$ のとき

$$|x|=-x,\ |x-1|=-x+1$$

であるから①は，

$$-x+2(-x+1)=x+3$$

整理して，$4x=-1$

よって，$x=-\dfrac{1}{4}$

これは $x<0$ を満たす.

(ii) $0 \leqq x<1$ のとき

$$|x|=x,\ |x-1|=-x+1$$

であるから①は,

$$x+2(-x+1)=x+3$$

整理して，$2x=-1$

よって，$x=-\dfrac{1}{2}$

これは $0 \leqq x<1$ を満たさないので不適.

(iii) $1 \leqq x$ のとき

$$|x|=x,\ |x-1|=x-1$$

であるから①は,

$$x+2(x-1)=x+3$$

整理して，$2x=5$

よって，$x=\dfrac{5}{2}$

これは $x \geqq 1$ を満たす.

(i)，(ii)，(iii)より，$x=\boldsymbol{-\dfrac{1}{4},\ \dfrac{5}{2}}$

12 $y=x^2+4x+12$ は

$$y=(x+2)^2+8$$

と変形できるので頂点の座標は $(-2,\ 8)$ である.

$y=x^2-2x+4$ は

$$y=(x-1)^2+3$$

と変形できるので頂点の座標は $(1,\ 3)$ である.

したがって，放物線 $y=x^2+4x+12$ は，放物線 $y=x^2-2x+4$ を，

x 軸方向に -3，y 軸方向に 5 だけ平行移動したものである.

13-1 $y=x^2+px+q$ のグラフが点 $(1,\ 1)$ を通ることから

$$1=1+p+q$$

よって，$p+q=0$ ……①

また，x 軸に接することから

$x^2+px+q=0$ は重解をもち,

$$(D=)\ p^2-4q=0 \quad \cdots\cdots ②$$

①，②より q を消去して

$$p^2+4p=0$$

$p \neq 0$ であるから $p=-4$

①に代入して

$$\boldsymbol{(p,\ q)=(-4,\ 4)}$$

別解　$y=x^2+px+q$ が x 軸に接することから　$y=(x-\alpha)^2$

とおくことができる.

これが点 $(1,\ 1)$ を通るので

$$1=(1-\alpha)^2$$

よって，$1-\alpha=\pm 1$

したがって，$\alpha=0,\ 2$

$\alpha=0$ のとき　$y=x^2$

このとき，$p=0$，$q=0$ となり不適.

$\alpha=2$ のとき

$$y=(x-2)^2=x^2-4x+4$$

よって，$(p,\ q)=(-4,\ 4)$

13-2 $y=ax^2+bx+c$ のグラフが3点

$(-1,\ 0)$，$(0,\ -1)$，$(2,\ 3)$

を通ることから

$$a-b+c=0 \quad \cdots\cdots ①$$
$$c=-1 \quad \cdots\cdots ②$$
$$4a+2b+c=3 \quad \cdots\cdots ③$$

②を①，③に代入して

$$a-b=1,\ 4a+2b=4$$

よって，$a=1$，$b=0$

したがって，求める2次関数の式は

$$\boldsymbol{y=x^2-1}$$

14 $f(x)=x^2-mx+m^2-m$

$$=\left(x-\frac{m}{2}\right)^2+\frac{3}{4}m^2-m$$

よって，$f(x)$ の最小値 $g(m)$ は

$$g(m)=\frac{3}{4}m^2-m$$
$$=\frac{3}{4}\left(m-\frac{2}{3}\right)^2-\frac{1}{3}$$

したがって，$g(m)$ の最小値は　$\boldsymbol{-\dfrac{1}{3}}$

15 $f(x)=x^2+ax+a$

$$=\left(x+\frac{a}{2}\right)^2-\frac{a^2}{4}+a$$

(i) $-\frac{a}{2}<-2$ つまり $a>4$ のとき

$-2 \leqq x \leqq 2$ の範囲において，$x=-2$ のときに最小値をとる．

最小値は $f(-2)=4-a$

(ii) $-2 \leqq -\frac{a}{2} \leqq 2$ つまり $-4 \leqq a \leqq 4$ のとき

$x=-\frac{a}{2}$ において最小値 $-\frac{a^2}{4}+a$ をとる．

(iii) $2<-\frac{a}{2}$ つまり，$a<-4$ のとき

$-2 \leqq x \leqq 2$ の範囲において，$x=2$ のときに最小値をとる．

最小値は，$f(2)=4+3a$

(i)〜(iii)より，$f(x)$ の最小値は

$a<-4$ のとき，$4+3a$

$-4 \leqq a \leqq 4$ のとき，$-\frac{a^2}{4}+a$

$4<a$ のとき，$4-a$

16 $y=ax^2-2ax+a^2-2a-4$ より

$y=a(x-1)^2+a^2-3a-4$

(i) $a>0$ のとき

$0 \leqq x \leqq 3$ において，$x=3$ のときに最大値をとる．

最大値が 8 である条件は

$$a^2+a-4=8$$

よって，$a^2+a-12=0$

したがって，$(a+4)(a-3)=0$

$a>0$ であるから，$a=3$

このとき，$x=1$ において最小となり，最小値は

$$a^2-3a-4=-4$$

(ii) $a<0$ のとき

$x=1$ のときに最大値をとる．

最大値が 8 である条件は

$$a^2-3a-4=8$$

よって，$a^2-3a-12=0$

$a<0$ であるから，$a=\frac{3-\sqrt{57}}{2}$

このとき，$x=3$ において最小となり，最小値は

$$a^2+a-4=(a^2-3a-12)+4a+8$$
$$=4a+8=14-2\sqrt{57}$$

(i)，(ii)より

$a=3$，最小値 -4；

$a=\frac{3-\sqrt{57}}{2}$，最小値 $14-2\sqrt{57}$

17 (1) $|x-4|=\begin{cases} x-4 & (x \geqq 4) \\ -x+4 & (x<4) \end{cases}$

であるから

$$(|x-4|-1)^2=\begin{cases} (x-5)^2 & (x \geqq 4) \\ (x-3)^2 & (x<4) \end{cases}$$

したがって，$y=(|x-4|-1)^2$ のグラフは，右のようになる．

(2) $t \leqq x \leqq t+1$ において(1)の関数が最大となる x は

$t \leqq \frac{5}{2}$ のとき，$x=t$

$\frac{5}{2}<t<3$ のとき，$x=t+1$

$3 \leqq t \leqq 4$ のとき，$x=4$

$4<t \leqq \dfrac{9}{2}$ のとき，$x=t$

$\dfrac{9}{2}<t$ のとき，$x=t+1$

したがって，$t \leqq x \leqq t+1$ における最大値 $f(t)$ は

$$\boldsymbol{f(t)}=\begin{cases} (\boldsymbol{t}-3)^2 & \left(\boldsymbol{t} \leqq \dfrac{5}{2}\right) \\ (\boldsymbol{t}-2)^2 & \left(\dfrac{5}{2}<\boldsymbol{t}<3\right) \\ 1 & (3 \leqq \boldsymbol{t} \leqq 4) \\ (\boldsymbol{t}-5)^2 & \left(4<\boldsymbol{t} \leqq \dfrac{9}{2}\right) \\ (\boldsymbol{t}-4)^2 & \left(\dfrac{9}{2}<\boldsymbol{t}\right) \end{cases}$$

18 (1) $f(x)=\left|ax^2-\dfrac{1}{a}\right|$ のグラフは右のようになる．

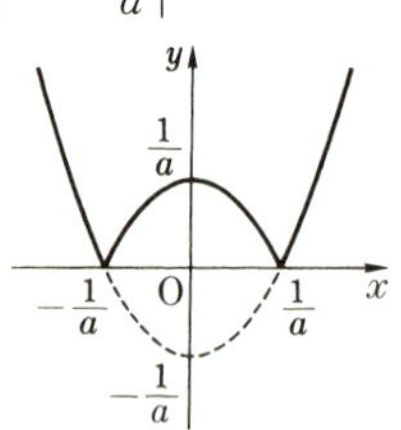

したがって，$0 \leqq x \leqq 1$ における $y=f(x)$ のグラフは，下のようになる．

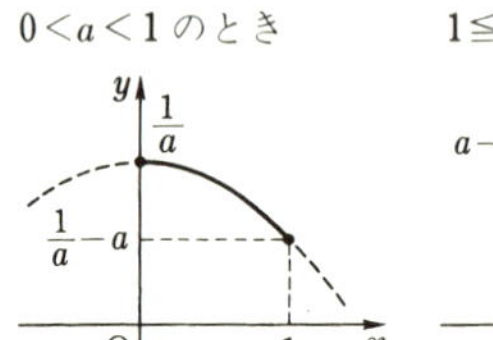

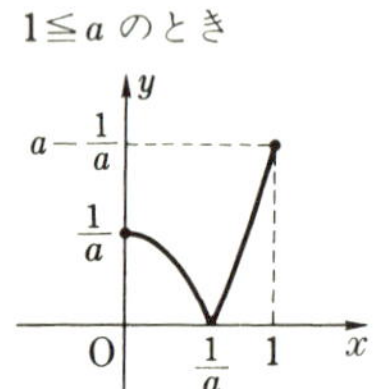

(2) (I) $0<a<1$ のときは $x=0$ において最大となる．

よって，$g(a)=f(0)=\dfrac{1}{a}$

(II) $1 \leqq a$ のときについて，

$\dfrac{1}{a}$ と $a-\dfrac{1}{a}$ の大小を比較する．

$$\frac{1}{a}-\left(a-\frac{1}{a}\right)=\frac{2}{a}-a=\frac{2-a^2}{a}$$

(i) $1 \leqq a \leqq \sqrt{2}$ のとき

$\dfrac{2-a^2}{a} \geqq 0$ より，$\dfrac{1}{a} \geqq a-\dfrac{1}{a}$

よって，$g(a)=\dfrac{1}{a}$

(ii) $\sqrt{2}<a$ のとき

$\dfrac{2-a^2}{a}<0$ より，$\dfrac{1}{a}<a-\dfrac{1}{a}$

よって，$g(a)=a-\dfrac{1}{a}$

(I)，(II)(i)，(II)(ii)より，

$$\boldsymbol{g(a)}=\begin{cases} \dfrac{1}{\boldsymbol{a}} & (0<\boldsymbol{a} \leqq \sqrt{2}) \\ \boldsymbol{a}-\dfrac{1}{\boldsymbol{a}} & (\sqrt{2}<\boldsymbol{a}) \end{cases}$$

19 (1) DP の長さを x cm とすると，

$0<x \leqq 16$ であり，

$\triangle \mathrm{APM}$

$=\dfrac{1}{2}\mathrm{AP}\cdot\mathrm{AM}$

$=\dfrac{1}{2}(16-x)\cdot 8$

$=4(16-x)$

また，

$\triangle \mathrm{CQN}=\triangle \mathrm{APM}=4(16-x)$

$\triangle \mathrm{BNM}=\dfrac{1}{2}\mathrm{BM}\cdot\mathrm{BN}=\dfrac{1}{2}\cdot 8\cdot 8=32$

$\triangle \mathrm{DPQ}=\dfrac{1}{2}\mathrm{DP}\cdot\mathrm{DQ}=\dfrac{1}{2}x^2$

したがって，四角形 PMNQ の面積 S は

$$\begin{aligned} S&=(\text{正方形 ABCD})-\triangle \mathrm{APM} \\ &\quad -\triangle \mathrm{BNM}-\triangle \mathrm{CQN}-\triangle \mathrm{DPQ} \\ &=16^2-4(16-x)-32 \\ &\quad -4(16-x)-\frac{x^2}{2} \\ &=-\frac{x^2}{2}+8x+96 \\ &=-\frac{1}{2}(x-8)^2+128 \end{aligned}$$

よって，$0<x \leqq 16$ において，$x=8$ のときに S は最大となる．

つまり，DP が **8 cm** のとき最大．

(2)　Sが最小になるのは，$x=16$ つまり，DP が 16 cm のときで，最小値は **96 cm²** である．

20　**$A \neq 0$ のとき，**

(i)　$0^2-4AB \geqq 0$　つまり

$AB \leqq 0$ ならば，$x=\pm\sqrt{-\dfrac{B}{A}}$

(ii)　**$AB>0$ ならば，実数解なし．**

$A=0$ のとき，

(i)　**$B=0$ ならば，解はすべての実数．**

(ii)　**$B \neq 0$ ならば，実数解なし．**

21　$ax^2-(2a^2+2a)x$
$+a^3+2a^2+a+1=0$　……①

(i)　$a \neq 0$ のとき，①が実数解をもつ条件は，

$$(2a^2+2a)^2-4a(a^3+2a^2+a+1) \geqq 0$$

左辺を整理して，$-4a \geqq 0$

よって，$a \leqq 0$

$a \neq 0$ より，$a<0$

(ii)　$a=0$ のとき，①は

$$1=0$$

となり，解をもたない．

よって，$a=0$ は不適．

以上(i)，(ii)より，xの方程式①が実数解をもつ条件は，**$a<0$**

22　$x^2-(a+2)x+2a<0$ より

$(x-a)(x-2)<0$　……(＊)

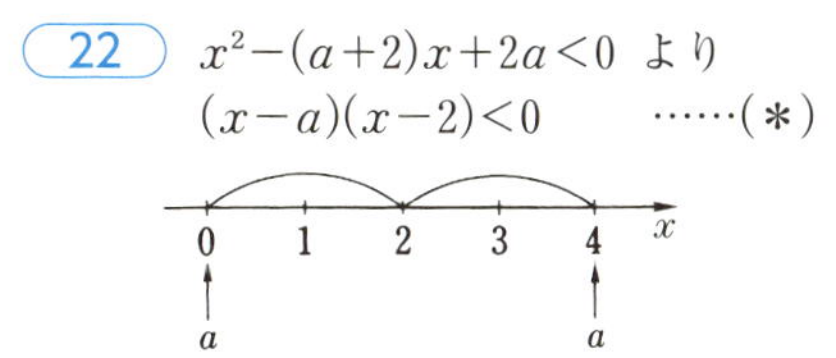

(＊)を満たすxの整数値がただ1つ存在するような整数aの値は **0, 4** である．

23　$x^2+(a-1)x+a-1=0$ ……①

が実数解をもたない条件は，

$$(a-1)^2-4(a-1)<0$$

左辺を整理して，

$$(a-1)(a-5)<0$$

よって，$1<a<5$　……③

また，$x^2+2(a-1)x-a+7=0$　……②

が実数解をもたない条件は，

$$\{2(a-1)\}^2-4(-a+7)<0$$

4で割って，

$$(a-1)^2-(-a+7)<0$$

左辺を整理して，

$$(a+2)(a-3)<0$$

よって，$-2<a<3$　……④

③，④をともに満たすaの値の範囲は，

$1<a<3$

24　$ax^2+(a-1)x+a-1<0$
……(＊)

$a=0$ のとき

(＊)は，　$-x-1<0$

となり，これが成立しない実数xの値が存在するので不適．

$a \neq 0$ のとき

(＊)がすべての実数xに対して成立する条件は

$a<0$　……①

$(D=)$ $(a-1)^2-4a(a-1)<0$　……②

②より，

$$(a-1)\{(a-1)-4a\}<0$$

よって，$(a-1)(3a+1)>0$

したがって，$a<-\dfrac{1}{3}$，$1<a$

これと①より，

$a<-\dfrac{1}{3}$

25　(1)　$x^2+3x-40<0$ を解くと

$(x+8)(x-5)<0$ より

$-8<x<5$　……①

$x^2-5x-6>0$ を解くと

$(x-6)(x+1)>0$ より

$x<-1$，$6<x$　……②

①，②をともに満たすxの範囲は

$-8<x<-1$

(2)　$f(x)=x^2-ax-6a^2$

とおくと

$$f(x)=\left(x-\frac{a}{2}\right)^2-\frac{25}{4}a^2$$

$-8<x<-1$ のとき $f(x)>0$ が成立する条件は次のようになる．

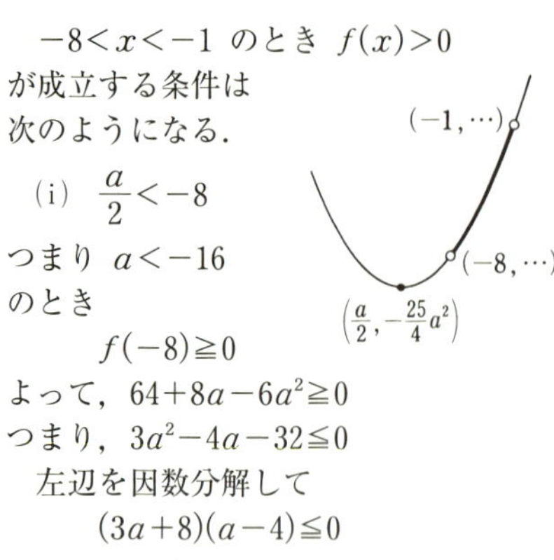

(i) $\dfrac{a}{2}<-8$

つまり $a<-16$ のとき

$f(-8)\geqq 0$

よって，$64+8a-6a^2\geqq 0$

つまり，$3a^2-4a-32\leqq 0$

左辺を因数分解して

$(3a+8)(a-4)\leqq 0$

よって，$-\dfrac{8}{3}\leqq a\leqq 4$

これは $a<-16$ に反する．

(ii) $-8\leqq\dfrac{a}{2}\leqq -1$ つまり

$-16\leqq a\leqq -2$ のとき

$f\left(\dfrac{a}{2}\right)>0$ より

$-\dfrac{25}{4}a^2>0$

これを満たす a は存在しない．

(iii) $-1<\dfrac{a}{2}$

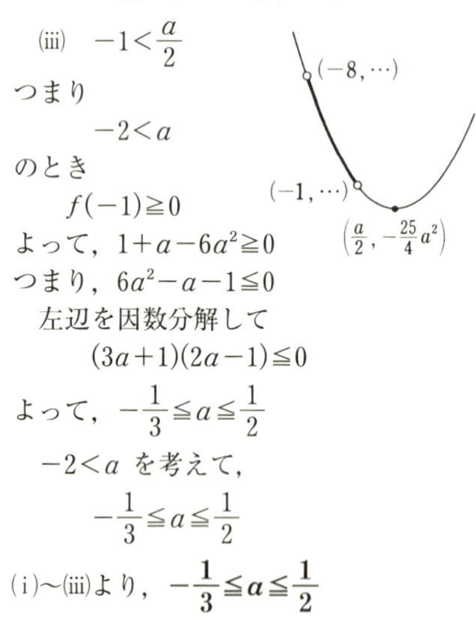

つまり

$-2<a$

のとき

$f(-1)\geqq 0$

よって，$1+a-6a^2\geqq 0$

つまり，$6a^2-a-1\leqq 0$

左辺を因数分解して

$(3a+1)(2a-1)\leqq 0$

よって，$-\dfrac{1}{3}\leqq a\leqq\dfrac{1}{2}$

$-2<a$ を考えて，

$-\dfrac{1}{3}\leqq a\leqq\dfrac{1}{2}$

(i)～(iii)より，$\boldsymbol{-\dfrac{1}{3}\leqq a\leqq\dfrac{1}{2}}$

26-1 $f(x)=x^2-2px+2-p$

とおくと

$f(x)=(x-p)^2-p^2-p+2$

方程式 $f(x)=0$ の2つの解がともに正となる条件は

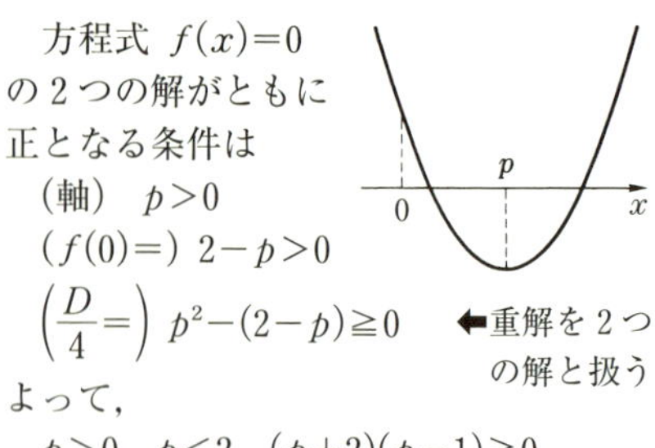

(軸) $p>0$

$(f(0)=)$ $2-p>0$

$\left(\dfrac{D}{4}=\right)$ $p^2-(2-p)\geqq 0$ ⬅重解を2つの解と扱う

よって，

$p>0$，$p<2$，$(p+2)(p-1)\geqq 0$

これらすべてを満たす p の値の範囲は

$\boldsymbol{1\leqq p<2}$

方程式 $f(x)=0$ の2つの解がともに負となる条件は

$p<0$,

$2-p>0$,

$p^2-(2-p)\geqq 0$

よって，$p<0$，$p<2$，$(p+2)(p-1)\geqq 0$

これらすべてを満たす p の値の範囲は

$\boldsymbol{p\leqq -2}$

方程式 $f(x)=0$ の2つの解の符号が異なる条件は

$f(0)<0$

よって，$2-p<0$

したがって，$\boldsymbol{p>2}$

26-2 (1)

$f(x)=x^2-2ax+2a^2-5$

とおくと

$f(x)=(x-a)^2+a^2-5$

方程式 $f(x)=0$ が1より大きい解と1より小さい解を1つずつもつ条件は

$f(1)<0$

よって，$2a^2-2a-4<0$

左辺を因数分解して

$2(a-2)(a+1)<0$

したがって，

$\boldsymbol{-1<a<2}$

(2) 方程式 $f(x)=0$ が1より大きい解を2

つもつ条件は

$$\begin{cases}(f(1)=)\ 2a^2-2a-4>0\\(\text{軸})\ a>1\\\left(\dfrac{D}{4}=\right)\ a^2-(2a^2-5)\geqq 0\end{cases}$$

よって, $\begin{cases}2(a-2)(a+1)>0\\a>1\\a^2\leqq 5\end{cases}$

したがって,

$\mathbf{2<a\leqq\sqrt{5}}$

27

$f(x)=2ax^2-2x+4a-1\quad(a>0)$

とおく.

$y=f(x)$ のグラフが, 区間

$-\dfrac{1}{3}\leqq x\leqq 2$ において x 軸と少なくとも1つの共有点をもつ条件を求めればよい.

(i) $f\left(-\dfrac{1}{3}\right)f(2)\leqq 0$ の場合

$$\left(\frac{38}{9}a-\frac{1}{3}\right)(12a-5)\leqq 0$$

よって,

$$\frac{3}{38}\leqq a\leqq\frac{5}{12}$$

(ii) $\begin{cases}\left(f\left(-\dfrac{1}{3}\right)=\right)\ \dfrac{38}{9}a-\dfrac{1}{3}\geqq 0 & \cdots\cdots①\\(f(2)=)\ 12a-5\geqq 0 & \cdots\cdots②\\\text{軸}:-\dfrac{1}{3}\leqq\dfrac{1}{2a}\leqq 2 & \cdots\cdots③\\\text{判別式}:1-2a(4a-1)\geqq 0 & \cdots\cdots④\end{cases}$

の場合

①より, $a\geqq\dfrac{3}{38}$ ……①′

②より, $a\geqq\dfrac{5}{12}$ ……②′

$a>0$ に注意すると③は, $\dfrac{1}{2a}\leqq 2$

よって, $a\geqq\dfrac{1}{4}$ ……③′

④より, $8a^2-2a-1\leqq 0$

よって, $(4a+1)(2a-1)\leqq 0$

したがって,

$-\dfrac{1}{4}\leqq a\leqq\dfrac{1}{2}$ ……④′

①′〜④′, $a>0$ より,

$$\frac{5}{12}\leqq a\leqq\frac{1}{2}$$

(i), (ii)より, $\mathbf{\dfrac{3}{38}\leqq a\leqq\dfrac{1}{2}}$

参考 軸の位置での場合分けによる解答

$f(x)=2ax^2-2x+4a-1\ (a>0)$

とおく.

2次関数 $y=f(x)$ のグラフの対称軸 $\left(x=\dfrac{1}{2a}\right)$ の位置で場合分けする.

(i) $0<\dfrac{1}{2a}\leqq 2$ つまり $\dfrac{1}{4}\leqq a$ のとき

$f\left(\dfrac{1}{2a}\right)\leqq 0$ ……①

かつ

「$f\left(-\dfrac{1}{3}\right)\geqq 0$ または $f(2)\geqq 0$」…②

①より,

$$-\frac{1}{2a}+4a-1\leqq 0$$

両辺に $2a\,(>0)$ をかけて左辺を因数分解して

$$(4a+1)(2a-1)\leqq 0$$

よって, $-\dfrac{1}{4}\leqq a\leqq\dfrac{1}{2}$

$a>0$ より, $0<a\leqq\dfrac{1}{2}$ ……①′

②より,

$\dfrac{38}{9}a-\dfrac{1}{3}\geqq 0$ または $12a-5\geqq 0$

よって, $a\geqq\dfrac{3}{38}$ ……②′

①′かつ②′と $\dfrac{1}{4}\leqq a$ より

$$\frac{1}{4}\leqq a\leqq\frac{1}{2}$$

(ii) $\dfrac{1}{2a}>2$ つまり $0<a<\dfrac{1}{4}$ のとき

$$\begin{cases}f\left(-\dfrac{1}{3}\right)=\dfrac{38}{9}a-\dfrac{1}{3}\geqq 0\\f(2)=12a-5\leqq 0\end{cases}$$

より，

$$\frac{3}{38} \leqq a \leqq \frac{5}{12}$$

これと，$0 < a < \frac{1}{4}$ より

$$\frac{3}{38} \leqq a < \frac{1}{4}$$

(i)，(ii)より，$\frac{3}{38} \leqq a \leqq \frac{1}{2}$

28-1 $x^2+ax+b=0$ ……①

$x^2+bx+a=0$ ……②

(1) ①，②の共通解を α とおくと，

$\alpha^2+a\alpha+b=0$ ……③

$\alpha^2+b\alpha+a=0$ ……④

③－④ より

$(a-b)(\alpha-1)=0$

よって，

$a=b$ または $\alpha=1$

$a=b$ のとき，①と②が一致し，①と②は 2 つの共通解をもつので条件に反する．

⬅重解を 2 つの解と扱う

よって，$\alpha=\mathbf{1}$

(2) ③に $\alpha=1$ を代入して

$1+a+b=0$ ……⑤

$a=b$ であると，①と②は 2 つの共通解をもつので，a，b が満たすべき条件は，

$1+a+b=0$ かつ $a \neq b$

$\left(1+a+b=0 \text{ かつ } a \neq -\frac{1}{2} \text{ でもよい}\right)$

(3) ⑤より，$a=-b-1$

①に代入して，

$x^2-(b+1)x+b=0$

左辺を因数分解して，

$(x-1)(x-b)=0$

よって，①の $x=1$ 以外の解は

$x=b$

である．

同様に，⑤より，$b=-a-1$

②に代入して，

$x^2-(a+1)x+a=0$

よって，$(x-1)(x-a)=0$

したがって，②の $x=1$ 以外の解は

$x=a$

である．

28-2

$(x^2+ax+1)(3x^2+ax-3)=0$ は

$x^2+ax+1=0$ ……①

または

$3x^2+ax-3=0$ ……②

と同値である．

(②の判別式)$=a^2+36>0$

であるから，②を満たす異なる実数 x は 2 つある．

①を満たす異なる実数 x の個数は，

$(D=)$ $a^2-4>0$ つまり

$a<-2$，$2<a$ のとき 2 個

$(D=)$ $a^2-4=0$ つまり

$a=\pm 2$ のとき 1 個

$(D=)$ $a^2-4<0$ つまり

$-2<a<2$ のとき 0 個

である．

①と②が共通解をもつときについて調べる．

共通解を α とおくと，

$\alpha^2+a\alpha+1=0$ ……③

$3\alpha^2+a\alpha-3=0$ ……④

④－③ より

$2\alpha^2-4=0$

よって，$\alpha=\pm\sqrt{2}$

$\alpha=\sqrt{2}$ のとき，③より $a=-\frac{3}{\sqrt{2}}$

$\alpha=-\sqrt{2}$ のとき，③より $a=\frac{3}{\sqrt{2}}$

以上より，「①」，「②」，「①かつ②」を満たす異なる実数 x の個数は次のようになる．

a	…	$-\frac{3}{\sqrt{2}}$	…	-2	…	2	…	$\frac{3}{\sqrt{2}}$	…
①	2	2	2	1	0	1	2	2	2
②	2	2	2	2	2	2	2	2	2
①かつ②	0	1	0	0	0	0	0	1	0

したがって，「①または②」を満たす異な

る実数xの個数は，

$$\begin{cases} \boldsymbol{a<-\frac{3}{\sqrt{2}},\ -\frac{3}{\sqrt{2}}<a<-2,} \\ \boldsymbol{2<a<\frac{3}{\sqrt{2}},\ \frac{3}{\sqrt{2}}<a} \text{ **のとき 4 個**} \\ \boldsymbol{a=\pm\frac{3}{\sqrt{2}},\ \pm 2} \text{ **のとき 3 個**} \\ \boldsymbol{-2<a<2} \text{ **のとき 2 個**} \end{cases}$$

29 $2x^2+4xy+3y^2+4x+5y-4=0$

をxについて整理して，

$$2x^2+4(y+1)x+3y^2+5y-4=0$$

これを満たす実数xが存在する条件より

$$4(y+1)^2-2(3y^2+5y-4)\geqq 0$$

整理して，

$$y^2+y-6\leqq 0$$

よって，

$$(y+3)(y-2)\leqq 0$$

したがって，

$$\boldsymbol{-3\leqq y\leqq 2}$$

30 $1111_{(2)}=2^3+2^2+2^1+2^0$
$=8+4+2+1$
$=\boldsymbol{15}$

15 を 3 で割ると商は 5 余りは 0
5 を 3 で割ると商は 1 余りは 2
1 を 3 で割ると商は 0 余りは 1

したがって，15 を 3 進法表示すると

120

31 (1) $\frac{14}{3}<x<5$ のとき

$2<\frac{3}{7}x<\frac{15}{7}$　であるから

$$\left[\frac{3}{7}x\right]=2$$

また，$[x]=4$ であるから，

$$\left[\frac{3}{7}[x]\right]=\left[\frac{3}{7}\cdot 4\right]=\left[\frac{12}{7}\right]=1$$

したがって，

$$\left[\frac{3}{7}x\right]-\left[\frac{3}{7}[x]\right]=\boldsymbol{1}$$

(2) $\left[\frac{1}{2}x\right]=N$　(Nは整数) とおくと，

$$\frac{1}{2}x-1<\left[\frac{1}{2}x\right]\leqq\frac{1}{2}x$$

より，$\frac{1}{2}x-1<N\leqq\frac{1}{2}x$

xについて解いて，

$$2N\leqq x<2N+2$$

このとき，

$$[x]=2N,\ 2N+1$$

であり，

$$\frac{1}{2}[x]=N,\ N+\frac{1}{2}$$

したがって

$$\left[\frac{1}{2}[x]\right]=N$$

以上より，

$$\left[\frac{1}{2}x\right]-\left[\frac{1}{2}[x]\right]=N-N=0$$

(3) $\left[\frac{1}{n}x\right]=N$　(Nは整数) とおくと，

$$\frac{1}{n}x-1<\left[\frac{1}{n}x\right]\leqq\frac{1}{n}x$$

より，$\frac{1}{n}x-1<N\leqq\frac{1}{n}x$

よって，

$$nN\leqq x<nN+n$$

このとき，

$$[x]=nN,\ nN+1,\ nN+2,\ \cdots,\ nN+(n-1)$$

であり，

$$\frac{1}{n}[x]=N,\ N+\frac{1}{n},\ N+\frac{2}{n},\ \cdots,\ N+\frac{n-1}{n}$$

したがって，

$$\left[\frac{1}{n}[x]\right]=N$$

以上より，

$$\left[\frac{1}{n}x\right]-\left[\frac{1}{n}[x]\right]=\boldsymbol{0}$$

32 $P=(m-5)(m^2+m+1)$

であり，mは正の整数であるから，

$m-5 \geqq -4$, $m^2+m+1 \geqq 3$
したがって，P が素数であることから
$m-5=1$
よって，$m=6$
したがって，$P=\mathbf{43}$

33 (1) $a=\left[\frac{50}{2}\right]+\left[\frac{50}{2^2}\right]+\left[\frac{50}{2^3}\right]$
$+\left[\frac{50}{2^4}\right]+\left[\frac{50}{2^5}\right]+\left[\frac{50}{2^6}\right]+\cdots$
$=\left[\frac{50}{2}\right]+\left[\frac{50}{4}\right]+\left[\frac{50}{8}\right]+\left[\frac{50}{16}\right]+\left[\frac{50}{32}\right]$
$=25+12+6+3+1$
$=\mathbf{47}$

(2) ${}_{100}C_{50}=\frac{100!}{50!50!}$
これは整数であることに注意する．
100! を素因数分解したとき，現れる素数 3 の個数は，
$\left[\frac{100}{3}\right]+\left[\frac{100}{3^2}\right]+\left[\frac{100}{3^3}\right]$
$+\left[\frac{100}{3^4}\right]+\left[\frac{100}{3^5}\right]+\cdots$
$=\left[\frac{100}{3}\right]+\left[\frac{100}{9}\right]+\left[\frac{100}{27}\right]+\left[\frac{100}{81}\right]$
$=33+11+3+1$
$=48$
同様に，50! を素因数分解したとき，現れる素数 3 の個数は，
$\left[\frac{50}{3}\right]+\left[\frac{50}{3^2}\right]+\left[\frac{50}{3^3}\right]+\left[\frac{50}{3^4}\right]+\cdots$
$=\left[\frac{50}{3}\right]+\left[\frac{50}{9}\right]+\left[\frac{50}{27}\right]$
$=16+5+1$
$=22$
したがって，${}_{100}C_{50}$ を素因数分解したとき，累乗 3^b の b は，
$b=48-22-22$
$=\mathbf{4}$

34-1 (1) a を 3 で割った余りが 0, 1, 2 のとき，a^2 を 3 で割った余りはそれぞれ 0, 1, 1 となる．

(2) a^2, b^2 を 3 で割った余りは 0 か 1 である．
a^2, b^2 を 3 で割った余りがともに 1 のときも，一方が 0，他方が 1 のときも a^2+b^2 は 3 で割り切れない．
したがって，a^2+b^2 が 3 の倍数ならば a^2, b^2 はともに 3 の倍数である．このとき，a, b はともに 3 の倍数である．

(3) a, b ともに 3 の倍数でないならば，(1)より，a^2, b^2 を 3 で割った余りは 1 であり，a^2+b^2 を 3 で割った余りは 2 である．しかし，これに等しい c^2 を 3 で割った余りが 2 となることはない．
したがって，a, b のうち少なくとも 1 つは 3 の倍数である．

34-2 連続 3 整数の中に必ず 3 の倍数が含まれるので，当然連続 4 整数の中にも 3 の倍数が含まれる．
また，連続 4 整数の中に必ず 4 の倍数があり，また，それ以外の 3 つの整数の中に 2 の倍数がある．(4 の倍数の 2 つ隣)
したがって，連続 4 整数の積は $3\times4\times2$ つまり 24 の倍数であり，24 で割り切れる．

35 $m+n$ と $m+4n$ の最大公約数が 3 であるから，
$m+n=3a$ ……①
$m+4n=3b$ ……②
(a と b は互いに素な自然数)
と表すことができる．
このとき，$m+n$ と $m+4n$ の最小公倍数は $3ab$ であるから，
$4m+16n=3ab$
両辺に 3 をかけて
$12m+48n=3a\cdot3b$
これに①，②を代入して
$12m+48n=(m+n)(m+4n)$
左辺は，$12(m+4n)$ と変形できるから
$12(m+4n)=(m+n)(m+4n)$

$m+4n \neq 0$ であるから

$m+n=12$

よって，自然数 m，n $(m \geqq n)$ は

$(m,\ n)=(6,\ 6),\ (7,\ 5),\ (8,\ 4),$
$(9,\ 3),\ (10,\ 2),\ (11,\ 1)$

それぞれに対して，$m+4n$ の値は

$m+4n=30,\ 27,\ 24,\ 21,\ 18,\ 15$

となる．このうち，$m+n$ $(=12)$ との最大公約数が 3 であるものは

$m+4n=27,\ 21,\ 15$

であり，このとき

$(m,\ n)=\mathbf{(7,\ 5),\ (9,\ 3),\ (11,\ 1)}$

36 $\frac{1}{3}=\frac{120}{360}$，$\frac{3}{8}=\frac{135}{360}$

であるから，

$\frac{1}{3}<\frac{m}{360}<\frac{3}{8}$

を満たす分数 $\frac{m}{360}$ (m は整数) は，次の 14 個ある．

$\frac{121}{360},\ \frac{122}{360},\ \frac{123}{360},\ \frac{124}{360},\ \frac{125}{360},$
$\frac{126}{360},\ \frac{127}{360},\ \frac{128}{360},\ \frac{129}{360},\ \frac{130}{360},$
$\frac{131}{360},\ \frac{132}{360},\ \frac{133}{360},\ \frac{134}{360}$

このうち，既約分数は

$\frac{121}{360},\ \frac{127}{360},\ \frac{131}{360},\ \frac{133}{360}$

の **4 個**ある．

そのうち，最大の m は

$m=\mathbf{133}$

である．

37 $7l=4m+3$ ……①

$l=1$ のとき $m=1$ であるから，

$7\cdot1=4\cdot1+3$ ……①′

①−①′ より

$7(l-1)=4(m-1)$ ……①″

右辺は 4 の倍数であり，7 と 4 は互いに素であるから，

$l-1=4k$ (k は整数)

と表すことができ，このとき，①″より

$m-1=7k$

よって

$l=\mathbf{4k+1}$，$m=\mathbf{7k+1}$

これらを②に代入して

$(4k+1)(7k+1)$
$=139-28n^2+(4k+1)+(7k+1)$

整理して

$28(k^2+n^2)=140$

よって，$k^2+n^2=5$

これを満たす整数 k，n の組 $(k,\ n)$ は

$(k,\ n)=(-2,\ -1),\ (-2,\ 1),$
$(-1,\ -2),\ (-1,\ 2),$
$(1,\ -2),\ (1,\ 2),$
$(2,\ -1),\ (2,\ 1)$

の 8 通りある．

したがって，①，②を満たす整数の組 $(l,\ m,\ n)$ は全部で **8** 通りある．

38 $xy+3x+2y=12$ より

$(x+2)(y+3)=18$

$x+2$，$y+3$ は整数であるから

$x+2$	-18	-9	-6	-3	-2	-1
$y+3$	-1	-2	-3	-6	-9	-18

1	2	3	6	9	18
18	9	6	3	2	1

したがって，x，y は次の通りである．

x	-20	-11	-8	-5	-4	-3
y	-4	-5	-6	-9	-12	-21

-1	0	1	4	7	16
15	6	3	0	-1	-2

よって，

$x+y$ **の最小値は** $\mathbf{-24}$

xy **の最大値は 80**

39 (1) $1 \leqq c \leqq b \leqq a$ より

$1 \geqq \frac{1}{c} \geqq \frac{1}{b} \geqq \frac{1}{a}>0$

よって，$\frac{1}{a}+\frac{1}{b}+\frac{1}{c} \leqq \frac{3}{c}$

$\frac{1}{a}+\frac{1}{b}+\frac{1}{c}=\frac{1}{3}$ ……(＊) より

$\frac{1}{3} \leqq \frac{3}{c}$

よって，$c \leqq 9$

$c=9$ のとき $a=b=9$ とすれば(＊)が成り立つ．

また，$\frac{1}{a}>0$，$\frac{1}{b}>0$，(＊)より

$\frac{1}{c}<\frac{1}{3}$

よって，$c>3$

$c=4$ のとき，$a=b=24$ とすれば(＊)が成り立つ．

したがって，c の**最大値は 9**，**最小値は 4** である．

(2)　$c=6$ のとき(＊)より

$\frac{1}{a}+\frac{1}{b}=\frac{1}{6}$

よって，$6b+6a=ab$

したがって，$(a-6)(b-6)=36$

$a-6$，$b-6$ は整数であり

$a \geqq b \geqq 6$ より，$a-6 \geqq b-6 \geqq 0$

したがって，

$a-6$	36	18	12	9	6
$b-6$	1	2	3	4	6

よって，

$(a,\ b)=$**(42, 7)，(24, 8)，(18, 9)，(15, 10)，(12, 12)**

40

(1)　$x^2+2px+3p^2-8=0$ ……①

x の 2 次方程式①が実数解をもつ条件より，

$p^2-(3p^2-8) \geqq 0$

よって，$p^2 \leqq 4$

したがって，

$\boldsymbol{-2 \leqq p \leqq 2}$

(2)　p が整数のとき，(1)より，

$p=-2,\ -1,\ 0,\ 1,\ 2$

・$p=-2$ のとき

①は，$x^2-4x+4=0$

これは，整数解 $x=2$ (重解) をもつ．

・$p=-1$ のとき

①は，$x^2-2x-5=0$

これは整数解をもたない．

・$p=0$ のとき

①は，$x^2-8=0$

これは整数解をもたない．

・$p=1$ のとき

①は，$x^2+2x-5=0$

これは整数解をもたない．

・$p=2$ のとき

①は，$x^2+4x+4=0$

これは，整数解 $x=-2$ (重解) をもつ．

以上より，①を満たす整数 x，p の組 $(x,\ p)$ は，

$(x,\ p)=(2,\ -2),\ (-2,\ 2)$

の **2 通り**ある．

41

(1)

$n^2+mn-2m^2-7n-2m+25=0$

n について整理して

$n^2+(m-7)n-2m^2-2m+25=0$

よって

$$n=\frac{1}{2}\{-(m-7) \pm\sqrt{(m-7)^2-4(-2m^2-2m+25)}\}$$

したがって

$$\boldsymbol{n=\frac{7-m\pm\sqrt{9m^2-6m-51}}{2}}$$

(2)　m，n は自然数であるから

$\sqrt{9m^2-6m-51}=N$

(Nは 0 以上の整数)

と表せることが必要である．

このとき

$9m^2-6m-51=N^2$

よって

$(3m-1)^2-52=N^2$

変形して

$(3m-1)^2-N^2=52$

左辺を因数分解して

$(3m-1+N)(3m-1-N)=52$

$3m-1+N$, $3m-1-N$ はともに整数であり,

$3m-1+N \geqq 3m-1-N$

である.

また, m は自然数, N は 0 以上の整数であるから,

$3m-1+N \geqq 2$

である.

よって, $3m-1+N$, $3m-1-N$ は次の 3 通り.

$3m-1+N$	52	26	13
$3m-1-N$	1	2	4

(i) $\begin{cases} 3m-1+N=52 \\ 3m-1-N=1 \end{cases}$ のとき

これら 2 式を辺々ひいて

$2N=51$

これは N が整数であることに反する.

(ii) $\begin{cases} 3m-1+N=26 \\ 3m-1-N=2 \end{cases}$ のとき

これら 2 式より,

$m=5$, $N=12$

(iii) $\begin{cases} 3m-1+N=13 \\ 3m-1-N=4 \end{cases}$ のとき

これら 2 式を辺々ひいて

$2N=9$

これは N が整数であることに反する.

以上より, $m=\mathbf{5}$

このとき(1)より, $n=7$, -5

n は自然数であるから, $n=\mathbf{7}$

42 $x^2-kx+4k=0$

の 2 つの解を α, β $(\alpha \geqq \beta)$ とおくと, 解と係数の関係より

$\begin{cases} \alpha+\beta=k & \cdots\cdots ① \\ \alpha\beta=4k & \cdots\cdots ② \end{cases}$

①, ②より k を消去して

$\alpha\beta=4(\alpha+\beta)$

変形して

$(\alpha-4)(\beta-4)=16$

$\alpha-4$, $\beta-4$ はともに整数であり,

$\alpha-4 \geqq \beta-4$

であるから

$\alpha-4$	16	8	4	-1	-2	-4
$\beta-4$	1	2	4	-16	-8	-4

よって, α, β は次の通りである.

α	20	12	8	3	2	0
β	5	6	8	-12	-4	0

$k=\alpha+\beta \quad \cdots\cdots ①$

であるから

$k=25$, 18, 16, -9, -2, 0

したがって, k の最小値 m は

$m=-9$

よって, $|m|=\mathbf{9}$

43 $\sin\theta=\dfrac{2}{3}$ より

$\cos^2\theta=1-\sin^2\theta$

$=1-\left(\dfrac{2}{3}\right)^2=\dfrac{5}{9}$

$0^\circ<\theta<90^\circ$ より, $\cos\theta>0$ であるから

$\cos\theta=\boldsymbol{\dfrac{\sqrt{5}}{3}}$

また, $\tan\theta=\dfrac{\sin\theta}{\cos\theta}=\boldsymbol{\dfrac{2}{\sqrt{5}}}$

44 (1)

$(\sin\theta-\cos\theta)^2=1-2\sin\theta\cos\theta$

に $\sin\theta-\cos\theta=\dfrac{1}{2}$ を代入して

$\dfrac{1}{4}=1-2\sin\theta\cos\theta$

よって, $\sin\theta\cos\theta=\boldsymbol{\dfrac{3}{8}}$

(2)

$(\sin\theta+\cos\theta)^2=1+2\sin\theta\cos\theta$

$=1+2\cdot\dfrac{3}{8}=\dfrac{7}{4}$

$0^\circ<\theta<90^\circ$ より $\sin\theta>0$, $\cos\theta>0$ であるから

$\sin\theta+\cos\theta=\boldsymbol{\dfrac{\sqrt{7}}{2}}$

45 $\cos 75^\circ = \cos(90^\circ - 15^\circ)$
$= \sin 15^\circ$

したがって

$$\cos^2 15^\circ + \cos^2 30^\circ + \cos^2 45^\circ + \cos^2 60^\circ + \cos^2 75^\circ$$
$$= \cos^2 15^\circ + \frac{3}{4} + \frac{1}{2} + \frac{1}{4} + \sin^2 15^\circ$$
$$= \mathbf{\frac{5}{2}}$$

46 $P = 2\cos^2\theta + \sin\theta$

$$= 2(1 - \sin^2\theta) + \sin\theta$$
$$= -2\left(\sin\theta - \frac{1}{4}\right)^2 + \frac{17}{8}$$

$0^\circ \leqq \theta \leqq 180^\circ$ であるから

$$0 \leqq \sin\theta \leqq 1$$

したがって，P は

$\sin\theta = \frac{1}{4}$ のとき，**最大値** $\mathbf{\frac{17}{8}}$

$\sin\theta = 1$ のとき，**最小値 1**

をとる．

47 余弦定理より，

$$\cos A = \frac{b^2 + c^2 - a^2}{2bc}$$

この式の右辺に，$a^2 = b^2 + c^2 + bc$ を代入して

$$\cos A = \frac{-bc}{2bc} = -\frac{1}{2}$$

よって，$A = \mathbf{120^\circ}$

48 正弦定理より

$$\sin A = \frac{a}{2R},\ \sin B = \frac{b}{2R},\ \sin C = \frac{c}{2R}$$

（Rは三角形 ABC の外接円の半径）

であるから

$$\sin^2 A = \sin^2 B + \sin^2 C$$

より

$$\left(\frac{a}{2R}\right)^2 = \left(\frac{b}{2R}\right)^2 + \left(\frac{c}{2R}\right)^2$$

よって，$a^2 = b^2 + c^2$

したがって，

$$A = \mathbf{90^\circ}$$

49 (1) $\cos A = \dfrac{AB^2 + AC^2 - BC^2}{2AB \cdot AC}$

$$= \frac{4^2 + 5^2 - 6^2}{2 \cdot 4 \cdot 5} = \frac{1}{8}$$

よって，

$$\sin^2 A = 1 - \cos^2 A$$
$$= 1 - \left(\frac{1}{8}\right)^2 = \frac{63}{8^2}$$

$\sin A > 0$ であるから，$\sin A = \dfrac{3\sqrt{7}}{8}$

よって，

$$\triangle ABC = \frac{1}{2} \cdot AC \cdot AB \cdot \sin A$$
$$= \frac{1}{2} \cdot 5 \cdot 4 \cdot \frac{3\sqrt{7}}{8} = \mathbf{\frac{15\sqrt{7}}{4}}$$

(2) $\triangle ABC = \dfrac{r}{2}(AB + BC + AC)$

であるから

$$\frac{r}{2}(4 + 6 + 5) = \frac{15\sqrt{7}}{4}$$

よって，$r = \mathbf{\dfrac{\sqrt{7}}{2}}$

50 $\angle BAD = \angle DAC$ であるから

$BD : DC$
$= AB : AC$
$= 12 : 15$
$= 4 : 5$

したがって，

$$BD = \frac{4}{9}BC = 8$$

また，余弦定理より

$$\cos B = \frac{AB^2 + BC^2 - AC^2}{2AB \cdot BC}$$
$$= \frac{12^2 + 18^2 - 15^2}{2 \cdot 12 \cdot 18} = \frac{9}{16}$$

さらに，三角形 ABD に余弦定理を用いて

$$AD^2 = AB^2 + BD^2 - 2AB \cdot BD \cdot \cos B$$
$$= 12^2 + 8^2 - 2 \cdot 12 \cdot 8 \cdot \frac{9}{16}$$
$$= 100$$

よって，$AD = \mathbf{10}$

51 余弦定理より

$$BC^2=6^2+3^2-2\cdot6\cdot3\cdot\cos120^\circ$$
$$=63$$

よって,

$BC=3\sqrt{7}$

また,

$$\cos B=\frac{AB^2+BC^2-AC^2}{2AB\cdot BC}$$
$$=\frac{6^2+63-3^2}{2\cdot6\cdot3\sqrt{7}}$$
$$=\frac{5}{2\sqrt{7}}$$

ここで, 三角形 ABM に余弦定理を用いて

$$AM^2=AB^2+BM^2-2AB\cdot BM\cdot\cos B$$
$$=6^2+\left(\frac{3\sqrt{7}}{2}\right)^2-2\cdot6\cdot\frac{3\sqrt{7}}{2}\cdot\frac{5}{2\sqrt{7}}$$
$$=\frac{27}{4}$$

よって, $\mathbf{AM=\dfrac{3\sqrt{3}}{2}}$

(別解) 上のように, $BC=3\sqrt{7}$ を求めたあと

$$AB^2+AC^2=2(AM^2+BM^2)$$

(中線定理) より

$$6^2+3^2=2\left\{AM^2+\left(\frac{3\sqrt{7}}{2}\right)^2\right\}$$

よって, $AM^2=\dfrac{27}{4}$

したがって, $AM=\dfrac{3\sqrt{3}}{2}$

52 (1) $b\sin^2A+a\cos^2B=a$

より, $b\sin^2A=a(1-\cos^2B)$

よって, $b\sin^2A=a\sin^2B$

正弦定理より

$$\sin A=\frac{a}{2R},\ \sin B=\frac{b}{2R}$$

(Rは外接円の半径)

であるから

$$b\left(\frac{a}{2R}\right)^2=a\left(\frac{b}{2R}\right)^2$$

分母を払って, $a^2b=ab^2$

よって, $a=b$

したがって, **BC=CA の二等辺三角形**である.

(2) $\cos A=\dfrac{b^2+c^2-a^2}{2bc}$,

$\cos B=\dfrac{c^2+a^2-b^2}{2ca}$

を $a\cos A=b\cos B$ に代入して

$$a\cdot\frac{b^2+c^2-a^2}{2bc}=b\cdot\frac{c^2+a^2-b^2}{2ca}$$

両辺に $2abc$ をかけて

$$a^2(b^2+c^2-a^2)=b^2(c^2+a^2-b^2)$$

整理して,

$$a^2c^2-a^4-b^2c^2+b^4=0$$

よって, $(a^2-b^2)c^2-(a^4-b^4)=0$

左辺を因数分解して

$$(a^2-b^2)(c^2-a^2-b^2)=0$$

よって, $a^2=b^2$ または $c^2=a^2+b^2$

したがって,

BC=CA の二等辺三角形 または,
∠C=90° の直角三角形である.

53 (1) $\sqrt{x^2-2x}$ の辺が他の 2 辺より長さが短くないことより,

$$0<4-x\leqq\sqrt{x^2-2x}\quad\cdots\cdots①$$
$$(0<)\ 2\leqq\sqrt{x^2-2x}\quad\cdots\cdots②$$

①より

$$x<4\ かつ\ (4-x)^2\leqq x^2-2x$$

よって

$$x<4\ かつ\ 6x\geqq16$$

したがって

$$\frac{8}{3}\leqq x<4\quad\cdots\cdots①'$$

②より, $x^2-2x\geqq4$

よって

$$x\leqq1-\sqrt{5},\ 1+\sqrt{5}\leqq x\quad\cdots\cdots②'$$

(最大辺の長さ)<(他の 2 辺の長さの和) より,

$$\sqrt{x^2-2x}<(4-x)+2$$

よって, $\sqrt{x^2-2x}<6-x\quad\cdots\cdots③$

①′より $6-x>0$ であるから, ③の両辺を 2 乗して

$$x^2-2x<(6-x)^2$$

よって，$x<\frac{18}{5}$ ……③′

①′，②′，③′より

$$\mathbf{1+\sqrt{5}\leqq x<\frac{18}{5}}$$

(2) 最小の辺は，$4-x$，2 のどちらかであるが，(1)の結果より，最小の辺は $4-x$ である．この対角が θ であるから，

$$\cos\theta=\frac{(\sqrt{x^2-2x})^2+2^2-(4-x)^2}{2\cdot\sqrt{x^2-2x}\cdot 2}$$
$$=\frac{3(x-2)}{2\sqrt{x^2-2x}}$$
$$=\mathbf{\frac{3}{2}\sqrt{\frac{x-2}{x}}}$$

54 $\angle$B の二等分線が辺 AC と交わる点を D とすると

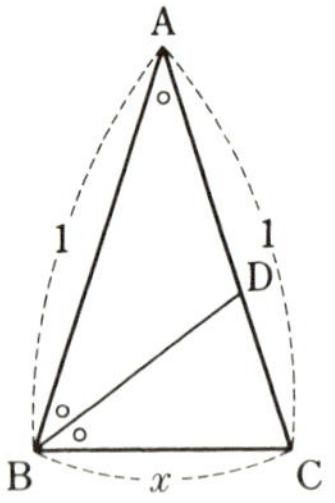

$\angle$CBD

$=\frac{1}{2}\angle$ABC

$=\frac{1}{2}\cdot\frac{180^\circ-\angle A}{2}$

$=36^\circ=\angle$A

よって，$\triangle$ABC∽$\triangle$BDC

($\angle$CAB$=\angle$CBD,
$\angle$ACB$=\angle$BCD より，)

したがって，AB：BD＝AC：BC であり，BC＝x とおくと，

1：BD＝1：x

よって，　BD＝x

また，AB：BD＝BC：DC

よって，　1：x＝x：DC

したがって，　DC＝x^2

さらに $\angle$DAB＝$\angle$DBA より

AD＝BD　(＝x)

したがって，AD＋DC＝AC より

$$x+x^2=1$$

よって，$x^2+x-1=0$

$x>0$ であるから，$x=\mathbf{\frac{-1+\sqrt{5}}{2}}$

$$\cos A=\frac{AB^2+AC^2-BC^2}{2AB\cdot AC}$$
$$=\frac{1+1-x^2}{2\cdot1\cdot1}=\frac{1}{2}(2-x^2)$$
$$=\frac{1}{2}(x+1)\quad(x^2=1-x\ \text{より})$$
$$=\mathbf{\frac{1+\sqrt{5}}{4}}$$

55 (1) (ア) 三角形 ABC に余弦定理を用いて

$$\mathbf{x^2=a^2+b^2-2ab\cos\theta} \quad\cdots\cdots①$$

(イ) 三角形 DAC に余弦定理を用いて

$$x^2=c^2+d^2-2cd\cos\angle CDA$$

$\angle$CDA＝$180^\circ-\theta$ であるから

$$\cos\angle CDA=\cos(180^\circ-\theta)$$
$$=-\cos\theta$$

よって，

$$\mathbf{x^2=c^2+d^2+2cd\cos\theta} \quad\cdots\cdots②$$

(2) ①×cd＋②×ab より

$$(cd+ab)x^2$$
$$=cd(a^2+b^2)+ab(c^2+d^2)$$

右辺$=(a^2cd+abc^2)+(b^2cd+abd^2)$
$$=ac(ad+bc)+bd(bc+ad)$$
$$=(ad+bc)(ac+bd)$$

よって，

$(ab+cd)x^2=(ad+bc)(ac+bd)$ ……③

上と同じようにして，BD＝y とおくと

$(ad+bc)y^2=(ab+cd)(ac+bd)$ ……④

③×④ より

$$x^2y^2=(ac+bd)^2$$

よって，$xy=ac+bd$

つまり，AC・BD＝$ac+bd$

56 (1)

OB＝$\frac{OA}{\cos\gamma}$
＝$\sqrt{3}$，

OC＝$\frac{OA}{\cos\beta}$
＝$\sqrt{3}$

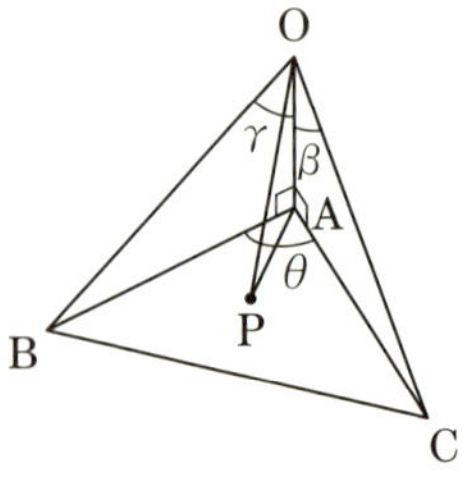

三角形 OBC に余弦定理を用いて,

$$BC^2=OB^2+OC^2-2OB\cdot OC\cos\alpha$$
$$=3+3-2\sqrt{3}\cdot\sqrt{3}\cdot\frac{1}{4}$$
$$=\frac{9}{2}$$

よって, $BC=\boldsymbol{\frac{3}{\sqrt{2}}}$

(2) $AB=\sqrt{OB^2-OA^2}=\sqrt{2}$,
$AC=\sqrt{OC^2-OA^2}=\sqrt{2}$

三角形 ABC に余弦定理を用いて,

$$\cos\theta=\frac{AB^2+AC^2-BC^2}{2AB\cdot AC}$$
$$=\frac{2+2-\frac{9}{2}}{2\cdot\sqrt{2}\cdot\sqrt{2}}$$
$$=\boldsymbol{-\frac{1}{8}}$$

(3) 三角形 ABC の外接円の半径 R は,

$$R=\frac{BC}{2\sin\theta}$$
$$=\frac{\frac{3}{\sqrt{2}}}{2\sqrt{1-\left(-\frac{1}{8}\right)^2}}$$
$$=\frac{2\sqrt{2}}{\sqrt{7}}$$

したがって

$$OP=\sqrt{OA^2+R^2}$$
$$=\sqrt{1+\frac{8}{7}}$$
$$=\boldsymbol{\sqrt{\frac{15}{7}}}$$

57 3の倍数となるのは各位の数字の和が3の倍数のときであるから, 0, 1, 2, 3 から和が3の倍数になる異なる3つの数字を選ぶと

(0, 1, 2), (1, 2, 3)

0, 1, 2 を並べて3桁の整数をつくると 102, 120, 201, 210
の4通りできる.

1, 2, 3 を並べて3桁の整数をつくると 123, 132, 213, 231, 312, 321
の6通りできる.
したがって, 全部で

4+6=**10 (通り)**

できる.

58 大のさいころの目が1, 3, 5のとき, 小のさいころの目は4.

大のさいころの目が2または6のとき, 小のさいころの目は, 2, 4, 6のいずれか.

大のさいころの目が4のとき, 小のさいころの目は1～6のいずれでもよい.
したがって,

$3\times1+2\times3+1\times6=$**15 (通り)**

59 n 人のひとりひとりについて, A, B のいずれに配分するかは2通りあるので

$\boldsymbol{2^n}$ (通り) ……(ア)

このうち, A, B どちらか一方に n 人すべてを配分する方法は

2 (通り) ……(イ)

したがって, A, B のどちらにも少なくとも1人の学生を配分する方法は

$\boldsymbol{2^n-2}$ (通り) ……(ウ)

60 $400=2^4\times5^2$
であるから400の正の約数の個数は

$(4+1)\cdot(2+1)=$**15 (個)**

61 (1) 5桁目が1である整数

1□□□□

は　9·8·7·6=3024

通りある. 5桁目が2, 3, 4である整数もそれぞれ3024通りあるので, 5桁目が1, 2, 3, 4のいずれかである整数は

3024×4=**12096 (通り)**

ある.

(2) 50□□□, 51□□□, 52□□□, 53□□□, 54□□□

という整数は, 全部で

5×8·7·6=1680 (個)

ある．

560□□，561□□，562□□，
563□□，564□□

という整数は，全部で

$5\times7\cdot6=210$（個）ある．

5670□，5671□，5672□，
5673□，5674□，

という整数は，全部で

$5\times6=30$（個）ある．

5678□

という整数で，56789 以下のものは

56780，56781，56782，
56783，56784，56789

の 6 個ある．

5 桁目が 4 以下である整数は(1)より 12096 個あるので，56789 以下の整数は，全部で

$12096+1680+210+30+6$
$=\mathbf{14022}$ **(個)**

ある．

62 (1) 図のように各区画をA～Fとする．3 色で塗り分けるとき

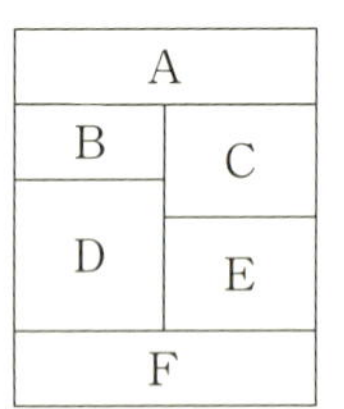

AとD，BとE，
CとF

は同じ色を塗ることになる．

赤，青，黄の 3 色で塗り分けるとき

AとDを何色にするかが 3 通り，
BとEを何色にするかは，残った 2 色のいずれにするかで 2 通り，
CとFは残った色を塗る

ことになる．

したがって，塗り分け方は

$3\times2\times1=\mathbf{6}$ **(通り)**

ある．

(2) Aに何色を塗るかは 4 通りあり，Bに何色を塗るかはA以外の 3 通り，Cに何色を塗るかは A，B 以外の 2 通りある．

Dに何色を塗るかは，B，C 以外の 2 通りある．Eに何色を塗るかは，C，D 以外の 2 通りある．

Fに何色を塗るかは，D，E 以外の 2 通りある．

したがって，4 色（使わない色があってもよい）で塗り分ける方法は

$4\times3\times2\times2\times2\times2=192$（通り）

ある．

このうち，3 色しか使っていない塗り分け方は除く．3 色の選び方が 4 通りあり，それぞれについて(1)より 6 通りの塗り分け方があるから，3 色で塗り分ける方法は

$4\times6=24$（通り）

ある．

したがって，4 色すべてを使って塗り分ける方法は

$192-24=\mathbf{168}$ **(通り)**

ある．

別解　4 色で塗り分けるとき，

AとD，BとEは同色を使う．
AとD，BとFは同色を使う．
AとD，CとFは同色を使う．
AとE，BとFは同色を使う．
AとE，CとFは同色を使う．
AとF，BとEは同色を使う．
BとE，CとFは同色を使う．

場合があり，それぞれについて 4! 通りの塗り分け方がある．

したがって，4 色すべてを使って塗り分ける方法は

$4!\times7=168$（通り）

ある．

63 (1) 奇数は全部で 7 個あるから

${}_7C_3=\mathbf{35}$ **(組)**

(2) 3 の倍数は全部で 4 個，3 の倍数でないものは 10 個ある．

全体から 3 個を取る方法から，3 の倍数以外から 3 個を取る方法をひいて

${}_{14}C_3-{}_{10}C_3=364-120$
$=\mathbf{244}$ **(組)**

64 1以上1000以下の整数のうち，2の倍数は **500** 個ある．

また，3の倍数は **333** 個，6の倍数は，**166** 個ある．

2の倍数のうち，3の倍数とならないものは，2の倍数の個数から6の倍数の個数をひいた

$500-166=\mathbf{334}$（個）

ある．

65 (1) 両端の1の間に

0と書いたカード2枚，

2と書いたカード3枚

を並べる方法は

$\dfrac{5!}{2!3!}=\mathbf{10}$（通り）

ある．

(2) これら7枚のカードを並べる方法は $\dfrac{7!}{2!2!3!}=210$（通り）

ある．

このうち，左端が0と書いたカードであるものは

$\dfrac{6!}{1!2!3!}=60$（通り）

ある．

よって，7桁の整数は全部で

$210-60=\mathbf{150}$（通り）

できる．

66 (1)

AからBまでの最短経路は

$\dfrac{9!}{5!4!}$

$=\mathbf{126}$（通り）

ある．

(2) $A \to P_0 \to P_1 \to B$ について

$1\times1\times\dfrac{5!}{1!4!}=\mathbf{5}$（通り）

(3) $A \to Q_0 \to Q_1 \to B$ について

$\dfrac{4!}{3!1!}\times1\times\dfrac{4!}{1!3!}=\mathbf{16}$（通り）

(4) (1)のうち，図のR，S，Tのいずれかを通る最短経路の数を求めればよい．

これは，(1)の場合の数から(2)と(3)の場合の数をひけば求まるので

$126-5-16=\mathbf{105}$（通り）

67-1 大人3人，子供6人の計9人をAに4人，Bに3人，Cに2人を割り当てる方法は

${}_9C_4\times{}_5C_3=126\times10$

$=\mathbf{1260}$（通り）

また，大人3人をA，B，Cに割り当てる方法は，3! 通りあり，子供6人をA，B，Cに2人ずつ割り当てる方法は，${}_6C_2\cdot{}_4C_2$ 通りある．

よって，

$3!\times{}_6C_2\cdot{}_4C_2=6\times15\cdot6=\mathbf{540}$（通り）

67-2 人も車も区別しないで，10人が2台のバスに分乗する方法は，

（1人，9人），（2人，8人），
（3人，7人），（4人，6人），
（5人，5人）

の **5** 通りある．

人は区別しないが車は区別して，10人が2台のバスに分乗する方法は，

（1人，9人），（2人，8人），
（3人，7人），（4人，6人），
（5人，5人），（6人，4人），
（7人，3人），（8人，2人），
（9人，1人）

の **9** 通りある．

人も車も区別する場合について，

バスをA，Bとして区別して考える．

Aに乗るのは1人，2人，3人，…，9人の場合があり，それぞれだれが乗るかが

${}_{10}C_1$ 通り，${}_{10}C_2$ 通り，${}_{10}C_3$ 通り，…，${}_{10}C_9$ 通り

ある．

したがって，人も車も区別する場合，10人が2台のバスに分乗する方法は，

$${}_{10}C_1+{}_{10}C_2+{}_{10}C_3+\cdots+{}_{10}C_9$$
$$=10+45+120+210+252+210+120+45+10$$
$$=\mathbf{1022}\text{（通り）}$$

（別解） 人も車も区別する場合，それぞれの乗客はAかBのバスに乗るので，10人がAかBのバスに乗る方法は，2^{10}通りある．

そのうち，10人全員がAに乗る場合と，10人全員がBに乗る場合は題意に適さないので，求める方法は

$$2^{10}-2=1022\text{（通り）}$$

68 12人を4人ずつ3組に分ける方法は $\dfrac{{}_{12}C_4\cdot{}_8C_4}{3!}=\mathbf{5775}$（通り）

また，特定の3人A，B，Cが互いに異なる組に入るように4人ずつ3組に分ける方法は，残りの9人について，

Aの属するグループに入れる3人の決め方が${}_9C_3$通り，

Bの属するグループに入れる3人の決め方が${}_6C_3$通り

あるので

$${}_9C_3\times{}_6C_3=\mathbf{1680}\text{（通り）}$$

69 12個の頂点から3頂点を選ぶ選び方を考えて

$${}_{12}C_3=\mathbf{220}\text{（個）}$$

このうち，外接円の直径の両端ともう1つの頂点を選ぶときに直角三角形ができる．

直径の両端の選び方が6通りあり，それぞれに対してもう1つの頂点の選び方が10通りあるから，直角三角形は

$$6\times10=\mathbf{60}\text{（個）}$$

である．また，正三角形は**4**個ある．

70 (1) 1辺の長さが1，2，…，8の正方形がそれぞれ

8^2，7^2，…，2^2，1^2

個あるから

$$8^2+7^2+\cdots+2^2+1^2$$
$$=64+49+36+25+16+9+4+1$$
$$=\mathbf{204}\text{（個）}$$

(2) 縦横それぞれ9本の平行線から2本ずつ選べば長方形が1つ決まるので

$${}_9C_2\times{}_9C_2=\mathbf{1296}\text{（個）}$$

ある．

71 女子2人が両端にくる場合：

左端の女子の決め方が4通り，

右端の女子の決め方が3通り

ある．残りの2人の女子と3人の男子の並べ方が5!通りあるので

$$4\times3\times5!=\mathbf{1440}\text{（通り）}$$

女子4人が隣り合う場合：

4人の女子を1人と考えて，3人の男子と並べる方法は4!通りある．そして4人の女子の並べ方は4!通りあるので

$$4!\times4!=\mathbf{576}\text{（通り）}$$

72-1 $(6-1)!=5!$

$$=\mathbf{120}\text{（通り）}$$

72-2 黒6個のもの　……1種類

黒5個，白1個のもの　……1種類

黒4個，白2個のもの　……3種類

黒3個，白3個のもの　……3種類

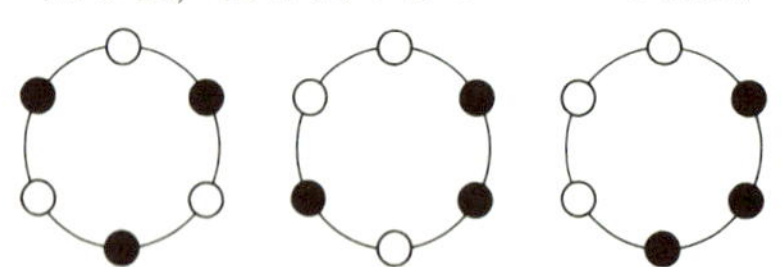

黒2個，白4個のもの　……3種類

（黒4個，白2個のものと同様）

黒1個，白5個のもの　……1種類

白6個のもの　……1種類

したがって，

$$1+1+3+3+3+1+1=\mathbf{13}\text{（種類）}$$

73 (1) 全部で

$9\cdot 8=\mathbf{72}$ **(個)**

ある.

これら 72 個の一の位の数字は 1 ～ 9 のいずれも同じ回数 (8 回) ずつ現れるから，この 72 個の一の位の和は

$8(1+2+3+\cdots+8+9)=360$

十の位についても同様だから，72 個の整数の総和は

$360\times 10+360=\mathbf{3960}$

(2) 全部で

$9\cdot 8\cdot 7=\mathbf{504}$ **(個)**

できる.

これら 504 個の一の位の数字は 1 ～ 9 のいずれも 56 回ずつ現れるから，これら 504 個の一の位の和は

$56(1+2+3+\cdots+8+9)=2520$

十の位，百の位についても同様だから，504 個の整数の総和は

$2520\times 100+2520\times 10+2520$
$=\mathbf{279720}$

74 (1) 3 種類のものから重複を許して 10 個選ぶ方法であり

${}_3\mathrm{H}_{10}={}_{12}\mathrm{C}_{10}=\mathbf{66}$ **(通り)**

(2) 球と立方体を 1 個ずつ入れ，残りの 8 個を 3 種類のものから重複を許して選べばよいので

${}_3\mathrm{H}_{8}={}_{10}\mathrm{C}_{8}=\mathbf{45}$ **(通り)**

75 2 つのさいころの目の出方は全部で，$6\times 6=36$ (通り) ある.

このうち，目の和が 3 の倍数になるのは

(1, 2), (1, 5), (2, 1), (2, 4),
(3, 3), (3, 6), (4, 2), (4, 5),
(5, 1), (5, 4), (6, 3), (6, 6)

の 12 通りあるので，求める確率は

$\dfrac{12}{36}=\mathbf{\dfrac{1}{3}}$

76-1 (1) 10 枚の札を円形に並べる方法は

$(10-1)!=9!$ (通り)

ある.

このうち，時計回りに見て，1, 2 の順で札が並ぶものは，これら 2 枚を 1 枚の札と考えて，全部で 9 枚の札を並べる方法の

$(9-1)!=8!$ (通り)

ある.

したがって，求める確率は

$\dfrac{8!}{9!}=\mathbf{\dfrac{1}{9}}$

(2) 0, 1 の札，2, 3 の札をそれぞれ 1 枚の札と考えて並べる方法は

$(8-1)!=7!$ (通り)

ある.

したがって，求める確率は

$\dfrac{7!}{9!}=\mathbf{\dfrac{1}{72}}$

76-2 a, b の組 $(a,\ b)$ は全部で $50\cdot 49$ 通りある.

1 から 50 までの整数を 7 で割った余りで分類すると

7 で割った余りが 1 のものは 8 個，

7 で割った余りが 0, 2, 3, 4, 5, 6 のものはそれぞれ 7 個ずつ

ある.

$ab(a+b)$ が 7 で割り切れないのは，a, b, $a+b$ がいずれも 7 で割り切れないときである.

このような a, b の組を数える.

a を 7 で割った余りが 1 のとき，

a は 8 通りあり，

b は，残り 49 個の整数のうち，7 で割った余りが 0, 6 でない 35 通りあるので

$8\cdot 35=280$ (通り)

a を 7 で割った余りが 2 のとき，

a は 7 通りあり，

b は，7 で割った余りが 0, 5 でない 35 通りあるので

$7\cdot35=245$（通り）

a を 7 で割った余りが 3，4，5 のときも，それぞれ

$7\cdot35=245$（通り）

a を 7 で割った余りが 6 のとき，

a は 7 通りあり，

b は，7 で割った余りが 0，1 でない 34 通りあるので

$7\cdot34=238$（通り）

したがって，$ab(a+b)$ が 7 で割り切れない確率は

$$\frac{280+4\times245+238}{50\cdot49}=\mathbf{\frac{107}{175}}$$

77 (1)　3 つのさいころの目の出方は全部で 6^3 通りある．

3 つの目の数がどれも 4 以下で，これらの積が 40 より大きくなる目の組は

(4，4，4)，(4，4，3)

の 2 組ある．

(4，4，4) となる目の出方は 1 通り，

(4，4，3) となる目の出方は 3 通り

あるから，3 つの目の数がどれも 4 以下で，これらの積が 40 より大きくなる目の出方は

$1+3=4$（通り）

ある．

3 つの目の数がどれも 4 以下であるような目の出方は

$4^3=64$（通り）

あるので，3 つの目の数がどれも 4 以下であり，しかもこれらの積が 40 以下であるような目の出方は

$64-4=60$（通り）

ある．

したがって，求める確率は

$$\frac{60}{6^3}=\mathbf{\frac{5}{18}}$$

(2)　3 つの目の数のうち，少なくとも 1 つが 5 以上で，これらの積が 40 以下となる組は

(6，6，1)，(6，5，1)，(6，4，1)

(6，3，2)，(6，3，1)，(6，2，2)

(6，2，1)，(6，1，1)，(5，5，1)

(5，4，2)，(5，4，1)，(5，3，2)

(5，3，1)，(5，2，2)，(5，2，1)

(5，1，1)

の 16 組ある．

～～～の 6 組について，それぞれ目の出方は 3 通り，

＿＿＿の 10 組について，それぞれ目の出方は 6 通りあるから，少なくとも 1 つ 5 以上の目が出て，3 つの目の数の積が 40 以下となる目の出方は

$3\times6+6\times10=78$（通り）

ある．

3 つの目の数すべてが 4 以下で，これらの積が 40 以下となる目の出方は(1)より 60 通りあるので，積が 40 以下となる目の出方は

$78+60=138$（通り）

ある．

したがって，求める確率は

$$\frac{138}{6^3}=\mathbf{\frac{23}{36}}$$

78　3 人の生まれた日の曜日は

$7\cdot7\cdot7$（通り）

ある．

このうち，3 人の生まれた日の曜日がすべて異なるものは

$7\cdot6\cdot5$（通り）

ある．

したがって，少なくとも 2 人が同じ曜日生まれである確率は

$$1-\frac{7\cdot6\cdot5}{7\cdot7\cdot7}=\mathbf{\frac{19}{49}}$$

79 (1)　すべて奇数の目である確率から，3 か 5 の目以外は出ていない確率をひいて

$$\left(\frac{3}{6}\right)^n-\left(\frac{2}{6}\right)^n=\mathbf{\frac{3^n-2^n}{6^n}}$$

(2)　1 の目が出ていない確率は

$$\left(\frac{5}{6}\right)^n$$

であるから，事象Bの起こる確率は

$$1-\left(\frac{5}{6}\right)^n$$

よって，$P(A\cup B)$

$$=P(A)+P(B)-P(A\cap B)$$

$$=\left(\frac{3}{6}\right)^n+1-\left(\frac{5}{6}\right)^n-\frac{3^n-2^n}{6^n}$$

$$=\boldsymbol{\frac{6^n+2^n-5^n}{6^n}}$$

80 1つのさいころを投げるとき，偶数の目が出る確率は $\frac{1}{2}$ であるから，3回とも偶数の目が出る確率は，

$$\left(\frac{1}{2}\right)^3=\boldsymbol{\frac{1}{8}}$$

81 (1) A → C_1 と進む確率は $\left(\frac{1}{4}\right)^3$ であり，C_1 → B と進む確率は1であるから，求める確率は，

$$\left(\frac{1}{4}\right)^3\cdot 1=\boldsymbol{\frac{1}{64}}$$

(2) A → C_2 について

(i) 上，右，右，右と進む

(ii) 右，上，右，右と進む

(iii) 右，右，上，右と進む

(iv) 右，右，右，上と進む

(v) 右上，右，右と進む

(vi) 右，右上，右と進む

(vii) 右，右，右上と進む

(i)～(iii)の確率はそれぞれ

$$\frac{1}{2}\cdot\left(\frac{1}{4}\right)^3=\frac{1}{128}$$

(iv)の確率は $\left(\frac{1}{4}\right)^3=\frac{1}{64}$

(v)～(vii)の確率はそれぞれ

$$\frac{1}{4}\cdot\left(\frac{1}{4}\right)^2=\frac{1}{64}$$

したがって，A → C_2 と進む確率は

$$3\cdot\frac{1}{128}+\frac{1}{64}+3\cdot\frac{1}{64}=\frac{11}{128}$$

C_2 → B と進む確率は1であるから，求める確率は，$\boldsymbol{\frac{11}{128}}$ である.

82 (1) 3回目にAに戻るのは

A → B → C → A
A → B → D → A
A → C → B → A
A → C → D → A
A → D → B → A
A → D → C → A

の6通りあり，これらの確率はそれぞれ $\left(\frac{1}{3}\right)^3$ であるから，求める確率は

$$6\cdot\left(\frac{1}{3}\right)^3=\boldsymbol{\frac{2}{9}}$$

(2) 何回目にBにいるかに注目して

(i) A → B → X → Y → A

(ii) A → X → B → Y → A

(iii) A → X → Y → B → A

の3つの型がある.

(i)には，A → B → A → C → A
A → B → A → D → A
A → B → C → D → A
A → B → D → C → A

(ii)には，A → C → B → C → A
A → C → B → D → A
A → D → B → C → A
A → D → B → D → A

(iii)には，A → C → A → B → A
A → C → D → B → A
A → D → A → B → A
A → D → C → B → A

があるから，求める確率は

$$12\cdot\left(\frac{1}{3}\right)^4=\boldsymbol{\frac{4}{27}}$$

83 (1) だれが勝つかが4通り，どの手で勝つかが3通りあるから

$$\frac{4\cdot 3}{3^4}=\boldsymbol{\frac{4}{27}}$$

(2) 2人が勝つ確率，3人が勝つ確率はそれぞれ

$$\frac{{}_4C_2\cdot 3}{3^4},\quad \frac{{}_4C_3\cdot 3}{3^4}$$

である．

あいこになる確率は，1 から，1 人が勝つ確率，2 人が勝つ確率，3 人が勝つ確率をひけば求まる．

$$1-\frac{4}{27}-\frac{{}_4C_2\cdot 3}{3^4}-\frac{{}_4C_3\cdot 3}{3^4}$$

$$=\frac{27-4-6-4}{27}=\mathbf{\frac{13}{27}}$$

(別解) あいこになるのは，4 人全員が同じ手を出すときか，2 人が同じ手を出し，他の 2 人はこの手以外の互いに異なる手を出すときであるから，

$$\frac{3}{3^4}+\frac{{}_4C_2\cdot 3\cdot 2\cdot 1}{3^4}=\frac{13}{27}$$

84 (1) 1 が 1 回，2 が 1 回，3 が 1 回のときと，2 が 3 回のときがある．

1 が 1 回，2 が 1 回，3 が 1 回出るのは

123，132，213，231，312，321

の 6 通りあるから，和が 6 となる確率は

$$6\times\frac{1}{6}\cdot\frac{2}{6}\cdot\frac{3}{6}+\left(\frac{2}{6}\right)^3$$

$$=\frac{36+8}{6^3}=\mathbf{\frac{11}{54}}$$

(2) 和が 7 となるのは

1 が 1 回，3 が 2 回

2 が 2 回，3 が 1 回

のときがある．

1 が 1 回，3 が 2 回出るのは

133，313，331

の 3 通りあり，2 が 2 回，3 が 1 回のときも 3 通りある．

したがって，和が 7 となる確率は

$$3\cdot\frac{1}{6}\cdot\left(\frac{3}{6}\right)^2+3\cdot\left(\frac{2}{6}\right)^2\cdot\frac{3}{6}=\mathbf{\frac{7}{24}}$$

85 (1) 2 秒後に (1，1) にいるのは，上と右に 1 回ずつ進むときであるから

$${}_2C_1\cdot\frac{1}{10}\cdot\frac{4}{10}=\mathbf{\frac{2}{25}}$$

また，2 秒後に (1，−1) にいるのは，下と右に 1 回ずつ進むときであるから

$${}_2C_1\cdot\frac{2}{10}\cdot\frac{4}{10}=\mathbf{\frac{4}{25}}$$

(2) 2 秒後に (0，0) にいるのは，上下に 1 回ずつ，あるいは左右に 1 回ずつ進むときであるから

$${}_2C_1\cdot\frac{1}{10}\cdot\frac{2}{10}+{}_2C_1\cdot\frac{3}{10}\cdot\frac{4}{10}=\mathbf{\frac{7}{25}}$$

(3) 4 秒後に (1，1) にいるのは

上に 2 回，下に 1 回，右に 1 回進むときと

上に 1 回，左に 1 回，右に 2 回進むときである．

したがって，4 秒後に (1，1) にいる確率は

$$\frac{4!}{2!1!1!}\cdot\left(\frac{1}{10}\right)^2\cdot\frac{2}{10}\cdot\frac{4}{10}$$

$$+\frac{4!}{1!1!2!}\cdot\frac{1}{10}\cdot\frac{3}{10}\cdot\left(\frac{4}{10}\right)^2$$

$$=\mathbf{\frac{42}{625}}$$

86 白球が n 回取り出される確率を p_n とすると

$$p_n={}_{40}C_n\left(\frac{10}{70}\right)^n\left(\frac{60}{70}\right)^{40-n}$$

$$=\frac{40!}{n!(40-n)!}\cdot\frac{6^{40-n}}{7^{40}}$$

であるから，

$$\frac{p_{n+1}}{p_n}=\frac{\dfrac{40!}{(n+1)!(39-n)!}\cdot\dfrac{6^{39-n}}{7^{40}}}{\dfrac{40!}{n!(40-n)!}\cdot\dfrac{6^{40-n}}{7^{40}}}$$

$$=\frac{40-n}{n+1}\cdot\frac{1}{6}$$

よって，$\dfrac{p_{n+1}}{p_n}\gtreqless 1 \iff \dfrac{40-n}{n+1}\cdot\dfrac{1}{6}\gtreqless 1$

$\iff 40-n\gtreqless 6(n+1)$

$\iff 7n\lesseqgtr 34$

したがって，$p_1<p_2<p_3<p_4<p_5>p_6>\cdots$

よって，**白球が 5 回取り出される確率**がもっとも大きい．

87 (1) a_2 は1 回目に白球，2 回目

に赤球を取り出す確率であるから,

$$a_2=\frac{7}{10}\times\frac{3}{9}=\mathbf{\frac{7}{30}}$$

a_3 は, 1, 2 回目に白球, 3 回目に赤球を取り出す確率であるから

$$a_3=\frac{7}{10}\times\frac{6}{9}\times\frac{3}{8}=\mathbf{\frac{7}{40}}$$

(2) (1)と同様に,

$$a_1=\frac{3}{10}$$

$$a_4=\frac{7}{10}\times\frac{6}{9}\times\frac{5}{8}\times\frac{3}{7}$$

$$a_5=\frac{7}{10}\times\frac{6}{9}\times\frac{5}{8}\times\frac{4}{7}\times\frac{3}{6}$$

したがって, a_1 から a_5 の中で最大のものは a_1 である. よって, $k=\mathbf{1}$

88 Aから取り出した 3 個の球の色に注目して, 次の(i)~(iv)の場合に分けて調べる.

(i) Aから白 3 個を取り出した場合

$$\frac{{}_4C_3}{{}_7C_3}\times\frac{{}_6C_1\cdot{}_4C_1}{{}_{10}C_2}=\frac{96}{{}_7C_3\cdot{}_{10}C_2}$$

(ii) Aから白 2 個, 黒 1 個を取り出した場合

$$\frac{{}_4C_2\cdot{}_3C_1}{{}_7C_3}\times\frac{{}_5C_1\cdot{}_5C_1}{{}_{10}C_2}=\frac{450}{{}_7C_3\cdot{}_{10}C_2}$$

(iii) Aから白 1 個, 黒 2 個を取り出した場合

$$\frac{{}_4C_1\cdot{}_3C_2}{{}_7C_3}\times\frac{{}_4C_1\cdot{}_6C_1}{{}_{10}C_2}=\frac{288}{{}_7C_3\cdot{}_{10}C_2}$$

(iv) Aから黒 3 個を取り出した場合

$$\frac{{}_3C_3}{{}_7C_3}\times\frac{{}_3C_1\cdot{}_7C_1}{{}_{10}C_2}=\frac{21}{{}_7C_3\cdot{}_{10}C_2}$$

したがって, 求める確率は

$$\frac{96+450+288+21}{{}_7C_3\cdot{}_{10}C_2}$$

$$=\frac{855}{35\cdot45}=\mathbf{\frac{19}{35}}$$

89 (1) $P(A)+P(B)-\{P(A\cap\overline{B})+P(\overline{A}\cap B)\}$

$$=2P(A\cap B)$$

であるから,

$$P(A\cap B)=\frac{1}{2}\left(\frac{1}{2}+\frac{2}{3}-\frac{1}{4}\right)=\frac{11}{24}$$

	A	$\overline{A}$
B		
$\overline{B}$		

したがって,

$$P_B(A)=\frac{P(B\cap A)}{P(B)}=\frac{\frac{11}{24}}{\frac{2}{3}}=\mathbf{\frac{11}{16}}$$

(2) $P(\overline{A}\cap B)=P(B)-P(A\cap B)$

$$=\frac{2}{3}-\frac{11}{24}=\frac{5}{24}$$

$$P(\overline{A})=1-P(A)=1-\frac{1}{2}=\frac{1}{2}$$

したがって,

$$P_{\overline{A}}(B)=\frac{P(\overline{A}\cap B)}{P(\overline{A})}=\frac{\frac{5}{24}}{\frac{1}{2}}=\mathbf{\frac{5}{12}}$$

90 (1) さいころを投げて, 1, 2 が出たとき, 3, 4 が出たとき, 5, 6 が出たときに分けて考えて

$$\frac{1}{3}\cdot\frac{{}_2C_2}{{}_6C_2}+\frac{1}{3}\cdot\frac{{}_3C_2}{{}_6C_2}+\frac{1}{3}\cdot\frac{{}_4C_2}{{}_6C_2}$$

$$=\frac{1+3+6}{3\cdot{}_6C_2}=\mathbf{\frac{2}{9}}$$

(2) 白球が 1 個である確率は

$$\frac{1}{3}\cdot\frac{{}_2C_1\cdot{}_4C_1}{{}_6C_2}+\frac{1}{3}\cdot\frac{{}_3C_1\cdot{}_3C_1}{{}_6C_2}+\frac{1}{3}\cdot\frac{{}_4C_1\cdot{}_2C_1}{{}_6C_2}$$

$$=\frac{8+9+8}{3\cdot{}_6C_2}=\frac{5}{9}$$

したがって, 白球の個数の期待値は

$$1\cdot\frac{5}{9}+2\cdot\frac{2}{9}=\mathbf{1}$$

91 (1) $xyz=0 \;\overset{\times}{\rightleftarrows}\; xy=0$

であるから,

$xyz=0$ は $xy=0$ であるための必要条件であるが十分条件でない. ……(ア)

(2) $x+y+z=0 \;\overset{\times}{\underset{\times}{\rightleftarrows}}\; x+y=0$

であるから，

$x+y+z=0$ は $x+y=0$ であるための必要条件でも十分条件でもない．

……(エ)

(3) $x(y^2+1)=0 \overset{\Longrightarrow}{\Longleftarrow} x=0$ であるから，

$x(y^2+1)=0$ は $x=0$ であるための必要十分条件である．

……(ウ)

注 $x(y^2+1)=0 \Longrightarrow x=0$ の証明：

$x(y^2+1)=0$ のとき $x=0$ または $y^2+1=0$

ところが，y は実数であるから $y^2+1=0$ は成り立たない．

したがって，

$x(y^2+1)=0 \Longrightarrow x=0$

92 (1)

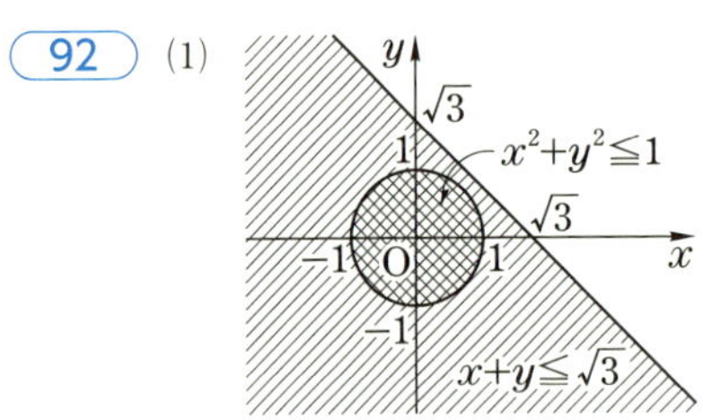

「$x^2+y^2 \leqq 1$」$\overset{\Longrightarrow}{\not\Longleftarrow}$「$x+y \leqq \sqrt{3}$」

したがって，$x^2+y^2 \leqq 1$ は $x+y \leqq \sqrt{3}$ であるための十分条件であるが必要条件でない．

……(イ)

(2)

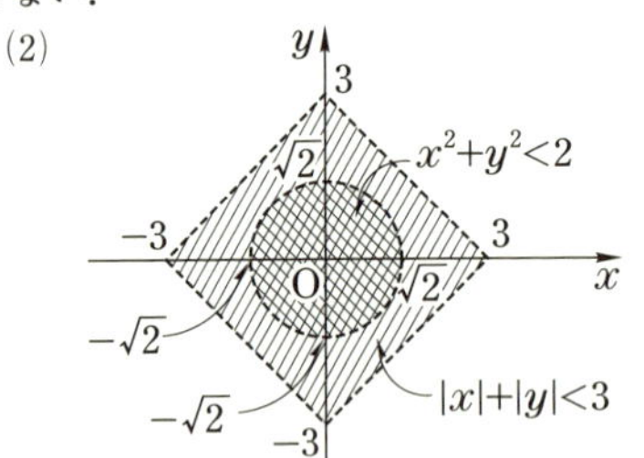

「$x^2+y^2<2$」$\overset{\Longrightarrow}{\not\Longleftarrow}$「$|x|+|y|<3$」

したがって，$x^2+y^2<2$ は $|x|+|y|<3$ であるための十分条件であるが必要条件でない．

……(イ)

93 (1) 実数 x についての命題

「$x^2-x-2<0$ ならば $0<x<1$ である」

……①

について，

逆は，

「$0<x<1$ ならば $x^2-x-2<0$ である」

裏は，

「$x^2-x-2 \geqq 0$ ならば $x \leqq 0$ または $1 \leqq x$ である」

対偶は，

「$x \leqq 0$ または $1 \leqq x$ ならば $x^2-x-2 \geqq 0$ である」

(2) $x^2-x-2<0$ を満たす x の範囲は $-1<x<2$ である．

よって，

①：「$-1<x<2 \Longrightarrow 0<x<1$」 **は偽**

①の逆：「$0<x<1 \Longrightarrow -1<x<2$」 **は真**

①の裏：「$x \leqq -1$ または $2 \leqq x \Longrightarrow x \leqq 0$ または $1 \leqq x$」**は真**

①の対偶：「$x \leqq 0$ または $1 \leqq x \Longrightarrow x \leqq -1$ または $2 \leqq x$」**は偽**

94-1 (1) 対偶である

「n が奇数ならば n^2 も奇数となる」

を示す．

n が奇数ならば，$n=2k+1$ (k は整数) と表すことができ，

$n^2=(2k+1)^2$
$=4k^2+4k+1=2(2k^2+2k)+1$

$2k^2+2k$ は整数であるから n^2 は奇数である．

したがって，n が整数であるとき，

n^2 が偶数ならば n も偶数となる．

(2) $\sqrt{2}$ が有理数であると仮定する．

このとき，$\sqrt{2}=\dfrac{q}{p}$ (p，q は互いに素な整数) と表すことができる．

両辺を平方して，$2=\dfrac{q^2}{p^2}$

よって，$q^2=2p^2$ ……①

右辺は偶数であるから，q^2 も偶数であり，(1)より q は偶数である．
したがって，$q=2q'$（q' は整数）
と表すことができる．
①に代入して，$4q'^2=2p^2$
よって，$p^2=2q'^2$
したがって，p^2 も偶数であり，(1)より p は偶数である．
すると，p，q は 2 を公約数にもつことになり，p，q が互いに素な整数であることに矛盾する．
以上より，$\sqrt{2}$ は無理数である．

94-2 $a+bx=c+dx$ かつ $b\neq d$ と仮定する．
このとき，$a+bx=c+dx$ より，

$$(b-d)x=c-a$$

$b-d\neq 0$ であるから，

$$x=\frac{c-a}{b-d}$$

が得られる．
ところが，左辺は無理数，右辺は有理数であり矛盾が生じる．
よって，$b=d$
このとき，$a+bx=c+dx$ より $a=c$ が得られる．
したがって，a，b，c，d が有理数，x が無理数のとき，
「$a+bx=c+dx$ ならば，
$a=c$ かつ $b=d$」
が成り立つ．

95 3 辺 BC，CA，AB の中点をそれぞれ L，M，N とし，3 辺の垂直二等分線の交点（つまり三角形 ABC の外心）を O とする．

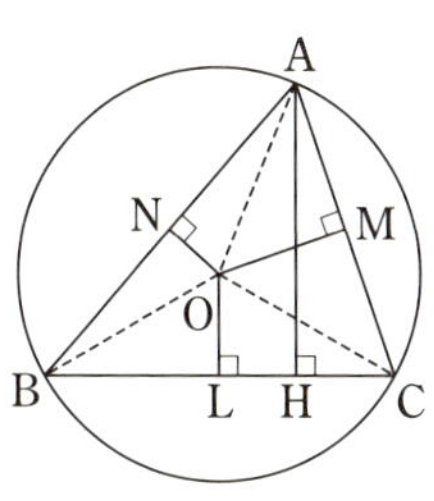

三角形 ABC の内部にあって，

$$\text{PA}\leqq\text{PB},\ \text{PA}\leqq\text{PC}$$

を満たす点 P の全体がつくる領域 G は，四角形 ANOM の周および内部である．
ところで，

$$\triangle\text{OAN}\equiv\triangle\text{OBN},$$
$$\triangle\text{OAM}\equiv\triangle\text{OCM}$$

であるから，

$$\triangle\text{OBN}+\triangle\text{OCM}$$
$$=\triangle\text{OAN}+\triangle\text{OAM}$$
$$=(\text{四角形 ANOM})$$

したがって，

$$\triangle\text{ABC}=2\times(\text{四角形 ANOM})+\triangle\text{OBC}$$

条件より，

$$\triangle\text{ABC}=3\times(\text{四角形 ANOM})$$

であるから

$$\triangle\text{OBC}=(\text{四角形 ANOM}),$$
$$\triangle\text{ABC}=3\times\triangle\text{OBC}$$

したがって，A から BC に引いた垂線と BC の交点を H とすると，

$$\text{AH}=3\text{OL} \quad\cdots\cdots①$$

$A=60°$ であるから，$\angle\text{BOC}=120°$ であり，三角形 ABC の外接円の半径を r とすると，$\text{OL}=\dfrac{r}{2}$

①より，$\text{AH}=\dfrac{3}{2}r$

また，$\text{OA}=r$ であるから，A は半直線 LO 上にあり，三角形 ABC は**正三角形**である．

96 2 球の中心を通り，底面に垂直な平面による切り口は次のようになる．

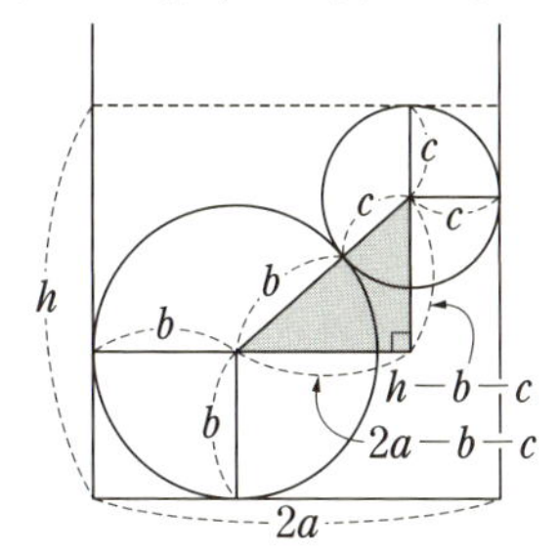

図の網の直角三角形に注目して，

$$(b+c)^2=(2a-b-c)^2+(h-b-c)^2 \quad\cdots\cdots①$$

(1) ①に，$a=8$，$b=c=5$ を代入して，

$$10^2=6^2+(h-10)^2$$

よって，$(h-10)^2=64$

したがって，$h-10=\pm 8$

これより，$h=18$，2

h は球の直径 (=10) 以上であるから，

$$h=\mathbf{18}$$

(2) ①に，$a=9$，$b=7$，$c=6$ を代入して，

$$13^2=5^2+(h-13)^2$$

これより，$h=25$，1

h は球の直径 (=14，12) 以上であるから，

$$h=\mathbf{25}$$

97

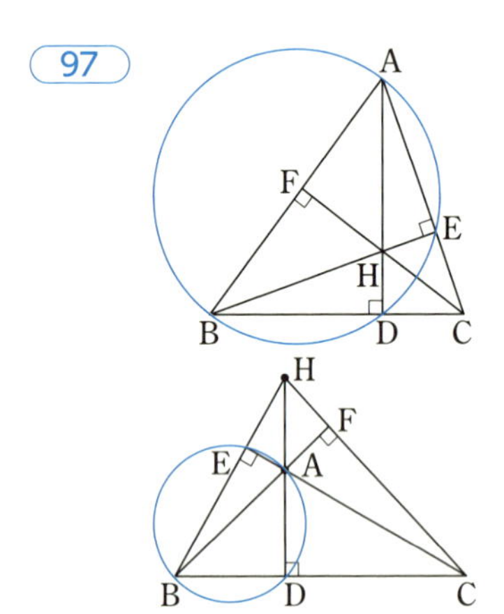

$$\angle ADB=\angle AEB \ (=90°)$$

であるから，4点A，B，D，Eは，同一円周上にある．

したがって，方べきの定理より

$$AH \cdot HD=BH \cdot HE$$

同様に，4点B，C，E，Fは同一円周上にあり，

$$BH \cdot HE=CH \cdot HF$$

以上より，

$$AH \cdot HD=BH \cdot HE=CH \cdot HF$$

98 チェバの定理より，

$$\frac{BD}{DC}\cdot\frac{CE}{EA}\cdot\frac{AF}{FB}=1 \quad \cdots\cdots①$$

Dは線分BCの中点であるから

$$\frac{BD}{DC}=1$$

①に代入して，$\dfrac{CE}{EA}\cdot\dfrac{AF}{FB}=1$

したがって，AF : FB＝AE : EC

よって，FE∥BC

99

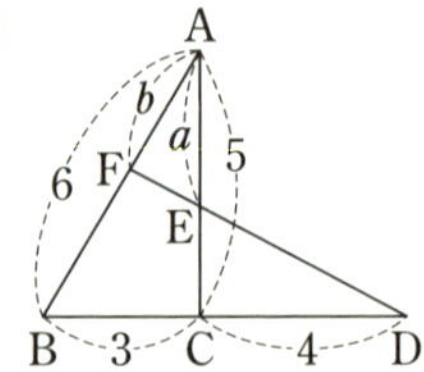

(1) メネラウスの定理より，

$$\frac{AF}{FB}\cdot\frac{BD}{DC}\cdot\frac{CE}{EA}=1$$

したがって，

$$\frac{b}{6-b}\cdot\frac{7}{4}\cdot\frac{5-a}{a}=1$$

よって，

$$7b(5-a)=4a(6-b)$$

整理して，

$$\mathbf{3ab+24a-35b=0} \quad \cdots\cdots①$$

(2) 4点B，C，E，Fが同一円周上にあるとき，方べきの定理より，

$$AF \cdot AB=AE \cdot AC$$

したがって，$6b=5a$

よって，$b=\dfrac{5}{6}a$

①に代入して，

$$\frac{5}{2}a^2+24a-\frac{175}{6}a=0$$

整理して，$15a^2-31a=0$

$0<a<5$ であるから，$a=\mathbf{\dfrac{31}{15}}$

100 辺OCの中点をMとする．

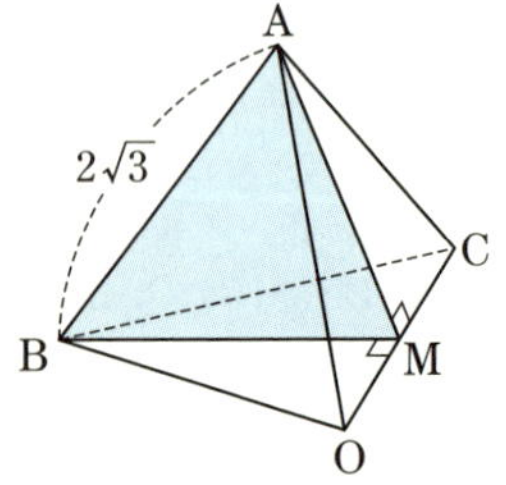

AM⊥OC，

BM⊥OC

であるから

平面 $ABM \perp OC$

三角形AOCは1辺の長さが$\sqrt{7}$の正三角形であるから

$$AM = \frac{\sqrt{3}}{2} \cdot \sqrt{7} = \frac{\sqrt{21}}{2}$$

また

$$BM = AM = \frac{\sqrt{21}}{2}$$

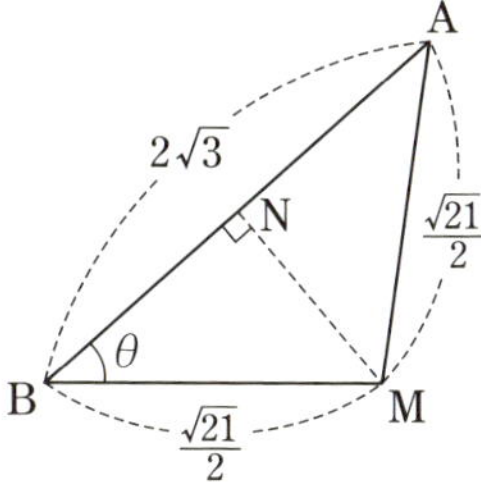

$\angle MBA = \theta$, 辺ABの中点をNとおくと,

$$\cos\theta = \frac{NB}{MB} = \frac{\sqrt{3}}{\frac{\sqrt{21}}{2}} = \frac{2}{\sqrt{7}}$$

よって

$$\sin\theta = \sqrt{1-\cos^2\theta} = \sqrt{1-\left(\frac{2}{\sqrt{7}}\right)^2} = \sqrt{\frac{3}{7}}$$

したがって

$$\triangle ABM = \frac{1}{2}AB \cdot BM \sin\theta = \frac{1}{2} \cdot 2\sqrt{3} \cdot \frac{\sqrt{21}}{2} \cdot \sqrt{\frac{3}{7}} = \frac{3\sqrt{3}}{2}$$

三角錐OABCの体積は

(三角錐CABM)+(三角錐OABM)

$$= \frac{1}{3}CM \cdot \triangle ABM + \frac{1}{3}OM \cdot \triangle ABM$$

$$= \frac{1}{3}(CM+OM)\triangle ABM$$

$$= \frac{1}{3}OC \cdot \triangle ABM$$

$$= \frac{1}{3} \cdot \sqrt{7} \cdot \frac{3\sqrt{3}}{2}$$

$$= \boldsymbol{\frac{\sqrt{21}}{2}}$$

101 (1) $AH = \sqrt{OA^2 - OH^2} = \sqrt{a^2 - OH^2}$

$BH = \sqrt{OB^2 - OH^2} = \sqrt{a^2 - OH^2}$

$CH = \sqrt{OC^2 - OH^2} = \sqrt{a^2 - OH^2}$

より, $AH = BH = CH$ であるから, Hは三角形ABCの外心である.

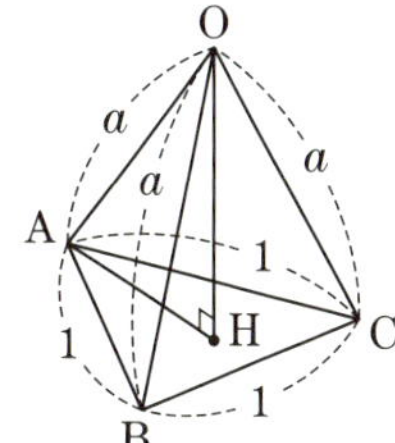

よって, AHは1辺の長さ1の正三角形ABCの外接円の半径であり, 正弦定理より,

$$AH = \frac{1}{2\sin 60^\circ} = \boldsymbol{\frac{1}{\sqrt{3}}}$$

(2) $OH = \sqrt{OA^2 - AH^2} = \boldsymbol{\sqrt{a^2 - \frac{1}{3}}}$

(3) 四面体OABCの外接球Sの中心をPとする.

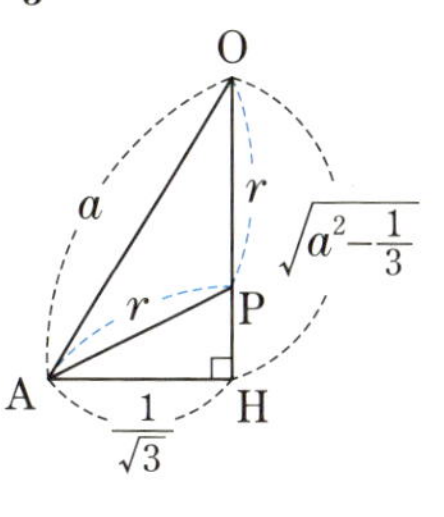

Pから底面ABCに引いた垂線と底面の交点は三角形ABCの外心であるから, Pは線分OH上にある.

$PH^2 + AH^2 = PA^2$ より

$$\left(\sqrt{a^2 - \frac{1}{3}} - r\right)^2 + \left(\frac{1}{\sqrt{3}}\right)^2 = r^2$$

よって, $a^2 - 2r\sqrt{a^2 - \frac{1}{3}} = 0$

したがって,

$$r = \boldsymbol{\frac{a^2}{2\sqrt{a^2 - \frac{1}{3}}}}$$

102-1 $\dfrac{2+8+1+9+4+a}{6}=7$ より

$\dfrac{a+24}{6}=7$

よって，

$a=\mathbf{18}$

102-2 $x \leqq 13$ だと中央値は $\dfrac{13+15}{2}=14$ となり不適である．

$x \geqq 20$ だと中央値は $\dfrac{15+20}{2}=17.5$ となり不適である．

したがって，$13<x<20$ であり，このとき中央値は，$\dfrac{15+x}{2}$ である．

これが 17 である条件は，

$\dfrac{15+x}{2}=17$ より $x=19$

これは $13<x<20$ をみたすので，求める x の値は **19** である．

103 英語の点数について，

中央値は 68 (点)，第 1 四分位数は 54 (点)，第 3 四分位数は 84 (点)，

最小値は 25 (点)，最大値は 94 (点)

したがって，箱ひげ図は②である．……ア

数学の点数について，

点数を小さい順に並べると，

45，55，65，65，66，69，73，77，78，78，80，87，88，90，94

よって，

中央値は 77 (点)，第 1 四分位数は 65 (点)，第 3 四分位数は 87 (点)，

最小値は 45 (点)，最大値は 94 (点)

したがって，箱ひげ図は①である．……イ

(箱ひげ図について)

箱ひげ図は次のような値を表している．

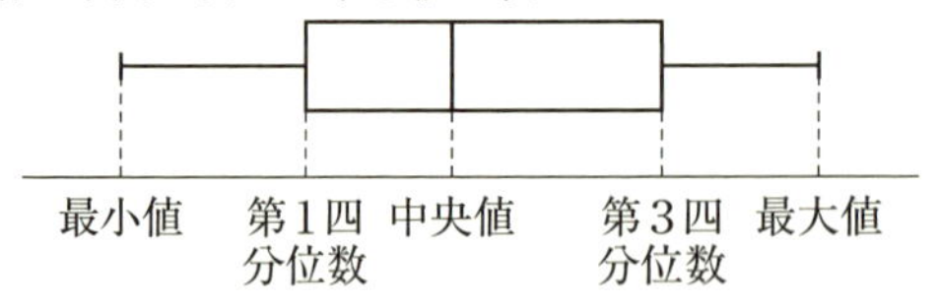

104 変量 y についての n 個のデータ

$y_k=k \quad (k=1,\ 2,\ \cdots,\ n)$

と変量 z についての n 個のデータ

$z_k=ck \quad (k=1,\ 2,\ \cdots,\ n)$

の間には，

$z_k=cy_k \quad (k=1,\ 2,\ \cdots,\ n)$

の関係があるので，

$(z_1,\ z_2,\ \cdots,\ z_n$ の分散$)=c^2(y_1,\ y_2,\ \cdots,\ y_n$ の分散$)$

が成り立つ．

したがって，$y_1,\ y_2,\ \cdots,\ y_n$ の分散が $z_1,\ z_2,\ \cdots,\ z_n$ の分散より大きくなる条件は，

$c^2<1$

よって，

$\mathbf{-1<c<1}$

105-1 $f(a)=\dfrac{1}{n}\sum_{k=1}^{n}(x_k-a)^2\ \left(=\dfrac{1}{n}\{(x_1-a)^2+(x_2-a)^2+\cdots+(x_n-a)^2\}\right)$

$$=\frac{1}{n}\{na^2-2(x_1+x_2+\cdots+x_n)a+{x_1}^2+{x_2}^2+\cdots+{x_n}^2\}$$

$$=\left(a-\frac{x_1+x_2+\cdots+x_n}{n}\right)^2-\left(\frac{x_1+x_2+\cdots+x_n}{n}\right)^2+\frac{{x_1}^2+{x_2}^2+\cdots+{x_n}^2}{n}$$

↑ a に関して平方完成

したがって，$f(a)$ を最小にする a は

$$a=\frac{x_1+x_2+\cdots+x_n}{n}$$

つまり，$x_1,\ x_2,\ \cdots,\ x_n$ の平均値であり，そのときの最小値は

$$\frac{{x_1}^2+{x_2}^2+\cdots+{x_n}^2}{n}-\left(\frac{x_1+x_2+\cdots+x_n}{n}\right)^2$$

すなわち，$x_1,\ x_2,\ \cdots,\ x_n$ の分散である．

参考 $a=\dfrac{x_1+x_2+\cdots+x_n}{n}\ (=\overline{x})$ のとき，$f(a)=f(\overline{x})=\dfrac{1}{n}\sum_{k=1}^{n}(x_k-\overline{x})^2$ で，これは分散の定義式そのものである．これより，$f(a)$ の最小値は，$x_1,\ x_2,\ \cdots,\ x_n$ の分散である，と述べてもよい．

105-2 (1) 3つの正の数 $a,\ b,\ c$ の平均値が 14 であるから，

$\dfrac{1}{3}(a+b+c)=14$

よって，

$a+b+c=42$ ……①

また，標準偏差が 8 であるから，分散は 8^2 であり

$\dfrac{1}{3}(a^2+b^2+c^2)-14^2=8^2$

よって，

$a^2+b^2+c^2=\mathbf{780}$ ……ア ……②

等式 $(a+b+c)^2=a^2+b^2+c^2+2(ab+bc+ca)$

に①，②を代入して

$42^2=780+2(ab+bc+ca)$

よって，

$ab+bc+ca=\mathbf{492}$ ……イ

(2) 集団全体の平均値は,

$$\frac{16\times20+12\times60}{80}=\mathbf{13}\qquad\cdots\cdots ウ$$

Aグループの 20 個のデータの 2 乗の合計を K_{A}
Bグループの 60 個のデータの 2 乗の合計を K_{B}
とする.
Aグループの 20 個のデータの平均値が 16, 分散が 24
であることから

$$\frac{K_{\mathrm{A}}}{20}-16^2=24$$

よって,

$$K_{\mathrm{A}}=5600$$

Bグループの 60 個のデータの平均値が 12, 分散が 28
であることから

$$\frac{K_{\mathrm{B}}}{60}-12^2=28$$

よって,

$$K_{\mathrm{B}}=10320$$

したがって, 集団全体の分散は,

$$\frac{K_{\mathrm{A}}+K_{\mathrm{B}}}{80}-13^2=\frac{5600+10320}{80}-169$$

$$=\mathbf{30}\qquad\cdots\cdots エ$$

106 $\overline{x}=\dfrac{1}{n}\{100+99\times(n-1)\}$

$$=\frac{99n+1}{n}$$

$$v=\frac{1}{n}\{100^2+99^2(n-1)\}-\left(\frac{99n+1}{n}\right)^2$$

⬅(分散)=(2 乗の平均値)−(平均値)^2

$$=\frac{99^2n+199}{n}-\frac{(99n+1)^2}{n^2}$$

$$=\frac{n-1}{n^2}$$

よって,

$$(\overline{x},\ v)=\left(\boldsymbol{\frac{99n+1}{n}},\ \boldsymbol{\frac{n-1}{n^2}}\right)\qquad\cdots\cdots ア$$

また,

$$t_1=50+\frac{10\left(100-\dfrac{99n+1}{n}\right)}{\sqrt{\dfrac{n-1}{n^2}}}$$

$$=50+\frac{10(n-1)}{\sqrt{n-1}}$$

$$=50+10\sqrt{n-1}$$

よって，$t_1 \geqq 100$ となる条件は

$$50+10\sqrt{n-1} \geqq 100$$

したがって，

$$\sqrt{n-1} \geqq 5$$

これをみたす最小の n は，**26** である．　　　　……イ

107 (1) $\bar{x}=\frac{1}{4}\{0+1+a+(a+1)\}=\boldsymbol{\frac{a+1}{2}}$

$$\bar{y}=\frac{1}{4}(0+0+1+1)=\boldsymbol{\frac{1}{2}}$$

(2) $s_x{}^2=\frac{1}{4}\{0^2+1^2+a^2+(a+1)^2\}-\left(\frac{a+1}{2}\right)^2$

$$=\frac{2a^2+2a+2}{4}-\frac{a^2+2a+1}{4}$$

$$=\boldsymbol{\frac{a^2+1}{4}}$$

$$s_y{}^2=\frac{1}{4}(0^2+0^2+1^2+1^2)-\left(\frac{1}{2}\right)^2$$

$$=\boldsymbol{\frac{1}{4}}$$

(3) $s_{xy}=\frac{1}{4}\left\{\left(0-\frac{a+1}{2}\right)\left(0-\frac{1}{2}\right)+\left(1-\frac{a+1}{2}\right)\left(0-\frac{1}{2}\right)+\left(a-\frac{a+1}{2}\right)\left(1-\frac{1}{2}\right)+\left(a+1-\frac{a+1}{2}\right)\left(1-\frac{1}{2}\right)\right\}$

$$=\frac{1}{4}\left(\frac{a+1}{4}+\frac{a-1}{4}+\frac{a-1}{4}+\frac{a+1}{4}\right)$$

$$=\boldsymbol{\frac{a}{4}}$$

(4) $r=\frac{s_{xy}}{s_x s_y}$

$$=\frac{\frac{a}{4}}{\sqrt{\frac{a^2+1}{4}}\sqrt{\frac{1}{4}}}$$

$$=\boldsymbol{\frac{a}{\sqrt{a^2+1}}}$$

108 (1) $w_i=ax_i+b$ $(i=1,\ 2,\ \cdots,\ n)$ であるから

$$\bar{w}=\boldsymbol{a\bar{x}+b}$$

であり，$w_1,\ w_2,\ \cdots,\ w_n$ の分散 $s_w{}^2$ は，

$$s_w{}^2=a^2s_x{}^2$$　　**⬅標問 104 参照**

よって

$$s_w=\sqrt{a^2s_x{}^2}$$

$$=|a|s_x$$

$=\boldsymbol{as_x}$ $(a>0$ より$)$

(2) x と y の共分散を s_{xy}，w と y の共分散を s_{wy} とすると

$$s_{wy}=\frac{1}{n}\{(w_1-\overline{w})(y_1-\overline{y})+(w_2-\overline{w})(y_2-\overline{y})+\cdots+(w_n-\overline{w})(y_n-\overline{y})\}$$

であり，

$$w_i-\overline{w}=(ax_i+b)-(a\overline{x}+b)$$
$$=a(x_i-\overline{x})$$

であるから

$$s_{wy}=\frac{1}{n}\{a(x_1-\overline{x})(y_1-\overline{y})+a(x_2-\overline{x})(y_2-\overline{y})+\cdots+a(x_n-\overline{x})(y_n-\overline{y})\}$$
$$=a\times\frac{1}{n}\{(x_1-\overline{x})(y_1-\overline{y})+(x_2-\overline{x})(y_2-\overline{y})+\cdots+(x_n-\overline{x})(y_n-\overline{y})\}$$
$$=as_{xy}$$

したがって，w と y の相関係数を r_{wy}，x と y の相関係数を r_{xy} とすると

$$r_{wy}=\frac{s_{wy}}{s_ws_y}=\frac{as_{xy}}{as_x\cdot s_y}=\frac{s_{xy}}{s_xs_y}=r_{xy}$$

109 (1) $\overline{x}=\frac{1}{10}(x_1+x_2+\cdots+x_{10})=\frac{55}{10}=\boldsymbol{\frac{11}{2}}$

$$\overline{y}=\frac{1}{10}(y_1+y_2+\cdots+y_{10})=\frac{75}{10}=\boldsymbol{\frac{15}{2}}$$

$z_i=2x_i+3$ $(i=1,\ 2,\ \cdots,\ 10)$ であるから

$\overline{z}=2\overline{x}+3=\boldsymbol{14}$　⬅標問 104 参照

$w_i=y_i-4$ $(i=1,\ 2,\ \cdots,\ 10)$ であるから

$$\overline{w}=\overline{y}-4=\boldsymbol{\frac{7}{2}}$$

(2) $s_x{}^2=\frac{1}{10}\{(x_1-\overline{x})^2+(x_2-\overline{x})^2+\cdots+(x_{10}-\overline{x})^2\}$

$$=\frac{1}{10}\{x_1{}^2+x_2{}^2+\cdots+x_{10}{}^2-2(x_1+x_2+\cdots+x_{10})\overline{x}+10(\overline{x})^2\}$$
$$=\frac{1}{10}\{x_1{}^2+x_2{}^2+\cdots+x_{10}{}^2-2\cdot10\overline{x}\cdot\overline{x}+10(\overline{x})^2\}$$
$$=\frac{1}{10}(x_1{}^2+x_2{}^2+\cdots+x_{10}{}^2)-(\overline{x})^2$$

したがって，

$$x_1{}^2+x_2{}^2+\cdots+x_{10}{}^2=10\{s_x{}^2+(\overline{x})^2\}$$

また，

$$s_{xy}=\frac{1}{10}\{(x_1-\overline{x})(y_1-\overline{y})+(x_2-\overline{x})(y_2-\overline{y})+\cdots+(x_{10}-\overline{x})(y_{10}-\overline{y})\}$$
$$=\frac{1}{10}\{x_1y_1+x_2y_2+\cdots+x_{10}y_{10}-(x_1+x_2+\cdots+x_{10})\overline{y}$$
$$-(y_1+y_2+\cdots+y_{10})\overline{x}+10\overline{x}\overline{y}\}$$

$$=\frac{1}{10}(x_1y_1+x_2y_2+\cdots+x_{10}y_{10}-10\overline{x}\cdot\overline{y}-10\overline{y}\cdot\overline{x}+10\overline{x}\overline{y})$$

$$=\frac{1}{10}(x_1y_1+x_2y_2+\cdots+x_{10}y_{10})-\overline{x}\overline{y}$$

したがって,

$$x_1y_1+x_2y_2+\cdots+x_{10}y_{10}=10(s_{xy}+\overline{x}\overline{y})$$

(3) $s_{xy}=\frac{1}{10}(x_1y_1+x_2y_2+\cdots+x_{10}y_{10})-\overline{x}\overline{y}$

$$=\frac{445}{10}-\frac{11}{2}\times\frac{15}{2}$$

$$=\mathbf{\frac{13}{4}}$$

また,

$$s_x{}^2=\frac{1}{10}(x_1{}^2+x_2{}^2+\cdots+x_{10}{}^2)-(\overline{x})^2$$

$$=\frac{385}{10}-\left(\frac{11}{2}\right)^2$$

$$=\frac{33}{4}$$

$$s_y{}^2=\frac{1}{10}(y_1{}^2+y_2{}^2+\cdots+y_{10}{}^2)-(\overline{y})^2$$

$$=\frac{645}{10}-\left(\frac{15}{2}\right)^2$$

$$=\frac{33}{4}$$

したがって,

$$r_{xy}=\frac{s_{xy}}{s_xs_y}$$

$$=\frac{\frac{13}{4}}{\sqrt{\frac{33}{4}}\sqrt{\frac{33}{4}}}$$

$$=\mathbf{\frac{13}{33}}$$

$z_i=2x_i+3$, $w_i=y_i-4$ $(i=1, 2, \cdots, 10)$ であるから

$s_{zw}=2\cdot1s_{xy}$ ⬅標問 **108** 参照

$$=2\times\frac{13}{4}=\mathbf{\frac{13}{2}}$$

z, w の分散，標準偏差をそれぞれ $s_z{}^2$, $s_w{}^2$, s_z, s_w とおくと

$s_z{}^2=2^2s_x{}^2$, $s_w{}^2=1^2s_y{}^2$ より

$$s_z=2s_x,\quad s_w=s_y$$

したがって,

$$r_{zw}=\frac{s_{zw}}{s_zs_w}=\frac{2s_{xy}}{2s_x\cdot s_y}=\frac{s_{xy}}{s_xs_y}=r_{xy}=\mathbf{\frac{13}{33}}$$

110 (1) $a_n \equiv 10^n \pmod{13}$ であるから,

$10a_n \equiv 10^{n+1} \pmod{13}$

また, $a_{n+1} \equiv 10^{n+1} \pmod{13}$, $0 \leqq a_{n+1} \leqq 12$ であるから,

$a_{n+1} \equiv 10a_n \pmod{13}$, $0 \leqq a_{n+1} \leqq 12$

よって, a_{n+1} は $10a_n$ を 13 で割った余りに等しい.

(2) 13 を法として, $a_1 \equiv 10$ より, $a_1 = \mathbf{10}$

$10 \equiv -3$ より, $10^2 \equiv (-3)^2 = 9$ 　よって, $a_2 = \mathbf{9}$

$10^3 \equiv 9 \cdot 10 \equiv 12$ 　よって, $a_3 = \mathbf{12}$

← $10^3 \equiv (-3)^3 = -27 \equiv 12 (= a_3)$ のように考えてもよい

$10^4 \equiv 12 \cdot 10 \equiv 3$ 　よって, $a_4 = \mathbf{3}$

$10^5 \equiv 3 \cdot 10 \equiv 4$ 　よって, $a_5 = \mathbf{4}$

$10^6 \equiv 4 \cdot 10 \equiv 1$ 　よって, $a_6 = \mathbf{1}$

(3) 条件(A), (B)より, N の 10^5 の位を x ($x = 1, 2, 3, \cdots\cdots, 9$), 1 の位を y ($y = 0, 1, 2, \cdots\cdots, 9$) とすると,

$N = x \cdot 10^5 + 20160 + y$

と表すことができる.

13 を法として,

$$
\begin{aligned}
N &\equiv x \cdot 4 + 2 \cdot a_4 + 0 \cdot a_3 + 1 \cdot a_2 + 6 \cdot a_1 + y \\
&= 4x + 2 \cdot 3 + 9 + 6 \cdot 10 + y \\
&= 4x + y + 75 \\
&\equiv 4x + y - 3
\end{aligned}
$$

よって, 条件(C)より,

$4x + y - 3 \equiv 0$

したがって, $y \equiv 3 - 4x$

$x = 1$ のとき, $y \equiv -1 \equiv 12$

← y は 0, 1, 2, ……, 9 のいずれかであるから不適

$x = 2$ のとき, $y \equiv -5 \equiv 8$

$x = 3$ のとき, $y \equiv -9 \equiv 4$

$x = 4$ のとき, $y \equiv -13 \equiv 0$

$x = 5$ のとき, $y \equiv -17 \equiv 9$

$x = 6$ のとき, $y \equiv -21 \equiv 5$

$x = 7$ のとき, $y \equiv -25 \equiv 1$

$x = 8$ のとき, $y \equiv -29 \equiv 10$

← y は 0, 1, 2, ……, 9 のいずれかであるから不適

$x = 9$ のとき, $y \equiv -33 \equiv 6$

以上より, N は

220168, 320164, 420160, 520169, 620165, 720161, 920166

112 (1) $(1 + 2\sqrt{2})(x_1 + y_1\sqrt{2}) = 7$ より,

$$
\begin{aligned}
x_1 + y_1\sqrt{2} &= \frac{7}{1 + 2\sqrt{2}} \\
&= \frac{7(1 - 2\sqrt{2})}{(1 + 2\sqrt{2})(1 - 2\sqrt{2})} \\
&= -1 + 2\sqrt{2} \qquad \cdots\cdots(*)
\end{aligned}
$$

x_1, y_1 は整数(したがって有理数), $\sqrt{2}$ は無理数であるから,

$x_1=\mathbf{-1}$, $y_1=\mathbf{2}$

また, $(1+2\sqrt{2})(x_2+y_2\sqrt{2})=7\sqrt{2}$ より

$$x_2+y_2\sqrt{2}=\frac{7\sqrt{2}}{1+2\sqrt{2}}$$

$=\sqrt{2}(-1+2\sqrt{2})$ ⬅(∗)の $\sqrt{2}$ 倍

$=4-\sqrt{2}$

x_2, y_2 は整数, $\sqrt{2}$ は無理数であるから,

$x_2=\mathbf{4}$, $y_2=\mathbf{-1}$

(2) z が L の要素であるとき, z は整数 x, y を用いて,

$z=(1+2\sqrt{2})(x+y\sqrt{2})$ ……①

と表すことができる.

(1)より,

$7=(1+2\sqrt{2})(-1+2\sqrt{2})$ ……②

$7\sqrt{2}=(1+2\sqrt{2})(4-\sqrt{2})$ ……③

であるから, ①+②, ①+③ より,

$z+7=(1+2\sqrt{2})\{(x-1)+(y+2)\sqrt{2}\}$

$z+7\sqrt{2}=(1+2\sqrt{2})\{(x+4)+(y-1)\sqrt{2}\}$

$x-1$, $y+2$, $x+4$, $y-1$ はすべて整数であるから, $z+7$, $z+7\sqrt{2}$ はともに L の要素である.

次に, z が L の要素でないとき, $z+7$ は L の要素でないことを示す.

この対偶である, $z+7$ が L の要素であるとき, z が L の要素であることを示せばよい.

$z+7$ が L の要素であるとき, $z+7$ は整数 x', y' を用いて

$z+7=(1+2\sqrt{2})(x'+y'\sqrt{2})$ ……④

と表すことができる.

このとき, ④−② より

$z=(1+2\sqrt{2})\{(x'+1)+(y'-2)\sqrt{2}\}$

$x'+1$, $y'-2$ は整数であるから, z は L の要素である.

したがって, z が L の要素でないとき, $z+7$ は L の要素でない.

また, $z+7\sqrt{2}$ が L の要素であるとき, $z+7\sqrt{2}$ は整数 x'', y'' を用いて

$z+7\sqrt{2}=(1+2\sqrt{2})(x''+y''\sqrt{2})$ ……⑤

と表すことができ, ⑤−③ より

$z=(1+2\sqrt{2})\{(x''-4)+(y''+1)\sqrt{2}\}$

$x''-4$, $y''+1$ は整数であるから, z は L の要素である.

したがって, z が L の要素でないとき, $z+7\sqrt{2}$ は L の要素でない.